독도의용수비대
다큐의 픽션화

독도의용수비대
다큐의 픽션화

초판 1쇄 발행 2024년 12월 16일

| **지은이** | 유미림
| **펴낸이** | 윤관백
| **펴낸곳** | 도서출판 선인
| **등 록** | 제5-77호(1998.11.4)
| **주 소** | 서울시 양천구 남부순환로 48길 1(신월동 163-1) 1층
| **전 화** | 02)718-6252/6257
| **팩 스** | 02)718-6253
| **이메일** | suninbook@naver.com

정가 30,000원
ISBN 979-11-6068-923-5 93910

· 잘못된 책은 바꿔 드립니다.
· 이 책은 저작권법에 따라 보호를 받는 저작물이므로 무단 전재와 복제를 금합니다.

독도의용수비대

다큐의 픽션화

유미림

차례

들어가는 말 … 8

I. 문제의 발단 …………………………………………… 17

   1. 문제 제기 ……………………………………………………… 19
   2. '독도의용수비대'에 대한 법적 규정 ………………………… 21
   3. 선행 연구 ……………………………………………………… 26
   4. 논란의 시작과 전개 ………………………………………… 47
   5. 최근의 연구 동향과 정부 입장 ……………………………… 67

II. 서훈 관련 공문서의 변천 …………………………… 73

   1. 1966년의 서훈 문서 ………………………………………… 75
   2. 1977년 홍순칠의 서훈 청원 무산 …………………………… 79
   3. 1996년의 서훈 ……………………………………………… 94

III. 1965~1996년 수비대 소개의 변질 과정 ………… 101

   1. 1966년 서훈 이전 한일관계와 홍순칠 …………………… 103
   2. 「독도수비대 비사」(1965)와 언론 보도 …………………… 114
   3. 「독도수비대」(1970) 전후의 언론 보도 …………………… 122
   4. 홍종인과 홍순칠 …………………………………………… 133
   5. 「(도큐멘타리) 독도수비대」(1978) ………………………… 136
   6. 『동해의 수련화』(1981) …………………………………… 138
   7. 『월간 학부모』(1979-1985년 연재 추정) ………………… 141
   8. 『개척 백년 울릉도』(1983)와 이후의 언론 보도 ………… 142
   9. 「독도의용군 수비대」(1985)와 그 이후 …………………… 147
   10. 『울릉군지』(1989) ………………………………………… 151
   11. 1996년의 서훈 전후 ……………………………………… 153
   12. 「독도의용수비대지원법」(2005)의 제정, 그리고 현재 …… 162

IV. 홍순칠과 수비대의 행적에 관한 검증 ·············· 177

1. 일본의 영토 표목 설치와 수비대 결성의 계기 ············ 182
2. 조부 홍재현의 영향 관계 ···································· 207
3. 수비대 결성과 무기 조달 및 최초 입도················· 219
4. 첫 교전에 대한 검증 ··· 236
5. 가짜 영장 ·· 245
6. 1953~1954년 일본의 침범에 대한 격퇴 ················· 254
7. 정부와의 관계에 대한 검증 ································· 296
8. 1966년의 훈장 반납 ·· 305
9. 기타 사항에 관한 검증 ······································ 310
10. 경찰 인계에 대한 검증 ····································· 328

V. 쟁점 정리 ··· 335

1. 홍순칠의 가계와 이력에 대하여························· 337
2. 가짜 영장에 대하여 ·· 353
3. 무기 조달에 대하여 ·· 355
4. 수비대 결성 시기와 활동 기간에 대하여··············· 357
5. 교전 사실과 횟수에 대하여································ 369
6. 33인의 국가유공자에 관하여······························· 386
7. 자료와 증언의 공신력에 관하여·························· 393

에필로그 ··· 401
참고문헌 ··· 408
찾아보기 ··· 414

표제목

〈표-1〉 경찰국이 독도 수비와 무관하다고 판단한 대원 ·············· 92
〈표-2〉 서훈 관련 공문서의 주요 내용 ································· 98
〈표-3〉 변영태의 독도 관련 주장 ····································· 110
〈표-4〉 홍순칠의 서문 ··· 138
〈표-5〉『동아일보』기사와『동해의 수련화』························· 139
〈표-6〉 일본의 침범 및 수비대의 대응에 관한 기록··············· 171
〈표-7〉 수비대원 명단 ··· 173
〈표-8〉 주제별 표의 출처··· 180
〈표-9〉 독도에서의 표지 건립 현황 ································· 205
〈표-10〉 1966년 서훈 전후의 관련 기술 ··························· 222
〈표-11〉 무기 내역 ·· 231
〈표-12〉 홍순칠의 가계 관련 기술 ··································· 338
〈표-13〉 족보와 문헌에 기재된 홍순칠의 가계 ···················· 346
〈표-14〉 결혼 관련 기술 ·· 350
〈표-15〉 교전 횟수와 날짜에 관한 기술 비교 ····················· 369
〈표-16〉 1966년의 서훈자 11명 외 기타 대원 구분 ·············· 388
〈표-17〉 수비대원 명단 비교 ··· 392

들어가는 말

　독도 연구자로서 요즘처럼 자괴감을 느낀 적이 없다. '독도'와 관련하여 아주 기본적인 사실이 잘못되어 있음에도 이를 외면한 채 전문가 행세를 해 왔기 때문이다. 필자를 포함하여 많은 연구자들이 선학을 답습하고 있는 주제는 바로 홍순칠과 '독도의용수비대'에 관한 것이다. 정부는 1966년에는 독도의용수비대원 11인에게, 1996년에는 33인에게 독도 수호의 공적을 인정하여 서훈(敍勳)했다. 1953년 4월 20일부터 1956년 12월 30일까지 독도를 수비했다는 공적에 대한 서훈이었다. 2005년에는 「독도의용수비대지원법」을 제정하여 대원들과 그 유족에게 예우를 하고 그들에 대한 지원을 하기로 결정했다. 정부에서 특별법까지 제정하여 공적을 인정한 독도의용수비대의 행적을 의심하기는 쉽지 않았다. 일각에서 이견이 있다는 사실을 인지하고는 있었지만 내가 검증할 일은 아니라고 여겼었다. 그런데 울릉도에 관한 책을 준비하다 보니 홍순칠과 그의 조부 홍재현을 다루지 않을 수 없었다. 이참에 제대로 검증해 보자는 생각이 들었다. 1년 8개월여의 검토 과정은 놀라움의 연속이었다.

　독도의용수비대장을 자처한 홍순칠은 적지 않은 거짓말을 했음을 직접 여러 번 고백했다. 이른바 대의를 위한 거짓말이다. 그런데 그는 자신과 독도의용수비대의 행적에 대해서만 거짓말을 한 것이 아니라 가족 관계와 다른 부분에서의 진술에서도 일관성이 없었다. 이런 상황을 단지 기억의 오류로만 치부할 수 있을까 하는 의문이 들었다. 무엇보다 32명의 대원들은 그의 말대로라면 3년 8개월이라는 오랜 세월 생사고락을 같이한 동지들이다. 그런 동지의 이름과 숫자가 기억에 따라 다르게 표기되었다. 또한 그가 살았던 시기는 격동의 시대였다. 한국전쟁과 휴전, 5·20 국회의원 선거, 한일회담 등 굵직한 역사적 사건이 있었는데 그 연도를 혼동하기도 쉽지 않다.

홍순칠이 언론에 본격적으로 소개된 시기는 1960년대로 한일국교 정상화 과정에서 '독도' 문제가 주목을 받을 때였다. 홍순칠과 독도의용수비대는 언론이 관심을 보이기에 충분히 매력적인 주제였다. 언론에의 노출은 홍순칠의 양명(揚名) 욕구를 자극했다. 그리하여 세간에 알려지면 알려질수록 그는 자신의 행적을 과장했다. 한일관계가 악화되고 독도 영유권 문제가 불거질 때마다 그의 증언은 점점 더 과장되었다. 그러면 언론인과 학자, 정치인이 이를 받아 홍순칠을 더 포장하고 과대평가했다. 그러므로 오래도록 진실이 드러나지 않게 된 데는 이런 기망을 눈감아주고 그를 이용한 오피니언 리더들의 책임도 적지 않다고 볼 수 있다.

홍순칠이 전혀 없었던 일을 만들어내거나 거론한 건 아니다. 대부분 실재했거나 유사한 사건이 있었다. 다만 그는 연대가 다르고 성격이 다른 일을 교묘하게 섞어 자신의 행적으로 만들어 버렸다. 그는 후일 이들 사건을 인지한 상태에서 그때의 사건에 자신이 개입되어 있었던 것처럼 꿰맞추어 진술했다. 그의 증언을 들은 언론인들은 당대의 목격자가 아니었으므로 홍순칠의 증언을 그대로 수용할 수밖에 없었을 것이다.

필자가 지금 그의 행적을 검증할 수 있게 된 데는 과거와는 완전히 다른 검색시스템이 구축된 덕분이다. 그러나 독도의용수비대가 서훈되던 1990년대까지도 검색시스템은 미비했다. 홍순칠도 자신의 증언이 훗날 검증되리라고는 생각하지 못했을 것이다. 그러나 무엇보다 한국

사회가 그동안 독도의용수비대의 행적을 제대로 검증하지 않은 가장 큰 이유는 다른 데 있었다고 생각한다. 이 문제가 바로 한국 독립의 상징 '독도'와 관련되어 있기 때문이다. 독도를 지켰다는데 그를 누가 감히 의심하고 검증할 생각을 하겠는가.

필자가 이 문제를 검토하기 시작할 때 들었던 의문은 다음과 같다. 국회의원들은 어떤 근거에서 「독도의용수비대지원법」을 제정했을까? 국가보훈처는 어떤 절차를 거쳐 33인에게 훈장을 수여하기로 결정했을까? 현재 독도의용수비대기념사업회 홈페이지에 탑재된 내용은 무엇에 근거해서 작성된 것일까? 하는 점이었다. 검토해 보니 국가보훈처의 행태가 가장 의아했다. 1966년에 11명이 서훈된 뒤 1977년에 홍순칠은 다시 한번 22명의 서훈을 추가로 요청한 바 있다. 이에 경상북도 경찰국은 과거 서훈자의 상당수가 잘못 서훈되었고, 추가 요청자의 상당수도 서훈하기에 적절하지 않음을 밝힌 바 있다. 그럼에도 불구하고 국가보훈처는 1996년에 33인의 서훈을 결정했던 것이다. 이 시기는 정부가 독도 접안시설을 공사할 계획을 발표하여 일본이 크게 반발하고, 이로 말미암아 독도가 전 국민적인 관심사로 부각되던 때이다. 따라서 33인의 서훈결정에는 정치적인 고려가 작동했다고 생각할 수밖에 없다.

2005년에 특별법이 제정되자 2006년에 시민단체는 또다시 문제를 제기하기 시작했다. 2007년에는 감사원이 국가보훈처의 업무 처리가 적절하지 않았다며 재조사를 요청했다. 그럼에도 국가보훈부는 지금까지 태도를 바꾸지 않고 있다. 이미 「독도의용수비대지원법」에 따라 서울에는 독도의용수비대기념사업회가 설립되어 있고, 울릉도에는 독도의용수비대기념관이 건립되어 있다. 상황을 되돌리기에는 너무 많이 진전되었다.

이 책에서 제기한 문제들은 2003년경부터 시민단체 독도수호대가 부단히 제기해 왔던 것으로 필자가 새로 제기한 문제는 아니다. 독도수호대는 언론 기고와 감사 신청, 홈페이지 탑재 등을 통해 독도의용수비대의 행적이 과장되었음을 꾸준히 주장하고 사실 관계를 알리려 노력했다. 필자가 검증을 위해 가장 많이 참고한 것도 독도수호대 김점구 대표의 기고문과 논문, 홈페이지에 게재한 자료들이다.

독도의용수비대의 행적을 밝히는 문제에는 당시 울릉경찰서의 경찰들과 수비대원으로서 경찰에 특채된 사람들 및 그 후손, 수비대 해산 후 조직된 단체 등의 이해관계가 첨예하게 얽혀 있다. 그러나 이들의 이해관계와 무관하게 이 문제를 단순하게 독도 영유권과 결부시켜 본다면, 주된 논란은 독도의용수비대가 3년 8개월 동안 독도를 수호한 사실이 맞다고 할 경우 그 기간에 경찰은 독도를 방기했는가 하는 문제이다. 이는 국가가 독도에 대한 주권을 행사하지 못했다는 문제와 관계된다. 이에 국립경찰은 경찰대학 산하의 치안정책연구소가 2009년 연구 용역을 발주하게 한 바 있다. 이를 통해 확인한 결론은 당시의 상황이 열악해서 경찰이 상주 근무는 하지 못했지만, 독도순라반이 1953년에 독도를 순시하는 순환근무 체제를 유지하고 있었다는 것이다. 한편, 민간인으로 구성된 독도의용수비대는 1954년 5월 초부터 경찰의 지원을 받아 독도 경비를 하다가 12월 31일 9명이 경찰에 채용된 뒤에 해체했다는 것이다. 즉 치안정책연구소는 당시 경찰이 독도 경비의 중심이었고 독도의용수비대는 협력 및 보조 임무를 수행했다고 결론지었다.

2013년에는 독도의용수비대기념사업회도 외부에 연구 용역을 발주한 바 있다. 이 연구는 독도의용수비대가 1954년 4월에 창설되어 12월 말에 해산했으므로 활동기간은 8개월에 불과하다고 결론 내렸다. 연구 결과는 연구진의 한 사람인 김점구 대표가 홈페이지에서 밝혔다. 그런데 이 결론은 독도의용수비대기념사업회가 당초 용역을 의뢰할 때 기대했던 내용이 아니었다. 그래서인지 필자가 정보공개를 청구했지만 독도의용수비대기념사업회는 이를 거부했다.

이렇듯 여러 방면에서 독도의용수비대의 행적을 검증하려는 시도가 있었지만, 홍순칠의 증언을 포함하여 수비대의 활동사를 전체적으로 검토한 저술은 아직 나오지 않았다. 일부 언론에서 꾸준히 수비 기간과 대원 명단에 대해 문제를 제기했지만 보도가 산발적이고 간헐적이어서 검증을 지속하지 못했다. 그러므로 이 책은 독도의용수비대와 홍순칠의 행적을 종합적으로 검증한 최초의 시도일 것이다. 이 책의 출판을 염려하는 분들이 많다. 그러나 누군가는 해야 할 일이고, 언젠가는 밝혀져야 할 일이다.

울릉도민에게 독도의용수비대는 자랑스럽겠지만 동시에 부끄럽기도 할 것이다. 한국전쟁 뒤의 혼란기에 일본인들이 독도를 침범했을 때 주민들이 자발적으로 독도를 지켜냈다는 의미에서는 자랑스러운 역사이다. 그러나 그 공적이 터무니없이 과장되었고 훗날 포상에서의 불공정함이 불거졌는데다 그 불공정을 초래한 장본인이 수비대장이라는 의미에서 이는 부끄러운 역사이다. 우리는 일본에만 역사적 진실을 왜곡하지 말라고 요구할 것이 아니라, 우리의 치부도 드러내고 잘못된 역사를 바로잡을 필요가 있다.

이 책을 쓴 이유는 독도의용수비대의 행적을 바로 알자는 것이지 그들의 공적을 부정하거나 폄하하려는 것이 아니다. 여러 악조건 속에서 일정 기간이지만 수비대가 독도를 수호한 행동은 높이 평가되어야 한다. 홍순칠의 의도가 어떠했든 국가의 공권력이 제대로 행사되지 못할 때 수비대가 그 틈을 메꾼 것은 사실이기 때문이다. 다만 홍순칠이 그 기간과 인원을 터무니없이 부풀린 것이 문제일 뿐이다. 독도의용수비대의 활동 기간과 인원을 늘리고 경찰의 무능력을 드러내야만 수비대의 공적이 더 현창되는 것이 아니라는 점에서 안타깝다.

한국해양수산개발원에 근무하던 2009년경의 일이다. 독도 조사를 위해 하룻밤 숙박할 예정으로 김성도 씨의 허락을 얻어 서도에 들어간 적이 있다. 날씨는 쌀쌀했고 전기 공급이 원활하지 않아 숙소는 난방이 제대로 안 되었다. 점심도 먹지 못한 우리는 숙소 밖에서 라면을 끓여 먹은 뒤 맨손으로 차디찬 물에 설거지해야 했다. 이곳에서 묵을 생각을 하니 곤혹스러웠다. 그러던 중 마침 오후에 울릉도로 나가는 배가 있다기에 반색하며 나왔던 기억이 있다. 오전에 도착해서 필요한 조사는 다 마친 상태라서 나올 수 있었다. 그때 김성도 씨 내외에게 절로 고개가 숙여졌다. 독도에서 거주한다는 것이 얼마나 힘들고 어려운 일인지를 절감했기 때문이다. 2000년대에도 그러했는데 하물며 1950년대임에랴. 이런 열악한 환경을 잠시나마 체험한 것은 도리어 홍순칠이 사재를 털어 3년 8개월 동안 30여 명, 많을 때는 100여 명이 함께 생활했다는 주장을 수긍하기 어렵게 한다. 그곳은 도저히 그럴 수 있는 환경이 아니기 때문이다.

이 책을 내는 데는 많은 어려움이 있었지만 도움도 많이 받았다. 연구자에게 자료는 매우 중요하다. 연구 기관에 있을 때는 쉽게 구해지던 자료들이 민간인 신분으로 바뀌면서 구하기 힘들어졌다. 그럼에도 도움을 주신 분들이 계시다. 홍순칠은 1970년대 후반에 『월간 학부모』에 「(비화) 독도에 숨은 사연들」이라는 수기를 7년 동안 연재했고, 그의 사후 유족은 수기를 독립기념관에 기증했다. 그 사본을 독립기념관으로부터 제공받는 과정에서 윤소영 박사님의 도움을 받았다. 윤소영 박사는 홍순칠의 조부 홍재현의 친일 행적을 처음으로 깊이 있게 구명한 연구자이다. 필자도 이 연구에 힘입은 바가 크다.

1978년 경상북도 경찰국의 보고서와 2009년 치안정책연구소의 연구보고서, 독도의용수비대원 구술자료집 등을 볼 수 있게 된 것은 군사편찬연구소의 이상호 박사 덕분이다. 오래전 보고서라 찾는 데 어려움이 있었음에도 수고를 마다하지 않고 구해 주셨다. 필자도 이들 자료를 처음부터 쉽게 구할 수 있었던 것은 아니다. 논문에서 단편적으로 언급된 것을 실마리로 하여 여러 기관과 사람들을 접한 뒤에야 겨우 구할 수 있었다. 정보공개 청구제도는 자료를 구하는 연구자에게 편리한 제도지만, 검색 시스템이 불완전해서인지 '부존재'라는 회신을 받을 때가 많다. 담당자가 키워드만으로 검색하려 하니 쉬이 찾아질 리 없다. 자료 보존 기간에 대한 담당자의 말이 제각각이고 이들은 관련 법령에 대한 지식도 부족하다. 동일한 자료를 얻기 위해 여러 부서를 전전하며 문의하고 담당자를 괴롭힌 후에야 찾아낼 수 있었다. 아카이브가 제대로 구축되고 검색 시스템도 편리하게 구비되기를 바라본다. 독도박물관의 김경도 학예연구팀장에게도 자료 면에서 많은 빚을 졌다.

오래전부터 많은 신세를 져 왔지만, 이번에도 일본에 계신 박병섭 선생님께 자료를 부탁드리지 않을 수 없었다. 한시도 지체하지 않고 노구를 이끌고 국회도서관까지 가서 구해주셨다. 누구보다 독도 연구의 진척에 공로가 많은 분이다. 또한 국방대학교 교수를 역임한 김병렬 선생님의 격려와 가르침이 아니었다면 이 책은 완성되지 못했을 것이다. 군사 관련 내용에서도 많은 가르침을 받았다. 시도 때도 없이 전화와 카톡으로 귀찮게 해 드렸다. 그 밖에 일일이 밝히지는 못하지만 도움의 말씀을 주신 울릉도 주민과 군청 직원께도 깊은 감사를 드린다.

울릉도 출신이 아닌 사람이 이 섬의 현대사를 다루는 일은 쉽지 않다. 독도 연구를 하며 울릉도 역사를 다루는 동안에도 현대사는 거의 다루지 않았었다. 이번 기회에 홍순칠과 직접 친분이 있던 현지인의 증언을 들었으면 했다. 그러나 현지인들은 홍순칠의 행적을 솔직히 말하기를 주저하거나, 말하더라도 에둘러 표현했다. 아직 많은 사람들이 홍순칠의 집안과 얽혀 있는 데다 고인에 대한 비판을 주저하는 우리네 정서 때문일 것이다. 한편으로 이는 울릉도에서 홍순칠 일가의 권세가 여전하다는 것의 방증일 것이다. 당시 경찰이었던 분이나 후손의 증언을 직접 듣지 못한 것이 아쉬운데, 더 늦기 전에 후학에 의해서라도 이루어졌으면 한다. 이 책이 진실을 다 밝혔다고는 생각하지 않는다. 아직 더 발굴해야 할 자료도 있을 것이다. 이 책이 독도의용수비대의 진실에 다가서는 데 조금이나마 기여할 수 있기를 바란다. 이 책의 출판을 수락해 준 도서출판 선인에도 깊은 감사를 드린다.

2024년 12월
유미림

I

문제의 발단

···

1. 문제 제기
2. '독도의용수비대'에 대한 법적 규정
3. 선행 연구
4. 논란의 시작과 전개
5. 최근의 연구 동향과 정부 입장

1. 문제 제기

　독도는 1945년 8월 일본의 패전으로 말미암아 우리 영토로 돌아왔다. 이후 울릉도 주민들의 어로 공간으로 이용되던 독도는 1948년 6월 미 공군의 폭격훈련지가 되는 바람에 많은 사람들이 참변을 당했다. 미 공군의 폭격훈련 당시 독도 해역에서는 강원도와 울릉도 방면에서 온 18척의 어선과 59명의 어민들이 어로 활동을 하고 있었다.[1] 독도의 자원을 탐낸 것은 한국 어민들만이 아니었다. 일본 시마네현의 어민들도 독도에서의 조업을 원했다. 일본은 대일(對日) 평화조약 발효 후인 1952년 5월 시마네현민의 진정을 받아들여 강치어업을 지사의 허가어업으로 추가하도록 조치했다. 그러나 1952년 7월 미일합동위원회는 독도를 주일미군이 이용할 수 있는 폭격훈련지로 지정했고, 이 때문에 일본 선박들

1　내무부, 『독도관계서류(甲)』(관리번호 BA0852071), 국가기록원.

은 독도로 오지 못했다. 1953년 3월 19일 미일합동위원회는 독도를 폭격연습장 구역에서 삭제하기로 결정하고 5월에 이 사실을 공시했다.[2] 그러자 일본인들의 독도 침범이 시작되었는데 1953년 5월 28일 시마네현 어민의 독도 상륙이 그 시발이었다. 이 시기에 어로하고 있던 한국 어민들은 시마네현 어민들과 독도에서 조우했다. 일본 해상보안청은 순시선을 파견하여 독도에 영토 표목(標木)을 설치하고 한국 어민들의 퇴거를 요구하기에 이르렀다. 1953년 6월 하순까지 일본인들의 독도 침범이 이어지자 울릉경찰서는 7월 11일 우리 어민들을 보호하기 위해 이른바 순라반[3]을 독도 해역으로 보냈다.

일본은 1953년 6월 중순부터 독도에 영토 표목을 세우기 시작했는데 이를 발견한 울릉군은 이를 제거하고 한국 영토임을 나타내는 표목을 세웠다. 이후로 일본이 다시 자국령을 나타내는 표목을 세우고, 한국이 다시 이를 제거하는 공방이 계속되었다. 양국의 표목 공방은 10월 말까지 지속되었다. 한편 일본의 독도 침입에 맞서기 위해 울릉군민들은 1954년 봄 '독도자위대' 결성을 논의하기 시작했다. 울릉군민들의 자위대 결성은 정부의 「민병대령」(1953. 7. 23.)[4] 공포가 그 계기를 마련해주었

---

[2] 일본 외무성은 5월 14일에 고시 제28호로 이 사실을 공시했다(정병준, 『독도 1947』, 돌베개, 2010, 880쪽; 「1953-1954년 독도에서의 한일충돌과 한국의 독도수호정책」, 『한국독립운동사연구』 제41집, 독립기념관 한국독립운동사연구소, 2012, 393쪽).
[3] '순라반'이라는 용어는 외무부 정무국이 발행한 『독도문제개론』(1955, 76쪽)에 처음 보인다. 巡邏班이 맞는데 『독도문제개론』은 巡羅班으로 썼다. 사찰주임 경위 김진성, 경사 최헌식, 순경 최용득으로 구성되었다. 울릉도순라반, 울릉도 경찰순라반으로 부르는 경우가 있는데(김수희, 『독도해녀』, 동북아역사재단, 2023, 59쪽, 63쪽), 이는 바른 명칭이 아니다.
[4] '민병대(향토방위)령'이라고도 한다. 대통령령 제813호에 의거하여 공포한 법령이다. 제2조에 "민병대는 전시중 병역법 제58조에 의하여 소집한 귀휴병, 예비병, 후비병, 보충병 및 국민병으로 조직한다."고 하고, 제3조에 "민병대는 국민학교 단위로 설치하되 그 명칭은 所在地 區, 市, 邑, 面名을 冠하고 같은 구, 시, 읍, 면내에 2개 이상의 민병대를 둘 때에는 구, 읍, 면명 아래에 제1, 제2의 순위를 冠한다."라고 했다. 제15조에 "민병대원은 무기를 휴대할 수 없다. 단 관할 경찰서장의 요청에 의하여 공비토벌에 출동하는 경우에는 예외로 한다"(대통령령, 「民兵隊令(案)」, 국가기록원)고 했다. 이로써 무기를 휴대할 수 있는 근거가 마련되었다.

다. 군민들의 자위대 결성 과정과 궤를 같이하면서 홍순칠(洪淳七)과 독도의용수비대(獨島義勇守備隊)가 비로소 역사에 등장한다. 홍순칠은 민병대 총사령관의 공문에 의거한 독도자위대의 결성을 언급했다. 그는 재향군인회 울릉군 연합분회장이 울릉도의 민병대 감독관을 겸한다고 했다. 그런데 「민병대령」은 홍순칠이 독도의용수비대를 결성했다는 시기보다 뒤에 공포되었다.

현재 독도의용수비대에 관한 통설은, 홍순칠이 1952년 여름 독도의용수비대를 조직하기로 결심하고 대원을 모집한 뒤 1953년 4월 20일에 독도로 들어가 1956년 12월 말까지 3년 8개월 동안 대원들과 함께 독도 경비를 담임했다는 것이다. 대한민국 정부는 홍순칠과 독도의용수비대의 활동을 인정하여 이들을 두 차례(1966년과 1996년)에 걸쳐 서훈(敍勳)했다. 2005년에 정부는 특별법「독도의용수비대지원법」을 제정했다. 이 특별법은 '독도의용수비대기념사업회'를 설립하여 대원들에게 합당한 예우와 지원을 하도록 규정했다. 그런데 특별법이 제정되면서부터 홍순칠과 독도의용수비대의 행적에 관한 이견이 본격적으로 나오기 시작했다. 특별법으로 제정되었음은 국가가 공인했음을 의미하는데 왜 논란이 제기되고 있는가? 이 글은 이런 문제의식에서 출발한다.

2. '독도의용수비대'에 대한 법적 규정

'독도의용수비대'란 울릉도 주민으로서 우리의 독도를 일본의 침탈로부터 수호하기 위하여 1953년 4월 20일에 독도에 상륙하여 1956년 12월 30일 국립경찰에 수비업무와 장비 전부를 인계할 때까지 활동한 33명의 의용수비대원이 결성한 단체를 말한다.[5]

---

5 「독도의용수비대지원법」 제2조 1항.

이 정의는 2005년 7월에 제정된 「독도의용수비대지원법」[6]에 규정된 것이다. 「독도의용수비대지원법」에는 독도의용수비대의 활동 기간과 대원 숫자가 명시되어 있다. 이 법에 따라 2008년에 (재단법인)독도의용수비대기념사업회(이하 '기념사업회'로 약칭)가 설립되었고, 2017년에 독도의용수비대기념관이 건립되었다. 「독도의용수비대지원법」에서 정의한 '독도의용수비대'는 「독도의 지속가능한 이용에 관한 법률」(법률 제12147호, 2013. 12. 3. 일부 개정)에서도 준용되고 있다.

국가가 특별법으로 「독도의용수비대지원법」을 제정했음에도 정부 각 부처의 입장은 동일하지 않다. 외교부는 현재 독도의용수비대 관련 내용을 홈페이지에 탑재하고 있지 않다. 해양수산부도 '독도종합정보시스템'에서 수비대 관련 내용을 탑재하지 않고 관련 사이트를 소개하는 정도에 그치고 있다. 동북아역사재단은 홈페이지에 관련 내용을 탑재하지 않는 대신 재단에서 발행한 『(고등학교) 독도 바로 알기』에 다음과 같이 기술했다.

> 1953년부터 일본인들이 노골적으로 독도에 들어오기 시작했는데, 이때는 대한민국이 북한과 휴전회담 중인 데다 일본과는 국교 정상화를 위한 회담을 하고 있던 때이기도 했다. 이런 혼란스런 틈을 타 빈번해진 일본의 독도 침범에 맞서 울릉도 주민 홍순칠을 중심으로 조직된 독도의용수비대가 경찰의 지원을 받아 독도 수비를 도왔다. 그 후에는 경찰이 독도에 상주하면서 경비를 담당하였다. 1996년 6월 27일 경북지방경찰청 울릉경비대가 창설되면서 독도경비대는 그 산하에서 활동을 전개하고 있다.[7]

---

6 법률 제7644호 신규 제정(2005. 7. 29.), 법률 제11028호 일부 개정(2011. 8. 4.)
7 『(고등학교) 독도 바로 알기』(개정 2판, 2017, 60쪽)http://contents.nahf.or.kr/search/itemResult.do?levelId=eddok.d_0004_0090_0010&setId=1193106&position=3 (동북아역사재단/ 동북아역사넷/ 독도교육자료/고등학교 독도 바로 알기, 2023년 2월 13일 검색)

위에서 보듯이 『(고등학교) 독도 바로 알기』는 독도의용수비대가 경찰의 수비를 도왔다고 기술했지만 독도의용수비대의 활동 기간을 명확히 하지는 않았다. 한국해양수산개발원이 간행한 『독도사전』(3판, 2019)에 독도의용수비대는 '독도경비대'와 '독도의용수비대' 두 항목에 걸쳐 적혀 있다. '독도경비대' 항목은 1954년 7월부터[8] 경찰이 경비를 맡다가 9월에 경찰의 상시 주둔과 완전 무장이 결정되어 1955년 1월부터 경찰이 상주하면서 경비를 담당한 것으로 기술했다. '독도의용수비대' 항목은 독도순라반이 1953년 7월부터 정기적으로 순시했으며 독도의용수비대는 경찰의 지원 아래 1954년 5월부터 12월 사이에 경비한 것으로 쓰였다. 집필자가 달라 내용이 같지는 않지만 둘 다 '3년 8개월'설을 부정하고 1955년 1월부터 경찰이 경비를 전담한 것으로 보고 있다.

'디지털 울릉문화대전'은 '독도의용수비대' 항목에서 다음과 같이 기술했다.

[정   의] 경상북도 울릉군 울릉읍 독도리에 있었던 민간단체[9]
[설립목적] 독도의용수비대는 독도에 대한 일본의 불법 침탈 행위와 일본의 독도 소유권 주장을 차단하고, 독도 근해에 나타나는 일본인들을 축출함으로써 일본 어선의 독도 근해 어로 작업 방지 및 울릉도 주민의 생존권 보호를 목적으로 조직되었다.
[변   천] 한국전쟁에 참여했다가 전역한 울릉도 출신 홍순칠(洪淳七)이 1953년 4월 20일 울릉도 청년 45명과 함께 조직

---

8 '디지털 울릉문화대전'의 '독도경비대' 항목은 "1954년 7월 28일 독도의용수비대로부터 독도 경비 업무를 인수받아 경비 업무를 시작하였다."고 기술했다.
9 2023년 5월 3일 검색 당시는 "1953년 울릉군 관할인 독도를 지키기 위해 조직되었던 민간 단체"로 되어 있었다. 2024년 5월에 검색하자, 1953년 부분이 삭제되었고 내용도 수정되었다. 또한 '독도의용수비대원 김병렬씨'라는 제하에 그의 인터뷰 영상(9분)을 첨부했다. 영상에 따르면, 김병렬은 본인을 후방지원대장으로 소개했다.

하였다. 1956년 4월 8일 독도경비대에 독도 경비 업무를 인계하고 경찰을 지원하다가 1956년 12월 30일 울릉도로 철수함으로써 조직이 해체되었다.

[활동사항] 1953년 6월 독도에 접근한 일본 수산고등학교 실습선을 돌려보냈으며, 7월 12일 독도에 접근하는 일본 해상보안청 소속 순시선 PS9함을 물러나게 하였다. 8월 5일에는 동도(東島) 바위벽에 '한국령(韓國領)'이라는 글자 석 자를 새겼다.

[의의와 평가] 독도에 대한 실효적 지배를 통해 독도의 영유권이 한국에 있음을 보여주었으며, 애국심을 고양하고 민족의 자주 의식을 함양하였다는 상징적·정신적 의미가 큰 활동을 보여주었다.

(집필자 윤국진)[10]

위 기술에 따르면, 독도의용수비대의 활동기간은 「독도의용수비대지원법」(이하 「독도수비대법」으로 약칭)이 규정한 "1953. 4. 20.~1956. 12. 30."와 같다. 그런데 기술에는 "1956년 4월 8일 독도경비대에 독도 경비 업무를 인계하고 경찰을 지원하다가…"라고 적은 내용이 있다. 경찰에 업무를 인계했음에도 지원을 계속하며 체재했다면 그것은 불완전한 인계이다. 이와 유사한 내용을 처음 언급한 것은 『울릉군지』이다. 이에 따르면, 정부가 1956년 4월 8일 민간의 수비임무를 경찰에 이관하기로 방침을 결정하고 1956년 12월 30일에 경비임무를 경찰에게 맡긴 것으로 되어 있다. 방침을 정한 것과 인계한 것은 그 의미가 다르다. 더구나 경찰이 경비를 전담하기 시작한 것은 1955년 1월부터이므로 『울릉군지』의 기술은 사실에 근거했다고 보기 어렵다. 그럼에도 후일 많은 문헌들이 이런 부분을 잘못 답습하고 있다. 이 외에 '디지털 울릉문화대

10　한국학중앙연구원, 향토문화전자대전/디지털 울릉문화대전(http://www.grandculture.net/ulleung/toc/GC01500812, 2023년 5월 3일 검색)

전'은 수비대의 활동사항으로 1953년 6월과 7월 12일의 사건만을 언급했는데 전체적으로 내용이 소략하며 사실관계가 맞지 않는다.[11]

독도박물관은 '독도경비대의 활동' 항목에서 다음과 같이 기술했다.

> 1953년부터 일본은 본격적으로 독도에 순시선이나 시험선을 보내기 시작했고 독도에서 한국과 일본의 대립은 심화되었다. 일본은 독도가 시마네현에 속하며 일본 정부의 허가 없이 접근하는 것을 금한다는 표주와 팻말을 독도에 설치하고, 한국인의 독도 어로활동을 위협했다. 이에 울릉도민이 자발적으로 독도의용수비대를 결성하여 독도 상주 경비를 시작했고 일본 순시선을 퇴거시켰다. 1954년 7월에는 독도경비대가 창설되어 국가 정책적으로 독도 상주 경비를 시작하게 되었다. 독도 경비는 유사시 국제적인 문제를 최소화하기 위해 군대가 아닌 경북 경찰이 맡았다.[12]

독도박물관은 독도의용수비대의 입도 시기를 명확히 하지 않았으나 위 내용은 1953년 언제인가부터 1954년 7월 이전 혹은 7월경까지 경비했다는 의미를 내포하고 있다. 『독도 사전』의 '독도경비대' 항목은 1954년 7월부터 경찰이 경비를 맡다가 1955년 1월부터 상주하며 경비했다고 기술했는데, 독도박물관의 '독도경비대의 활동'은 1954년 7월에 독도경비대가 창설되었다고 기술했다. 경찰이 경비를 맡았다면 이것이 독도경비대의 시발인데 이를 상주시기와 구분하고 있고, 다른 한편에서는 1954년 7월을 독도경비대의 창설 시기로 보고 있어 두 항목의 기술이 합치하지 않는다.

---

11 '디지털 울릉문화대전'은 홍순칠의 저서인 『이 땅이 뉘 땅인데』 항목에서 "2006년 『오마이뉴스』를 통해 홍순칠의 수기가 실제가 아닌 허구라고 기사화되면서 『이 땅이 뉘 땅인데!』는 가공의 창작품이 될 가능성도 제기되고 있다. 이에 대한 평가는 철저한 재조사와 검증을 거친 후에 가능할 것으로 본다."라고 했다.

12 독도박물관, 독도/독도의 역사/독도경비대의 활동(https://www.dokdomuseum.go.kr/ko/page.do?mnu_uid=403&, 2023년 5월 3일 검색)

독도경비대는 홈페이지[13] '부대 연혁'에서 독도경비대의 역사를 기술했는데, 1696년 안용복의 대일 외교 결과 (독도가)조선 영토임을 공식 인정한 사실에서부터 1996년 6월 울릉경비대가 독도 경비의 임무를 수행하게 된 사실까지를 기술했다. 그리고 경상북도 경찰이 독도 경비를 시작한 시기는 1954년 7월부터라고 기술했다. '1954년 7월'을 명기한 것은 독도박물관의 기술을 답습한 듯하다.

이렇듯 '독도의용수비대'(이하 '수비대'로 약칭)에 관한 내용은 정부 부처와 지방자치단체, 연구 기관에 따라 다르다. 이들은 모두 학계의 연구 성과에 의거했을 터이고, 연구자는 홍순칠의 증언과 수기에 근거했을 터이다. 그렇다면 「독도수비대법」(2005)의 제정에 홍순칠의 증언과 수기, 선행 연구들이 어떤 영향을 미쳤는지를 살펴볼 필요가 있다. 한편 이 글에는 인용문이 많은데 외래어표기법에 맞지 않더라도 원문대로 표기했다. 오끼, 도큐멘터리, 해구라호 등이 그런 예이다.

3. 선행 연구

수비대의 행적을 다룬 선행 연구는 다음과 같이 구분할 수 있다.

1) 언론인의 글

① 인터뷰

홍순칠을 인터뷰하고 그가 제공한 정보에 의거하여 작성한 언론인의 글이 있다. 1965년에 최규장, 1970년에 박대련이 발표한 글이 대표적

---

[13] 독도경비대(http://www.gbpolice.go.kr/dokdo/Content.do?coid=3, 2023년 5월 3일 검색)

이다. 두 사람의 글은 내용이 비슷하지만, 최규장이 먼저 글을 발표했으므로 이를 통해 홍순칠의 초기 주장을 엿볼 수 있다.

② 다큐멘터리

1977년 여름에 동양방송은 다큐멘터리『광복 20년』에서 수비대 이야기를 라디오로 방송한 적이 있다. 극작가 김교식이 대본을 썼다. 방송 후 청취자들의 호응이 좋아 이를 단행본『(도큐멘타리) 독도수비대』(1978)[14]로 간행했는데 홍순칠이 서문(1978. 8. 15.)을 썼다. 서문에서 홍순칠은 "수비대 동지회 자녀 장학금을 마련하기 위해〈독도수비대〉란 책을 엮어 전국에 보급 중에 있다."[15]라고 했다. 출간 전인데 "보급 중에 있다."고 한 것은 이상하지만,[16] "본 도서의 판매 이익금은 동지들의 자녀 교육비에 쓰여질 것입니다.-독도수비대 동지회"라는 찌가 뒤에 붙어 있다. 김교식은 홍순칠을 인터뷰하고 독도를 답사하여 사실을 기하려 했다고 했다. 그럼에도 이승만과 각 부처 장관, 일본과의 관계 등 정치적인 사건에 관한 기술은 사실인지 의구심이 들게 한다. 홍순칠의 딸 연숙은 부친의 수기를 김교식에게 제공하여 다큐멘터리로 만들게 했다고 한다. 그러나 김교식의 글은 홍순칠이 언급했다고 보기 어려운 내용이 많으므로 홍순칠의 수기에만 의존했는지는 알 수 없다.

2) 홍순칠의 저술

홍순칠은 1979년 봄부터 1985년 중반까지『월간 학부모』에「(비화)

---

[14] 이 책은 현재 '선문출판사, 1980' 판만 남아 있다. 이 글에서 인용한 것은 1980년 판이다. 김교식의 저술을 언급할 때는 1978년으로 일컬었다.
[15] 홍순칠,『이 땅이 뉘 땅인데!』, 혜안, 1997, 50쪽.
[16] 이는 재판본의 서문이므로 초판이 보급 중이라는 의미인지는 알 수 없다.

독도에 숨은 사연들」을 70회 정도 연재했다.[17] 첫 호에서 편집자는 홍순칠이 앞서『월간 학부모』제5호에「독도 유감」을 발표한 것이 사람들에게 감명을 주어「(비화) 독도에 숨은 사연들」을 연재하게 되었음을 밝혔다.「독도 유감」은 그 일부가 홍순칠 사후에 추모특집으로 낸『월간 학부모』부록에 실려 있다. 1979년 3월이『월간 학부모』제13호에 해당되므로 제5호는 1978년 중반에 간행된 것이 된다.「독도 유감」에서 홍순칠은 독도의용수비대를 조직하여 수비 책임을 맡은 시기를 1953년이라고 했고 그해 6월 일본인 30여 명이 두 척의 순시함에 미국 국기로 위장하고 독도에 3번이나 상륙하여 영토 표지까지 세우고 갔다고 기술했다.[18]「(비화) 독도에 숨은 사연들」은 홍순칠이 그때그때 원고를 쓴 것이라 그런지 내용에서도 연대가 순서대로 되어 있지 않다. 또한 홍순칠이 초반에 쓴 내용이 후반에 중복된 경우가 있는데 그럼에도 연대와 내용이 다르게 기술되어 있다.

홍순칠의 유족은『월간 학부모』에 연재된 글을 모아 1997년에『이 땅이 뉘 땅인데!: 독도의용수비대 홍순칠 대장 수기』(이하『이 땅이 뉘 땅인데!』로 약칭)로 간행했다.『이 땅이 뉘 땅인데!』는 모두 70개의 표제로 구성되었는데 각 표제는『월간 학부모』에서와 같지 않은 경우가 많다.『월간

---

17 『월간 학부모』에 최초에 실린 시기가 명확하지 않다. 1977년『월간 학부모』6호부터 홍순칠의 글이 실렸다고 본 경우가 있지만(윤소영,「울릉도민 홍재현의 시마네현 방문(1898)과 그의 삶에 대한 재검토」,『독도연구』제20호, 영남대학교 독도연구소, 2016, 41쪽), 1979년 3월(13호인지 불명확)부터로 보인다. 필자가 받은「(비화) 독도에 숨은 사연들」의 사본에는 표지가 없다. 박영희가 1987년에 독립기념관에 기증할 때부터『월간 학부모』표지는 없었다고 한다.「(비화) 독도에 숨은 사연들」은 '연재 ①' 방식으로 했는데 일련번호가 맞지 않아 수기로 정정한 것도 있다. 호수를 표시하는 형식도 중간에 몇 번 바뀌었고, 간행을 거른 달도 있어 회차가 분명하지 않다. 홍순칠의 글은 71회까지 일련번호가 매겨져 있으나 57회가 누락되었으므로 70회 연재된 셈이다. 1979년 3월부터 1985년 가을까지 연재된 듯하나 명확하지 않으므로 이 글에서는 추정하여 기입했다. 홍순칠이 지병을 치료하기 위해 1985년에 서울로 이사한 뒤에도 연재를 지속했다고 하지만, 1986년 2월에 사망했으므로 1985년 중반까지 연재했다고 보인다.
18 홍순칠(1997), 앞의 책, 265쪽.

학부모』는 사진을 많이 싣되 다른 호에서도 중복 게재한 반면, 『월간 학부모』에서는 없었지만 『이 땅이 뉘 땅인데!』에만 게재한 경우가 있다. 그리고 표제 설명을 잘못한 경우도 있다. 일례로 『이 땅이 뉘 땅인데!』는 영토 표석 사진을 싣고 '독도의용수비대가 세운 표지'라고 기술했으나[19] 표석에는 '大韓民國慶尙北道鬱陵郡獨島之標', '경상북도 건립'이라고 각석되어 있다.

『이 땅이 뉘 땅인데!』는 홍순칠 사후 부록에 「독도를 위하여 일생을 바친 전 독도의용수비대장 홍순칠/님은 가셨지만(정규학)/독도수비대 연혁/국립경찰에 인계한 장비」 등을 실었다.[20] 홍순칠의 유족과 『월간 학부모』 편집자가 추가한 듯하다. 앞뒤 표지의 내지에는 홍순칠의 약력을 실었다. 2018년에 기념사업회는 유족의 동의를 얻어 『이 땅이 뉘 땅인데!』를 재간행했다. 2018년 판은 한자를 한글로 바꾸었고 제목도 약간 바꾸었다. 1997년 판에 비해 사진을 많이 생략했지만 새로 추가한 것도 있다. 기념사업회 측에서 임의로 바꾸거나 새로 삽입한 것으로 보인다.

사진의 표제도 일부 바꾸었는데, 앞서 언급했던, 1997년 판에 있던 '독도의용수비대가 세운 표지'가 2018년 판에서는 '독도영토표지석(대한민국 경상북도 울릉군 남면 독도)'으로 바뀌었다. 기념사업회는 사실을 바로잡

독도영토표지석
(대한민국 경상북도 울릉군 남면 독도)
출처: 『이 땅이 뉘 땅인데!』, 2018, 248쪽.

---

19 위의 책, 234쪽. 사진을 실으려 했으나 저작권의 문제로 싣지 못했다.
20 「독도를 위하여 일생을 바친 전 독도의용수비대장 홍순칠」에서 「독도의 숨은 사연들」이라고 오기했고 8년간 연재했다고 오기했다.

으려 했지만 이 역시 잘못 기재했다.

2018년 판 『이 땅이 뉘 땅인데!』는 홍순칠의 '약력'에 '1996년 4월 6일 보국훈장 삼일장 수여'를 추가한 대신 1997년 판에 있던 '독도 수비대 연혁'을 삭제했다. 1997년 판에 실렸던 '독도 수비대 연혁'은 다음과 같다.[21]

1953. 4. 20.	독도 상륙
1953. 6. 24.	일본 오게수산고등학교 연습선 '지토마루호'를 독도 서도 150미터 해상에서 나포, 독도가 한국 영토임을 설득 귀향 조치
1953. 7. 12.	일본 해상보안청 소속 순시선 위협사격으로 격퇴
1953. 7. 15.	목대포 설치
1954. 6. 25.	'한국령'임을 바위에 새김
1954. 8. 23.	일본 해상보안청 소속 순시선 총격적으로[22] 격퇴
1954. 11. 21.	일본 해상보안청 소속 순시함 PS9, PS10, PS16 함과 비행기 1대 총격전으로 격퇴
1956. 12. 30.	수비대 임무 3년 8개월 만에 국립경찰에 인계
1966. 4. 12.	대한민국정부로부터 독도의용수비대 방위포장 수여
1966. 9.	서도 물골에 급수장 시설 확장 수조탱크 설치
1983. 6. 21.	독도 정상에 대형 태극기 설치

2018년 판은 또한 '독도의용수비대'를 새로 넣었다. 그 내용은 독도의용수비대에 관한 정의와 「독도의용수비대지원법」 제2조 제1호, 훈·포장 수여, 업적에 관한 것이다. 새로 실린 사진의 표제는 '훈포장을 받는 독도의용수비대원(1966년, 청와대)'과 '독도의용수비대가 동도암벽에 새긴 한국령'이다. 이에 대해서는 이후 다시 논한다.

21　홍순칠(1997), 앞의 책, 269쪽.
22　'총격전으로'의 오기인 듯하다.

1997년 판과 2018년 판 모두 '국립경찰에 인계한 장비'를 실었는데 홍순칠이 언급했던 내용과 일치하지 않는다(《표-12》 참조). 물론 홍순칠이 언급한 무기와 장비 목록도 일관되지 않지만『이 땅이 뉘 땅인데!』에 기술된 무기는 그 종류와 수량이 매우 많다. 홍순칠은 교전 당시 많은 무기를 사용한 것처럼 말했는데 기록된 숫자는 포탄을 전혀 사용하지 않았을 때라야 성립된다. 1997년 판과 2018년 판 모두 수비대가 병영시설 한 채를 경찰에 인계한 것으로 기술했지만, 병영시설은 국가에서 자재와 인력을 동원하여 건립한 것이다.

홍순칠은『월간 학부모』연재를 마칠 즈음인 1985년에「독도의용군 수비대」[23]라는 수기를 따로 발표했다. 이는 국가유공자 생활수기 공모전에 응모한 수기로 다른 당선작과 함께『무명 용사의 훈장』으로 간행되었다(1985. 12.).「독도의용군 수비대」에 실린 내용은『월간 학부모』에 실린 내용과 일부 중복된다. 그중「독도의용군 수비대」는 홍순칠이 처음부터 내용을 구상하여 집필한 것이므로 그의 정리된 입장이 잘 드러난다. 한편 홍순칠의 유족은 1996년에 홍순칠의 친필 수기라는 것을 동아일보사에 따로 제공했다. 동아일보사는 이 수기를 요약해서「독도의용수비대장 고 홍순칠 육필 수기」라는 제목으로『신동아』에 게재했다(1996. 4.). 그 내용은「독도의용군 수비대」와 거의 같다. 이에 대해서도 다시 언급한다.

3) 학계의 연구

연구자들은『이 땅이 뉘 땅인데!』(1997) 출간 전에는 주로 김교식의 다큐멘터리(1978)와 홍순칠의 수기「독도의용군 수비대」(1985)를 참조했

---

23 한연호 외,『무명용사의 훈장』(신원문화사, 1985)에 수록되어 있다. 당선작을 12월에 간행한 것이므로 여름 전에 제출했을 것으로 보인다.

다.『이 땅이 뉘 땅인데!』출간 후에는 대부분 세 문헌에 의거하되 그 내용을 전적으로 신뢰하여 사실 여부를 검증하거나 세 문헌을 비교검토하지 않았다. 연구자들은 홍순칠과 수비대의 행적을 "대한민국의 독도에 대한 '실효적 관리'"의 시각에서 높이 평가했다. 이런 시각에서 제일 먼저 접근한 인물은 나홍주(1996)[24]이다. 그의 연구 성과가 후학에게 크게 영향을 미쳤으므로 자세히 검토해 볼 필요가 있다.

　나홍주에 따르면 그 내용은 다음과 같다. 1952년 일본이 독도에 죽도(竹島)라는 푯말을 세워 놓아 7월 하순에는 울릉도경찰서 앞마당에 푯말이 놓이게 되었다. 7월 15일에[25] 명예제대한 후 집에서 요양중이던 홍순칠에게 어느날 재종형이자 군수인 홍성국이 찾아와 이 문제를 논의했다. 홍성국은 어민들이 일본인의 어로 방해를 군수에게 항의하는 데 대한 대책도 조부와 협의했다. 이때 홍순칠은 울릉도 청년들이 독도를 지킬 것을 두 사람에게 제안했다.[26] 이어 홍순칠은 1952년 8월 20일 재향군인회 울릉군 연합분회 결성준비위원회 분회장으로 선출되었고 이날 의병 지원자 50명을 규합하여 수비대 대장에 선정되자마자 전투대를 편성했다.[27] 전투대는 전투대장 서기석[28]과 정원도, 예비대장 김병열, 지원

24　나홍주,『일본의 "독도" 영유권 주장과 국제법상 부당성』, 금광, 1996.
25　2023년 11월 16일 SBS 방송 〈꼬리에 꼬리를 무는 그날 이야기〉(102회)-'최후의 의병' 편에서 공개한 명예제대증에는 발급일이 단기 4286(5?) 4월 ?일로 기재되어 있다. 1953년인지 1952년인지, 몇일인지가 명확하지 않으나 4월로 기재되었음은 분명하다.
26　나홍주(1996), 앞의 책, 48~49쪽.
27　위의 책, 49~50쪽. 나홍주가 인용한 책은 홍순칠의 1985년 수기이다. 그는 2007년 책에서는 논리를 약간 바꾸어, 수비대가 1952년 8월 21일(20일로도 씀) 재향군인회 연합분회 결성일에 창설되었으며 이듬해인 1953년 4월 20일 제1진이 독도에 상륙하여 3년 8개월간 주둔하며 지켜냈다고 했다(『독도의용수비대의 독도 주둔 활약과 그 국제법적 고찰』책과 사람들, 2007, 머리말; 37쪽; 105쪽). 1952년 8월 20일 전투대가 편성된 뒤 무기를 구입하여 1953년 4월 20일 독도에 상륙했다는 내용이 2007년 책에서는 1952년 8월 20일 수비대가 창설되고 1953년 4월 20일 상륙했다는 내용으로 바뀌었다. 1952년에 전투대를 편성했다고 한 의미와 전투대 편성을 완료했다는 의미가 무슨 차이가 있는지, 결성일과 창설을 언급한 것의 의미가 명확하지 않다.
28　서기종을 오기한 것이다.

대장 김원식,[29] 수송대장 이필영, 보급주임 김인갑으로 구성되었다. 홍순칠은 미혼자 20명 전원을 전투원으로 배치했으며 황영문을 부관으로 삼았다. 홍순칠은 전투대를 구성한 뒤 오징어를 팔아 무기를 마련했다. 전쟁 중이라 비교적 용이했다. 무기구입 내역[30]은 중기관총 1정과 실탄 3천 발, 경기관총 1정과 실탄 3천 발, M1소총 20정과 실탄 3천 발, 45구경 권총 2정과 실탄 200발이다. 이후 그는 대구에서 군 및 경북 경찰국의 지원으로 M2 2정과 실탄, 박격포(81mm) 1문과 실탄을 보유하게 되었다.[31]

홍순칠은 부산에서 무기를 구입한 후 울릉도로 돌아와 수비대 편성을 완료한 뒤 2주간의 합숙 훈련에 돌입했고, 1953년 4월 20일 오전 8시를 디데이로 정했다. 1953년 4월 19일 울릉도를 떠나 (이튿날) 독도에 입도한 수비대는[32] 이후 일본 순시선을 4차례에 걸쳐 격퇴했다.[33] 1952년[34] 5월 28일 첫 발포에 이어 1953년 6월 25일 제2차 발포,[35] 1953년[36] 8월 23일 제3차 발포, 1954년 4월 22일 제4차 발포가 있었다. 1956년 12월 25일 수비대장 홍순칠은 「독도방위 인계인수서」에 서명함으로써 3년 8개

---

29 유원식을 오기한 것이다.
30 나홍주(1996), 앞의 책, 50쪽.
31 위의 책, 50쪽. 나홍주는 이 내용의 출전을 1985년 수기 201쪽으로 제시했다. 한편 나홍주는 수기가 실린 책 『무명용사의 훈장』의 간행 연도를 1986년으로 잘못 적기도 했다 (나홍주, 1996, 앞의 책, 48쪽).
32 위의 책, 51쪽.
33 위의 책, 52~57쪽.
34 나홍주는 홍순칠의 1985년 수기 213쪽을 출전으로 제시하고 1952년 5월 28일로 기술했지만, 홍순칠은 1953년 4월 20일 상륙 이후의 일로 기술했다. 따라서 1953년이 되어야 맞다. 다만 홍순칠은 5월 28일을 9월 28일로 오기했다(홍순칠, 「독도의용군 수비대」, 1985, 212쪽). 1996년 『신동아』에 실린 수기(646쪽)도 9월 28일로 오기했다. "서도에 온 지 한 달이 지나서"를 운운했으므로 4월 20일에 입도한 것으로 본다면 5월 28일이 맞다.
35 홍순칠은 1985년 수기(213쪽)에서는 6월 25일로, 『이 땅이 뉘 땅인데』(1997, 269쪽)에서는 6월 24일로 기술했다.
36 1954년이 맞다.

월간의 임무를 마쳤다. 해산 당시 대원은 34인이었다. 나홍주는 홍순칠이 인수서에 서명한 날을 1956년 12월 25일로 적었는데 그 근거는 1985년 수기이다. 그러나 나홍주는 교전일자 등 많은 부분을 잘못 기술했다. 나홍주는 34인의 명단을 다음과 같이 밝혔다.

     대장 홍순칠   부관 황영문
    제1대장 서기종
     대원 김재두, 최부업, 조상달, 김용근, 김수봉, 김현수, 김장호,
         허신도, 이형우
    제2대장 정원도
     대원 양봉준, 이상국, 하자진, 이규현, 김경호, 김영복, 김영호,
         정재덕
  보급대 주임 김인갑   대원 구용복, 박영희
  후방 지원대 유원식, 김병열, 한상룡, 고성달, 오일환
  수송대 대장 정이관(선장), 안학율(기관장), 이필영(기관사),
        정현권(갑판원), 박복이(갑판원)[37]

나홍주는 34인 명단의 출처를 "김교식, 『독도수비대』, 선문출판사, 1979,[38] 박영희 여사 증언"이라고 했다. 하지만, 김교식은 '박영희 여사 증언'을 언급하지 않았고, 33인을 운운했다. 그런데 김교식이 실제로 밝힌 명단은 31인이다. 김교식은 배석도와 김호철이 수비대로 활동하다가 경찰에 임용되었다고 했지만 31인의 명단에는 들어 있지 않다. 반면에 나홍주가 밝힌 명단은 34인이다. 이들 34인 가운데 현재는 박복이(朴福伊)가 배제되어 있다. 나홍주는 홍순칠의 저서 『이 땅이 뉘 땅인데!』가 출간되기 전에는 1985년 수기 「독도의용군 수비대」에 의거하여 수비대

---

37 나홍주(1996), 앞의 책, 60~61쪽.
38 1978년이 맞다.

의 활동기간을 1956년 12월 25일까지 '만 3년 8개월간'[39]으로 보았다. 이는 1953년 4월 20일 독도 상륙일을 활동 개시일로 보았을 때 성립하는 기간이다.[40] 그는 『이 땅이 뉘 땅인데!』가 출간된 뒤에는 일본의 침범연도를 1952년으로 오기했던 것을 1953년으로 바로잡았다.[41] 나홍주는 '대한민국의 독도에 대한 실효적 관리'로서 독도의용수비대의 탄생을 다루었지만[42] 실효적 관리의 개념에 대해서는 구체적으로 논하지 않았다.

본래 나홍주보다 먼저 홍순칠의 행적을 언급한 학자는 김명기였다. 그는 1979년 3월의 독도학술조사단에 참여했을 때 홍순칠과 인연을 맺은 바 있음을 『독도와 국제법』(1987)에서 언급했다. 이때 함께 찍은 사진에서는 홍순칠을 '전 독도경비대장'이라고 했다. 김명기는 머리말에서는 독도의용수비대 창설 30주년 기념행사 준비 차 1983년 7월에 상경한 홍순칠 대장과 만난 사실을 거론하며 독도경비대와 독도의용수비대를 함께 언급했다. 김명기는 『독도의용수비대와 국제법』(1998)에서 수비대를 본격적으로 다루었는데 이때는 '독도의용수비대' 명칭을 채택했다. 다만 그는 독도의용수비대의 연혁 및 국제법적 의미에 관해서는 나홍주의 견해를 답습했다. 그리하여 "독도의용수비대에 의한 독도의 실효적 지배는 우리나라의 독도에 대한 시효 취득의 기산점을 1953년 4월 20일로 하여, 1951년의 '대일강화조약' 제2조의 규정에 의거 독도가 일본의 영토라 할지라도 우리나라가 1993년에(시효기간을 40년으로 볼 경우) 독도를

---

39 나홍주(1996), 앞의 책, 48쪽. 수비대가 해양경찰대에 인계한 날을 1956년 12월 25일로 했는데, 「독도 의용군 수비대」(238쪽)를 따른 것이다. 그러나 홍순칠은 12월 25일을 인계일이 아니라 대원들과의 마지막 날로서 기술했다. 홍순칠은 『이 땅이 뉘 땅인데!』에서는 인계일을 12월 30일로 밝혔다.
40 위의 책, 51쪽.
41 나홍주, 「독도의용수비대의 독도 주둔 활약과 그 국제법적 고찰」, 책과 사람들, 2007. 나홍주는 1952년 5월 28일을 1953년 5월 28일로, 1954년 4월 22일을 1954년 11월 21일로 바로잡았다.
42 나홍주(1996), 앞의 책, 48쪽.

이미 시효 취득한 것이라는 주장, 또는 2003년에(시효기간을 50년으로 볼 경우) 시효 취득하게 된다는 주장을 가능하게 한다."[43]라고 기술했는데, 의미를 이해하기가 어렵다.

김명기에 따르면, 홍순칠은 1952년 8·15 행사장에서 재향군인 대표로 경축사를 낭독한 뒤에 있었던 재향군인회 울릉군 연합분회 결성준비위원회 모임에서 준비위원으로 선출된 뒤 8월 20일 연합분회장에 만장일치로 선출되어 민병대 울릉군 감독관을 맡게 되었다는 것이다.[44] 홍순칠은 1952년 8월에 지원한 자 50명 중 40명만을 수비대원으로 선발했고, 1953년 4월 20일 오전 8시 20분 1진 15명이 서도에 상륙했다. 홍순칠은 4월 21일에 도착한 2진 인원을 명확히 밝히지 않았지만 해산 당시 인원을 34명이라고 했으므로[45] 나머지 인원을 짐작할 수 있다. 김명기도 나홍주를 따라 대원의 숫자를 박복이를 포함한 34명으로 보았다.

한편 김명기는 20여 명이 창립하여 1953년 4월 20일 독도에 상륙한 다음 날인 4월 21일 국기 게양식을 함으로써 "태극기가 독도 정상에 휘날리며 독도가 한국의 영토이고 한국이 독도를 실효적으로 지배하고 있음을 세계 만방에 공시하게 되었다"[46]라고 했다. 같은 저자인데도 40명과 20명, 34명 등 기록된 내용이 동일하지 않다. 김명기는 수비대에 의한 "실효적 지배가 없었더라면 독도는 아마도 오늘 일본이 실효적 지배를 하고 있을지 모른다"[47]라고 했다. 또한 그는 수비대원이 군민병으로

---

[43] 김명기, 『독도의용수비대와 국제법』, 다물, 1998, 130쪽.
[44] 위의 책, 36~37쪽. 김명기가 참고한 자료는 주로 김교식(1978)과 홍순칠(1997)의 저술이므로 나홍주가 홍순칠의 1985년 수기를 인용한 것과는 차이가 있다.
[45] 위의 책, 42쪽.
[46] 위의 책, 77쪽.
[47] 김명기, 「국제인도법상 독도의용수비대의 법적 지위에 관한 연구」, 『人道法論叢』 제31호, 대한적십자사 인도법연구소, 2011, 4쪽.

서의 자격요건을 충족하여 적법한 교전자로서의 지위를 가졌으므로 수비대의 행위는 사적 행위가 아닌 국가기관의 행위로서 법적 효과를 지닌다고 했다.[48] 김명기는 수비대의 행위가 법적 효과를 지닌 국가기관의 행위라면 같은 시기에 경찰의 행위가 지닌 법적 효과를 어떻게 해석해야 하는지에 대해서는 언급하지 않았다.

김명기는 나홍주 외에 최규장(1965)과 김교식(1978), 홍순칠의 저술(1997)에 의거하여 논리를 개진했으나 전거를 명확히 밝히지 않거나 제대로 검증하지 않은 경우가 있다. 이를테면 그는 홍순칠의 부친 홍필열이 1917년 6월 9일생이고 1967년 7월 10일 50세로 사망했다고 했다.[49] 또한 그는 홍순칠이 1929년 1월 23일생으로 1944년 3월 서울의 체신고등학교를 졸업했다고 기술했다. 그렇다면 홍순칠은 16살에 고등학교를 졸업한 것이 된다. 홍순칠은 독도로 떠나기 전 박영희와 결혼식을 올렸는데 법적으로는 1956년 8월 9일에 결혼했다고 했다.[50] 이런 내용은 홍순칠의 족보 및 관련 기록과도 차이가 있다.

김명기가 언급한, 수비대의 결성과정과 상륙일 및 편성과정은 나홍주와 거의 같다. 그가 1956년 12월 25일 경찰에 인계할 때의 편성과 34명의 명단을 제시한 일,[51] 홍순칠의 1997년 저술[52]에 의거하여 한때 대원이 45명이었다고 언급한 것도 나홍주와 같다. 김명기는 홍순칠의 저술에 의거하여, 1조에 15명씩 2조 30명, 보급연락소 3명, 예비대 5명, 보급 선

---

48 위의 글, 22쪽.
49 홍순칠은 부친 홍필열이 1958년에 사망했다고 했다.
50 김명기(1998), 앞의 책, 17~18쪽.
51 최초 편성에 있던 예비대가 폐지되고 보급대가 추가되었으며 지원대가 후방지원대로 변경된 내용은 김교식의 글에 보이지만, 김교식은 34명의 명단을 싣지 않았다. 김명기는 명단에서 한상용(韓相龍)을 한상용(韓相容), 고성달(高成達)을 고성원(高成遠), 양봉준(梁鳳俊)을 양풍준(梁風俊), 김수봉(金守鳳)을 김수풍(金守風)으로 오기했다.
52 홍순칠(1997), 앞의 책, 22쪽.

원 5명으로 모두 합쳐 45명이라고 했다. 그러나 이들을 합하면 43명이 된다. 43명이든 45명이든 홍순칠이 밝힌 명단은 일관성이 있지 못하므로 김명기의 기술에 적힌 명단 또한 일관성과 신빙성이 없다.

김명기는 1953년 8월 23일 오끼호의 침범을 수비대가 격퇴한 뒤 김종원이 지원해준 무선통신시설을 운영하기 위해 허신도가 독도의 무선경찰관에, 김정수가 울릉도의 무선경찰관에 임명되었으므로 이들도 수비대의 일원으로 보아야 한다고 기술했다.[53] 또한 그가 1954년 8월 23일이 되어야 하는 것을 1953년 8월 23일로 적은 것은 나홍주를 따라 그의 오류를 답습한 것이었다. 김명기가 무선경찰관 허신도라고 한 것은 허학도를 가리킨다. 김교식은 허학도의 후임 통신사로 김정수가 독도에 왔다고 기술했지만[54] 김교식에게 자료를 제공한 홍순칠은 허학도는 독도에, 김정수는 울릉도에 부임한 것으로 증언한 바 있다.[55]

김명기는 장비 목록에 관해서도 나홍주를 답습하되 무선통신시설과 박격포, 포탄 100발을 추가하여 기술했다.[56] 김명기는 홍순칠이 1956년 인계할 당시의 장비와 시설 현황도 제시했는데,[57] 이는 홍순칠이 1997년 저술에서 밝힌 내용과 같다(〈표-11〉 참조). 김명기는 "1996년 3월 박영희 여사가 대통령에게 제출한 '진정서'에 첨부된 '국립경찰에 인계한 장비' 목록; 홍순칠, 앞의 책(앞의 주 11), 270쪽"이라고 출처를 밝혔다. 김명기가 홍순칠의 1997년 저서를 전거로 제시했던 것은 『월간 학부모』 연재 당시 장비 목록이 성립되어 있었음을 의미한다. 그러나 홍순칠은 『월간 학부모』에

---

53 김명기(1998), 앞의 책, 43~44쪽.
54 김교식(1980), 앞의 책, 194쪽.
55 홍순칠(1985), 앞의 글, 224쪽.
56 김명기(1998), 앞의 책, 45쪽.
57 위의 책, 46쪽.

연재하면서 1956년 경찰에 인계할 당시의 장비 목록을 기술하지 않았다. 『월간 학부모』에 기재된 것은 후에 그의 유족이 추가한 것으로 보인다.

한편 김명기는 수비대에게 군민병 즉 합법적인 교전자로서의 지위를 부여했다. 그는 홍순칠이 일본인의 침범을 네 차례 격퇴했다고 기술했는데 이 역시 나홍주를 따른 것이다.[58] 다만 제1차 격퇴를 1953년 5월 28일로 기술하여 나홍주가 1952년 5월 28일로 기술한 것을 1953년으로 바로잡았다. 더불어 수비대가 제4차 교전에서 사용한 포탄이 박격포탄 9발, 중기관총 500여 발, 경기관총 500여 발이라고 했는데, 이는 홍순칠의 1985년 수기[59]를 인용한 것이다. 한편 김명기는 1954년 4월 22일의 교전(실제는 1954년 11월 21일-인용자) 이후 이상국의 제안으로 목대포를 제작하게 된 듯이 기술했다.[60] 그는 "1954년에 접어들면서 일본 해상보안청 경비정이 매월 20일에서 25일 사이에 독도 앞바다 해상에 출현하곤 했다. 독도의용수비대의 무조건 발사가 두려워서인지 일본 경비정은 유효 사거리 밖에서 정찰만 하고 돌아가곤 했다."[61]라고 기술했다. 이 일을 김교식은 1954년의 일로 기술했는데, 김명기는 1954년에 접어들었다고 하여 그 이전의 일처럼 묘사했다. 김명기는 홍순칠과 김교식, 나홍주의 저술을 인용했지만 그에 저술에는 사실 관계가 맞지 않는 부분이 많다.

그럼에도 나홍주(1996)와 김명기(1998)의 연구 성과는 박순장(2001)[62]과

---

58 위의 책, 78~89쪽.
59 홍순칠(1985), 앞의 글, 227쪽.
60 김명기(1998), 앞의 책, 89쪽.
61 김명기는 김교식의 1978년 저술의 193~194쪽을 전거로 제시했다.
62 박순장, 「독도와 의용수비대」, 『독도특수연구』, 대한민국의 영토 연구 논총 3, 법서출판사, 2001. 박순장은 홍순칠이 1929년 1월 23일생으로 아버지 홍필열(洪弼悅)과 어머니 이주아(李周阿) 사이의 2남 1녀 중 장남으로 출생했으며, 할아버지는 호조참판을 지낸 홍재현(洪在現)이라고 했다. 그는 출전을 『무명 용사의 훈장』(신원문화사, 1985, 188쪽)으로 제시했으나(김명기, 2001, 225쪽), 『무명 용사의 훈장』에는 그런 내용이 없다. 도리어 이 내용은 김명기의 『독도의용수비대와 국제법』(1998, 15쪽)에 보인다. 다만 김명기는 홍순

이동원(2010)⁶³ 엄정일(2011)⁶⁴ 등 후학에게 계승되었다. 박순장은 "독도의 용수비대가 없었더라면 아마 지금 독도는 일본의 사실상 지배하에 있을 것이 명백하다"⁶⁵는 선학의 논리를 계승했다. 박순장은 김명기를 답습하여⁶⁶ 수비대원을 34명으로 기술했고, 김명기가 고성달을 고성원으로 오기한 것도 그대로 따랐다. 박순장이 네 차례 교전을 1953년 5월 28일, 1953년 6월 25일, 1953년 8월 23일, 1954년 4월 22일로 기술한 것도 김명기를 답습한 것이다.

한편 이동원(2010)은 수비대 평가에 이견이 있다는 사실을 인지한 채 이 문제를 정면에서 다루었다. 그 역시 수비대의 실효적 지배가 없었다면 독도는 지금도 일본의 실효적 지배하에 있을지도 모른다는 선학의 논지를 계승했다. 그는 홍순칠이 33명을 중심으로 수비대를 결성하여 1953년 5월 28일, 1953년 6월 25일, 1954년 8월 23일, 1954년 11월 21일의 교전에서 일본 선박을 격퇴하여 한국의 실효적 지배를 강화했다는 논지도 계승했다.⁶⁷ 그는 선학이 잘못 기술한 1953년 8월 23일을 1954년 8월 23일로, 1954년 4월 22일을 1954년 11월 21일로 바로잡았고, 수비대원에서 박복이를 배제했다.

이동원은 2007년 감사원의 지적이 있던 사실, 2009년 독도수호대의 김점구가 의혹을 제기한 사실, 2009년 경찰대학 부설 치안정책연구소가 연구 용역을 통해 의혹을 제기한 사실 등이 수비대에 대한 실체적

   칠 부친의 이름을 '필열'로 칭한 근거를 밝히지 않았다. 김명기는 주로 홍순칠의 1985년 수기를 참고했으나 그가 호조참판을 운운한 내용은 1965년 최규장의 글에 보인다.
63 이동원, 「독도의용수비대의 활동에 대한 법적 고찰: 비판 견해를 중심으로」, 『독도논총』 제5권 제1/2호(통권 제6호), 독도조사연구학회, 2010. 12.
64 엄정일, 「독도의용수비대의 활약에 관한 법적 고찰」, 『독도특수연구』, 책과 사람들, 2011.
65 박순장, 「독도와 의용수비대」, 『독도특수연구』, 법서출판사, 2001.
66 위의 글, 230~236쪽.
67 이동원(2010), 앞의 글, 99~100쪽.

진실을 훼손하거나 왜곡해서 법적 효과에 영향을 미칠 수 있음을 염려했다. 이에 그는 쟁점이 된 "활동기간과 대원 수 등에 대하여 법실증주의의 관점에서 입법 해석하여 쟁점을 검토"[68]하되, 수비대가 정부로부터 사전 혹은 사후에 인가받은 의용병단이라는 인식을 지니고 법적 지위를 검토했다. 김명기가 적법한 교전자로서의 군민병으로서 수비대를 논의했다면, 이동원은 군민병의 시각을 철회하고 비정규군 의용병으로서의 시각에서 논의했다.[69] 그는 의용병은 국가의 행위로 귀속되지 않으나 사후에 국가로부터 추인받으면 국가의 행위로 효력이 귀속된다고 주장했다.[70] 또한 그는 수비대의 교전 행위를 국가가 사후에 추인한 사례로서 1954년 8월 23일 오키호의 침범을 물리친 데 대해 경북 경찰국장이 수비대장을 격려한 사실, 2005년 「독도수비대법」을 제정하고 2008년에 기념사업회를 설립한 사실 등을 거론했다.[71] 그러나 이런 활동을 사후에 국가가 추인한 것으로 볼 수 있는지는 의문이다. 이동원은 수비대에게 의용경찰 신분을 허용하여 무기를 대여해주었다는 경찰관의 증언을 언급하며 그럴 경우 사전적 승인행위가 될 수 있지만 수비대의 법적 지위에는 영향을 주지 않는다고 했다.[72] 앞에서는 사전 승인과 사후 승인의 차이를 논해놓고 다시 법적 지위에 영향을 주지 않는다고 주장하는 것은 논리적 충돌을 빚게 한다. 그는 수비대의 무기 소지 행위는 광의의 '국군의 행위'로 위법성이 조각(阻却)된다고 본 김명기의 논리도 인용했다.

이동원은 수비대의 활동 기간을 1953년 4월 20일부터 1956년 12월 25일까지가 아니라 1954년 4월부터 12월까지 9개월로 보아야 한다

---

68 위의 글, 100쪽.
69 위의 글, 101쪽.
70 위의 글, 102쪽.
71 위의 글, 107쪽.
72 위의 글, 108쪽.

는 견해를 소개한 뒤 이 문제는 (시효 취득의) 기산점을 언제로 보는가에 따라 해석이 달라질 수 있으나 이미 행한 법률효과에는 영향을 미치지 못한다고 했다. 그는 대원의 숫자에 대한 이견을 소개한 뒤 28인 내외에 대해서는 다툼이 없는 듯하고 이 문제도 국가가 유공자를 보호하려는 의지의 문제와 직결된다고 보았다.[73] 그러나 28인 내외로 본 근거는 밝히지 않았다. 이동원은 수비대 평가에 이견이 있음을 인지한 채 기술하고 있으나 수비대의 행적에 대한 시각은 매우 긍정적이다. 그는 수비대원이 경찰에 채용된 뒤 경찰과 병존하여 활동한 것이 아니라 한시적인 활동에 불과했고 실상은 독도를 경찰이 경비한 것으로 보아야 한다는 일각의 견해에 대해, 당시 경찰이 충분한 인원을 확보하지 못해 수비대의 협조가 필요했으므로 수비대장과 경찰서장과의 이면 계약이 있었을 가능성을 제기했다. 그 경우 생존자들이 그런 사정을 다 아는 것은 아닐 것이며, 기존 기록이 그런 사실을 기록하지 못하거나 유실되었을 가능성이 있다고 했다.[74] 이동원은 이면 계약을 운운했으나 그 근거는 제시하지 않았다.

이동원은 정부가 3년 8개월을 인정하여 입법 규정을 둔 이상 더 이상의 논의는 실익이 없다는 입장을 취했다. 33명이라는 명시 규정에 대한 입장에 관해서도 마찬가지이다.[75] 그는 정부가 특별법을 제정하여 보호하려는 데 대해 가벼이 이의를 제기해서는 안 되며, 일부 대원은 제한적인 사실만 알 뿐이고 수비대장만 전말을 알고 있는데 당사자가 없으므로 일부 생존자의 증언만으로 실체를 다투어서는 안 된다는 입장을 취했

---

73 위의 글, 110~114쪽.
74 위의 글, 118~119쪽.
75 위의 글, 119쪽.

다.⁷⁶ 홍순칠이 사망한 상태에서의 논박은 불가능하다는 것을 주장한 것이다. 그는 이의를 제기하려면 국회에서 발의하여 법을 개정하거나, 헌법재판소에 위헌 제청을 신청하거나 또는 헌법 소원을 제기해야 한다고 주장했다.⁷⁷ 이후 기념사업회 관계자가 이동원의 논리를 적극 수용했다.

엄정일도 선학을 수용하되, 일부 오류를 바로잡았다.⁷⁸ 그도 수비대 조직의 동기가 된 시기를 1952년 7월 하순으로 보았다.⁷⁹ 교전 횟수를 네 차례로 본 점은 선학과 같으나, 날짜를 1953년 5월 28일, 1953년 6월 25일, 1954년 8월 23일, 1954년 11월 22일⁸⁰이라고 했다. 또한 그는 1954년 8월 23일의 침범 이후 백두진 총리가 해적을 운운한 사실을 일러 정부가 수비대의 존재를 몰랐지만 1966년에 서훈한 것은 추인한 사실이 충분히 인정된다는 논리를 폈다.⁸¹ 그는 1956년 12월 25일 해산 당시의 수비대원은 33명이 명백하다고 하고⁸² 박복이를 배제했다. 이렇듯 국제법학자들은 나홍주를 따라 네 차례의 교전을 언급했으나 그 근거는 제시하지 않았다. 물론 최초로 이를 언급한 나홍주도 근거는 제시하지 않았다.

홍성근(1998)⁸³은 독도에 사람들이 상주하게 된 것은 1953년 4월 20일 독도의용수비대가 입도하면서부터이며, 그들은 3년 8개월 동안 거주하다가 1956년 12월 30일 국립경찰에 경비 임무를 인계했다고 했다. 그

---

76 위의 글, 120~121쪽.
77 위의 글, 121~122쪽.
78 엄정일, 「독도의용수비대의 활약에 관한 법적 고찰」, 『독도특수연구』, 2011, 137~167쪽.
79 위의 글, 144쪽.
80 11월 21일이 맞다.
81 엄정일(2011), 앞의 글, 157쪽. 엄정일은 김명기의 책(1998)을 인용했다.
82 위의 글, 149쪽.
83 홍성근, 「독도의 실효적 지배에 관한 국제법적 연구」, 한국외국어대학교 법학과 석사학위논문, 1998, 116쪽.

는 1954년에 상주하고 있던 수비대가 독도 미역채취권을 가지고 있었으며, 경비 막사도 수비대가 1954년 8월에 건립했다고 했다.[84] 그는 홍순칠의 「독도개발 계획서」를 학위논문에 첨부했는데 서지사항을 '불명'으로 처리했다. 홍순칠의 「독도개발 계획서」가 작성된 시기는 명확하지 않으나 1976년경인 듯하다.[85]

최근에 홍성근(2021)은 "1954년 5월은 울릉도의 독도자위대 결성과 함께 독도 경비 강화방침이 국내 신문에 기사화되던 시기였다. 한편 1954년 8월 독도에 등대, 무선시설, 감시초 등 시설이 완비되고 한국의 경비 병력이 독도에 상주하고…"[86]라고 하여 1953년 4월 20일 입도설을 철회했다. 다만 그는 1954년 언론에 보도된 울릉도자위대에 관해 "4월 25일 결성된 독도자위대(또는 독도의용수비대)와 관련된 사람들로 보인다."[87]고 기술했다. 이는 1954년 4월 25일에 결성된 울릉군민의 자위대를 독도의용수비대와 연관지은 것이다. 그가 말한 1954년 8월 이후 '한국의 경비 병력'이 경찰을 의미한다면, 독도자위대의 활동 기간은 1954년 4월 25일에서 8월 경찰경비 병력이 상주하기 이전까지가 된다.

제성호[88]는 수비대의 일본 경비정 격퇴와 활동 기간, 법적 지위에 관한 한 나홍주와 김명기를 답습했다. 그는 수비대의 활동은 국가가 자국의 행위로 묵시적 내지 간접적으로 승인 또는 채택한 것에 해당되므로

---

84 위의 논문, 117쪽.
85 박영희의 증언에 따르면, 홍순칠은 1969년과 1972년 두 차례에 걸쳐 개발계획서를 경상남도에 제출했다고 했다(『연합뉴스』 2011. 8. 14.). 독도박물관이 소장하고 있는 「독도개발 계획서」에는 일자가 적혀 있지 않으나 내용으로 보면 1973년 경북 지사의 건의와 1976년 10월 산출을 운운했으므로 1976년경이 되며, 제출처는 경상북도로 보인다.
86 홍성근, 「1953-1954년 독도를 둘러싼 한일 간 물리적 대립 현황 분석」, 『독도연구』 제31호, 영남대학교 독도연구소, 2021, 44쪽.
87 위의 글, 35쪽.
88 제성호, 「독도 영유권과 민간인 활동의 국제법적 평가: 홍순칠과 최종덕의 경우를 중심으로」, 『전략연구』 53, (사)한국전략문제연구소, 2011.

국가 행위로 간주될 수 있다는 입장을 취했다. 덧붙여 그는 1953년 4월 홍순칠 주도의 독도의용수비대 조직과 1956년 12월까지의 활동, 최종덕의 22년간 독도 거주 및 관련 행적은 한국의 독도 지배를 공고히 하는 데 결정적으로 중요한 역할을 했다고 평가했다. 수비대 활동이 2차 대전 후 대한민국의 독도에 대한 영유권 행사 혹은 실효적 지배를 새롭게 공고히 했다는 것이다. 제성호는 일본이 1954년 8월 26일자 항의구술서에서 "한국 당국에 의한 일본 정부 선박에 대한 불법 공격", "독도에서의 한국 당국의 즉각적인 철수"를 요구했는데 이때 독도에는 수비대 외에는 어떤 단체나 기관도 없었으므로 일본 정부가 수비대를 한국 당국(Korean authorities)으로 인식했음이 특기할 만하다고 보았다.[89] 그러나 이는 1954년 8월 말부터 경찰이 파견되어 있었음을 간과한 해석이다.

임채일[90]은 해군 관계자로서 수비대를 다루었는데, 여섯 차례 일본의 침범을 수비대가 모두 막아냈다는 기념사업회의 주장을 그대로 수용했다. 그는 1952년 8월 20일 수비대가 창립되어, 8개월여의 준비 기간을 거쳐 1953년 4월 20일에 독도에 상륙하고 21일 아침 국기 계양식을 거행했다는 사실을 전제로 한 채 논리를 폈으며, 11월 21일을 독도대첩일로 칭했다.

이렇듯 대부분의 국제법학자들은 수비대의 활동을 실효적 지배의 시각에서 다루었다. 실효적 지배란 한 국가가 해당 지역을 자신의 영유권 하에 두고자 하는 '의사'에 따라 그 지역을 실질적으로 '점유'하는 것을 의미한다. 그러나 1952년에서 1954년 사이 독도는 수비대가 한국의 영유권 아래 두고자 실질적으로 점유한 섬이 아니라 식민지에서 해방된

---

[89] 위의 글, 205쪽.
[90] 임채일, 「33인의 독도의용수비대와 독도대첩일 11월 21일」, 『해군』 제494호, 해군본부, 2018.

이래 한국 정부가 영유권을 행사하고 있던 섬이다.

역사학계의 연구를 보면, 김호동[91]은 홍순칠을 포함한 수비대가 독도 수호에 대한 역사적 소명의식이 있었다고 평가하고, 수비대 활동이 왜곡·과장되었다고 보도한 『오마이뉴스』(2006. 10. 30.) 기사를 반박했다. 그는 홍순칠이 1953년 4월경부터 미역 채취를 위해 독도를 드나들다가 일본의 침탈이 계속되자 1954년 5월 재향군인회를 결성하여 독도 미역채취권을 3년간 맡게 된 것이 수비대 활동을 시작한 계기라고 보았다.[92] 그는 『오마이뉴스』 기사와 독도 경비사에서 1953년 6~7월경 독도를 수호한 세력이 독도순라반이라고 주장하는 데 대해서는, 독도순라반이 상시 주둔하여 경비를 전담한 것이 아니므로 수비대가 그 공백을 막았다는 논리로 대응했다. 1953년 6~7월경에 수비대가 독도에 있었다는 것인지가 애매한데 그럴 경우 앞에서 1954년 5월 이후 수비대 활동을 시작했다고 한 논리와 맞지 않는다. 그는 미역채취자와 수비대를 동일시했다.

다른 역사학자들은 1953~1954년 사이 일본의 독도 침범과 이에 대한 한국의 수호정책이라는 관점에서 민간인의 활동을 다루었다.[93] 주요 논지는 일본이 침범하는 동안 한국 정부가 적극 대응하여 일본 관헌과 일본 어민의 상륙을 저지했고, 한국의 영유권을 공고히 하기 위해 영토 표지와 시설물 설치 및 경비대 상주를 실행했다는 것이다. 그 과정에서 민간인은 '독도자위대'[94]로서 정부의 공권력 행사를 보조하는 인력이었

---

91 김호동, 「독도의용수비대 정신 계승을 위한 제안」, 『독도연구』 제9호, 영남대학교 독도연구소, 2010.
92 위의 글, 266쪽.
93 정병준, 「1953-1954년 독도에서의 한일충돌과 한국의 독도수호정책」, 『한국독립운동사연구』 제41집, 독립기념관 한국독립운동사연구소, 2012; 박병섭, 「1953년 일본 순시선의 독도 침입」, 『독도연구』 제17호, 영남대학교 독도연구소, 2014; 박병섭, 「광복 후 일본의 독도 침략과 한국의 수호 활동」, 『독도연구』 제18호, 영남대학교 독도연구소, 2015.
94 정병준은 경찰을 의미할 때는 경비원과 경비대원으로, 민간인을 의미할 때는 민간수비대와 민간경비대, 독도자위대 등으로 칭했다. 박병섭도 민간인을 독도자위대라고 칭했다.

다는 관점에서 다루었다.

4. 논란의 시작과 전개

2000년대 이전까지는 수비대의 행적을 본격적으로 검증하는 일이 없었다. 1966년에 언론이 일부 가짜 대원과 그 행적을 과장 보도한 사실에 대해 반발하거나 비판한 대원이 있었으나, 이것이 적극적인 진실규명활동으로 진전되지는 않았다. 이후 1977년에 라디오 방송에서 홍순칠의 행적을 다루었고, 1979년에는 홍순칠이 『월간 학부모』라는 잡지에 글을 연재함으로써 그의 행적이 세상에 널리 알려졌다. 이런 변화를 대원들이 체감하게 된 것은 1983년 수비대 창설 30주년이 되는 해를 맞이해서다. 이때 대원들은 홍순칠이 수비대의 행적을 과장해왔고 대원의 숫자가 33명이 되어 있음을 처음으로 인지했다. 그러나 이때도 대원들은 조직적인 비판의 움직임을 보이지 않았다.

1986년에 홍순칠이 사망했고, 10년 뒤인 1996년 2월 말 홍순칠의 유족은 홍순칠의 유고를 공개했다. 이는 언론과 방송에 보도되었고 정원도와 박영희를 인터뷰한 방송이 전파를 탔다.[95] 3월 14일 홍순칠의 부인 박영희는 본인의 생계 지원 및 1966년에 빠졌던 국가유공자 지정을 진정했다. 이에 4월 6일 33인에게는 훈장증이 수여되었다. 이때도 수비대의 행적을 의심하는 목소리는 나오지 않았다.

2000년대에 들어와 비로소 홍순칠의 수기를 의심하고 33인 명단 중 가짜 대원이 있다는 의심을 본격적으로 하기 시작했는데 그것은 수비대를 현창하려던 시민단체 독도수호대에 의해서였다. 2000년 8월 독도수호대 사무국장 김점구는 울릉도-독도 뗏목 학술탐사를 하면서 생존해

---

[95] 『동아일보』 1996. 2. 29.; KBS 뉴스 1996. 3. 1.

있던 수비대원을 처음 만났는데 이들과 울릉도 주민을 통해 가짜 수비대원이 존재한다는 사실을 점차 알게 되었다.[96] 그러나 이를 입증할 증거가 없었다. 그러던 가운데 독도의용수비대 추모공원 건립추진위원회가 2001년 12월 울릉도에 독도의용수비대 추모공원을 조성할 계획을 수립하고 울릉군에 부지를 요청한 일이 있었다. 독도의용수비대동지회(이하 '동지회'로 약칭)는 이 계획에 찬성했으나 울릉군은 2003년 이를 거부했다. 이에 동지회(회장 정원도)는 현판을 철거하는 것으로 대응했다.[97]

현판이 철거되자 독도수호대는 『오마이뉴스』에 관련 내용을 기고하고 성명서를 발표했다. 이에 따르면, 독도의용수비대는 1953년 4월 20일에 구성되었고 대원의 일부는 상이군인이었으며 후방지원대 박영희는 유일한 여성대원이었다. 이들은 1956년 12월 경찰에 업무를 인계하기까지 목숨을 건 투쟁을 했다. 이런 내용은 홍순칠 주장과 일치한다. 성명서는 독도에서 추락하여 사망한 허학도 대원을 언급하고 그를 포함한 34인의 이름을 열거했다. 그러나 허학도는 1954년 11월 10일에 사망한 경찰관이다. 1996년에 서훈된 자는 허학도가 제외된 33인이었다.[98] 독도수호대는 성명서에서 "'독도의용수비대동지회'의 현판이 철거된 지금, 침통한 심정을 금할 수 없다⋯ 3년 여의 활동을 마치고, 1956년 12월 국립경찰에 업무를 인계하고 지금은 독도경비대가 독도경계업무를 담당하고 있다. 독도의용수비대의 활동이 있었기 때문에 독도를 대한민국 경찰이 지키게 되었으며⋯ '독도의용수비대동지회'의 현판이 떨

---

[96] 독도수호대 홈페이지 "고 이필영, 독도의용수비대원 아니다."(2020년 11월 18일 등록)(2024년 6월 23일 검색). 독도수호대 홈페이지 "국내 독도 단체, 독도의용수비대를 상대로 폭언"(2013년 9월 14일 등록)은 독도수호대가 수비대의 진실 규명을 위해 활동해 온 연혁을 정리한 것이다.
[97] 『오마이뉴스』 2003. 5. 31.(독도수호대 사무국장) 김점구 기고.
[98] 위의 기사.

어진 2003년 5월 27일, 독도는 죽었다."[99]라고 했다.

독도수호대의 이런 논조가 급변한 것은 8월에 와서다.[100] 독도수호대는 부설기구인 사료조사위원회에서 관련 자료를 조사하여 독도의용수비대가 실제로 주둔하여 활동하기 시작한 시기는 1953년 4월이 아닌 1954년 4월 혹은 5월임을 알게 되었다고 했다. 이를 계기로 독도수호대는 1953년으로 기록된 독도의용수비대 관련 사건을 1954년 4월 혹은 5월 이후로 변경해야 한다고 주장하기 시작했다. 그 이유로 제시된 여섯 가지 가운데 하나는 1966년 4월 박정희 당시 대통령이 홍순칠 대장에게 수여한 근무공로훈장의 내용에 "1954년 6월, 30여 명의 대원을 모집하여, 막대한 사재를 기울여 독도의용수비대를 조직하고"라는 구절이 있다는 것이었다. 또한 2000년 『국방백서』와 경우장학회가 발행한 『국립경찰 50년사』에 "1954년 5월 1일, 독도에 민간경비대원 20명 파견"이라고 기술되어 있다는 것이다. 이때부터 독도수호대는 기존의 독도의용수비대 연구가 전면적으로 재검토될 필요성이 있다는 주장을 펴기 시작했다.[101]

2004년 8월 독도의용수비대 창설 50주년 기념행사가 울릉도에서 있었다. 행사 후 홍순칠의 처 박영희는 독도수호대의 김점구를 동지회 실무자로 추천했고 총회는 그를 동지회 사무처장[102]으로 위촉하기로 결정했다.[103] 2005년 3월 15일 인터넷신문 『프레시안』은 〈홍순칠 독도의

---

99 위의 기사.
100 『오마이뉴스』 2003. 8. 12. (독도수호대) 김윤배 기고.
101 위의 기사.
102 등록일이 2013년 9월 14일자로 된 홈페이지에는 사무처장으로, 2020년 11월 18일자로 된 홈페이지에는 사무차장으로 되어 있다.
103 독도수호대 홈페이지 「고 이필영, 독도의용수비대원 아니다」(2020년 11월 18일 등록) (http://www.tokdo.kr/detail.php?number=1101, 2024년 6월 23일 검색). 그 후 김점구가 동지회 사무차장으로 활동했는지는 언급하고 있지 않다.

용수비대장 수기) "우리는 이렇게 독도를 지켰다."[104]라는 기사를 실었다. 『프레시안』은 수비대가 1953년 4월 20일부터 1956년 12월 30일까지 수호했다는 홍순칠의 '3년 8개월'설을 사실로서 다루었다. 2005년 4월 4일 『오마이뉴스』도[105] 동지회 회장 정원도(당시 78세)의 인터뷰 기사를 실었다. 정원도는, 1953년에 독도에 들어가 일본인들이 세운 푯말을 제거하고 암벽에 '한국령'을 각석한 사실,[106] 가짜 대포를 만든 일화, 홍순칠 대장이 사재를 털어 물품을 조달한 사실 등을 증언했다. 정원도는 수비대가 1953년 4월부터 1956년 12월까지 3년 8개월간 독도를 지켰으며 초기에는 대원이 10여 명이었으나 조직 체계를 갖추면서 33명이 되었다고 증언했다.[107] 보급품을 운반해주던 선주 이필영에게 뱃삯을 못 주어 홍순칠이 감사패로 대체했고[108] 40~50일 넘게 배가 못 올 때는 미역을 채취해 멀건 죽을 쑤어 먹었다고도 증언했다. 정원도의 증언은 수비대에 관한 기존의 설에서 크게 벗어나지 않았고 이후에도 거의 바뀌지 않았다. 2005년 4월 KBS는 수비대원 하자진, 서기종, 정원도, 김영복, 박영희를 인터뷰하여 방송했는데[109] 당시 33명 가운데 12명이 생존해 있었다. 이렇듯 2005년 4월 초까지 수비대원들은 홍순칠의 주장에서 크게 벗어나지 않은 증언을 반복하고 있었다.

---

104 『프레시안』 2005. 3. 15. 박태견 기자가 홍순칠의 수기를 소개했는데, 소제목이 「1954년 11월 21일, 일본함정 3척-군항기 물리친 '독도대첩(獨島大捷)'」이다. 현재 기념사업회 홈페이지도 이날의 교전을 '독도대첩'으로 부르고 있다.
105 정원도는 충대신문과의 인터뷰에서도 처음에는 10명이 독도에 들어갔고 3년 8개월 동안 지켰다고 증언했다(충대신문방송사, 2005. 5. 23).
106 『오마이뉴스』 2005. 4. 4. 정원도는 2005년 4월 8일에 방송된 KBS와의 인터뷰에서는 수비대에서 돌로 깎아놓고 한진호란 사람을 불러서 새겼다고 했다.
107 『오마이뉴스』 2005. 4. 4.
108 1983년 7월 25일자로 된 감사패는 현재 독도박물관에 사본이 전시되어 있다. 이필영도 감사패를 언급한 바 있다.
109 KBS 역사저널, 인물현대사 78회(2005. 4. 8).

수비대 연구의 전면적인 재검토의 필요성을 역설했던 독도수호대는 이들 보도에 비판적인 입장을 취하지 않았다. 그러다가 2005년 4월 18일 「독도의용수비대 지원에 관한 특별법안」이 발의되면서 상황이 또다시 바뀌었다. 8월 16일 동지회는 국가보훈처를 방문하여 활동기간과 대원에 관한 진실 규명을 요구했고[110] 7월 29일 「독도의용수비대지원법」(법률 제7644호, 이하 「독도수비대법」으로 약칭)이 제정되자 경찰관 및 전 수비대원들의 양심 고백이 나오기 시작했다. 다른 한편에서는 가짜 대원과 그 자식들이 독도의용수비대가족협의회(이하 '가족협의회'로 약칭)를 만들어 대응했다.[111] 독도수호대는 이 단체가 가짜 대원과 자식들이 만든 것이며 박영희는 가짜 대원인데, 박영희와 가족은 독도의용수비대유족회 소속이면서 가족협의회에도 함께하고 있다고 비판했다.[112] 독도수호대는 2005년 9월 가짜 대원과 가족이 중심이 되어 만들어진 단체가 조직적인 방해활동을 했고 이 모임의 회장은 경찰관 출신이라고 했다. 이는 경찰 출신 김산리를 가리키는 듯하지만 김산리는 자신이 독도수호동지회를 만들었고 회장을 했다고 말한 바 있다.[113] 독도의용수비대동지회, 독도의용수비대유족회, 가족협의회, 독도수호동지회 등 여러 단체가 있었던 듯한데 이들이 주장하는 바가 달라 혼란스럽다.

김산리는 2006년 1월 11일 경찰청의 경감 1인 및 경위 2인과 함께 울릉도와 독도를 조사한 적이 있는데 결과를 경찰이 채택하지 않았다고

---

110 독도수호대 홈페이지(「고 이필영, 독도의용수비대원 아니다」(2020년 11월 18일 등록) (2024년 6월 23일 검색).
111 독도수호대 홈페이지(「고 이필영, 독도의용수비대원 아니다」(2020년 11월 18일 등록) (2024년 6월 23일 검색); 박영희가 가족협의희 고문이라는 기사가 있다(『미디어오늘』, 2015. 8. 3.).
112 위의 사이트.
113 이서행, 『대한민국 경찰의 독도경비사 연구』, 치안정책연구소, 2009(이상호 박사 제공); 김점구, 「독도의용수비대의 활동시기를 다시본다」, 『내일을 여는 역사』 제64호, 내일을 여는 역사재단, 2016. 264쪽의 각주 68.

Ⅰ - 문제의 발단 51

2009년에 증언한 바 있다. 이를 채택하게 되면 지금까지의 주장이 거짓말이 되기 때문에 채택하지 않았다는 것이다.[114] 한편 2005년 8월 이후 이필영은 독도수호대 대표 김점구를 찾아와 독도의용수비대 가짜 논란에 대해 이야기를 나누었고, 김점구는 "이필영은 독도의용수비대원이 아니다."라고 결론내렸다.[115] 이렇듯 수비대 지원법의 제정으로 말미암아 가짜 수비대 논란이 여러 단체의 설립과 관련자들의 증언으로 이어져 논란을 종식시킬 듯했지만, 증언으로 수비대 행적이 가짜임을 입증하는 데는 한계가 있었다.

그러던 가운데 2006년 8월 독도수호대는 경상북도 경찰국(현 경북지방경찰청)의 1978년의 조사보고서를 입수했다. 이를 토대로 독도수호대는 생존대원들의 증언을 객관적으로 입증할 수 있는 자료를 확보했다고 판단했다.[116] 경찰국 보고서는 홍순칠의 부인 박영희를 '수비대로서 활약 사실이 없는 자'로 분류하는 등 그동안 논란이 되어온 가짜 대원의 정체를 구체화했기 때문이다. 그럼에도 국가보훈처는 2006년 9월 29일 "생존 수비대원의 진술 외에 문헌상 객관적인 반증자료가 없다."고 결론 내렸다. 그러자 독도수호대는 국가보훈처가 진실규명을 할 수 없다는 판단을 하고 다시 감사원에 감사를 청구했다.

2006년 가을부터 동지회와 독도수호대, 김산리 등이 저마다 언론에 제보 혹은 기고하는 형식으로 수비대가 가짜임을 밝히는 데 주력했다. 한편에서는 대원들을 인터뷰하여 통설을 반복·재생하는 방송과 언론이

---

114 이서행, 『대한민국 경찰의 독도경비사 연구』, 2009, 치안정책연구소(2009년 7월 31일 김산리 인터뷰)
115 독도수호대 홈페이지, 「고 이필영, 독도의용수비대원 아니다」(2020년 11월 18일 등록)(2024년 6월 23일 검색).
116 독도수호대 홈페이지, 「국내 독도 단체, 독도의용수비대를 상대로 폭언」(2013년 9월 14일 등록)(2024년 6월 23일 검색).

그대로 있었다. OhmyTV[117]는 경찰 출신 최헌식과 김산리, 대원이던 서기종, 이규현의 증언을 보도했다. 최헌식은 1978년에 간행된 김교식의 『독도수비대』를 홍순칠이 대필한 책으로 보고 이 책의 95%가 거짓말이라고 증언했다. 또한 최헌식은 홍순칠이 1954년 4월 미역 채취를 위해 들어간 것이며 미역 채취가 끝난 3개월 뒤 울릉경찰과 인수인계를 마쳤다고 증언했다. 따라서 수비대가 경비를 한 것은 한두 달 밖에 안 된다고 증언했다. 1954년 7월에 경찰이 막사를 지으러 들어갔으니 이때 경찰이 경비를 인수했다고 보아야 한다는 것이 최헌식의 주장이다.

이어 『오마이뉴스』는 수비대원과 전직 경찰관을 포함 모두 10명을 취재한 내용을 2006년 10월 말부터 3회에 걸쳐 보도했다.[118] 『오마이뉴스』 기자는 여러 대원과 경찰의 증언을 제시하며 『이 땅이 뉘땅인데!』에 기술된 내용과 홍순칠 주장의 많은 내용이 사실과 다른 점을 검증했다. 이때 보도된 내용이 이후 제기되는 논쟁점을 거의 망라하고 있으므로 조금 길지만 구체적으로 기술하기로 한다.

1회로 보도한 경찰 출신 최헌식의 증언에 따르면, 수비대의 입도는 미역 채취가 목적이었고 1954년 7월 경찰이 초소를 지은 뒤 8월 말부터는 경찰이 경비를 전담했으므로 실제로 그들의 수비기간은 2~3개월 밖에 안 된다. 경찰 출신 김산리의 증언에 따르면, 홍순칠은 1954년 5월에 입도했으며 민간인에게는 무기를 대여할 수 없었으므로 홍순칠에게 의용경찰이라는 명분을 주어 경찰이 대여했고, 미역을 채취하는 김에 경찰을 도와 독도 경비도 함께 부탁한 데서 수비대가 비롯되었다는 것

---

117 2006년 10월 17일(https://m.ohmynews.com/NWS_Web/Mobile/mov_pg.aspx?CNTN_CD=MB000014770)
118 『오마이뉴스』 2006. 10. 30.; 10. 31.; 11. 1. 3회에 걸쳐 김영균 기자가 기사를 게재했다. 2회가 10월 18일로 되어 있는데 오기로 보인다.

이다. 김산리는 민병대를 언급하지 않았다.[119] 수비대원 정원도는 1953년 4월에 10명이 들어갔다고 증언했었는데[120] 서기종은 1954년 6월 홍순칠 대장과 6명이 처음 독도에 들어갔다고 증언했다.

『오마이뉴스』는 1978년에 출판된 『다큐멘터리 독도수비대』에서 홍순칠이 "우리가 1954년부터 3년간 무인고도 독도에서…"라고 쓴 사실도 지적했다. 또한 『오마이뉴스』는 홍순칠의 차녀 홍연순(홍연숙의 오기(誤記)-인용자)이 정부가 수비대 활동의 시작을 인정한 시기는 1954년이 맞다고 증언한 사실, 그리고 그녀가 홍순칠이 독도에 처음 상륙한 날짜를 1953년 4월 20일로 알고 있다고 증언했다는 사실을 함께 보도했다. 『오마이뉴스』는 울릉경찰서의 배명 기록에 따라 9명의 경찰 명단[121]을 밝혔는데, 1954년 12월 그들이 정식 울릉경찰서 경찰관으로 발령받은 시점부터 사실상 독도의용수비대는 해체된 것이나 다름없었다고 보았다. 『오마이뉴스』는 여러 정황을 종합하여 수비대가 독도를 지키며 경비업무에 도움을 준 것은 길게 잡아도 8개월뿐이었다는 결론을 내리고 서기종의 증언이 이를 뒷받침한다는 사실을 덧붙였다.[122] 이는 2~3개월만 경비했다는 경찰들의 주장과 엇갈린다. 수비대의 단독 경비가 아니라 경찰의 경비에 도움을 준 시기까지를 합하면 8개월이라는 것이다. 이 '8개월 활동'설은 2006년에 『오마이뉴스』 기자가 처음 정리한 것이다. 기자는 서기종이 "독도의용수비대로 활동한 것은 길게 잡아도 8개월 밖에 안 된

119　김산리의 증언에 따르면, 독도에 간혹 일본 배가 오므로 홍순칠이 미역을 캐러 들어가기 위해 구국찬 서장에게 총기 대여를 요청하자, 의용경찰이라는 명분을 붙여 총기를 대여한 것이 독도수비의 계기였다는 것이다. 2009년 당시 김산리는 독도수호동지회 회장이었다(이서행, 2009, 앞의 글).
120　『오마이뉴스』 2005. 4. 4.
121　서기종(27세), 정원도(27), 김영복(27), 이규현(31), 김영호(24), 황영문(23), 이상국(30), 양봉준(26), 하자진(31)
122　『오마이뉴스』 2006. 10. 30.

다."라고 증언한 사실을 덧붙였다.

2회 보도는 "일본군하고 총격전? 없었어요. 새까만 거짓말이에요. 그랬으면 전쟁났지…."라고 말한 박병찬(79세)의 증언을 인용하는 것으로 시작된다. 박병찬은 1954년부터 울릉경찰서 경찰관으로 근무했던 사람으로 1954년에 홍순칠의 식량 횡령사건이 일어났을 때 이를 담당했었다.『오마이뉴스』는 2006년까지 알려진 수비대의 전공(戰功)이 꽤나 화려하여 1953년 6월부터 1955년 11월에 걸쳐 다섯 차례에 걸쳐 전투를 벌였다고 하는데 이런 전과(戰果)는 부풀려지고 끼워맞춰진 것으로 확인됐다고 보도했다. 기자는 1953년 4월 20일부터 1956년 12월 30일까지의 일련의 사건을 증언자의 증언에 의거하여 일목요연하게 표로 비교했다. 그리고 일본 순시선과 수비대 간의 총격전은 없었다고 결론내렸다. 생존해 있던 경찰들도 수비대 활동 당시 모든 무기는 울릉경찰서가 대여해준 것이라고 증언했다. 이에 기자는 당시 독도 수비는 독도의용수비대가 아니라 국립경찰이 도맡아 했다는 경찰관의 증언을 보도했다.

『오마이뉴스』는 '獨島義勇守備隊'(독도의용수비대)라고 쓴 현판과 함께 대원들이 찍은 사진을 게재했는데, 서기종이 1954년 9월경 일본 순시선이 접근하자 박격포 공포탄을 쏘고 난 뒤 기념으로 촬영한 것이라고 증언한 사실을 덧붙였다. 그런데 이는 의아한 일이다. 1954년 당시는 '독도의용수비대'라는 명칭이 확립되지 않았을 때이기 때문이다. 이 사진은 훗날 홍순칠이 현판을 만들어 가지고 들어가 찍은 것이라는 설도 있다.『오마이뉴스』는 또한 1966년의 서훈과 1977년의 서훈 신청, 1996년의 서훈에 대해 홍연숙이 문제가 없었다고 말한 기사를 실었다. 그러나『오마이뉴스』는 서훈이 신청된 33명의 수비대원에 대해서도 의문을 나타냈다. 1966년에 11명이던 대원이 1996년에 33명으로 늘어나

포상받았기 때문이다. 이에 서기종이 '독도 입도자는 17명이고 선원 4명을 포함해도 21명인데 독도에 한번 가보지도 않은 사람까지 넣어 홍순칠이 33명을 만든' 것에 흥분했다는 사실도 함께 전했다.[123] 『오마이뉴스』는 김교식이 『다큐멘터리 독도수비대』에서 해산식 장면을 묘사하면서 벌거숭이 사나이 33명을 운운한 사실을 지적하고 이는 박영희가 포함된 33인의 명단의 내용과는 맞지 않음을 지적했다. 박영희는 독도에 입도한 적이 없기 때문이다. 『오마이뉴스』는 수비대원으로서 경찰에 특채된 이규현이 "후방지원대·교육대·보급대·수송대 편제에 포함된 독도의용수비대원들도 모두 '가짜'라고 잘라 말했다."는 사실을 인용하고, 그가 수송대를 수비대원으로 인정하지 않은 사실은 서기종이 보급선원을 수비대원으로 인정한 사실과 엇갈린다는 점을 밝혔다. 또한 홍순칠의 딸 홍연순이 이와 다른 주장을 편 사실도 보도했다.

이 기사가 보도되자 독도 관련 단체는 성명서를 발표하며 『오마이뉴스』 보도를 비판했고, 독도수호대의 운영위원 김윤배도 이의를 제기하는 글을 기고했다.[124] 김윤배는 『오마이뉴스』 기사가 제보자의 편협한 주장과 선정적인 기사 제목으로 국민들에게 수비대에 관한 악의적인 시각을 전달하고 있다고 비판하고, 수비대의 행적을 밝힐 책임은 정부에 있다는 논리를 폈다. 기고자는 『오마이뉴스』 제보자가 누구인지 밝히지 않았지만, 『오마이뉴스』 보도를 비판한 『경북일보』가 김점구의 말을 인용하여 제보자가 김산리임을 밝혔다.

김윤배는 『오마이뉴스』가 수비대의 창설 계기를 잘못 전달했음을 지적했지만, 자신도 수비대의 입도 시기를 1954년 5월경으로, 활동기간

---

123 『오마이뉴스』 2006. 11. 1.
124 김윤배, 「독도의용수비대 행위는 역사적 사실이다」, 『오마이뉴스』 2006. 11. 3.

을 8개월로 보았다. 그는 『오마이뉴스』가 수비대가 고작 2~3개월 독도경비를 했다고 주장하는 데 대해서는 역사적 사실에 대한 지극히 편협한 논점이라고 비판했다. 그는 증언자의 기억과 자료의 교차 해석이 필요하다는 입장을 견지했다. 그는 홍순칠의 수기가 사실관계에서 오류가 있음을 쉬이 알 수 있음에도 정부와 관계기관이 이들 사항을 조사하지 않은 채 국민에게 전달해온 점을 비판, 국가보훈처가 오류를 수정할 것을 요구했다. 수비대에 관한 김윤배의 입장은 주둔기간 동안 수비대만 독도를 지켰다는 것이 아니라 국립경찰도 무기지원 등 여러 역할을 했다는 것이다. 그러나 이런 주장은 수비대와 경찰이 처음부터 공조했다는 것으로 읽힐 수 있다.

또한 김윤배는 『오마이뉴스』가 국가보훈처의 무책임한 태도는 비판하지 않고 생존대원과 유족에게만 책임을 전가하고 있음을 지적했다. 그러나 홍순칠이 주장하는 수비대의 행적이 사실인가를 검증하는 문제와 국가보훈처가 수비대에 훈포장을 수여한 문제는 별개로 지적되어야 할 사안이다. 국가보훈처가 훈포장을 결정하는 데 전거로 삼은 것은 홍순칠의 주장에 의거하여 작성된「공적 조서」이다. 그러므로「공적 조서」에 기재된 내용이야말로 검증되어야 할 사안이다. 언론이 국가보훈처의 행태를 지적하는 대신「공적 조서」에 정보를 제공한 자의 주장을 우선적으로 검증했다고 해서 비난받아야 할 일은 아니다. 다만 홍순칠의 주장을 검증한 뒤에 그 사실에 따라 국가보훈처의 역할이 뒷받침되었어야 한다는 점을 지적해야 했어야 했고 그것이 바른 순서일 것이다.

『경북일보』는 『오마이뉴스』가 '독도의용수비대'를 비하·왜곡하는 기사를 3회에 걸쳐 보도한 사실을 지적하고, 김점구 독도수호대 대표가 "오마이뉴스는 언론폭력이며 악의적인 역사왜곡이다. 제보자 김산리씨의 주장을 근거로 취재방향을 정해놓은 꿰맞추기식 기사에 불과하며, 고작 20여 일간의 취재로 결론을 내린 오마이뉴스는 특종에 눈이 멀고 말았다."고 분개한 사실을 인용했다.[125]

이후 시민단체의 활동이 적극 개시되었다. 2006년 6월 시민단체 ○○○○○는 기념사업회 설립 등 각종 지원사업이 지연되는 데 대하여 국가보훈처의 업무 처리에 대한 감사를 청구했다. 그 결과 감사원은 2007년 4월「독도의용수비대 서훈 공적 재조사 업무처리 부적정」을 국가보훈처에 통보했다. 2006년에 3회 연속으로 수비대 비판 기사를 실었던 『오마이뉴스』기자는 감사결과를 보도하고,「독도수비대법」의 개정이 뒤따를 것으로 전망했다.[126] 감사원의 감사결과가 세상에 알려지자 방송에서는 수비대원 33명 가운데 6명이 가짜라고 판명한 보고서가 발견되었다고 보도했다. 보고서란 1978년 경북 경찰국의 조사보고서를 가리킨다.

1996년 3월 홍순칠의 유고가 처음 언론에 공개되었을 때 KBS는 정원도와 박영희를 인터뷰한 적이 있다. 이후 수비대에 관해 매체와 가장 많이 인터뷰한 사람은 정원도와 서기종이다. 2005년에 KBS의 '인물한국사' 제작진은 정원도, 이필영, 이규현 대원과 함께 직접 독도로 입도하여 치열했던 '독도 전투' 현장을 공개하였다. 이때 선박과 관련된 이필영을 수비대원에 포함시켜 방송했다. 방송은 홍순칠의 수기에 의거한 수비대의 생활상을 공개하고 아울러 1955년에 제작된 영화〈독도와 평화선〉에 담긴 대원들의 모습도 전했다.

후일 정원도는 1953년에 9명이 독도로 향하는 것으로 수비대의 역사가 시작되어 1956년 12월까지 수비했다고 증언하는가 하면[127] 1954년

---
125 『경북일보』2006. 11. 6., 사설.
126 『오마이뉴스』2007. 4. 19.
127 『지역내일』2010. 4. 9.

11월의 독도대첩 등을 언급하여 홍순칠의 주장을 뒷받침하는 증언을 주로 했다. 서기종도 2005년경부터 증언했으나 그는 수비대의 행적이 과장되고 왜곡되었다는 증언을 주로 했다. 둘 다 1954년 말에 경찰에 특채되었던 인물이다. 서기종은 "3년 8개월, 33명은 완전히 엉터리"라며, 자신의 활동기간은 8개월 즉 1954년 5월부터 12월까지라고 증언했다.

2005년 8월 동지회가 국가보훈처에 활동기간과 대원에 관해 바로잡을 것을 요구했으나 국가보훈처는 대응하지 않았다. 그러자 동지회는 다시 대원의 병적 기록, 경찰관 근무기록, 외무부의 『독도문제 개론』, 경상북도 경찰국의 조사보고서 등 관련 자료를 근거로 제시했다. 그럼에도 국가보훈처가 진상 규명을 무시하자 (동지회와 독도수호대는) 국가보훈처 홈페이지에 진실규명을 촉구하는 글을 올렸다. 그러자 국가보훈처는 '독도'를 금지어로 등록하여 홈페이지에 '독도' 관련 글을 쓸 수 없게 했다. 국가인권위원회는 2008년 5월 9일 이에 대해 적절한 자유게시판 운영이라고 판단되지 않는다는 권고를 국가보훈처에 전했다.[128]

2007년 4월 19일 감사원은 국가보훈처에 "33명의 독도의용수비대원 공적을 재조사하라"는 지시를 내렸다.[129] 수비대원 33명 중 절반 이상이 독도에 가본 적도 없는 '가짜 수비대원'이라는 사실이 밝혀짐에 따라 감사원이 내린 조치였다. 이는 4월 20일 KBS 뉴스로 방송되었다. 김영복과 하자진, 박영희가 인터뷰에 응했다. 김영복과 하자진은 수비대원이 17명인데 선원 4명이 추가되었다고 했고, 박영희는 자신이 보급을 전적으로 맡았다며 가짜임을 부인했다.[130] 김영복과 하자진, 정원도

---

128 독도수호대 홈페이지 「독도의용수비대기념관, 누구를 위한 기념관인가」(2017년 10월 27일 등록) (2024년 6월 24일 검색)
129 『오마이뉴스』 2007. 4. 19.
130 SBS 뉴스 2007. 4. 19.; KBS 뉴스 2007. 4. 20.

는 모두 수비대 출신이지만 경찰을 지낸 사람인데 방송에서는 이를 밝히지 않고 수비대원으로 통칭했다. 감사원의 감사 결과가 알려지자, 특정 단체의 활동을 방해하고 비난하는 단체들이 나왔다. 이른바 극우적 성향의 단체들이다.[131] 이들은 "홍순칠 대장은 독립선언문을 낭독한 33인을 존경한 나머지 예우하는 마음으로 의용수비대를 33인에 맞추었다고 생각합니다."[132]라고 하며 홍순칠의 주장을 신뢰했다.

이렇듯 수비대를 둘러싼 논란이 첨예해진 가운데 경찰대학교 산하 치안정책연구소는 한국학중앙연구원 이서행 교수에게 연구 용역을 의뢰했다. 그 결과보고서가 『대한민국 경찰의 독도경비사 연구』(2009)이다. 이 연구는 독도의용수비대가 1953~1956년 사이에 독도를 수호했다는 기존의 주장은 정부가 독도를 실효적으로 지배하지 못했다는 반론이 제기될 위험성이 있고 일본과의 영유권 분쟁에서도 중요한 논란거리가 될 수 있다는 문제의식에서 출발했다. 그리하여 독도 경비가 민간 주도라기보다는 국가공권력의 승인과 지원에 따른 업무였음을 밝힐 수 있을 것으로 보고 연구를 진행했다. 이 연구는 '홍순칠 신화'[133]가 지속되고 있는, 수비대에 대한 과도한 평가를 수정하고 경찰의 경비사를 규명하는 것이 연구의 목적이었다. 이를 위해 연구팀은 독도수호에 참여한 당사자 가운데 하자진, 이규현, 김산리[134]의 증언을 청취했다.

이서행 교수 연구진은 독도의용수비대기념사업회 당사자와 독도의용수비대동지회, 독도수호대를 언급하고, 국가보훈처와 감사원의 감

---

[131] 독도의병대(대표 윤상현, 총무 윤미경), 발명계독도개발지원운동본부(본부장 한송본), 독도사수대(대표 이상훈), 독도연합총본부(대표 이원수)이다(독도수호대 홈페이지, 「국내 독도 단체, 독도의용수비대를 상대로 폭언」, 2013년 9월 14일 등록).
[132] 위 사이트.
[133] 이서행, 『대한민국 경찰의 독도경비사 연구』, 치안정책연구소, 2009.
[134] 김산리는 2006년 11월에 김점구에게도 수비대의 행적을 증언한 바 있다(독도수호대 홈페이지에는 2006년 11월 9일에 증언한 것으로 되어 있다).

사 결과, 독도수호대의 주장 등을 소개했다. 이어 내린 결론은, 1953년 7월 휴전협정 전후 울릉경찰서 독도순라반이 독도 경비를 수행했으나 상주 근무를 하지 못하던 상황에서 1954년 4월 말 재향군인회를 중심으로 독도의용수비대가 조직되어 1954년 5월 초 경찰의 지원을 받아 경비를 담당하다가 1954년 12월 31일 수비대원 중 9명이 정식 경찰로 채용됨으로써 수비대는 해체되고, 경찰이 독도 경비를 전담했다는 것이었다. 즉 독도 경비는 경찰이 중심이었고 독도의용수비대는 협력 및 보조 임무를 수행했다는 것이 그들의 결론이었다.

2006년 11월 국가보훈처는 하자진과 이규현을 면담한 바 있다.[135] 2008년 2월 국가보훈처는 "명백한 반증자료가 있지 않는 한 현재까지의 기록을 뒤바꿀 수는 없다."며 진실 규명을 거부했다.[136] 이서행 교수 연구진은 국가보훈처의 조사관이 대원을 만나 촬영도 하고 증언도 받아 33인과 1953년 수호설이 거짓말이라고 증언한 사실을 확인했음에도 "그것을 완전히 반박할 만한 자료가 없기 때문에 공적 대상에서 제외하는 것은 불가하다."는 식의 보고서를 감사원에 제출했음을 밝혔다.

이서행 교수 연구진은 국가보훈처 조사자에게 면담자들의 증언 및 자료를 인정할 것을 요구했지만, 국가보훈처는 공적 심사 대상이 완벽하게 거짓말이라고 드러나는 자료가 있어야만 공적을 박탈시킬 수 있다고 답변했다고 한다. 국가보훈처는 하자진과 이규현 등 생존자들을 면담하여 독도의용수비대 진상규명위원회의 이름으로 결과보고서를 냈지

---

135 다른 대원도 면담했을 것으로 보이지만 필자가 확보한 것은 두 사람에 대한 면담보고서(국가보훈처 독도의용수비대진상규명위원회, 『독도의용수비대 진상규명위원회 결과보고』, 2008. 2. 21.)이다. 면담자는 국가보훈처 심사정책과와 공훈심사과 직원이다.
136 『독도의용수비대 진상규명위원회 결과보고』(2008. 2. 21.) 내용의 일부가 독도수호대 홈페이지에 게재되어 있다.

만 현재 공개하지 않고 있다.[137] 이런 상황에서 국가보훈처가 어떻게 자료로부터 "완벽한 거짓말"이라는 것을 가려내겠다는 것인지 필자로서는 이해하기 어렵다.

2011년에 이동원은 치안정책연구소가 2009년 3월에 의혹을 제기했던 사실을 언급하고[138] "그 중심에 선 홍순칠 대장이 작고하고 없는 상태에서 치안연구소가 연구 용역을 해 격변기의 열악한 상태를 현실의 기준에 따라 실증기록과 생존자의 진술만으로 단정 지으려 한 점 및 관련 결과물을 공개하지 않은 점 등이 의혹을 부풀리고 있다."고 지적했다. 이동원은 생존자의 진술이 수비대에 불리한 내용일 것으로 예단한 것이다. 여기서 말한 생존자는 치안정책연구소 보고서에 수록된 김산리를 가리키는 듯하다.

이런 논란에도 「독도수비대법」은 전면 개정되지 않았다. 2011년 여름 수비대의 활동시기에 대한 논란이 다시 한번 제기되었다.[139] 김윤배를 비롯한 3인의 논자는 홍순칠이 1953년 4월 20일 오전 8시 20분에 독도에 상륙했다고 주장하지만 묘비에는 1954년 6월로 적혀 있고 『국립경찰 50년사』와 『국방백서 2000』에도 1954년으로 적혀 있어 홍순칠의 주장과 기록이 서로 일치하지 않음을 지적했다. 한편에서는 홍순칠의 주장에 의거하여 수비대의 공적을 드러내는 신문기사가 여전히 생산되었다.[140]

---

137 필자는 국가보훈처와 국가기록원에 정보공개청구를 했지만 '부존재' 회신을 받았다. 그런데 김점구는 논문(「독도의용수비대의 활동시기를 다시본다」 2016, 각주 47)에서 이 보고서를 제시하고 있다.
138 이동원(독도조사연구학회 부회장), 「(기고) 독도의용수비대의 의혹제기에 대한 입법 해석(上)」, 『천지일보』 2011. 5. 2.
139 김윤배·김점구·한성민, 「독도의용수비대의 활동시기에 대한 재검토」, 『내일을 여는 역사』 제43호, 내일을 여는 역사재단, 2011.
140 『영남일보』 2011. 9. 21.

2013년에 독도의용수비대기념사업회는 국방대학교 김병렬 교수를 연구책임자로 하고 독도수호대 대표 김점구와 동북아역사재단 연구원 홍성근 박사, 기념사업회 이용원 부회장을 연구원으로 참여시켜 독도의용수비대 활동 기간을 재정립하기 위한 연구 용역을 발주했다.[141] 연구에 참여했던 이용원은 2015년에 『독도의용수비대: 독도를 지켜낸 영웅 33명의 활동상』이라는 저서를 출판했다. 그는 저서에서 "일부 연구자는….."이라며 일부 연구자의 의견에 반론했는데, '일부 연구자'는 자신을 제외한 위의 3인을 말한다. 김병렬 교수 연구진은 수비대의 창설 시기를 1954년 4월로, 해산 시기를 1954년 12월로 잡아 수비대가 8개월 동안 활동한 것으로 결론내렸다.[142] 이용원은 이에 동의하지 않았다. 연구진은 최종보고서를 기념사업회에 제출했으나 김점구가 2014년에 국가보훈처에 위 최종보고서에 대해 문의했을 때 국가보훈처는 보고서의 존재조차 모르고 있었다고 한다. 이후 김점구는 보고서를 국가보훈처에 전달했다.[143]

현재 기념사업회는 보고서 '비공개'를 운운하고 있다.[144] 그러나 이용원이 이미 자신의 저서에 이 보고서를 인용한 바 있다. 김점구는 2015년 『미디어오늘』[145]에서 보고서의 내용을 언급했고 2016년에는 그 연구 성

---

141 독도수호대 홈페이지, 「독도의용수비대기념관, 누구를 위한 기념관인가」(2017년 10월 17일 등록) (2024년 6월 24일 검색)
142 독도수호대 홈페이지, 「1950년대 독도경비대 구술 자료집 낸다」는 「창설 1954년 4월, 해산 1954년 12월」이라는 내용의 2013 보고서에 동의한다는 의미로 3인이 직접 날인했음을 밝히고 있다.
143 독도수호대 홈페이지, 「독도의용수비대기념관, 누구를 위한 기념관인가」(2017년 10월 17일 등록)
144 필자는 보고서의 공개를 국가보훈처에 청구했으나, 용역을 발주한 독도의용수비대기념사업회가 법인기관이므로 정보 공개 청구의 대상이 아니라고 답변했다. 다시 기념사업회에 문의했으나 비공개 보고서이므로 제공할 수 없다는 구두 답변을 들었다(2023년 4월, 장○○ 부장의 답변).
145 『미디어오늘』 2015. 8. 3. 이재진 기자는 김점구를 인터뷰한 기사를 게재했는데, "지난 2013년 7월 독도의용수비대기념사업회가 연구 용역을 의뢰한 보고서에서도 독도의용수비대의 활동 기간과 내용 등이 오류가 있음을 지적했다."라고 썼다.

과에 의거하여 개별 논문을 발표했다. 독도수호대 홈페이지에서도 보고서의 결과를 일부 공개했다. 상황이 이러한데 '비공개'를 운운하며 외부에서 이용하는 것을 막는 것은 무의미하다. 누구를 위한, 무엇을 위한 비공개인가? 국가와 지방자치단체 보조금으로 운영되는 기념사업회가 직원의 자의적인 이용은 허용하면서 외부 연구자의 이용을 제한하는 것은 명분이 없다. 자신들이 원하는 연구 결과를 얻지 못했으므로 공개하지 않는다는 의심을 살 수도 있는 일이다.

    이용원은 수비대의 행적을 높이 평가했다. 오히려 그는 수비대를 영웅시하기 위해 『독도의용수비대』를 집필한 듯하다. 이용원은 외무부가 펴낸 『독도문제개론』(1955)과 내무부 보고, 한일 양국의 언론 기사, 수비대원들의 증언을 근거 자료로 제시하며 수비대의 행적을 뒷받침하려 했다. 또한 그는 수비대를 부정적으로 기술한 자료에 대해서는 신뢰성에 의문을 제기하고 그 내용을 비판하는 데 역점을 두었다. 이를테면 경상북도 경찰국의 조사 보고서(1978)에 대해서는 "경찰 최고 기관의 의견으로 확정하여 대외적으로 발표된 문건이 아니므로 자료로 활용하기에는 한계가 있다… 신뢰성 낮은 자료라 아니할 수 없다."[146]라고 했다. '경찰 최고 기관이 확정하여 대외적으로 발표한 것'이 아니므로 자료로서 한계가 있다는 것인데, 무슨 의미인지 모르겠다. 경찰국 보고서가 비공개 자료라서 가치가 없다는 것인가? 이 자료가 일반에게 공개되지 않더라도 관련자에게 공개되었다면 그것으로 기능한 것은 아닌가? 비공개 자료라서 신뢰할 수 없다면서 정작 자신은 '비공개' 자료를 이용하여 비판하고 있다. 경북 경찰국이 조사보고서를 작성한 이유는 서훈 심사에 활용하기 위해서였다. 그러므로 국가보훈처가 1996년 심사 때 이 보고서를 활

---

146 이용원, 『독도의용수비대』, 범우, 2015, 119쪽.

용했으면 그것으로 족하다. 국가보훈처가 이 보고서를 참조했는지는 알 수 없지만, 결과적으로 국가보훈처는 경찰국 보고서와 상관없는 결정을 내렸다.

이용원의 저서는 그 의도가 어떠하든 수비대에 관한 논란을 본격적으로 검증한 것인 점에서 의미가 있다. 언론에서 수비대의 행적에 의문을 제기한 적은 있지만, 학술적으로 검증한 적은 없었기 때문이다. 일부 국제법 학자들은 홍순칠의 증언을 절대적으로 신뢰하고 그와 32인을 영웅시하는 데 주력했다. 이용원의 집필도 수비대 행적을 공고히 할 목적에서 비롯되었다는 점은 그들과 뜻을 같이 하는 것임을 보여준다.

가짜 수비대 논란은 2015년 8월에 또다시 제기되었다.[147] 『미디어 오늘』은 김점구를 인터뷰한 내용 "훈장을 받은 독도의용수비대 33인 중 16명이 '진짜' 대원이고 나머지는 '가짜'이며 활동기간도 8개월 밖에 안 됐다"는 주장을 인용·보도했다. 2017년 9월 『한겨레 21』은 수비대기념관의 개관을 앞두고 동지회장 서기종의 주장을 인용·보도했다. 기사 제목이 "독도의용수비대, 활동 기간·대원 수 날조됐다."[148]였다. 김점구가 2016년에 발표한 "독도의용수비대의 활동 시기를 다시 본다."[149]는 글은 『미디어오늘』에서 다룬 주제의 대부분을 포함하고 있다. 그는 통설이 된 '3년 8개월'설이 성립할 수 없음을 입증하기 위해 다른 수비대원의 병적(兵籍) 증명서, 일본의 불법 침범과 헤쿠라호 사건 관련 기록, 1953년의 울릉도독도 학술조사단 기록, 경상북도 경찰국의 조사보고서(1978), 『독

---

147 『미디어 오늘』 2015. 8. 3.
148 김선식, 「독도의용수비대, 활동 기간·대원 수 날조됐다」, 『한겨레 21』 1180호(2017. 9. 21).
149 김점구, 「독도의용수비대의 활동 시기를 다시 본다」, 『내일을 여는 역사』 제64호, 내일을 여는 역사재단, 2016.

도문제개론』(1955) 등을 검토했다.¹⁵⁰ 그 결과 김점구는 수비대가 1954년 5월경부터 독도 경비를 시작했고, 1954년 12월 31일 수비대원 9명이 경찰에 특채된 이후로는 울릉경찰서가 독도경비대를 상주시켜 경비를 전담하게 했으므로 '3년 8개월'이 아니라 '8개월'의 수비였다는 결론에 이르렀다. 김점구는 이용원의 저술을 언급했지만 본격적으로 검증하지는 않았다.

    2017년 9월 동지회 회장 서기종은 10월의 독도의용수비대기념관(기념관으로 약칭) 개관을 앞둔 시점에 『한겨레 21』 기자와의 인터뷰에서¹⁵¹ 수비대의 창설 시점은 1954년 5월 무렵이고 1954년 12월 31일자로 수비대원 9명이 경찰로 특채되어 본인은 1956년 4월 23일까지 울릉경찰서 울릉경비대 소속으로 근무했다고 진술했다. 서기종은 가짜 대원이 생겨난 것은 1966년 서훈 움직임이 있으면서부터라고 증언했다. 『경상매일신문』은 기념관의 개관에 즈음하여 서기종에 관한 기사를 3회¹⁵² 보도하면서 "독도의용수비대의 '뻥티기'한 주둔기간을 공식적으로 계속 주장해 나가면 우리 정부와 경찰의 영토수호 정책과 집행과정을 전면 부정하는 치명적인 오류를 범하게 될 뿐 아니라 우리 경찰의 명예까지 훼손시키는 역사적 범죄를 저지르는 것이다"라고 강변했다. 10월에 독도수호대는 「독도의용수비대기념관, 누구를 위한 기념관인가」라는 제하에¹⁵³ 서

---

150 『경상매일신문』 2017. 2. 22. 『경상매일신문』에서 A씨로 칭한 자는 김점구를 가리킨다. 기자는 "역대 정부는 홍순칠의 수기 등 개인 기록을 최상위에 두고, 경상북도 경찰국의 조사보고서, 외무부가 발행한 '독도문제개론', 국방부의 병적증명서, 울릉경찰서 경력증명서 등 공식 기록의 증거력을 인정하지 않고 있다."라고 썼는데 이들 자료는 김점구가 2016년에 발표한 글에서 거론되었다. 기사의 논지가 『미디어오늘』에 게재된 논지와 유사한 것도 김점구가 A씨임을 시사한다.
151 김선식, 「독도의용수비대, 활동 기간·대원 수 날조됐다」, 『한겨레 21』 1180호(2017. 9. 21).
152 『경상매일신문』 2017. 11. 7; 2018. 11. 13; 2017. 11. 16. 조영삼 기자의 글이다.
153 독도수호대 홈페이지, 「독도의용수비대기념관, 누구를 위한 기념관인가」(2017년 10월 27일 등록)

기종이 1996년의 서훈 사실을 서훈받는 당일에 알게 되었음을 언급했다. 이어 독도수호대는 1996년의「공적 조서」가 제대로 된 조사와 심사 없이 작성된 사실도 거론했다. 또한 추가 서훈의 근거로 인용된, 푸른독도가꾸기운동에의 참여에 대해서도 대원들이 이 운동에 참여한 적이 없음을 감사원이 밝혔다는 사실도 언급했다.

2018년 4월 김점구는 또다시『오마이뉴스』에 기고했다.[154] 그는 수비대 창설일을 1954년 4월 25일로 보고 그동안 왜곡되어 온 독도경비사를 바로잡을 것을 강조했다. 그의 논조는 이전과 유사하다. 4월 25일은 독도자위대를 결성하기로 궐기대회를 한 날이다. 아울러 그는 서기종이 수비대의 공적인 활동기간을 5개월로 해달라고 신청한 민원이 여전히 해결되지 않았음을 언급했다. 그러나 서기종은 이전 인터뷰에서 8개월을 언급한 바 있다.

5. 최근의 연구 동향과 정부 입장

2018년 판『이 땅이 뉘 땅인데!』는 1997년 판에 있던 (1)『월간 학부모』편집자의 글[155] (2) 정규학의 추모 시 외에 다른 내용을 추가했다. 그것은 (3) 독도의용수비대 (4) 독도의용수비대원 명단(2018. 12. 20. 현재) (5) 독도의용수비대기념사업회 관련 내용이다. '(3) 독도의용수비대'는 현재 기념사업회 홈페이지에 탑재된 내용의 일부를『이 땅이 뉘 땅인데!』에 실은 것이다. 기념사업회는 수비대의 활동기간과 일본과의 교전, 수비대가 일본의 침범을 저지한 내용, 수비대가 물골을 발견했는가

---

154 『오마이뉴스』 2018. 4. 25.
155 「의에 살다간 국토 파수꾼」(홍순칠이 사망한 1986년 당시 박영희는 홍순칠의 나이를 56세로 기술함)

의 논란거리를[156] 실었다. 또한 기념사업회는 수비대원을 경찰에 채용한 사실을 수비대의 업적으로 거론했다. 그러나 이것이 수비대의 업적인지는 의문이다. 기념사업회는 "동도 암벽에 '한국령(韓國領)' 조각 등 우리 땅 표식[157]"을 한 것도 수비대의 업적으로 제시했는데, 이 부분도 논란이 있다. 이에 대해서는 다시 다룬다.

최근의 연구 동향은, 수비대 해산 이후를 다룬 글이 나오는 한편, 기존의 통설을 반복하거나 논리를 강화하는 경향이 있다. 전자에 속하는 것으로는 김경도의 연구가 해당한다. 그는 수비대의 활동 기간에 대하여 협의와 광의의 해석 두 가지가 있음을 소개했다. 즉 그는 대원의 일부가 1954년 12월 31일 경찰로 특별 채용된 날을 기준으로 수비대 활동이 종료된 시점으로 보는 것을 협의의 해석, 1956년 12월 30일까지 수비대가 울릉도와 독도에서 부차적인 활동을 수행했던 기간까지 포함하는 것을 광의의 해석으로 제시했다.[158] 김경도는 독도수비대가 정부 지원 아래 민간으로서 경비업무를 대행하다가 정부와 합동으로 경비하면서 독도 수호의 안정화에 크게 기여했음을 인정하고, 후일 경찰에 채용된 9명의 활동은 정부의 독도 영유권 강화정책을 수행한 직접적인 증거자료라고 보았다.[159] 또한 그는 독도 경비의 주체가 "정부(독도순리반) → 정부 지원 민간대행(독도의용수비대) → 정부 및 민간 합동(독도경비대와 독도의용수비대)를 거쳐 정부(독도경비대)"로 변화되었다고 보았다.[160] 김경도는 (9명이) "독도경비대에 채용된 이후 2년 6개월간 독도 현지에서 독도경비업무

---

[156] 이를테면 "독도의용수비대 결성 44개월 간 독도 수호", "일본의 독도 불법 점령 시도를 6차례 저지", "서도에 물골 발견, 식수원 개발", "독도의용수비대을 경찰 특별 채용" 등이다.
[157] 표지(標識)로 쓰는 것이 맞다.
[158] 김경도, 「독도의용수비대 해산 이후 대원들의 독도 수호 활동」, 『독도연구』 제31호, 영남대학교 독도연구소, 2021, 54쪽.
[159] 위의 글, 71쪽.
[160] 위의 글.

를 수행하였다."[161]라고 했는데 이는 그가 수비대원의 독도경비대로서의 근무 기간을 1954년 7월부터 1956년 12월까지로 보았음을 의미한다.

그러나 독도경비대의 역사는 경찰이 상주하며 경비하기 시작한 시기로부터 잡아야 하며 그 시기는 통상 1954년 8월 말경이다. 그 이전부터 경찰이 있었지만 막사 준공식 이후부터가 공식적인 경찰의 주둔과 경비를 의미하기 때문이다. 당시 수비대는 미역 채취를 위해 막사에 함께 체재하며 유사시 경찰을 도울 수 있는 보조인력에 불과했다. 그런 차원에서 본다면, 독도경비대와 독도의용수비대가 동서(同棲)한 시기를 '정부 및 민간 합동'이라는 것으로 대등하게 평가할 수 있는 것도 아니다. 또한 수비대원이 1954년 7월부터 독도경비대로서 근무했다고 보기도 어렵다. 수비대원의 일부가 독도경비대로서 근무했다고 볼 수 있는 시기는 1955년 1월 1일(1954. 12. 31. 임명)부터이고 이때부터 그들은 더 이상 수비대원이 아니었다. 경비대가 상주한 시기부터 수비대는 사실상 해체된 것이기 때문이다. 그러므로 수비대원이 독도경비대로서 1954년 7월부터 1956년 12월까지 상주했다는 논리는 1955년 1월 1일부터 수비대원이 경찰공무원(독도경비대)으로서 경비를 담임했다는 사실과 양립하기가 어렵다.

한편 연구 동향에서 후자에 속하는 것은 수비대를 현대판 의병에 빗대어 소개한 글이다.[162] 『오마이뉴스』에 실렸는데, 홍순칠이 1969년과 1972년에 「독도개발 계획서」를 경상남도에 제출한 사실, 홍순칠의 행동이 일본 눈치를 보는 위정자들 눈엣가시가 되어 1974년 12월 중앙정보부가 그를 사흘간 고문을 하고 글을 못 쓰도록 오른손을 부러뜨렸다는 부인 박영희의 말, 전두환 신군부 시절이던 1980년대 초 그가 독도지킴

---

161 위의 글, 70쪽.
162 『오마이뉴스』 2022. 1. 10. 「'독도 야욕' 일본을 박격포로 격퇴한 현대판 의병들」(나재필 시민기자)

이로 북한방송에 소개되자 정부는 그에게 극렬한 고문을 가해 간첩 조작을 하려 했다는 사실을 전하고 있다. 중앙정보부와 북한방송을 언급한 것은 1996년 3월 1일 『동아일보』와 『조선일보』가 보도한 내용에 근거한 듯하다. 두 기사는 1996년 홍순칠의 유족이 홍순칠의 수기를 공개한 데 따른 보도였지만 내용에서는 차이가 있다. 『동아일보』의 보도는 박영희의 말을 빌려, 남편이 독도개발 문제로 관련 부처를 수없이 찾아다니다가 어느 날 북한방송에서 "독도를 지킨 홍순칠은 애국자다."라고 보도한 뒤 정부 당국으로부터 수상한 사람으로 몰려 억울한 핍박을 받았다는 것을 내용으로 한다. 『조선일보』는 홍순칠이 한때 중앙정보부의 의심을 받아 모진 고초를 겪었다는 간략한 보도였다. 두 기사의 공통점은 모두 박영희의 일방적 주장일 뿐이라는 것이다. 1996년의 언론 보도가 2022년에는 극렬한 고문과 오른팔 꺾기, 간첩 조작 등으로 부풀려졌다.

2017년 8월 동지회 회장 서기종이 국가보훈처를 방문하여 진실 규명을 요청한 일은[163] 언론으로 하여금 이에 대한 문제를 다시 제기하게 했다.[164] 그럼에도 국가보훈처는 재검토할 움직임을 보이지 않고 있다. 학계에서 홍순칠과 수비대의 행적에 의문을 제기한 시기는 언론 보도보다 늦은 2010년대에 와서다. 수비대에 관한 전반적인 평가는 여전히 긍정적인 평가가 지배적이지만, 논란이 있는 것도 사실이므로 이를 전면적으로 재검토해볼 필요가 있다. 일각에서 홍순칠의 주장과 기록이 서로 충돌하거나 역사적인 사실과 어긋난다는 점을 지적한 바 있지만, 관련 자

---

[163] 서기종은 2017년 10월 31일 문재인 대통령에게 인생 이력을 되돌려달라고 진정하는 호소문을 제출했고, 청와대 사회혁신수석실은 호소문의 내용이 사실임을 확인했으나 2018년에 태도가 바뀌었다. 서기종이 다시 민원을 제기하자 청와대 비서실은 이 문제를 경호처로 이송했고, 경호처는 국가보훈처로 이송했다. 국가보훈처는 청와대에 재이송을 거부하고 있는 상태이다(『오마이뉴스』 2018. 4. 25).
[164] 김선식, 「독도의용수비대, 활동 기간·대원 수 날조됐다」, 『한겨레 21』 1180호(2017. 9. 21).

료를 모두 검토한 것은 아니었다. 이에 필자는 홍순칠의 증언과 저서, 그의 증언에 따라 작성된 언론 기사, 경찰국의 조사보고서, 울릉도에서 간행된 자료들을[165] 모두 검토하여 사실관계를 가려보고자 한다. 앞에서 선행 연구를 자세히 기술했는데 그 이유는 제반 논리들이 어떻게 계술 혹은 변용되었으며, 어떤 부분에서 검증이 미비했는지를 파악하기 위해서였다. 현재는「수비대법」에 따라 기념사업회가 설립되었고, 기념관이 개관했다.[166] 기념사업회가 수비대에 관한 홍보콘텐츠도 제작하고 있으므로 기념사업회와 관계자의 논리도 검토해볼 필요가 있다. 이 책에서 유사한 내용을 거듭 기술한 경우가 있는데, 이는 세부 내용이 미묘하게 달라 홍순칠 증언의 진위를 가리는 데 유사한 여러 글이 필요해서다.

---

[165] 『鬱陵島鄕土誌』(1963; 1969);『東海의 睡蓮花』(1981);『開拓百年 鬱陵島』(1983);『鬱陵郡誌』(1989) 등이다.

[166] 기념관에 전시된 콘텐츠가 기념사업회 홈페이지에 탑재된 내용과 일치하지 않는 내용도 있다. 가장 큰 차이는 6차례에 걸친 일본의 침범 일자이다. 기념관과 기념사업회 홈페이지에 탑재된 것 가운데 1954년 8월 23일자의 침범만 공통되고 나머지는 전부 다르다. 기념관은 1953년이 5차례, 1954년이 한 차례인 것으로 기술했는데, 기념사업회 홈페이지는 6차례 모두 1954년의 침범으로 기술했다.

II

서훈 관련 공문서의 변천

1. 1966년의 서훈 문서
2. 1977년 홍순칠의 서훈 청원 무산
3. 1996년의 서훈

1. 1966년의 서훈 문서

    수비대장 홍순칠과 10명의 수비대원이 처음 서훈된 해는 1966년이다. 이로부터 30년 후인 1996년에 이들은 승격 서훈되거나 인원이 추가되어 33인이 서훈되었다. 그 사이인 1977년에 홍순칠이 추가 서훈을 청원한 바 있으나 성사되지 못했다. 1996년의 서훈은 2005년 「독도수비대법」의 제정에 크게 영향을 미쳤다.

    수비대 서훈이 1966년부터 1996년을 거쳐 2005년 특별법의 제정으로 이어지는 긴 역사를 지니고 있으므로 일련의 서훈과정을 살펴볼 필요가 있다. 그것은 언론 보도가 어떻게 영향을 미쳤는지, 서훈 수여의 논리가 어떻게 변용되었는지를 볼 수 있는 과정이기도 하다. 총무처는 1966년 4월 7일 국무회의에 제출한, 홍순칠에 대한 서훈 제안의 이유(이하 「영예수여」 의안'으로 약칭)를 다음과 같이 기술했다.[1]

---

[1] 「영예수여」(문서번호는 BA0084464, 국가기록원 소장).

한일회담에서 독도에 대한 영유권이 문제화되자 일본 측은 불법 영유를 기도하고, "죽도"경비대를 설치 매월 1회씩 정기적으로 순라함을 파견함을 알자, 국토보호를 목적으로 1954년 정부 보조 없이 단독으로 울능도 출신 대원 30명을 모집하여 다액의 사재를 들여 1956년 8월까지 독도를 수비하여 3차에 긍한 교전을 통하여 일본의 침입을 방지함으로서 대한민국 영토 수호에 헌신 노력하였음.

이에 기반하여 「勤務功勞 勳章證(案)」이 다음과 같이 작성되었다.

洪淳七
1927年[2] 1月 23日生

貴下는 透徹한 愛國心과 鄕土愛의 發露로서 1954년 6월 30餘名의 隊員을 募集하여 莫大한 私財를 기울여 獨島義勇守備隊를 組織하고, 警備에 心血을 傾注하여 왔으며, 特히 1954년 以後 1956년 8월 사이의 數次에 걸친 日本警備艇의 不法 侵犯을 果敢히 擊退시킴으로서 우리 領土權의 保全은 勿論 나아가서는 國土防衛에 크게 이바지하였을 뿐만 아니라 未開拓地인 獨島開發에 寄與한 功勞가 至大하므로 大韓民國 憲法이 賦與한 大統領의 權限에 依하여 이에 5等勤務功勞勳章을 授與함[3]

大統領 박정희(朴正熙, 1917~1979)
1966年   月   日
國務總理 丁一權

이 證을 第 號로서 5等勤務功勞勳章簿에 記入함
總務處長官 李錫濟

---

2 훈장증은 1927년으로 기재했다. 1978년 경찰국 보고서도 1927년 1월 23일생으로 되어 있다. 그런데 족보에는 홍순칠(洪淳七)(단기 4262년 9월 23일생, 배우 밀양 박씨)로 되어 있다. 단기 4262년은 1929년이다.

3 「근무공로 훈장증(案)」(의안번호 제385호, 1966. 4. 7. 제출)과 「근무공로 훈장증」은 원문대로 입력했다. 그 외는 한자를 한글로 바꾸고 윤문해서 입력했다.

국무회의 의결을 거쳐 확정된 「근무공로 훈장증」은 다음과 같이 주로 한글로 기재되어 있다.[4]

근무공로 훈장증
홍순칠
1927년 1월 23일

귀하는 투철한 애국심과 향토애로서 一九五四년 六월 30여 명의 대원을 모집하여 막대한 사재를 기울여 독도 의용수비대를 조직하고 경비에 심혈을 경주하여 왔으며 특히 一九五四년 이후 一九五六년 八월 사이의 수차에 걸친 일본경비정의 불법침범을 과감히 격퇴시킴으로써 우리 영토권의 보전은 물론 나아가서는 국토방위에 크게 이바지하였을 뿐만 아니라 미개척지인 독도개발에 기여한 공로가 지대하므로 대한민국 헌법이 부여한 대통령의 권한에 의하여 이에 五등근무공로훈장을 수여함

대통령   박정희
一九六六년 四월 一二일

(이하 생략)

'영예수여' 의안(議案)'은 '30여 명'의 대원을 운운했지만, 실제로 방위포장을 받은 대원은 10명에 불과했다. 서기종, 유원식, 정원도, 김병열, 한상용, 고성달, 김재두, 최부업, 오일환, 조상달이다. 이들이 서훈된 이유도 홍순칠이 서훈된 이유와 크게 다르지 않아, "투철한 애국심과 향토애로서 1954년 독도의용수비대에 자진 입대하여 장구한 기간 고도(孤島)인 독도에 주재하면서 만난을 극복하고 수차에 걸친 일본 경비정의

---

[4] 『이 땅이 뉘땅인데!』(2018, 139쪽)에 실려 있다.

불법 침범을 과감히 격퇴"시켰을 뿐만 아니라 "미개척지인 독도개발에 기여한 공로가 다대하"기 때문이다. 이에 1966년 4월 12일자로 대한민국 정부는 독도의용수비대 대장 홍순칠에게는 '5등 근무공로훈장(勤務功勞勳章)'(보국훈장 광복장)을, 10명의 대원에게는 '방위포장'을 수여했다.[5]

    1966년의 서훈 문서를 보면, 총무처의 서훈 제안서에는 홍순칠이 1954년에 울릉도 출신 대원 30여 명을 모집하여 1956년 8월까지 세 차례에 걸쳐 일본과 교전했다고 기술되어 있다. 이것이 홍순칠의 훈장증에서는 1954년 6월에 모집한 것으로 그 시기가 구체적이다. 홍순칠이 1954년 6월에 대원을 처음 모집했다면 실제로 활동을 시작한 시기는 그보다 뒤여야 한다. 교전 횟수도 서훈 제안서는 '3차'라고 했는데 훈장증에서는 '수차'로 바뀌었다. 비용도 서훈 제안서는 '다액의 사재'를 들였다고 했고, 훈장증은 '막대한 사재'를 들였다고 했다. 서훈 제안서는 일본이 "매월 1회씩 정기적으로 순라함을 파견함을 알자…."라고 하되 그 시기나 수비대가 이를 인지한 시기는 명기하지 않았다. 뒤에서 다시 언급하겠지만, 홍순칠이 일본 순시선의 정기적인 내도(來島) 사실을 알게 된 것은 입도하고 한참 지나서이다. 그러므로 정기적인 순라함의 파견 사실을 수비대 결성의 직접적인 계기로 보기는 어렵다. 또한 홍순칠은 "대원 30여 명을 모집"했다고 했으나, 그가 명단을 밝힌 것은 1970년대 중반 이후부터다. 1966년의 「영예수여」의안'은 수비대원 서기종 외 9명이 홍순칠의 뜻에 적극 호응하여 1954년 6월부터 1956년 8월까지 제반 애로를 극복하고 3개년간 독도 보호에 많은 공적을 남겼으므로 수여할 것을 제안한다고 했다.

---

[5] 「영예수여」의안'에 "내무부 장관으로부터 4등 및 5등근무공로훈장을 수여하도록 추천하여 왔으나 그 공적상으로 보아 서훈 균형상 5등근무공로훈장 및 방위포장으로 사정하였음"이라고 했으므로 심사 후 등급이 하향 조정된 듯하다.

1966년 「근무공로 훈장증」과 「방위포장증」에 명기된 수비대 명칭은 '독도의용수비대'[6]이다. 이 명칭은 언제부터 등장했을까? 홍순칠의 증언과 기록, 언론 보도는 저마다 명칭이 다르다. '독도의용수비대'는 홍순칠의 조부 홍재현이 창안했다는 기록도 있고, 홍순칠이 명함을 부탁한 인쇄소 주인의 제안으로 붙였다는 기록도 있으며, 홍순칠이 붙였다는 기록도 있다. 이 명칭이 정착하기 전에는 독도자위대(『경향신문』, 1959. 3. 3.), 의용경비대(『경향신문』, 1959. 3. 3.; 「독도수비대 비사」, 1965), 독도수비대(『동아일보』, 1960. 2. 6.; 『(도큐멘타리) 독도수비대』, 1978), 독도의용수비대(『한국일보』, 1962. 2. 15.), 독도 사수 특수의용대(「독도수비대 비사」, 1965) 등 여러 가지로 불렸다. '독도의용수비대'로 정착한 후에도 '독도경비의용수비대'(『조선일보』, 1967. 3. 9.)로도 불렸다. 가장 오래도록 가장 많이 불린 명칭은 '독도수비대'였다. 1966년에 서훈이 이뤄진 배경과 그 이후의 전개에 대해서는 3장에서 기술할 것이다.

2. 1977년 홍순칠의 서훈 청원 무산

1966년에 홍순칠이 언급한 30여 명 가운데 10명만 방위포장에 서훈되었는데 그 가운데는 독도 수비와 무관한 자들이 포함되어 있었다. 그러자 실제로 공적이 있었음에도 서훈에서 배제된 당사자나 가족에게서 불만이 나왔다. 1977년경 정부에서 국가공로자에게 서훈하려는 움직임을 보이자 홍순칠은 직접 추가 서훈을 요청했다. 홍순칠이 1977년 12월 24일자로 총무처 장관 앞으로 제출한 청원서의 내용은 다음과 같다. (이하 '1977년 서훈'으로 약칭함)[7]

---

[6] 제안서는 '독도의 의용수비대 대장 "홍순칠"'이라고 기재했는데, 「근무공로훈장증(안)」은 '독도의용수비대(獨島義勇守備隊)'로 기재했다.
[7] 경상북도 경찰국, 『청원서 사실 조사 보고』(경무 125-1036, 1978. 3. 30.)

(상략) 저희들은 1953년 정부의 행정권이 미처 독도에까지 미치지 못할 때 본인이 주축이 되어 30여 명의 장정이 모여 독도의용수비대를 조직, 현지 독도에서 1956년까지 3년간 국토방위의 영예를 걸고 어려운 여건 속에서 만난을 극복하고 심지어는 일본 해상보안청 소속 함정과 비행기의 독도 침공을 총격전으로 싸우면서 지켰던 것입니다.

정국이 안정되자 1956년 12월 우리들은 일부는 경비경찰관으로 희망 현지에 계속 잔류하고 일부는 독도 개발사업에, 여타 대원은 자유롭게 각자가 원하는 곳으로 돌아갔던 것입니다.

그후 또 10여 년이 경과된 1966년 한일회담이 본격화할 즈음 일본이 다시 독도의 영유권을 강력히 주장하자, 지난날 독도를 지켰던 수비대원 중 일부인 10여 명이 자진하여 독도경비원으로 현지에 가서 독도를 기필코 사수해야 한다고 강력히 간청하기에 본인은 이 사실을 당시 내무부 장관이신 엄민영 씨에게 청원한 사실이 있습니다. 내무부에서는 이 청원서를 접수하고 상훈 수여일 수일 전 본인에게 즉시 상경하라는 연락을 울릉도 경찰서장을 통해 받은 바 있습니다.

본인은 엄 장관을 찾았습니다. 장관께서는 지난날 독도에서 수고가 많았다고 치하하면서 당신이 낸 청원서를 검토하였으나 지금은 사정이 달라 경찰관으로서는 연령과 학력의 결격사항이 있어 경비경찰관으로 부적당하여 국무회의에서 지난날의 공적을 인정, 상훈키로 하였으니 울릉도에 연락 당시 대원을 상경토록 하라는 것이었습니다. 그때 본인은 사정은 인정하나, 상훈을 하려면 전 대원 30여 명 전부에게 하셔야지 어떻게 그렇게 되었느냐고 반문한즉 추후 기회가 있을 것인즉 나머지는 다음 기회로 미루고 이미 결정된 것이니 도리가 없다는 것이었습니다.

청원한 내용과는 판이한 양상이 되었으나 도리없이 울릉도에 연락 10명만 상경케 하여 1966년 4월 12일 훈장 수여식을 마치고 울릉도로 돌아갔습니다. 그후 정부 당국에서는 아무런 연락도 없고 본인들은 자신의 일이라 훈장을 '주십사'고 얘기도 못할 처지에 놓여 오늘까지 기다리고 있던 중 근간 신문지상에 건국공로자에게 국가에서 다시 기회를 주어 서훈한다는 보도가 있고, 또 당시의 대원들의 자녀들도 지금은 장성하였습니다. 왜 우리 아버지는 누락되었느

냐고 당시의 의용수비대장인 본인에게 항의까지 하는 딱한 사례까
지 있어 참지 못하여 이 청원을 드리는 것입니다.[8] (하략)

위 청원서는 여러 면에서 논리적으로 성립하지 않는 측면이 있다. 청원서에 따르면, 정부가 1966년에 수비대원을 서훈한 이유는 한일회담이 본격화할 즈음 홍순칠이 수비대원의 일부를 경찰로 채용해 줄 것을 내무부에 청원했었으나 결격 사유 때문에 채용하지 못하는 대신 서훈했다는 것이다. 그러나 1966년에 서훈된 서기종은 1956년 4월 23일까지, 정원도는 1956년 1월 30일까지[9] 경찰로 근무했던 자들이다. 이미 경찰로 채용된 자들에게 결격 사유가 있을 리 없고, 이미 퇴직한 자들이 1966년에 다시 경찰이 되기를 희망했을 리 없다. 무엇보다 1966년에는 여러 사람이 경찰에 재직 중이었다. 또한 홍순칠은 독도경비원이 되기를 희망하는 자 10여 명을 운운하는 한편, "상훈을 하려면 전 대원 30여 명 전부에게 하셔야지"라고 했다. 이는 처음부터 상훈되어야 하는 자를 30명으로 전제로 하고 있었음을 의미한다. 그럴 경우 앞에서 경찰 희망자 10여 명을 운운한 것과는 맞지 않는다. 더구나 그는 30명에게 마땅히 상훈했어야 한다는 논리를 펴고 있는데, 그렇다면 1966년에는 왜 이들 전부가 서훈되도록 제안하지 않았었는가?

홍순칠은 1966년 당시 30명을 청원했는데 결과적으로는 청원한 내용과 판이한 양상이 되었기에 할 수 없이 울릉도에 연락하여 10명만 상경하게 했다고 기술했다. 그러나 서훈된 자들은 그 사실조차 모르고 상

---

[8] 위 문서. 이 자료는 한국학중앙연구원 이서행 교수 연구진의 일원이었던 이상호 박사가 제공했다. 원문은 2024년 현재 경찰청 서울 본청에 소장되어 있다. 필자는 2024년 7월 11일에 가서 원문을 열람하여 확인했다.

[9] 정원도는 1년 2개월간 경찰 생활을 했다고 했는데(『오마이뉴스』 2005. 4. 5.), 1955년 1월부터 1년 2개월간이면 1956년 2월 말이 된다. 그러나 경찰 인사기록 카드에는 1956년 1월 30일까지 근무한 것으로 되어 있다.

경했다. 서기종은 1966년 당시 홍순칠이 서울에 좋은 직장을 잡아줄테니 가자고 해서 상경했다가 다음 날 훈장 받으러 간다는 말을 들었다고 증언했다.[10] 홍순칠이 "지난날 독도를 지켰던 수비대원 중 일부인 10여명이"라고 한 10명에는 서기종과 정원도가 포함되어 있다. 이들이 서훈된 자에 포함된 것이 이를 말해준다. 홍순칠이 대원들의 경찰 희망을 운운한 것은 이들의 의사와는 상관없이 1977년에 즉흥적으로 기술한 것으로 보인다. 홍순칠은 1966년을 일러 "한일회담이 본격화할 즈음"이라고 했는데 한일회담은 약 15년에 걸친 회담 끝에 1965년 6월 22일 「한일기본관계조약」(대한민국과 일본국 간의 기본관계에 관한 조약)에 조인함으로써 일단락되었다. 그러므로 이 시기에 대원들이 독도 경비원이 되기를 희망할 이유는 더욱더 없다.

홍순칠은 "나머지 23명[11]에게도 국가에서 서훈이 추서되어야 마땅하다고 인정되기에" 1966년에 받은 11명의 상훈증 사본을 첨부하여 청원한다고 했다. 이는 "상훈의 공평과 후일에 원성을 남기지 않기 위하여 자초지종을 말씀드리"고 추가 서훈을 요청한다는 것이었다. 즉 그는 1966년에 서훈되지 못한 사람들을 위해 추가로 요청한 것이 된다. 그렇다면 서훈 청원 대상은 1966년의 서훈자 11명을 뺀 22명이 되어야 하는데, 홍순칠은 '나머지 23명'에 대한 서훈을 요청했다.

청원서를 접수한 총무처는 내무부에 사실관계를 확인할 것을 의뢰했고, 내무부는 경상북도 경찰국이 이를 조사하게 했다. 경찰국은 "청원인 홍순칠 등 11명은 독도의용수비 공적 사실로 1966년 4월 12일자로 정부로부터 훈포장을 수상하였으니 나머지 22명에 대하여도 수여하여 달

---

10 『오마이뉴스』 2006. 11. 1.
11 33명에서 11명을 빼면 22명이 되어야 맞는데, 홍순칠은 「청원서」에서 23명으로 적었다. 경찰국이 「청원서 사실 조사」에서 22명으로 바로잡았다.

라는 내용"(인교 125-998, 1978. 2. 7.)의 적합성 여부를 조사한 뒤 1978년 3월 30일자 보고서를 내무부 장관에게 제출했다.[12] 회신 결과는 유공자에 대해서는 이미 포상을 했으며 추가 포상 계획은 없으니 양지하라는 내용이었다. 경찰국은 사실 여부를 판단하기 위해 34명이 아닌 33명을 조사했다. 경찰국이 33명을 인지하고 있었을 가능성은 없으므로 홍순칠로부터 33명의 명단을 받은 것으로 보인다.[13]

경찰국은 조사 대상을 '1953년 3월 27일부터 1955년[14] 12월 25일까지 독도의용수비대원으로 근무한 33명'으로 명기했다. 명단은 다음과 같다.

> 대장 홍순칠(1927년생)[15], 1지대장 서기종(1929년생), 2지대장 정원도(1929년생), 대원 최부업(불상), 대원 김재두(1931년생), 대원 조상달(1931년생), 대원 고성달(1931년생), 대원 오일환(1930년생), 대원 김영복(1926년생)[16], 대원 이규현(1925년생), 대원 하자진(51세 가량), 대원 양봉준(1930년생), 대원 김영호(1932년생), 대원 이상국(1926년생), 대원 황영문(1933년생), 대원 김장호(1921년생), 대원 허신도(1931년생), 대원 김현수(불상), 대원 김수봉(불상), 대원 김용근(48세 가량), 보급대 주임 김인갑(48세 가량), 갑판원 이필영(1924년생), 보급선장 정이관(45세 가량), 갑판장 정현권(54세), 선원 박복이(55세), 기관장 안학률(57세), 대원 이형우(불상),

---

12 『청원서 사실 조사 보고』(경무 25-1036, 1978. 3. 30.)로 된 보고서에는 다음 문서가 첨부되어 있다. (1)청원서 사실 조사 1부, (2)독도 수비 공적으로 훈포장 수상자 명단 1부, (3)독도 수비 공적으로 경찰관 특채자 명단 1부, (4)독도 수비에 가담 혜택을 받지 못한 공적 사실 의견 1부, (5)독도 수비 사실이 전혀 없는 자 명단 1부, (6)독도 수비 공적 기사로 신문 보도된 내용 4매. 첨부된 신문기사는 (1)울릉도 백서(『영남일보』 1968. 8. 11.) (2)독도경비 25시(『영남일보』 1977.3.5.~6.)이다.
13 1977년 12월 24일자 청원서에는 33명의 명단이 없고, 1978년 3월 30일자 경찰국 보고서에 보인다.
14 홍순칠의 1985년 수기에는 1956년으로 되어 있다.
15 홍순칠이 자필로 쓴 이력서(1985년 7월 작성)에는 1929년 1월 23일생으로 되어 있다.
16 26인지, 29인지가 명확하지 않다.

후방지원대장 김병열(1930년생), 교육대장 유원식(1930년생), 대원 한상용(1927년생), 대원 김정수(1926년생), 대원 정재덕(1932년생), 대원 박영희(1924년생)[17]

(밑줄은 1966년 서훈자임)

경찰국은 다음 사항을 중점적으로 조사했다.

    가. 수비대를 조직하게 된 경위
    나. 수비대의 편성 및 근무요령
    다. 장비
    라. 보급 및 수송
    마. 경찰관 특채 및 선발 경위
    바. 독도 경비 유공자 포상 경위

경찰국은 관련 기록이 남아 있지 않으므로 내용을 아는 울릉도 주민을 대상으로 면접 또는 탐문하는 방식으로 조사했다. 경찰국이 밝힌, 수비대 조직 경위는 다음과 같다.

1953년 행정권이 독도까지 미치지 아니하여 독도에는 울릉도 거주 어민들이 어로조업을 위하여 소형 선박으로 간혹 래왕하고 있을 정도였는데 1953. 1월~3월 어간 일본 경비정이 독도를 순회 '독도는 일본영토'라는 목판을 2개 설치한 것을 당시 조업차 출어한 어부가 발견 이를 경찰에 신고하여 당시 서장인 구국찬[18]의 제의로 일본영토 표시 목판 2개를 철거한 바 있고, 그 후 일본 경비정의 빈번한 출현으로 한국 어선이 독도 근해에 출어가 불가능 상태에 있었던 것을 당시 재향군인회[19] 울릉군 분회장으로 있던 청원인 홍순칠의 발

---

17 1924년생이면 홍순칠보다 나이가 많게 되므로 1934년생의 오기인 듯하다.『서울신문』(2008. 7. 28.)은 그를 1934년 대구 출생으로 보도했다.
18 1953년 초에는 이병달 경감이 재직중이었다. 구국찬은 1953년 11월 18일에 부임했다.
19 경찰이던 김산리 증언에 따르면, 군에서 제대한 홍순칠이 재향군인회를 결성하자 당시

의로 재향군인회가 주동이 되어 희망자를 선발하여 독도의용수비대를 조직하여 1953. 3. 27부터 1955. 12. 25까지 2년 9개월간 근무한 바 있음

위 내용은 기본적으로 홍순칠이 제공한 정보에 따른 것이다. 이는 홍순칠이 "저희들은 1953년 정부의 행정권이 미처 독도에까지 미치지 못할 때"라고 쓴 것과 유사한 내용이 기술되어 있는 것으로 알 수 있다. 홍순칠은 일본 경비정이 1953년 1월에서 3월 사이 독도에 2개의 팻말을 설치한 것이 수비대 조직의 일차적인 배경인 것처럼 기술했다. 그러나 일본 경비정이 독도에 팻말을 설치하기 시작한 것은 1953년 6월 중순부터이다. 또한 경찰국은 구국찬 서장이 표목을 제거했다고 적었지만, 구국찬 서장은 1953년 11월 18일에 부임했고 그 이전에는 이병달이 서장이었다. 다른 자료는 대부분 수비대가 1953년 4월 20일 입도했다고 했는데 경찰국 보고서는 1953년 3월 27일로 적었다. 수비대의 활동 종료 시기도 다른 자료는 1954년 12월 25일 혹은 1954년 12월 말(기록마다 다름)로 적었는데 경찰국 보고서는 1955년 12월 25일까지로 적었다.

홍순칠의 청원서에 "저희들은 1953년 정부의 행정권이 미처 독도에까지 미치지 못할 때…"라고 했던 것이 경찰국 보고서에는 "1953년 행정권이 독도까지 미치지 아니하여 독도에는 울릉도 거주 어민들이 어로 조업을 위하여 소형 선박으로 간혹 래왕하고 있을 정도였는데"라는 내용으로 바뀌어 있다.

경찰서장이던 구 아무개가 군수와 어업협동조합 이사와 협의해서 미역채취권을 3년 동안 맡긴 것이 의용수비대의 시작으로 1954년 5월에 처음 독도에 들어갔다고 했다(『오마이뉴스』 2006. 10. 30. 독도수비대의 진실①). 대원들은 상이군경회, 상이군인회, 재향군인회 등의 명칭을 혼용했다. 사단법인 대한상이군인회(1951년 5월)가 창립된 뒤 대한상이용사회(1953년 10월)로 개편되었다가 대한상이군경회(1963년 8월)로 변천했다(『대한민국 상이군경회 40년사』, 1991). 재향군인회는 1952년 2월 부산에서 처음 만들어졌다.

1966년 「영예수여」 의안'은 대원 모집 시기를 1954년이라고 했는데, 1977년 홍순칠의 청원서는 1953년과 '3년간 국토방위'를 명기했다. 1966년 의안에서는 일본 경비대의 출현 시기를 명기하지 않았는데 1977년 청원서는 "1953년 1월에서 3월 사이"라고 밝혔다. 1966년 훈장증은 1954년 6월에 대원을 모집해서 1956년 8월까지 경비했다고 기재했으나, 1978년의 경찰국 보고서는 이를 "1953년 3월 27일[20]부터 1955년 12월 25일까지"라고 기재했고 1966년에 '2년 2개월'이라고 했던 것이 1978년에는 '2년 9개월간'으로 바뀌었다. 이는 1996년에 '3년 8개월'로 다시 바뀌었다. 점차 활동 기간이 늘어나고 있는 것이다.

　홍순칠은 수비대가 자신과 부대장, 총무, 수비대원 20명, 보급반 5명, 수송반 5명 모두 33명으로 편성되었다고 했다. 그러나 경찰국은 수비대 발족 당시 대장과 총무 각 1명, 경비대원 14명으로 모두 16명이 근무하다가 후에 6명(김장호, 허신도, 김현수, 김수봉, 김용근, 이형우)을 보충했고, 삼사호[21] 선원 5명(이필영, 정이관, 정현권, 박복이, 안학률)은 수송에 협조한 자들일 뿐이며, 김병열 외 5명은 독도 수비에 공헌한 사실이 없다고 파악했다. 홍순칠은 활동 당시 경북 병사부[22] 사령관 유승열(劉升烈)[23]로부터 박격포와 경기관총, 실탄 등의 무기를 지원받았다고 했다. 하지만 경찰국은 인수인계에 관한 기록이 없어 홍순칠의 진술을 확인하지 못했다고 기술했다.

　경찰국의 보고서에 따르면, 보급품과 수송에 관해 홍순칠은 자신이 각 단체를 방문하여 지원 금품을 갹출하여 운영하다가 1954년 3월 신

20　경찰국은 조사 전에는 3월 27일로 기재했다가 조사 뒤에는 3월 22일로 수정했다.
21　김교식, 『(도큐멘타리) 독도수비대』, 1980년 판에는 '34호'로 되어 있다. 선박 '삼사호'를 가리킨다. 홍순칠은 삼사호가 6톤급 어선이라고 했다(홍순칠, 1997, 앞의 책, 260쪽).
22　병사구가 맞다.
23　김교식의 책(1980)에는 사령관이 하갑청 대령으로 되어 있다. 유승열 대령은 1950년 4월 제3사단장이 되었다가 경남 부산지구 계엄사령관이 되었으며 1954년 4월부터 1956년 5월까지는 국방부 공보관을 지냈다.

현돈 경북 지사에게 요청하여 양곡과 미역 및 해산물 채취권을 얻어 그 수익금으로 충당했다고 했다. 그런데 이 부분에 대한 홍순칠의 증언이 후일 양곡은 미군에 의해 거부되었고 보급품은 사재로 충당했다는 것으로 바뀐다. 경찰국은 수송에 관해서는 삼사호 선주인 이필영의 협조로 20회 정도 병력 수송에 도움을 받았다는 사실을 알아냈다.

'경찰관 특채 및 선발 경위'에 대한 경찰국 조사에 따르면, 1955년 11월 4일[24] 울릉도 초도 순시차 왔다가 독도를 순시한 경북 경찰국장 김종원이 수비대원의 공을 인정하여 자격요건을 갖춘 10명을 경찰관으로 특채할 것을 상신하도록 지시하여 이뤄졌다는 사실을 알아냈다. 그 결과 1955년[25] 12월 31일자로[26] 서기종 외 8명이 순경에 임명되고 민간수비대는 해산되었다고 했다. 그런데 김종원이 독도를 방문한 시기는 1954년 11월 10일이고 대원들이 경찰관에 특채된 시기는 1954년 12월 말이다. 이 부분에 관한 홍순칠의 증언도 여러 번 말이 바뀌지만[27] 경찰국이 수비대원의 경찰 특채일을 1955년으로 적은 것도 잘못된 것이다.[28]

---

24 1954년 11월 10일이 맞다.
25 1954년이 맞는데 청원서에는 모두 1955년으로 표기되어 있다.
26 경찰에 특채된 사실이 1954년 12월 24일, 25일, 31일로 다른데, 굳이 구분한다면 24일은 채용이 결정된 날, 25일은 홍순칠이 대원들과 마지막 인사를 한 날, 31일은 임명된 날로 구분할 수 있을 듯하다. 현재 기념사업회 홈페이지는 12월 30일을 경찰에 인계한 날로, '12월 31일 경찰관으로 특채'로 기술하고 있다. 독도의용수비대기념관에 소장중인, 경상북도지사가 발급한 정원도 임명장에는 "순경(巡警)에 임(任)함, 오급이십호봉(五級二十號俸)을 급(給)함, 울릉경찰서 근무(鬱陵警察署 勤務)를 명(命)함"이라고 기재했는데 발급일이 단기 4287년 12월 31일로 되어 있다. 울릉경찰서의 1954년도 인사사령부에도 서기종, 이규현, 양봉준, 정원도, 김영호, 황영문, 하자진, 김영복, 김정수 모두 10명이 5급 20호봉의 직급의 순경으로 울릉서 근무를 명받은 것으로 기재되어 있다.
27 김종원이 독도를 순시한 시기는 1954년 11월 10일이다. 홍순칠은 「이 땅이 뉘 땅인데!」에서는 1953년 10월 22일로(64쪽), 「독도의용군 수비대」에서는 1954년 4월 21일로 (225쪽) 기술했다.
28 경찰국 보고서가 1954년 11월 김종원 방문 이후부터 경찰관으로 특채되기 전까지 40일간 각각 근무했다는 사실을 밝혀냈다고 기술한 것은 경찰에 특채된 시기를 1954년 12월 말로 상정했음을 의미한다.

1978년 경찰국 조사에 따르면, 수비대원들이 1966년에 포상된 경위는 홍순칠이 "독도경비대원으로 근무한 사실이 있는 서기종 외 6명(순경으로 특채된 후 면직자 2명 포함)²⁹과 독도 경비를 희망하는 김병열, 유원식, 한상용 3명 모두 10명을 경찰관으로 특채해달라는 청원서를 1966년에 내무부 장관(엄민영)에게 출원"했으나 결격 때문에 채용하지 못하는 대신, 공적을 인정하여 대장에게는 근무공로훈장을, 서기종 외 9명에게는 방위포장을 수여했다는 것이다. 한편 경찰국은 1955년³⁰ 12월 31일자로 경찰관에 특채된 서기종과 정원도 등 9명 외에도 독도 수비의 공로가 전혀 없는 김병열과 유원식, 한상용 등 3명이 추가 요청된 포상자 명단에 포함되어 있다는 사실을 밝혀냈다. 1966년에 서기종과 이상국, 정원도를 제외한 일부 대원은 여전히 경찰에 재직 중이었다. 홍순칠은 서기종 외 6명과 김병열, 유원식, 한상용 3명을 포함하여 모두 10명이 경찰이 되기를 원한다고 했지만 경찰로 근무했다가 사직한 서기종과 이상국, 정원도가 다시 경찰이 되기를 원하지 않았음은 앞에서 언급했다.

　경찰국은 상비대원 22명과 수송 협조자 5명을 합친 27명(별도 명단 참조)을 몇 가지 유형으로 나누었다.

　　가. 발대 후부터 해체 시까지 근무한 자는 홍순칠 외 10명(별도 명
　　　　단 참조-원주)
　　나. 40일간 근무한 자: 김장호 외 5명
　　다. 독도에 간 사실은 없으나 행정 업무를 담당한 자 1명: 김인갑³¹

29　정원도는 1956년 1월 30일, 서기종은 1956년 4월 23일, 이상국은 1956년 10월 9일까지 재직했다. 나머지는 1966년 서훈 이후에도 근무했다.
30　1954년을 오기한 것이다.
31　홍순칠도 김인갑이 박영희, 구용복과 마찬가지로 울릉도에 있으면서 독도에 필요한 물건들을 구하거나 슬쩍하거나 해서 보내는 보급 책임자라고 했다(홍순칠, 『이 땅이 뉘 땅인데!』, 독도의용수비대기념사업회, 2018, 186쪽).

라. 위 □명 중 1955년[32] 12월 31일자로 경찰관 특채 혜택을 받은 자: 9명

마. 포상을 받은 홍순칠 외 □명[33](별도 명단 참조-원주)을 제외하면, 포상이나 혜택을 받지 못한 자: 12명

(중략)

바. 독도 경비에 활약한 15명은 이미 혜택과 포상을 받았고, 12명은 공적도 다소 있으나 훈포장할 만한 공적에 해당하지 않음[34]

(□는 원문 미상)

위 내용으로 경찰국은 독도에 상주했던 수비대원을 22명으로 상정했음을 알 수 있다. 경찰국이 수비 공적이 없다고 결론지은 사람은 김병열, 유원식, 한상용, 김정수, 정재덕, 박영희이다. 이 가운데 김병열, 유원식, 한상용[35]은 1966년에 서훈되었으므로 이들을 제외하면 1977년에 새로 요청된 사람은 김정수, 정재덕, 박영희이다. 총무처는 15명의 유공자[36]는 이미 포상했고 12명[37]은 공적은 다소 있지만 훈포장을 할 만한 공적에 해당하지 않는다고 결론 내린 뒤, 추가 포상 계획이 없음을 1978년 4월 홍순칠에게 회신했다.

이들 결과를 종합하여 서훈 청원자 33명을 기포장자(밑줄, 11명)와 서훈 대상자(19명), 수비 공적이 없는 자(고딕 이탤릭체 6명)로 분류하면 다음과 같다.

---

32 1954년을 오기한 것이다.
33 10명으로 추정된다.
34 원문 상태가 안 좋아 인명 숫자에 오기가 있을 수 있다. 필자가 윤문한 경우도 있다(예: 기히 → 이미).
35 한상용이 서훈된 배경에 대하여 민병대를 조직할 무렵 대한청년단을 이끄는 최병곤과 홍순칠이 대립하고 있었는데 한상용이 최병곤을 테러한 일이 있기 때문이라는 현지 주민의 증언이 있다.
36 발대 시부터 해체 시까지 근무한 자이다.
37 수비 기간이 짧거나, 임대 계약을 맺고 수송을 해 준 선박 소유주, 재향군인회 총무가 이에 해당한다고 보았다.

<u>홍순칠, 서기종〔경찰〕, 정원도〔경찰〕, 최부업, 김재두, 조상달, 고성달, 오일환,</u> 김영복〔경찰〕, 이규현〔경찰〕, 하자진〔경찰〕, 양봉준〔경찰〕, 김영호〔경찰〕, 이상국〔경찰〕, 황영문〔경찰〕, 김장호, 허신도, 김현수, 김수봉, 김용근, 김인갑, 이필영, 정이관, 정현권, 박복이, 안학율, 이형우, **김병열, 유원식, 한상용, 김정수, 정재덕, 박영희**

(〔경찰〕은 인용자)

경찰국 보고서는 홍순칠이 추가 서훈을 요청하게 된 배경을 '참고사항'에서 따로 밝혔다. 이에 따르면, 일부 대원들은 1966년의 부당한 포장에 대해 반발심을 갖고 있었으나 시일이 흐르면서 잠잠해졌는데 여러 언론에서 김병열을 비롯한 수비대원의 공적이 과장되게 보도되었기 때문이라는 것이다. 이는 홍순칠이 청원서에서 밝힌 서훈 요청의 배경과는 사뭇 다르다. 언론의 보도란 1967년 3월 8일자『중앙일보』에「생계위협에 빛 잃은 국토방위 훈장」이라는 제목으로 수비 공적이 전혀 없는 김병열 외 10명의 사진과 "무보수 국토방위 일익 맡았던 독도의용수비대원 김병열" 운운하는 기사가 게재된 것을 말한다. 또한 1968년 8월 11일자『영남일보』에는「빛 잃은 방위포장」이라는 제목으로 수비 공적이 전혀없는 김병열 등 □을 포함한 훈포장 수상자 10명의 사진과 공적 기사가 게재되었으며, 1977년 3월 5일과 6일자『영남일보』에도「독도경비 25시」라는 제목으로 수비대 숨은 활약상을 소개하는 기사에 독도 경비와 무관한 김병열 외 2명의 명단과 사진이 게재되었다. 즉 1966년 서훈 이후 김병열에 대한 기사가 1977년 3월 초까지 계속된 것이 다른 대원들의 반발을 불러일으켰다는 것이다.

1977년에는 한일호 취항 이후 전국 각지에서 많은 관광객이 왕래하고 있어 언론계와 국□편찬위원[38] 등 고고학자가 울릉도와 독도의 연

---

38 □는 미상. 국사편찬위원으로 추정된다.

혁을 조사하기 위해 내도했을 때 홍순칠이 사재 5,000만 원을 투자하여 박격포와 M1소총 등 다수의 무기를 구입하고 대원들의 주부식을 전담했다는 기사가 『월간중앙』 11월호[39]에 게재되었다. 그러자 다시 홍순칠과 김병열에 대한 비난이 일었고, 일부에서는 훈장 수여에 비판적인 여론과 더불어 공적이 없음에도 이미 포장된 3명(김병열, 유원식, 한상용)도 훈장을 반납해야 한다는 여론도 일었다. 이에 홍순칠이 궁여지책으로 추가 서훈을 요청하게 되었다는 것이 경찰이 밝힌 바이다. 그런데 1966년 서훈에서 누락된 자 가운데 김장호[40]를 제외하면 다른 사람들은 1977년에 울릉도에 살고 있지 않았고, 김장호는 홍순칠이 추가로 청원한 사실조차 모르고 있었다.

1978년의 경찰국 조사는 1966년의 서훈 경위와 수비대의 행적을 공식적으로 조사한 것이라는 점에서 의미가 있다. 경찰국은 대원을 다음과 같이 구분했다. 모두 35명이다.

1. 수비 공적으로 훈포장된 수상자 (8명)
   홍순칠, 서기종, 정원도, 최부업, 조상달, 김재두, 고성달, 오일환
2. 경찰관에 특채된 자(9명)
   김영복, 이규현, 하자진, 양봉준, 김영호, 이상국, 황영문, 서기종, 정원도
3. 혜택을 받지 못한 자 (12명)
   김장호, 허신도, 김현수, 김수봉, 김용근, 김인갑, 이필영, 정이관, 정현권, 박복이, 안학율, 이형우
4. 활약한 사실이 없는 자 (6명)
   김병열, 유원식, 한상용, 김정수, 정재덕, 박영희

---

[39] 몇 년인지 명기하지 않았으나 앞의 내용으로 미루어보면 1976년 11월호일 듯하다. 그런데 1976년 11월호에는 관련 기사가 없다.
[40] 홍순칠은 김장호가 섬에서 필요한 수선 관련 일을 도맡아 했다고 기술했다.

경찰국은 훈포장된 수상자를 8명이라고 했지만, 실제로는 김병열, 유원식, 한상용을 합해 모두 11명이다. 이 가운데 1954년 말에 경찰에 특채된 자는 서기종과 정원도이다. 이들 외에 훈포장된 김병열, 유원식, 한상용은 '활약한 사실이 없는 자 6명' 안에 속해 있다. 한편 경찰국이 판단한, 수비대원 중 혜택을 받지 못한 자는 12명이다. 김장호, 허신도, 김현수, 김수봉, 김용근, 김인갑, 이필영, 정이관, 정현권,[41] 박복이, 안학율, 이형우이다. 경찰국은 이들 12명 가운데 김장호, 허신도, 김현수, 김수봉, 김용근, 이형우 6명은 1954년 11월 김종원 방문 이후부터 경찰관으로 특채되기 전까지 40일간 각각 근무했다는 사실을 밝혀냈다. 또한 경찰국은 이필영,[42] 정이관, 정현권, 박복이, 안학율은 선박 삼사호와 관련된 자들로 보수를 받고 수송을 해준 것이므로 서훈 대상에 해당되지 않는다고 판단했다. 독도 수비를 위해 활약한 사실이 없는 김병열, 유원식, 한상용, 김정수, 정재덕, 박영희에 대한 경찰국의 의견은 〈표-1〉과 같다.

〈표-1〉 경찰국이 독도 수비와 무관하다고 판단한 대원

성명	공적	의견
김병열	독도 경비 활약한 사실이 없으며 당시 부산에 거주하고 있었음	1966. 4. 12 방위포장 수여받음
유원식	독도 수비 활약한 사실 없고 당시 도동 동장으로 재직하고 있음	1966. 4. 12 방위포장 수여받음

---

41 치안정책연구소 보고서에는 정형권으로 되어 있는데, 정현권이 맞다.
42 이필영은 미역을 따라 독도에 갈 때 자신이 수송했으나 보수를 받은 적이 없고 나중에 감사패를 받았다고 하는 한편, 미역을 팔면 그때마다 보수를 지급했다는, 일관되지 못한 증언을 했다(독도수호대 홈페이지, http://www.tokdo.kr/detail.php?number=1101). 정원도도 2005년에 감사패를 운운했다(『오마이뉴스』 2005. 4. 5.). 감사패는 홍순칠이 1983년 7월 25일 수비대 창설 30주년을 기념하여 자신 명의로 만들어 이필영에게 수여한 것을 말한다. 현재 독도박물관에 전시되어 있다. 그러나 홍순칠은 『이 땅이 뉘 땅인데!』(40쪽)에서 이필영이 기름 값을 받고 50~60회 수송해준 것으로 기술했다.

성명	공적	의견
한상용	독도 수비 활약한 사실 없으며 당시 북면에서 어업 종사하고 있었음	1966. 4. 12 방위포장 수여받음
김정수	독도 수비 사실이 없고 당시 청송에 거주하고 있었음	포상을 받은 사실 없음
정재덕[43]	당시 어업에 종사하고 있었으며 독도 막사 신축 자재 운반 선박에 편승 2회 래왕 사실이 있을 뿐임	포상을 받은 사실 없음
박영희	대장이었던 홍순칠의 처로서 수비대원의 식사 및 부식들을 마련하여 편의를 제공한 공은 있으나 독도 수비 활약한 사실은 없음	포상을 받은 사실 없음

　홍순칠이 1977년에 추가 서훈을 요청하게 된 배경에 1966년 서훈에서 배제된 자들의 항의가 있었고 1977년의 언론 보도가 이를 더 자극했음은 앞에서 언급한 바 있다. 그런데 여기에 독도어업권을 둘러싸고 홍순칠이 최종덕과 이권 다툼을 벌여야 하는 상황은 그가 추가로 서훈을 요청하여 대원들의 지지를 받아야 할 이유로 한몫을 했다고 보인다.

　언론에 노출된 인물 가운데 가장 큰 관심을 받았던 사람은 김병열이다. 수비대의 활동기간에 독도에 가본 적도 없는 그가 1966년에 포상된 데는 홍순칠과의 개인적인 친분이 작용했을 것으로 보인다. 한상용과 유원식도 마찬가지일 것이다. 경찰국 보고서는 홍순칠과 대원들의 행적을 조사했지만 많은 부분 홍순칠의 청원서와 진술에 의거했으므로 잘못된 사실도 그대로 따랐다. 다만 경찰국이 새로 밝혀낸 사실은 과거에 잘못 포상된 자와 향후 포상해서는 안 될 사람을 언급한 점이다.

　홍순칠은 1977년 말에 33명의 서훈을 요청했으나, 1978년에 경찰국은 이를 거부했다. 다른 대원들은 1966년에 11명이 서훈되었던 사실만 알고 있었을 뿐 그가 당시에 청원한 사실이 대원들에게는 알려지지 않았

---

[43] 4. 「독도 수비 활약 사실 없는 자 6명의 명단」에는 '정재득'으로 잘못 표기되어 있다. 독도의용수비대기념관에는 정재덕의 명예제대증서를 소장품으로 제시했는데 이것이 독도의용수비대로서의 활동을 입증하는 근거가 되는 것은 아니다.

었다. 홍순칠이 1977년에 22명의 서훈을 추가 요청했었다는 사실을 대원들이 알게 된 것은 1983년 수비대 창설 30주년 기념행사에서다. 서기종은, 애초에 독도에 들어간 사람은 자신을 포함해서 17명이고 선원 4명을 포함해도 21명인데, 전체 대원 수가 33명이 되어 있음을 30주년 기념행사 직전에 알게 되었다고 증언했다.[44] 경사였던 박춘환은 "독도의용수비대 숫자를 메우려고 별별 사람을 다 끌어다 넣었다."며 "오징어잡이 하던 사람, 미역 나르던 사람, 배 선원, 농사짓던 사람 등 다 끌어다 넣은 게 지금의 독도의용수비대"라고 증언했다.[45]

3. 1996년의 서훈

1977년 서훈 요청에 대한 여론이 좋지 않았음을 반영한 것인지는 모르지만, 경찰국은 추가 서훈의 필요성을 인정하지 않았다. 그 후 20년 가까이 흐른 1996년 4월 12일 국가보훈처는 홍순칠에게 보국훈장(保國勳章) 삼일장(4등급)을, 32명의 대원에게 보국훈장 광복장(5등급)을 수여했다. 과거 서훈되었던 자는 승급하고, 서훈되지 못했던 자는 새로이 서훈한 것이다. 홍순칠과 수비대원에 대한 서훈은 1996년 3월 국가보훈처장 황창평 명의의 「공적 조서」[46]가 총무처에 제출된 뒤 국무회의 심의를

---

44 『오마이뉴스』 2006. 11. 1. 2006년에 78세였던 서기종의 증언이다.
45 『오마이뉴스』 2006. 11. 1.
46 필자는 「공적 조서」에 관해 정보공개를 청구(접수번호 12718029)했으나 「공문서 분류 및 보존에 관한 규칙」(총리령 제 615호, 1997) 및 부록 '공문서 분류번호 및 보존기간표'에 따라 보존기간 5년이 경과, 정보가 부존재한다는 회신을 받았다. 그런데 2024년 7월 현재 독도수호대 홈페이지에는 「공적 조서」의 일부가 탑재되어 있다. 홈페이지에 따르면, 2004년 독도수호대는 수비대원 진상규명 활동을 본격화하고 2005년 8월 16일 수비대 동지회와 함께 국가보훈처를 방문하여 진실 규명을 요청하자, 국가보훈처는 「공적 조서」에 문제가 없다는 입장을 밝혔다고 한다. 이는 2005년 당시 국가보훈처가 조서를 확인했음을 의미한다. 김점구 씨가 문서를 소장하고 이를 홈페이지에 일부 공개한 사실로 볼 때 「공적 조서」는 2005년경에도 존재했음을 알 수 있다. 이와 같은 경위로 보아 국가기록원이 '부존재'라는 응답과 그 이유가 납득되지 않는다. 한편 국가기록원은 이 문서가

거쳐 확정되었다.

「공적 조서」에 첨부된 (11) 〈공적 요지〉는 수비대장 홍순칠의 공적을 다음과 같이 기술했다.[47]

> ○ 1953. 4.~1956. 12.까지(굵은 글씨-인용자) 독도의용수비대를 결성하여 독도를 수호하였으며, 수비대 해산 이후에는 주도적으로 "푸른독도가꾸기운동"을 전개하는 한편, 독도지키기에 대한 적극적 홍보활동으로 국민들에게 독도사랑정신을 일깨우고 우리 땅 독도에 대한 영토적 인식을 공고히 하는데 이바지한 공적이 지대함

같은 내용에 대해 '공적 요약서'는 다음과 같이 기술했다.[48]

> 1. 1953. 4. 20.~1956. 12. 30.까지 독도의용수비대를 결성하여 수비대장으로서 독도수호임무를 성공적으로 수행하였으며 그 기간동안 미역채취 및 어로작업 등을 통한 경비조달 등 열악한 조건 속에서도 수차례에 걸친 일본의 침입을 단호히 응징하여 격퇴시킴.
> 2. 수비대 해산 이후에도 '푸른독도가꾸기운동'을 주도적으로 전개하여 … 독도에 대한 영토적 인식을 공고히 하는데 지대한 공적이 있음
> 3. (하략)

생략한 3은 홍순칠이 『월간 학부모』에 70여 회 독도의 숨은 이야기를 연재하고 1985년 수기 모집에 「독도의용군 수비대」를 응모하여 가작으로 당선되어 독도 홍보활동을 해왔음을 기술한 것이다.

있더라도 개인 정보가 들어 있어 제공할 수 없다고 했다. 국가유공자 관련 문서의 보존 기간이 5년이라는 회신에 전화로 다시 문의했지만 만족할 만한 답변을 얻지 못했다. 이 글에서는 독도수호대 홈페이지 및 언론에 공개된 자료를 인용했다.

47 독도수호대 홈페이지, 「국가보훈처, 1950년대 독도경비사, 독도의용수비대 역사 왜곡」 (2014년 6월 19일 등록) (2024년 3월 검색)
48 『오마이뉴스』 2018. 4. 25.

한편 수비대원의 (11) 〈공적 요지〉는 다음과 같이 기술했다.[49]

> ○ 6.25 전쟁 기간중 독도의용수비대에 참가하여 수비대원으로서 '53. 4~'56. 12까지 3년 8개월간 일본의 침입으로부터 독도를 수호하였으며, 수비대 해산 이후에도 "푸른독도가꾸기운동" 등을 전개하며 일생동안을 신명을 바쳐 우리땅 "독도지키기"에 지대한 공적을 남기었음.

홍순칠의 활동기간은 "1953. 4.~1956. 12.까지", 수비대원의 활동기간은 "'53. 4~'56. 12까지 3년 8개월간"으로 다르게 기재되어 있다. 그러나 이는 오늘날 거의 통설로 정착한 "1953년 4월부터 1956년 12월까지 3년 8개월간"이라는 기간이 「공적 조서」에서 유래하고 있음을 보여준다. 보국훈장 삼일장을 기록한 「훈장기록부」[50]에는 홍순칠의 공적이 "푸른독도가꾸기운동을 전개하여 독도지키기에 공헌"한 것으로 되어 있다. 홍순칠이 대원들을 승격 서훈하기 위해 수비대 해산 후의 공적을 추가한 것이다.

홍순칠은 6·25에 참전한 상이군인으로서 동료 상이군인과 참전, 제대 군인 16명을 규합하고 기타 울릉도에 거주하는 민간인 17명을 참가시켜 독도의용수비대를 구성했다. 그는 300만 원의 창설 자금을 마련하여 박격포 등의 무기와 보급선을 마련하여 임무를 수행했다. 조직은 대장과 부대장 각 1인, 전투대(2개조 18명), 후방지원대(4명), 교육대(3명), 보급대(6명)로 편성되었다고 기술했다.

1996년 4월 1일 총무처가 제출하여 국무회의에 부의된 「영예수여」

---

49 『오마이뉴스』 2017. 10. 30. 「나는 독도의용수비대기념관에 분노한다」. 기고자는 김점구이고, 「공적 조서」 등 자료제공자도 김점구이다. 문서 소장처는 국가기록원으로 되어 있다. 필자가 정보공개를 청구했으나 국가기록원은 부존재로 회신했다.

50 「1996년도 훈장기록부」(문서관리번호 BA0840059, 국가기록원 소장)

의안'(1996. 4. 2. 심의)⁵¹에는 보국훈장 삼일장(4등급) 홍순칠과 보국훈장 광복장(5등급) 황영문 등 32명을 포함한, 독도의용수비대원 33명의 명단이 첨부되어 있다. 이 명단에는 1977년 청원서에 있던 박복이와 김정수가 빠진 대신 구용복(具鎔福)⁵²과 김경호(金景浩)가 들어가 있다. 박복이와 김정수는 1966년 서훈 명단에는 없다가 1977년 청원서에 삽입되었는데 다시 빠진 것이다. 새로 추가된 구용복은 울릉도 연락소에 있으면서 보급 담당 김인갑을 도와준 인물이다.⁵³ 1996년 서훈에 앞서 간행된 『울릉군지』(1989)는 수비대 명단에 구용복과 김현수를 싣는 대신 박복이와 김정수를 싣지 않았다. 1996년에는 33명 가운데 홍순칠, 황영문, 김재두, 조상달, 김현수, 김장호, 김수봉, 이상국, 허신도, 정재덕, 한상용, 고성달, 김인갑, 정이관, 안학율 모두 15명이 고인이 된 상태였다. 서기종 대원은 서훈 당일 아침 국가보훈처 경주지청장이 '훈장 받으러 가시는데 제가 모시겠다'는 말을 듣고 서훈 사실을 알게 되었다고 증언했다. 1996년 서훈은 서훈 당사자도 모른 채 일사천리로 추진된 것이다.⁵⁴

　훈·포장에 필요한「공적 조서」는 대체로 당사자가 작성하고, 국가보훈처가 사실을 조사한 뒤 국가보훈처장 명의로 제출한다. 사실을 조사할 때는 당사자로부터 진술을 듣거나 당사자의 기록을 토대로 사실을 확인한다. 그런데 1996년에 국가보훈처는 현장조사나 대면조사, 심사절차를 거치지 않은 채 홍순칠의 유족이 작성한 서면 자료에만 의존했다. 훗날 홍순칠의 딸 홍연숙은 1996년 당시 울릉군청에서 공적 조사

51　의안명은「영예수여(국토수호 유공자)」이다. 총무처의「국무회의 의안처리전」제165호(1996년 4월 1일 접수, 4월 2일 의결) 문서이다(문서관리번호 BG0001795, 국가기록원 소장).
52　『이 땅이 뉘 땅인데!』(1997, 173쪽)는 울릉도에 있으면서 독도에서 필요한 물품을 보급해준 자로 기술했다. 김인갑은 후일 경북 도의원을 지냈다.
53　홍순칠, 『이 땅이 뉘 땅인데!』, 1997, 177쪽.
54　『오마이뉴스』 2017. 10. 30. 김점구 기고.

를 다했기 때문에 33명이 훈장을 받을 수 있었다고 주장했다.⁵⁵ 그러나 2007년에 감사원은 과거 국가보훈처가 제대로 조사하지 않은 점을 지적했다. 더구나 감사원은 국가보훈처가 "2006년 4월 3일 경찰청으로부터 독도의용수비대원 33명 중에 수비대 활약사실이 없는 자가 6명이라는 구체적인 조사자료도 회신받은 바 있다"는 사실을 지적했다. 그럼에도 국가보훈처가 추가 확인을 하지 않았음을 감사원이 지적한 것이다.

1996년 4월 6일자 보국훈장증(제10094호)은 '전 독도의용수비대 대장 고 홍순칠'에게 "위는 우리나라 국가안전보장에 이바지한 바 크므로 대한민국 헌법의 규정에 의하여 다음 훈장을 추서함"이라고 했다. 홍순칠에게 수여된 것은 보국훈장 삼일장(4등급)이고 수여자는 김영삼 대통령이었다. 1966년의 5등 근무공로훈장에서 승격서훈된 것이다. 나머지 32명은 보국훈장 광복장(5등급)을 받았는데 이 가운데 1966년에 서훈된 10명은 방위포장에서 승격 서훈된 것이므로 중복 서훈으로 보기 어렵다.

1966년부터 1996년 사이에 서훈 관련 문서는 세 번 작성되었는데, 내용에서 차이가 있다. 2005년의 「독도수비대법」까지 포함해서 주요 내용을 비교해 보면 〈표-2〉와 같다.

〈표-2〉 서훈 관련 공문서의 주요 내용

구분	창설 및 활동 시기(총 기간)	비고(기간)	대원 구성	교전 횟수
1966년 4월 영예수여 의안	1954. 6.-1956. 8.	2년 2개월	울릉도 출신 대원 30여 명	수차례
1977년 12월 홍순칠 청원서	1953년- 1956.12까지 3년간	3년	30여 명의 장정	

---

55 『오마이뉴스』(2006. 11. 1.)는 다음과 같이 보도했다. "홍 씨는 또 '아버지(홍순칠 대장)는 11명만 훈장을 받은 것을 미안해하면서 1977~1978년 무렵 33명 모두를 합쳐 다시 훈장을 신청했다'며 '1996년 33명이 훈장을 받은 것도 울릉군청에서 공적 조사를 다 했기 때문'이라고 주장했다."

구분	창설 및 활동 시기(총 기간)	비고(기간)	대원 구성	교전 횟수
1978년 3월 경찰국 보고서	1953. 3. 27.–1955. 12. 25. 2년 9개월간	2년 9개월	33명	
1996년 4월 「공적 조서」와 '공적 요약서'	1953. 4. 20.–1956. 12. 30까지	3년 8개월	33명	수차례
	1953. 4.–1956. 12까지 3년 8개월간			
2005년 독도수비대법	1953. 4. 20.–1956. 12. 30.	3년 8개월	33명	여섯 차례
현재 기념사업회	1953. 4. 20.–1956. 12. 30.			

    1996년의 서훈을 계기로 '3년 8개월'설이 확산, 정착했지만 이를 최초로 언급한 자는 나홍주였다.[56] 그런데 그는 1996년에 간행한 저서의 서문을 8월 중순에 썼으므로 그 전에 탈고했다 하더라도 3월에 작성된 홍순칠의 「공적 조서」를 보았을 가능성은 희박하다. 언론도 『조선일보』[57]가 수비대의 활동기간을 1953년부터 1956년 말까지로 보도했을 뿐 '3년 8개월'을 직접 언급하지 않았다. 나홍주는 홍순칠의 1985년 수기를 참고했는데 거기에는 '3년 6개월'과 '3년 8개월' 둘 다 언급되어 있다. 그런데 홍순칠은 1983년 수비대 「창설 30주년 기념행사 계획서」에서 '1953. 4. 20.~1956. 12. 30 4년여'의 활동을 언급했다. 따라서 '3년 8개월'설은 1983년 행사 계획서와 1985년 수기 및 1996년 서훈을 거치면서 정착한 것으로 보인다. 수비대와 관련된 모든 내용이 일차적으로는 홍순칠로부터 파생한 것임에도 이렇듯 자료마다 기술이 다른 이유는 무엇인가? 그 이유는 한일관계와 언론 보도 등 홍순칠을 둘러싼 제반 환경이 달라졌기 때문이다. 다음 장에서 그 과정을 추적한다.

---

56 나홍주, 『일본의 "독도" 영유권 주장과 국제법상 부당성』, 금광, 1996.
57 『조선일보』 1996. 4. 3.

1965~1996년 수비대 소개의 변질 과정

1. 1966년 서훈 이전 한일관계와 홍순칠

2. 「독도수비대 비사」(1965)와 언론 보도

3. 「독도수비대」(1970) 전후의 언론 보도

4. 홍종인과 홍순칠

5. 「(도큐멘타리) 독도수비대」(1978)

6. 『동해의 수련화』(1981)

7. 『월간 학부모』(1979-1985년 연재 추정)

8. 『개척 백년 울릉도』(1983)와 이후의 언론 보도

9. 「독도의용군 수비대」(1985)와 그 이후

10. 『울릉군지』(1989)

11. 1996년의 서훈 전후

12. 「독도의용수비대지원법」(2005)의 제정, 그리고 현재

1. 1966년 서훈 이전 한일관계와 홍순칠

홍순칠의 행적이 세상에 알려지기 전에는 울릉도 및 이 섬의 대표적인 개척자 홍재현의 행적이 간혹 언론에 보도되는 정도였다. 1947년에 학술조사단이 울릉도에 왔을 때 홍재현이 독도 소속에 관해 증언한 바 있지만[1] 세인들은 홍재현을 알지 못했다. 울릉도 개척자 중의 한 사람으로 '홍재현(洪在現, 87세)'[2]이 언론에 처음 보도된 것은 1950년이다.[3] 이어 1956년에[4] 77년 전의 개척사 관련 인물로 다시 한번 '홍재현(96세)'[5]이 소개되었다. 개척 당시 8명이 울진에서 조각배를 타고 만 이틀이 걸려

---

1 외무부는 이를 『독도문제개론』(1955)에 실었지만 당시는 공개된 자료가 아니었다. 외교통상부 국제법률국 편, 『독도문제개론』, 외교통상부, 2012, 41쪽에도 실려 있다.
2 1950년에 87세였다면 1863년생이 된다.
3 『조선일보』 1950. 6. 13.
4 『동아일보』 1956. 8. 18.(울릉도 카메라 탐방(5)-울창한 임상도 꿈 - 아직 살아 있는 노개척자 - 이명동 기자)
5 1956년에 96세였다면 1860년생이 된다.

울릉도에 왔고, 수십 평의 땅을 파서 감자와 옥수수를 심었지만 들쥐 떼 때문에 한 톨도 못 먹고 5일간이나 굶었으며, 먹을 것이라곤 깍새와 칡 뿌리만 있었다고 했다. 또한 일본인들이 매일 와 나무를 찍어가서 홍재현이 이를 금지시키려다. 큰 싸움이 나서 친구가 총에 맞아 죽었다는 일화도 소개했다. 1956년을 기준으로 77년 전에 왔다면 1889년경이다. 그런데 개척민이 처음 입도한 해는 1883년이다. 1883년 사료에는[6] 강릉에서 홍경섭의 가족이 입도한 것으로 적혀 있고, 그중 홍경섭의 둘째 아들이 홍재경으로 보이는데 홍재경이 바로 홍재현을 가리킨다. 사료에 홍재경의 나이가 1883년에 20세로 되어 있는데 족보에 홍재현의 나이가 1864년생이어서 같은 인물로 추정된다.

1956년 홍재현이 언론에 다시 노출되기 전인 1954년 9월 24일 독도경비대장 홍순칠이 경북 경찰국장을 만나 지원문제를 협의하고 상이용사회 경북지부장실에서 회견했는데 이때 독도의 경비상황을 이야기한 내용이 언론에 보도되었다. 9월 25일자로 보도된 내용은, 일본 경비정이 매달 정기적으로 독도를 항행한 사실, 일본 경비정의 침범에 대응하여 일본 측 사상자가 16명이 되고 선체가 대파한 사실, 그날 저녁 일본 NHK 방송이 이를 보도한 사실, 9월 22일 국제사법재판소 제소 결정에 이어 체신부가 발행한 독도우표를 일본이 반송한 사실 등이었다.[7] 이후의 자료에는 홍순칠이 경북 경찰국장을 만난 시기가 1954년 8월 26일경, 9월 10일 이후로 되어 있다. 이 기사로 파악된 사실은 매월 20일 경비대원의 교대가 이뤄졌으며 그들에게 부식비로 40환이 지급되었다

---

6 「光緒九年七月 日 江原道鬱陵島新入民戶人口姓名年歲及田土起墾數爻成冊(1883년 7월 모일 강원도 울릉도에 새로 들어온 민호(民戶) 인구의 성명과 나이 및 전토의 개간 수효에 관한 성책)」(이하 『성책』으로 약칭).

7 『매일신문』 2013. 10. 24.

는 사실이다. 1950년대 후반에 홍순칠이 언론에 노출된 것은 홍재현과 별개로 한일 간 독도문제가 크게 대두된 상황과 관계있다. 일본의 독도 침범에 대한 대응책의 일환으로 한국 정부는 1954년 12월 말 수비대원 가운데 9명을 경찰로 채용한 뒤 울릉경찰서 소속의 경찰관들과 함께 독도 경비를 전담하게 한 바 있다. 정부가 수비대의 활동을 인정하여 경찰로 채용했지만 홍순칠이 직접 언론에 소개된 것은 아니었다.

1956년에도 수비대[8]가 독도 경비를 전담하지 않은 것으로 언론이 보도했음을 알 수 있다. 『동아일보』는 「독도 카메라 탐방 코너」를 1956년 8월 20일부터 25일까지 6회에 걸쳐 연재했는데, 이에 따르면, "독도 경비는 울릉도 경찰서에(서) 담당하고 있는데 6명 내지 10명의 경찰관들은 20일간 귀양살이를" 하고 있다고 보도했다. 또한 "이 경비초소는 재작년 8월 1일 우리 정부에서 경비명령이 내리자 즉시 세워진 것으로서 온돌방 한 칸 청마루 한 칸 도합 두 칸짜리 건물로 되어 있다."[9]라고 보도했다. "재작년 8월 1일"을 언급한 것은 정부에서 1954년 8월 초 경비초소의 건립을 명령한 사실에 부합한다. 독도에서 직접 취재한 기자는 경비원이 독도 인구의 전부라고 했다. 기자는 "독도를 지키는 경비초소 방안에는 세 사람의 예쁘장한 젊은 아가씨가 웅크리고 앉아 있는데"[10] 제주도에서 온 해녀라고 했다. 또한 기자는 경비 순경에게 들은 사실을 보도하는 한편, 경비초소에 6명의 남자에 3인의 아가씨가 있고 만취한 경비원 한 사람이 잠자고 있음을 보도하며 그 무질서함을 비판했다. 기자는 경찰관 외에 경비순경, 경비원 등을 언급했지만 경비원이 독

---

8 수비대는 '독도의용수비대'의 약칭이지만, 언론에서 칭한 경우는 '수비대'로 표기하여 구분했다.
9 『동아일보』 1956. 8. 21.
10 『동아일보』 1956. 8. 25.

도 인구의 전부라고 했으므로 이는 모두 경찰을 가리킨다.

　기자는 울릉경찰서에서 파견한 "6명 내지 10명의 경찰관"이 경비한다고 했고, 경비초소에 있는 사람은 6명이 전부인 듯이 말했다. 이 시기는 수비대원의 일부가 경찰이 된 후이다. 그러므로 경찰관 외에 수비대원이 따로 있었다면 이에 대해서도 보도했을 것이나 이에 대해 언급하지 않았다. 해녀가 있었음은 미역 채취기였음을 의미하고, 수비대원도 미역 채취에 함께 동원되었음을 생각하면 수비대원도 함께 있었을 법하지만 관련된 언급은 없다. 보통 8월 말은 미역 채취가 끝나 해녀들이 제주도로 돌아갔을 때이다. 그런데 기자는 해녀가 있다고 했으므로 전원 철수한 것으로 보이지는 않는다. 수비대원도 함께 있다가 미역을 팔러 육지로 나갔는지는 알 수 없다.

　1959년 『경향신문』의 기사 「피눈물 나는 경비대원의 노고」는[11] 평화선 문제와 재일 교포 북송 기도 등을 둘러싸고 한일관계가 악화일로를 걷던 상황에서 독도 수비의 실태를 전하기 위한 보도였다. 독도경비대를 파견하기 이전과 현재의 경비상태를 보도한 것인데, 경비대의 파견에 앞서 홍순칠이 '의용경비대'를 조직한 일을 소개했다. 경찰을 '경비대', '경비대원'으로, 수비대를 '의용경비대'로 구분했으므로 앞에서 나온 '경비원'도 경찰을 가리키는 것임을 알 수 있다. 또한 『경향신문』은, 경비대를 파견하기 전 울릉도 청년 20여 명이 의용경비대로 (단기) 4286년 (1953) 5월 18일부터 4288년(1955) 10월까지 2년 이상을 자진하여 경비했다고 보도했다. '홍순칠(33세)'[12]을 인터뷰하여, 그가 지금이라도 당국이 독도 입주를 허락한다면 가족과 함께 정착 영주할 생각이라고 말한

11　『경향신문』 1959. 3. 3. 다만 신문을 전부 조사한 건 아니므로 다른 신문이 앞서 보도했을 가능성도 배제하기 어렵다.
12　1959년에 33세의 홍순칠로 소개했으므로 1927년생이 된다.

내용도 소개했다. 경비기간을 소개한 것은 홍순칠의 말을 따른 것으로 보인다. 그러나 활동기간에 대한 홍순칠의 말은 계속 바뀌었다.

한일회담은 1960년에 양국이 회담 재개에 합의하여 4·15 회담이 재개되었지만 4·19혁명으로 이승만 정권이 붕괴하자 중단되었다. 쿠데타로 정권을 장악한 박정희는 일본과의 국교 정상화에 적극적이었으므로 한일회담도 급진전되었다. 이에 일본도 1962년부터 독도 영유권 문제를 본격적으로 제기할 의사를 표명하기 시작했다.[13] 한일회담 과정에서 꾸준히 독도에 대한 영유권을 주장해온 일본은 1962년 1월 29일 중의원 예산위원회에서 이케다(池田) 수상이 "다케시마가 분명히 고유한 일본의 영토이므로 한국의 독도에 대한 영유권 주장은 이치에 맞지 않는다"고 답변하고, 고사카(小坂) 외상이 이케다의 발언을 뒷받침하며 이 문제를 해결하기 위해 국제사법재판소에 제소할 것을 고려하고 있다고 발언함으로써[14] 강경한 입장을 드러냈다. 고사카 외상은 1962년 3월 13일 최덕신 외무장관에게 독도문제의 국제사법재판소 제소를 제안했다. 이후 일본은 한국이 국제사법재판소 제소에 응하지 않으면 한일 국교 정상화는 없다는 표현을 써가며 한국을 압박했다. 박정희 정권의 독도문제에 대한 기본적인 입장은 독도문제는 협상 사안이 아니며, 국교 정상화 이후 시간을 두고 해결해야 할 문제라는 것이었다. 그러나 이미 독도문제는 양국의 최대 관심사 중 하나가 되었고, 이에 언론에서도 이를 집중적으로 다루기 시작했다. 그 과정에서 홍재현과 홍순칠의 행적이 다시 부각되기 시작했다.

한편 이런 움직임에 앞서 일본이 독도를 점령할 것이라는 위협은

---

13 최희식, 「한일회담에서의 독도 영유권 문제」, 『국가전략』 제15권 제4호, 세종연구소, 2009, 121쪽.
14 『동아일보』 1962. 1. 3.

1960년 경상북도로 하여금 '독도수호 경비사령부'를 설치하고 '독도수비대'를 편성하려는 움직임을 보이게 했다.[15] 일본이 1960년 12월 26일 한국인의 독도 퇴거를 요구하는 구상서를 보내오자, 한국 언론은 독도 영유권에 대한 역사적 근거를 알리기 시작했다. 이즈음 최남선이 해방 직후 맥아더 사령관에게 보내려던 유고의 내용이 소개되었다.[16] 『한국일보』는 1962년 2월 13일부터 3회에 걸쳐「獨島-鬱陵島」라는 제하의 기사를 실으면서 홍재현을 소개했다.[17] 홍재현이 도장(島長)으로서 울릉도를 개척하기 시작했고 67년 전 독도를 찾아가 소나무를 심었으며 그 뒤에도 몇 차례씩 독도를 찾아가 우물을 파두곤 했다는 것이다. 그러나 홍재현은 도장을 지낸 적이 없다. 이 기사가 보도될 당시 일본에서는 무라까와(村川, 무라카와)라는 일본인이 1905년 독도에서 한국인을 만났다고 기록한 문헌이 발견되었고 그 내용이 한국에도 알려진 듯하다. 기자는 이에 대해 "누가 먼저 가 있었던가가 틀리고 누가 누구를 쫓았는가가 틀릴 뿐 만났었다는 사실과 그 이름이 '무라까와'였다는 사실만은"[18] 홍재현의 말과 일치한다고 보도했다. 1962년이라면 홍재현이 사망한 후이므로 기자는 손자 홍순칠로부터 이런 내용을 들었을 것이다. 홍재현은 1903년경 무라카미와 함께 독도로 떠난 바 있음을 1947년에 울릉도에 온 학술조사단에게 말한 바 있다. 홍재현이 말한 무라카미는 울릉도에

---

15 『동아일보』 1960. 2. 6.
16 「독도는 엄연한 한국영토」, 『동아일보』 1961. 12. 28. 신문에 실린 내용과 같은 내용이 『독도』(대한공론사, 1965)에 실려 있는데 거기에는 출전이 '1961년 12월 28일'로 되어 있다. 이는 최남선이 동아일보에 제보한 날짜이므로 원고는 그 이전에 쓴 것으로 보아야 한다.
17 부제는「獨島를 지키는 사람들」(2. 13.), 「獨島와 洪老人」(2. 15.), 「머나먼 本土」(2. 16.)이다. 홍재현 당시 신문은 본토에서 울릉도에 오는 신문은 보름이나 한 달 만에 왔고, 선박은 포항에서 금파호가 보름이나 한 달 만에 기상이 좋을 때에 한해 왕래했다(『한국일보』 1962. 2. 16.).
18 「獨島와 洪老人」, 『한국일보』 1962. 2. 15.

살면서 독도로 건너간 자이다. 이에 비해 1962년경 일본에서 보도된 무라까와는 일본에서 독도로 건너간 자이므로 동일인이 아니다.

1962년의 언론 보도에 따르면, 홍재현은 그의 손자를 비롯한 울릉도 젊은이들에게 독도의용수비대를 만들어 섬을 지키라고 독도에 내보낸 것이므로 독도의용수비대는 경찰경비대보다 훨씬 앞장섰던 독도의 섬 지기였다고 했다. '독도의용수비대'라는 용어가 이 기사에서 처음 보인다. 그렇다면 이 용어를 창안한 자는 홍재현일 듯하지만, 이 역시 기록에 따라 다르다. 1962년 가을부터 이른바 '제3국 조정안'과 '독도폭파론' '독도 한일공유론' 등이 나오자 양국인들은 이에 반대했다. 1963년 일본 시마네현은 독도 공유에 대한 절대 반대를 표시하는 연명의 요망서를 중앙 정부에 보냈다. 변영태[19] 전 외무부 장관은 "고위층 모 씨가 일본 방문 중 독도를 공동관리할 것을 제의"한 사실을 언급하고, 이에 대해 신문이 조용한 것은 한심하다고 했다. 변영태는 "우리 강토는 불가분"임을 역설했다.[20] 변영태가 역설한 바는 현재 외교부 홈페이지[21]에서 언급되고 있듯이 독도가 지닌 역사적 의미와 한국의 입장을 잘 드러내고 있어 지금까지 회자되고 있다.[22] 변영태는 비슷한 주장을 여러 번 했다. 1954년 9월 28일자 외무부 정무국 변영태 명의의 성명[23]과 1954년

---

[19] 1951년부터 1955년까지 외무부 장관을 지냈고, 1954년 6월부터 11월까지는 국무총리를 겸임했다.
[20] 『한국일보』1963. 2. 8.
[21] 외교부 홈페이지에 탑재한 『대한민국의 아름다운 영토 독도』, 「독도에 관한 15가지 일문일답」가운데 Q14에 게재되어 있다. 외교부는 이 내용이 1954년 독도 문제의 국제사법재판소 회부 주장에 대한 한국 정부 입장의 요지임을 밝혔다(2024년 5월 2일 검색).
[22] 한국 정부의 구상서와 현재 외교부 홈페이지에 게재된 영문을 비교하면 다음과 같다. Thus, Dokdo was the first Korean territory which had been made a victim of the Japanese aggression.(1954. 10. 28.); It is Dokdo that was the first Korean territory to fall victim to Japan's aggression against the Korean peninsula.(외교부 홈페이지)
[23] 『동아일보』1954. 9. 30.

10월 28일자 주일 한국 대표부 구상서,[24] 1963년에 언론에 기고한 내용이 있는데 유사하여 혼동을 일으키므로 〈표-3〉과 같이 구분해보았다.

〈표-3〉 변영태의 독도 관련 주장 (고딕은 인용자)

1954. 9. 28.	1945년 **한국이 해방됨에 따라 일본침략의 최초로 희생되었던 독도가** 자동적으로 일본으로부터 기타 한국 영토와 함께 해방이 되었음은 물론이려니와 이를 입증하는 사적은 방거(放擧)키 끝이 없으며 1000여 년 전의 일본지도만 보드래도 독도가 한국의 영토라는 것을 명백히 하고 있는 것이다… **과거에 있어 일제 침략의 최초로 희생된 독도**를 또 다시 점유하려 함은 대일강화조약을 파기하고 한국을 재침하려는 의도의 발로로서 주시되지 아니치 못할 것이다.
1954. 10. 28.	(3). (전략) 시마네현청이 獨島를 자칭하여 그의 관할권에 포함시킨 것은 이러한 協定의 일 년 후이였다. 그리하여 **獨島는 일본 침략의 희생으로 된 최초의 한국 영토이었다.** (중략) (4). 周圍의 제 사실이 如斯하므로 한국 국민에 대하여 독도는 동해에 떠러진 일개의 小島일 뿐만 아니라 그것은 일본과 상대한 한국 주권의 상징이며 또 한국 주권의 保全을 시험하는 실례(實例)이다. 한국 국민은 독도를 수호하고 그러므로써 한국 주권을 보전할 결의를 가지고 있다. 그러므로 한국 정부는 臨時的이며 또 국제사법재판소 앞에서도 독도에 대한 한국 주권을 疑義에 부칠 수 없다. (하략)
1963. 2. 8.	(전략) 그래도 오래 時間이 흐르느라면 日本이 다시 깨우쳐주지만 않는다면 或時 잊게 될 때도 올텐데 소위 民主化했다는 현 일본 朝野가 이 문제를 감히 들추는 것이야 하도 어이가 없는 일이다. **獨島는 日本의 韓國 侵略의 최초 희생물이다.** 解放과 함께 獨島는 다시 우리 품에 안겼다. 獨島는 韓國 獨立의 象徵이다. 이 섬에 손을 대는 者는 全韓民族의 頑强한 抵抗을 覺悟하라. 獨島는 몇 個 바위가 아니고 우리 겨레 榮譽의 닻이다. 이것을 잃고서야 어찌 獨立을 지킬까보냐. **日本이 獨島奪取를 꾀하는 것은 韓國 再侵略을 意味하는 것이다.** (하략)
현재 외교부 홈페이지	일본 정부의 제의는 사법절차를 가장한 또 다른 허위의 시도에 불과하다… **독도는 일본의 한국 침략의 최초의 희생물이다.** 독도에 대한 일본의 비합리적이고 끈질긴 주장은 한국 국민들로 하여금 일본이 다시 한국 침략을 시도하는 것은 아닌지 의심케 한다. 한국 국민들에게 있어 독도는 단순히 동해의 작은 섬이 아니라 한국 주권의 상징이다.

1963년에 울릉군은 『울릉도 향토지(欝陵島鄕土誌)』를 펴냈다. 「울릉군 관할도」가 실려 있는데 독도는 기재되어 있으나 수비대에 관한 언급은 없다. 도리어 향토지는 1953년 7월 12일 일본 경비선과 울릉도 경비선

---

[24] 외무부, 『독도문제개론』, 1955, 210~211쪽.(필자가 한글로 바꾸고 일부만 한자 표기함)

이 독도 해상에서 만났을 때 최헌식 경사와 부딪친 뒤로 재침은 없었으며 지금 울릉경찰서에서 경비 중에 있다는 내용을 기술했다.[25]

수비대 활동 당시 홍순칠의 부관이었다는 황영문은 경찰에 재직 중이던 1964년 『독도의 한토막』[26]이라는 수기를 작성한 바 있다. 이 수기는 수비대원으로서가 아니라 경찰관으로서 작성한 글이다. 그는 서문에서 "10년 세월의 한 생활사"라고 했으므로 1955년 1월 1일부터 1964년까지의 기록으로 보이지만, 중간에 잠시 사직한 적이 있다.[27] 이 수기는 수비대가 1956년 12월 말까지 경비했다는 홍순칠의 주장이 성립하지 않음을 증명할 단서가 된다. 수기집 124쪽에는 황영문의 10월과 11월의 '근무표'를 찍은 사진이 한 장 실려 있다. 10월 14일부터 11월 13일까지는 /로, 11월 14일부터 18일까지는 ×로, 19일에는 ○로 표시되어 있다. 연도는 표기되어 있지 않다. 황영문의 근무일은 10월 14일부터 11월 13일까지이므로 이후에는 울릉도로 나갈 수 있는데 날씨 때문에 나가지 못하고 11월 14일부터 18일까지 근무하다가 19일에 후임자에게 인계했음을 나타낸 것이다. 당시 경비대원들은 한 달 간격으로 순

---

25 울릉군, 『鬱陵島鄕土誌』, 1963, 120쪽.
26 김경도·유기선, 『독도의 한토막』, 독도박물관, 2019. 당시 울릉경찰서에서 황영문의 수기에 삽화를 넣어 완성한 것으로 보인다. 모두 41쪽이다. 『독도의 한토막』은 서문에 해당하는 첫머리에 보이므로 황영문이 붙인 제목인 듯하다. 경비대의 업무와 여가 등 일상생활, 시와 산문, 사진첩으로 구성되어 있다. 서지사항은 '1964년 10월 26일 완성, 1964년 11월 31일 1판 타자, 1966년 11월 31일 6판 화필, 1966년 9월 25일~10월 25일(의미가 불명확)이고 장소는 독도'로 되어 있다. 타자사가 울릉서 근무 김귀선, 글과 그림이 울릉서 근무 김원태로 되어 있다. 독도박물관이 간행한 것은 6판으로 타자체가 아닌 수기 형태이다. 6판에서 화필이 추가된 것으로 보인다. 본문의 필체와 서지사항의 필체가 동일하므로 김원태가 옮겨 적은 것으로 보인다. 황영문의 친필 수기와 1판 타자본은 현전하지 않는다.
27 독도에서 파란곡절을 겪었던 해로 1957년 7월, 1958년 11월, 1959년 7월을 특별히 언급했으므로 해당 연도에 근무한 것처럼 보이지만 인사기록 카드에는 1957년 7월 20일 사직한 것으로 되어 있어 맞지 않는다. 독도박물관도 이 시기에 관련된 신문기사를 찾을 수 없었다고 했듯이 날짜에서 착오가 있어 보이지만 확실한 것은 알 수 없다. 황영문은 1961년 2월에 다시 경찰에 임용되었으므로 1957년 7월 21일부터 1961년 2월 임용 전까지는 민간인 신분이었다.

환근무를 하고 있었다. 황영문은 11월 18일 오후 8시 5분에 독도를 떠나 19일 오전 4시에 울릉도에 도착한 것으로 되어 있다.

독도박물관의 편집자는 근무표의 날짜 및 요일이 일치하는 연도를 조사하여 1955년이나 1960년 중 하나에 해당한다는 사실을 알아냈으나 연도를 명확히 규정하지는 않았다.[28] 그런데 황영문은 경찰에 특채된 1955년 1월 1일(1954. 12. 31. 임명)부터 1957년 7월 20일까지 근무한 바 있고, 잠시 사직했다가 1961년 2월 14일에 다시 공채로 재임용되었으므로[29] 1960년에는 경찰관 신분이 아니었다. 그렇다면 근무표는 1955년에 작성한 것이 된다. 1954년에는 경찰이 경비를 전담하던 시기가 아니었다. 독도박물관의 편집자는 사료 해제의 성격인 듯한 「수기집 개요」에서 황영문이 서문에서『독도의 한토막』을 작성하게 된 계기가 1954년부터 10년간 독도에서 활동하며 겪은 이야기들과 감정들을 기록으로 남기기 위함이라고 밝히고 있다고 했다.[30] 그러나 황영문은 1954년을 언급한 바가 없다. 이는 해제 작성자가 황영문이 서문을 쓴 시기가 1964년 11월로 되어 있어 10년 전을 1954년으로 보고 이렇게 언급한 것이다.

이 근무표는 1955년에 경비대가 순환근무를 하던 정황을 보여주므로 수비대가 1956년 12월 31일까지 경비하다가 경찰에 인계했다는 홍순칠의 주장이 사실이 아님을 말해준다. 표에는 물품 회계관리와 수령자인과 같은 결재란도 있어 공문서의 성격을 띠므로 이것은 1955년 1월부터 울릉경찰서에서 독도경비대를 체계적으로 관리해왔음을 보여주는

---

28 김경도·유기선(2019), 앞의 책, 124쪽. 근무표는 한 달 근무 후의 교대를 위해 작성한 듯하다.
29 경찰 인사기록 카드의 내용에 대해서는 독도박물관 소장 자료 참조.
30 김경도·유기선(2019), 앞의 책, 14쪽; 31쪽. 독도박물관은 수기집에 대한 설명에서도 "황영문이 독도경비대원으로 근무하며 작성한 본 수기집은 1954년~1964년 간의 기록을 다루고 있다"고 했다(124쪽).

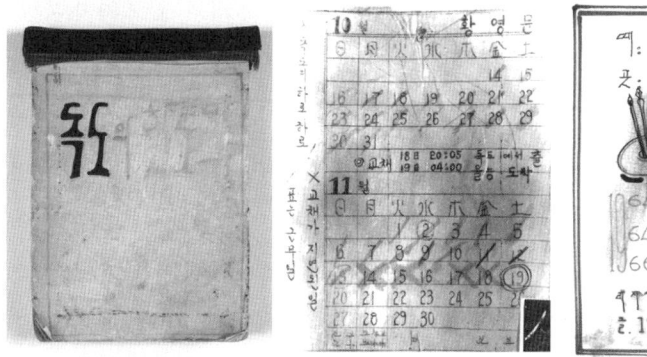

『독도의 한토막』 (왼쪽부터) 앞표지, 황영문의 10월과 11월의 '근무표', 뒷표지 (독도박물관 소장)

증거도 된다.[31]

  황영문은 수기의 마지막 부분에서 「독도 현황」을 기술했는데, "(전략) 한국과 일본 간 표석과 표목을 뽑고 세우고를 반복하던 중 1953년 6월 21일부터 재향군인 울릉군 연합분회에서 (30명) 주둔 경비를 하였으며, 1954년 8월 5일 울릉경찰서원으로 대체하여 경비를 하고 있음"[32]이라고 했다. 그는 '독도의용수비대'라는 용어 대신 '재향군인 울릉군 연합분회'라고 했고, 1953년 6월 21일 경비를 시작하여 1954년 8월 5일 울릉경찰서가 인계한 것으로 기술했다. 그는 근거를 밝히지 않았지만, 1953년 6월 21일 주둔 경비를 시작했다는 그의 주장은 성립하기 어렵다. 1953년 6월 27일에 시마네현청 직원을 비롯하여 30명이 독도에 온 적이 있는데, 황영문의 말대로 6월 21일부터 재향군인들이 경비하고 있었

---

31 『오마이뉴스』(2008. 1. 23.; 2018. 4. 25.)와 『미디어오늘』(2015. 8. 5.)에는 독도경비대원들을 찍은, 동일한 사진이 실려 있는데 막사 현판에 '울릉경찰서 독도경비대'라고 적혀 있다. 『미디어오늘』은 이 사진이 1956년 5월 28일자로 촬영된 사진이라고 했고, 2018년 4월 25일자 『오마이뉴스』는 사진 제공자가 김산리라고 했다. 김산리가 경찰 재직 중에 찍은 사진을 제공한 것이므로 이 역시 경찰이 독도를 경비하고 있었다는 증거가 된다.

32 김경도·유기선, 2019, 앞의 책, 187쪽.

다면 이들과의 대면 기록이 일본 측이나 홍순칠의 기록에 보여야 하나 그렇지 않기 때문이다. 또한 그의 기술대로라면, 일본의 영토 표목 설치가 홍순칠로 하여금 수비대를 결성하게 한 계기라는 것인데 1953년 6월 21일은 표목이 설치되기 전이다. 다만 1953년 6월 21일이 1954년 6월 21일의 오기라면, 1954년 6월 20일에 수비대가 입도했다고 한 언론 보도가 있으므로 사실에 부합한다. 그가 1954년 8월 5일 경비 임무를 울릉경찰서원으로 대체했다고 한 근거도 알 수 없지만, 8월 5일은 막사를 건립하기 위해 경찰이 주재하고 있을 때이다. 그러므로 황영문의 기록은 수비대가 1954년 6월 21일부터 8월 4일까지 독도 경비를 전담하고 이후부터 경찰이 경비했음을 뒷받침해주는 자료로서는 충분한 가치가 있다.

2. 「독도수비대 비사」(1965)와 언론 보도

홍순칠과 수비대의 행적에 대한 보도는 1965년 6월 22일 한일기본관계 조약의 조인을 전후하여 잇따랐다. 1965년에 세상에 알려진 홍순칠의 행적은 두 가지 경로를 통했다. 하나는 신문기사를 통해서였고, 다른 하나는 언론인 최규장(崔圭莊, 1939-2010)을 통해서였다. 신문은 1965년 6월 중순 모두 4회에 걸쳐 그 내용은 「독도경비 비화」라는 제목으로 보도했다.[33] 최규장은 「독도수비대 비사(獨島守備隊秘史)」를 『주간한국』[34]에 실었고, 1965년에 간행된 『독도』[35]에도 실렸다. 『독도』는 서문에서 한일 국교 정상화가 된 이후에도 일본이 독도에 대한 영유권을 주장하며 전

---

[33] 『매일신문』 1965. 6. 16.; 6. 22.; 6. 23.; 6. 25.
[34] 『주간한국』은 시사 종합 주간지로서 1964년 9월에 창간되었다. 몇 월호에 실렸는지를 알 수 없다.
[35] 1965년에 『주간한국』에 실었던 글을 『독도』(대한공론사, 1965)에 전재했다.

근대적인 망상에서 깨어날 줄 모르고 있기에 이를 경고할 의도에서 관련 글들을 모아 펴냈다고 기술했다. 『매일신문』의 보도와 최규장의 글 모두 국내에서 한일회담 막바지에 독도 영유권에 대한 관심이 최고조에 달했던 상황에서 나온 것이다. 둘 다 홍순칠을 인터뷰한 내용이지만 신문기사에 비해 최규장의 글이 좀 더 자세하다.

신문기사를 보면, 홍순칠은 1953년 5월 24일 9명을 인솔하여 독도에 상륙한 뒤 경북지사 병사구 사령관 해경단에 지원을 요청하여 해경대가 3척의 경비정에 200명의 민병대를 실어 보내 초소와 통로 정비, 물탱크 마련 등의 공사를 시작했다고 한다. 초소는 2주에 걸쳐 지어졌고 민병대가 돌아간 뒤 의용수비대 30명은 두 조로 나뉘어 교대근무를 했다. 그러던 1953년 7월 중순 500톤가량의 일본 경비정 PF9정이 침범했기에 의용수비대가 이를 물리쳤다. 8월 중순에는 음도(島陰島)수산고등학교[36] 실습선이 왔으며, 10월에는 김종원이 왔다 가고 사흘 뒤 일본 경비정 3척이 침범했다. 홍순칠은 이 일들이 1953년 5월에 들어온 뒤에 7월과 8월, 10월로 이어진 듯이 언급했으므로 맥락상 1953년의 일인 듯하지만 실제로는 1954년에 일어난 사건이 많다. 홍순칠은 10월에 일본 경비정 3척이 초소 300미터 거리까지 와서 일제 사격을 가해 16명의 일본인 사상자를 내게 했고 국적 불명의 비행기가 선회하다 돌아간 사실도 언급했다. 또한 일본 NHK 저녁 방송으로 일본이 한국에게 대파당한 사실이 보도되어 이 일로 일본으로 보낸 우편물 가운데 독도 우표가 붙은 것이 반송되는 등의 보복이 있었다는 것도 그의 인터뷰 내용에 담겼다. 덧붙여 그는 무전사 허학도의 추락사도 언급했는데, 이 사건도 1954년에 일어난 일이다. 그럼에도 홍순칠은 연도를 명기하지 않

36　陰島는 隱岐 즉 오키수산고등학교를 잘못 쓴 것으로 보인다.

은 채 사건들의 시간적 배경을 애매하게 처리했다. 이들 일련의 사건은 최규장의 글을 기준으로 하여 4장에서 분석하겠다.

수비대의 창설과 해체에 관한 홍순칠의 인터뷰로 알 수 있는 것은 수비대가 1953년 5월 25일 입도하여 30명이 교대로 근무하다 1955년 8월 15일 해산한 것처럼 말했다는 사실이다. 그는 해산 당시 16명이 정경으로 편입되었고 14명은 울릉도로 돌아왔으며 나머지는 독도에 26개월 주둔했다고 진술하였다. 1966년에 『조선일보』도 26개월을 말하였다. 그러나 26개월로 명기할 만한 근거가 없다. '26개월'은 다시 1978년에 '2년 9개월'로 바뀌었고, 1980년대에는 다시 '3년 8개월'로 바뀌었다. 수비대원 30명 중 정경(正警)에 편입된 자가 16명이라고 한 것도 사실이 아니며, 이들이 경찰에 임명된 시기는 1954년 12월 31일이다.

한편 홍순칠은 민병대 200명[37]을 운운했지만 이 역시 의미가 애매하다. 정부가 발표한 법령에 따른 민병대는 1953년 8월 이후에 조직되기 시작하므로 1953년 6월 중순에는 동원할 수 없었기 때문이다. 또한 초소를 건립한 시기도 1954년 8월이기 때문에 1953년 6월에는 인력이 필요하지 않았다. 1965년에 언론에 소개된 내용은 그 후에도 대부분 언급되지만 연도가 불확실하고 내용도 소략하다. 같은 시기를 말한 내용이지만 최규장의 글은 신문기사처럼 내용이 분절적이지 않아 콘텍스트가 성립한다.

최규장은 홍순칠을 '홍 대장'으로 칭하며 그의 행적을 매우 구체적으로 기술했다. 최규장은 1953년 4월 1일 독도에 대형 선박이 나타나 바위틈에 흰 말뚝을 꽂아놓은 것을 해녀들이 목격하여 군에 신고한 뒤 양

---

37 1985년 수기에서는 통로 등의 공사를 위해 장정 200명의 명단을 확보했다는 내용으로 바뀐다. 민병대를 운운하지 않았다.

국이 5회에 걸쳐 풋말 공방을 벌였음을 기술하는 것으로 글을 시작했다. 그러나 4월 20일에 입도했다는 홍순칠의 말이 성립하려면, 4월 1일부터 19일 사이에 5회에 걸친 표목 공방이 전개되었어야 하는데 그러기에는 시간적 간격이 매우 짧을 뿐만 아니라 이에 대한 양국의 공식적인 기록도 거의 없다. 일본이 표목을 처음 세운 시기는 1953년 6월 중순이고 양국의 공방은 10월 말까지 지속되었다.

최규장에 이어 박대련의 글이 나왔으므로 이를 살펴볼 필요가 있다. 두 사람의 글은 이후 홍순칠의 행적을 기술하는 연구자들이 주로 인용하므로 이 책에서는 홍순칠의 행적을 최초로 기술한 최규장의 글을 기준으로 해서 박대련의 글을 함께 비교·검토하고자 한다.

언론은 1966년 4월 12일 수비대장 홍순칠과 대원 10명의 서훈 사실을 보도했다.[38] 보도 내용은 각양각색이었다.『경향신문』은 홍순칠과 수비대에 관하여 2회에 걸쳐 보도했는데, 1회에서는 "(홍순칠이) 1954년 6월 초 자진하여 상이용사회원 30명을 규합, 그 당시 매월 1회씩 독도 근해를 순찰하던 일본 경비선의 모습을 보고 경북 병사구 사령부에 긴급 요청을 하여 박격포탄 등 일부 무기를 지원받아 독도 경비 경찰이 올 때까지 수호해 온 것이다"[39]라고 보도했다. 2회에서는, 1954년 6월 19일 하오 8시 수비대원 15명이 6마력의 소형 선박을 타고 울릉도를 떠나 8시간 만에 독도에 도착했고 나머지 15명이 울릉도에서 교대를 기다리고 있었다는 사실, 위장 박격포를 만들어 목대포로 위장하여 물리친 사실, 수비대원 중 15명이 1956년 10월 24일 경찰에 채용된 사실을 보도했다.[40] 훈장증에 1954년 6월에 홍순칠이 대원을 모집했다고 명기해서

---

38 『동아일보』1966. 4. 26.;『경향신문』1966. 4. 26.; 4. 27.;『조선일보』1966. 4. 27.
39 『경향신문』1966. 4. 26.
40 『경향신문』1966. 4. 27.

인지 언론도 1954년 6월 초 대원을 모집한 것으로 보도했다.

수비대원을 1진 15명과 나머지 15명을 구분 지은 것은 1954년 6월에 대원 편성이 완료되었음을 의미한다. 그러나 30명이라는 숫자는 선원과 후방대원을 제외한 숫자이다. 언론을 통해 홍순칠은 수비대를 결성할 때 경비 일체를 사재를 털어 부담했으며 잠수기술과 목수, 의술 등을 가진 재사(才士)들을 모았던 것으로 보도되었다. 그런데 수비대원은 대부분 무학이거나 국졸이었다. 또한 언론은 1959년에는 수비대 결성 시기를 1953년 5월로 보도했었는데, 1965년에는 1953년 4월 이후로, 1966년에는 1954년 6월 초로 바뀐 것이다. 또한 1954년 6월 20일 입도하여 1956년 10월 24일 경찰에 임명되기 전까지 활동했다는 보도도 있었다. 그 경우 활동 기간은 대략 2년 4개월 남짓이 된다. 경찰이 수비대원 9명을 채용하기로 결정한 시기는 1954년 12월 24일이고 임명일자는 12월 31일인데 언론은 이를 대부분 1956년 10월 24일로 잘못 보도했다.

『조선일보』[41]도 홍순칠(39세)과 대원들의 포상 소식을 전달하면서 조부 홍재현이 1884년[42] 강릉에서 왔으며 가제잡이로 자수성가했으나 일본인에게 권리를 빼앗긴 뒤 가세가 몰락했고 홍순칠에게 독도 수호를 유언한 사실을 보도했다. 이어 홍순칠이 조부의 유산을 팔아가며 26개월 동안 독도를 지킨 일, 허학도가 추락사한 일, 40여 척의 보급선(전마선)이 풍랑에 부서진 일, 1956년 8월 경찰이 지키게 되자 15명은 경찰에 채용되고 나머지 대원 15명이 흩어졌다가 12년 만에 다시 만나자 홍순칠이 이들을 경찰관으로 채용해줄 것을 진정해왔다는 내용도 함께 전

---

41 『조선일보』1966. 4. 27.
42 개척민의 첫 입도는 1883년이고 홍재현도 이때 들어왔다.

했다. 언론은 홍순칠의 조부 홍재현의 가세가 몰락한 듯이 보도했지만, 홍순칠은 조부로부터 거금을 지원받았음을 여러 차례 증언했다. 그는 "1956년 8월 처음으로 경찰이 독도를 지키게 되자 그중 15명은 경찰관으로 임관"했다고 했지만, 1954년 8월이라야 맞다. 경찰에 채용된 수비대원은 9명인데[43] 언론에서 15명으로 보도한 것도 홍순칠의 말을 따라서이다. 『조선일보』는 "26개월간 독도를 지키는 동안"이라고 했지만, 1954년 6월에 조직해서 1956년 7월까지 수비했다면 해당하는 기간은 26개월에 못 미친다. 『조선일보』가 1954년 6월 조직설을 보도한 것은 『경향신문』과 마찬가지로 1966년 훈장증을 따랐기 때문이다. 『조선일보』는 방위포장을 받은 10명의 명단과 연령을 명기했는데, 고성달(高成達)을 고성원(高成遠)으로 오기했다.[44] 이어 『조선일보』는 울릉도 어린이 35명이 4월 25일 밤 서울역에 내린 뒤 27일 서울을 구경한 사실을 보도하면서 "독도의용수비대장 홍순칠의 맏딸 인숙(13, 장흥국민교 6년)"의 인터뷰를 기사화했다.[45]

1967년에는 서훈된 의용수비대원의 생계를 걱정하는 언론 보도가 나오기 시작했다. 서훈된 대원 가운데 1954년 말에 경찰에 채용된 자는 서기종과 정원도였다. 1966년 당시 경찰에 재직중이던 자는 하자진과 이규현, 양봉준, 김영호, 황영문, 김영복이었다. 이들 6명은 1966년의 서훈에서 배제되었다.

1967년에 『조선일보』는 홍순칠(40, 경북 울릉군 남면 사동 170-원

---

43 김영복, 이규현, 하자진, 양봉준, 김영호, 이상국, 황영문, 서기종, 정원도이다(『청원서 사실 조사 보고』, 경무 25-1036, 1978. 3. 30.).
44 나머지 명단은 서기종(37), 유원식(36), 정원도(37), 김병렬(36), 한상룡(38), 김재두(34), 최부업(34), 오일환(35), 조상달(34)이다.
45 『조선일보』1966. 4. 28.

주)⁴⁶이 1954년에 가산을 팔아 천만 원을 마련해서 독도 수비에 나섰으며 1966년 10월에 독도 선치장을 만들다가 부상을 당해 서울의 병원에서 치료 받고 있다고 보도했다.⁴⁷ 『영남일보』는 다른 대원들의 생계를 우려하는 기사를 보도했다. 15명 중 10명이 서훈되었으나⁴⁸ 연금을 타는 것이 아니어서 생계가 어려워 1967년 2월부터 관계 요로에 연서한 탄원서를 제출하고 있다고 보도했다. 탄원에 가장 적극적인 사람은 김병열이었다.⁴⁹ 김병열이 1966년에 서훈된 사실은 1967년에는 세상에 알려지지 않았다. 이 서훈이 잘못되었다는 것이 밝혀진 것은 1978년에 와서다.

홍순칠과 김병열은 왜 1967년을 전후해서 경제적 어려움을 호소하기 시작했을까? 일부에서는 그 배경을 당시 추진하고 있던 독도개발에서 홍순칠이 최종덕과 경쟁관계에 놓여 있었다는 사실에서 찾기도 한다.⁵⁰ 정부는 1965년 4월 현대적인 어업전진기지를 만들 계획을 발표했는데 울릉도가 그 안에 포함되어 있었다.⁵¹ 울릉도 주민 최종덕⁵²은 1960년대 중

---

46 1977년 「청원서」에는 홍순칠의 주소가 '경북 울릉도 남면 도동 77번지'로, 이 청원서에 대한 회신은 '경북 울릉군 남면 도동 77'로 되어 있다. 1985년 7월에 작성한 자필 이력서에는 주민번호가 기재되어 있다.
47 『조선일보』 1967. 3. 9.
48 "서훈된 15명 중 10명이 서훈되었"다는 것은 의미가 통하지 않는다. 1976년경 홍순칠이 정부에 제출한 「독도개발 계획서」는 "정부와 협의하에 대원 중 20여 명은 현지 경비경찰관으로 특채되고"라고 했다. 그러나 서훈된 인물은 홍순칠을 포함해서 11명이었다.
49 『영남일보』 1968. 8. 11.
50 김점구, 「독도의용수비대의 활동시기를 다시본다」, 『내일을 여는 역사』 제64호, 내일을 여는 역사재단, 2016, 248~251쪽.
51 『조선일보』 1965. 4. 15. 외
52 최종덕기념사업회는 최종덕(1925-1987)의 첫 입도 시기를 1963년으로 보고 있다. 그러나 그는 1964년에 독도에 처음 입도한 이래 물골에서 90일 간 생활하다가 1965년 3월 독도 공동어장 채취권을 얻어 어로활동을 본격적으로 시작했다는 견해도 있다. 해녀박물관·독도박물관 공동 기획전시, 『제주해녀 대한민국 독도를 지켜내다』(해녀박물관, 2023, 102쪽)는 1964년 2월에 최초로 입도한 것으로 보았다.

반부터 독도에서 어로작업을 했다. 그가 공동어장 채취권[53]을 얻어 독도에서 어로하기 시작한 시기는 1962년, 1963년, 1964년, 1965년설 등으로 다양하여 명확하지 않지만,[54] (1977년을 기준으로 하여) "10여 년 전부터 독도에 나와 고기잡이를 해왔는데 식수가 없어 정착을 못했다"고 보도된 바 있고, "최근 서도 서쪽 기슭에 샘을 발견, 이사할 결심을 하게 됐다"고도 보도된 바 있다. 최종덕은 서도에 5평 남짓한 토담집을 지어 정착했다.[55] 그의 독도 정착 시기는 명확하지 않지만[56] 홍순칠이 수비대원들의 경제적 어려움을 호소하게 된 배경에 정부의 독도개발정책에서 최종덕이 우선권을 얻을까 염려한 점이 작용했음은 분명해 보인다.

---

[53] 김호동에 따르면, 경상북도는 1965년 2월 독도어장을 단독 어장마을로 인가했으나 이는 1957년부터 도동어촌계 관할이던 것을 추인한 것으로 1957년부터 독도 공동어장은 해마다 입찰을 통해 개인에게 1년 단위로 어업채취권을 부여했다는 것이다(김호동 편저, 『영원한 독도인 최종덕』, 경인문화사, 2012, 39~40쪽). 그러나 어촌계는 1962년 3월 30일 수산업협동조합법 시행령 이후 조직되었고 그 이전에는 1954년 1월부터 시작된 어업생산계를 통해 이뤄졌다는 견해도 있다(수협중앙회, 『한국수산업단체사』, 1980, 수협중앙회, 336~339쪽).

[54] 최종덕은 KBS와의 인터뷰에서 1964년 2월 초 독도에 들어갔다가 5월 초에 나왔다고 했다(김호동 편저, 2012, 위의 책, 38쪽). 최종덕이 공동어장을 운영한 시기는 1965년 3월부터 1987년 9월까지다. 이후 1991년 10월까지는 사위 조준기가 운영했고, 1991년 11월 이후부터는 도동어촌계가 직영했다(44쪽).

[55] 『조선일보』(1977. 10. 25.). 최종덕은 1966년에 현재의 어민숙소 자리에 토담을 쌓아 집을 지어 이른바 '덕골'로 1967년에 이사했다(김호동 편저, 2012, 위의 책, 57쪽).

[56] 최종덕은 1977년 10월에 독도에 주민등록 이전을 신청했으나 외무부가 허가하지 않았다. 독도에의 등재가 허가된 것은 1981년 10월이다. 『조선일보』(1977. 10. 25.)는 독도로 1977년 9월 말에 주민등록을 옮긴 것으로 잘못 보도했다. 주민등록에 등재했을 때의 독도 주소는 경상북도 울릉군 울릉읍 도동 산67번지이다. 이후 독도 주소는 도동리 산67번지(1987) → 도동리 산63번지(1991) → 독도리 산20번지(2000) → 독도리 20-2번지(2005) → 독도리 1-96번지로 바뀌었다(2023년 3월 독도종합정보시스템 검색).

3. 「독도수비대」(1970) 전후의 언론 보도

1970년에 『조선일보』[57]는 홍재현(洪在現)을 일러 전 울릉도 교육장이자 홍순칠의 조부라고 소개했다. 또한 홍재현을 비롯한 유지들이 친일파인 도장 배상섭을 화형시킨 행위가 섬의 주체 성향에서 비롯된 듯이 보도했다. 그러나 홍재현은 울릉도 교육장이었던 적이 없고, 홍순칠의 사촌형이 교육장[58]이었다. 홍재현이 1932년 12월에 학무위원에 임명된 적은 있지만 교육장과 학무위원은 엄연히 다르다.[59] 배상섭이라는 인물은 사료에 보이지 않으므로 배상삼을 잘못 칭한 듯하다. 배상삼은 대구에 거주하다가 1883년 개척민 입도 시에 울진에서 울릉도로 들어온 인물로 공문서[60]에는 일본인과 내통하여 울릉도 곡물을 운송하려다 걸렸다고 되어 있다. 『독립신문』(1897. 4. 8.)은 배성준이라는 인물이 도감이 없는 사이에 도민들에게 함부로 세금을 거두고 재물을 빼앗아서 도민들이 그를 돌로 쳐서 죽였다고 보도했다. 이때의 배성준이 배상삼인지는 분명하지 않지만 배상삼은 도장이었던 적이 없다.

배상삼에 대해서는 평가가 엇갈린다. 개척민 손순섭이 쓴 『도지(島誌)』(1950)와 교육자 문보근[61]이 쓴 『동해의 수련화』(1981)는 배상삼을 언급했고, 『울릉군지』(1989)도 「배상삼기(裵尙三記)」를 부록으로 실을 만큼 비중 있게 다루었다. 이들에 따르면, 배상삼은 도감제 시행 전인 1893~1894년에 도수(島首)[62]라는 직책을 맡아 흉년이 들었을 때 부자들

---

57 「인물로 본 한국학 인맥(52)」, 『조선일보』 1970. 2. 26.
58 『慶北大觀』(1958)에는 울도교육감으로 되어 있다.
59 당시 학무위원은 홍재현과 배익소(裵益紹), 이장호(李章浩), 손수관(孫秀觀), 정석연(鄭鉐淵), 박건생(朴乾生) 등의 지역 주민으로 구성되었다.
60 『江原道關草』 1894. 1. 7.
61 연혁에는 1923년 3월 울도공립보통학교 훈도에 임명된 사실이 기록되어 있다.
62 문헌에 따라 도수(島守)로도 보인다.

에게 구걸하여 도민의 아사를 막았고, 일본 어선의 약탈로부터 어민을 보호하려 한 인물이다. 이 때문에 부자들에게 원한을 사서 부자들은 그가 일본인과 내통하여 한국 남자들을 다 죽이고 그들의 아내를 일본인의 처첩으로 삼으려 한다는 글을 투서했고, 이것이 화근이 되어 결국 죽임을 당했다는 것이다.

『동해의 수련화』도 『도지』와 유사해서, 배상삼이 여색을 좋아하여 안동 김씨 집안의 원한을 사서 타살되었다고 기술했다. 타살 배경에 관해서는 『도지』와 『군지』가 신빙성이 있어 보인다. 그 이유는 『도지』를 쓴 손순섭이 해방 직후 포항에서 배상삼의 두 아들과 한방을 쓰면서 이야기를 들었고, 이 이야기를 손자인 손태수에게 전했는데, 손태수가 『울릉군지』 편집위원으로서 내용을 기술했기 때문이다. 손순섭은 1950년에 『도지』를 집필할 무렵 손태수에게 "아직 그 당시 8인 중 2~3인이 생존하고 있으며 그 자손이 모두 울릉도에 살고 있는데 너에게 구전하니 후일을 기하여 네가 바로잡아라"[63]라고 했다. 손순섭의 부탁은 당시 울릉도에서의 홍재현 일가의 권세를 짐작하게 해주는 대목이다.[64] 손태수는 조부의 이야기뿐만 아니라 관련된 생존자들로부터 사실관계를 확인한 뒤『울릉군지』를 집필할 때 잘못 전해진 것을 바로잡았다. 손태수가 사실관계를 바로잡았다고 보는 이유는, 그렇지 않았다면 2007년에 개정판을 낼 때 그 내용이 수정되었을 터인데 그대로 실렸기 때문이다.

1989년 판『울릉군지』는 배상삼을 집단 구타하여 죽인 8명이 일본인에게 아부하고 밀상(密商)을 하며 의기양양하게 살다가 후에 목을 매

---

63 『울릉군지』의 「裵尚三記」 '餘談 1'
64 손순섭은 『도지』에서 여러 인명을 언급했지만 홍재현을 직접 언급하지는 않았다. 『도지』에 언급된 인명 가운데 홍재현의 형 홍재찬이 보이는데, 1900년에 배계주가 파손된 회사선 즉 개운환 배 값을 도민들에게 징수하려 하자 이에 저항한 6인 가운데 1인으로 나온다. 홍순칠이 언급한 재종형 홍성국이 바로 홍재찬의 증손자이다.

자살하거나 비명횡사하는 등 편치 않게 종신했다고 기술했다. 이 가운데 한 명만이 90여 세까지 살면서 천둥 번개가 칠 때면 정한수를 떠놓고 절하며 살고 있음을 목격했다는 사실도 적었다. 90여 세까지 생존한 1인은 홍재현으로 추정된다.[65] 2007년 개정판『울릉군지』도 배상삼이 과수 권 씨를 보쌈했지만 도민들에게는 선정을 베풀고 일본인의 횡포를 막았기 때문에 일본인과 결탁해서 이익을 보던 인물들에게 원한을 사 죽임을 당한 것으로 기술했다. 이렇듯 배상삼은 평가가 엇갈려, 하나는 일본인의 횡포를 저지한 인물로서, 다른 하나는 일본인과 결탁해서 도민을 괴롭힌 인물로서 평가되고 있다. 전자는 일본인의 횡포를 겪던 울릉도민의 진술을 따른 것이고, 후자는 일본인과 잘 소통하고 식민통치에 협력한 공적으로 총독부 표창을 받은 홍재현의 진술을 따른 것이다.[66]

1970년에 전 영남일보 논설위원이던 박대련은[67]「獨島守備隊: 더큐먼트 獨島의 苦難과 秘話」를『세대(世代)』에 발표했다.[68] 1969년 9월 25일 일본 사토(佐藤) 수상의 마쓰에(松江) 발언[69] 그리고 외무성이 10월 20일자 구상서[70]에서 독도를 일본 영토라고 주장하여 파문을 일으킨 것이 집필 배경이다. 당시 박대련은 박정희 대통령의 지시로『독도백서』를 집

---

65 윤소영,「울릉도민 홍재현의 시마네현 방문(1898)과 그의 삶에 대한 재검토」,『독도연구』제20호, 영남대학교 독도연구소, 2016, 57쪽.
66 위의 글, 52~53쪽.
67 박대련은「독도는 한국영토」(『漢陽誌』1964년 9월호 게재, 1965의『독도』에 재수록)와「국제법상으로 본 독도의 영유권」(『한국학』32, 1985. 8. 영신아카데미 한국학연구소)을 발표했다. 1964년 당시 박대련은 대구대학원을 수료하고 현대경제일보 정치부에 근무하고 있었던 것으로 되어 있다.
68 「獨島守備隊-더큐먼트: 獨島의 苦難과 秘話」,『世代』8권 통권 81호(세대사, 1970. 4.). 박대련은 1965년『독도』를 펴낼 때 편집에 관계했다.
69 사토 수상이 9월 25일 마쓰에에서 전국에 방영된 정책 연설에서 "우리는 독도의 반환을 외교적 경로를 통해 한국과 협상할 것"이라고 했다(『동아일보』1969. 9. 26.).
70 『경향신문』1969. 11. 24. 기사에 따르면, "지난 20일 독도의 영유권이 일본에 있음을 주장하는 구상서를 외무부에 보내왔으며"라고 했는데 20일을 박대련은 10월 20일로 보았다. 구상서의 내용은 한국 경찰수비대의 제거를 요구한 것이다.

필 중이었다. 그는 "용사들의 산 증언과 관계 자료를 간추려 독도의용수비대의 비화를" 엮었다고 했다. 박대련은 홍순칠, 김병열, 서기종, 황영문의 증언에 의거하여 기록했다고 밝혔으나, 주로 홍순칠의 증언에 의거한 듯하다. 박대련은 독도의 내력을 먼저 기술한 뒤 수비대의 궐기 배경을 기술했다. 그는 즉 한국의 평화선 선언과 이에 대한 일본의 부당한 항의, 카이로 선언에 명시된 "폭력 및 강욕에 의해 약취된 모든 지역"을 일본이 반환하지 않는 저의를 기술한 뒤 수비대 조직의 배경이 된 시기를 1953년 4월로 기술했다.

박대련의 글이 나올 즈음 경상북도는 국고지원을 받아 1970년 5월 25일부터 6월 13일까지 '독도어업개발조사'를 실행했다. 이 건의안에는 등대시설, 어민수용소 건립, 어민이주계획, 방파제 축조공사 등이 포함되어 있다.[71] 이후 경상북도 지사는 수산청에 독도방파제 축조에 따른 설계서 작성 및 국고보조를 요청했고, 이에 정부는 방파제 축조를 위한 설계조사를 결정했다.[72] 정부는 1972년에는 1973년부터 독도를 동해어업전진기지로 개발한다는 「독도종합 개발계획」 5개년 계획을 발표했다. 독도에 3억 7천만 원을 들여 방파제를 건설하여 6천여 척의 어선이 이용할 수 있게 하고 관광지로도 개발하겠다는 것이다. 독도는 두 개의 큰 섬과 10여 개의 작은 섬으로 이루어진 섬으로 보도되었다.[73] 홍순칠은 1976년에 어업전진기지로서 독도를 개발할 것을 제안하는 민원을 넣었다가 수산청으로부터 불가하다는 회신(1976. 10. 18.)을 받았다.[74] 이미 정

---

71 수산청, 「울능도 및 독도어업개발조사」, 1970. 6. (https://theme.archives.go.kr/next/images/dokdo/book/3-105/pop_15.jpg)
72 수산청, 「독도어항 시설 조사 계획」(문서번호: 1176-55호, 1972년 1월 19일 시행) (https://theme.archives.go.kr/next/dokdo/tertiaryList07.do)(2023년 7월 검색)
73 『경향신문』 1972. 8. 15.; 『조선일보』 1972. 8. 16.
74 김경도, 「독도의용수비대 해산 이후 대원들의 독도 수호 활동」, 『독도연구』 제31호, 영남대학교 독도연구소, 2021, 72쪽; 75쪽.

부가 개발계획을 세운 뒤 홍순칠이 민원을 넣었던 것이다.

홍순칠은 1956년에 수비대를 해산한 뒤 바로 동지회를 구성한 듯이 말했지만, 정원도는 동지회는 홍순칠이 혼자 만든 뒤에 대원들에게 통보했고, 30주년(1983년) 기념식 이후 1996년에 김영삼 대통령의 훈장을 받고 나서 정식으로 출범하여 매달 모임을 가졌으며 회장 임기는 2년이라고 했다. 그런데 1981년 8월 11일자로 울릉경찰서장이 홍순칠 앞으로 보낸 「독도시설물(태극기)설치에 관한 회보」에서 홍순칠을 '독도수비대 동지회 회장'이라고 칭했고, 내무부가 1983년 8월 23일자로 회신한 「독도 일반인 출입에 관한 청원 회시」에서도 홍순칠을 '독도의용수비대동지회 회장'이라고 칭했다.[75] 명칭은 약간 다르지만 공문서에서 이렇게 칭했음은 홍순칠이 1981년경 독도수비대동지회 회장으로 칭했음을 의미한다. 1978년 김교식의 저술에서 홍순칠이 동지회 회장으로서 서문을 썼고, 2005년 저술에서도 홍순칠이 1970년에 동지회를 만든 것으로 되어 있다. 따라서 홍순칠은 적어도 1970년대 후반부터는 이 명칭을 사용하고 있었다고 보인다. 1996년에 언론은 홍순칠이 1970년대에 '독도의용수비대동지회'를 결성한 것으로 보도했다.[76]

1974년에 『동아일보』는 신년 기사[77]로 '초대 독도수비대장' 홍 씨의 회고담을 실었다. 문보근은 『동해의 수련화』(1981)에서 기사의 일부를 그대로 인용했다(〈표-5〉 참조). 동아일보에 따르면, 수비대는 1953년 4월부터 나무를 실어 날라 막사를 짓고 진지를 구축하면서 일본인들이 꽂아놓은 각목을 뽑아버리고 대한민국 팻말을 세웠으며 총격전 끝에 일본인

---

[75] 위의 글, 73~74쪽.
[76] 『동아일보』 1996. 4. 3.
[77] 『동아일보』 1974. 1. 1. 기사 제목이 「동서남북 변경의 안부(1) 독(島)」이다. '독섬'의 의미로 독(島)으로 쓴 것으로 보인다.

10여 명의 사상자를 낸 일도 있다. 1953년 8월에는 영토비가 건립되었고 이듬해인 1954년 4월 울릉경찰서가 독도 경비를 인수했다. 기사대로라면, 홍순칠은 1953년 4월 이전에 수비대를 조직해서 1954년 4월에 경찰에 경비업무를 넘긴 것이 되므로 이는 지금까지 언급했던 활동 기간과 크게 다르다.

1976년에도 『동아일보』는 홍순칠을 인터뷰하여 「울릉도 개척 100년의 주역, 용기와 보람의 3대」[78]라는 제하에 이를 보도했다. 그의 조부 홍재현이 러일전쟁 당시 러시아군으로부터 청동 물주전자(높이 25㎝, 지름 14㎝-원주), 검정색 가방과 금화 등을 받은 일화,[79] 홍재현이 이주 후 영농 터전을 마련한 이야기, 홍순칠의 아버지 필열(彌悅) 씨가 울릉중학교 음악 교사로 재직했던 이야기 등을 소개했다. 이어 홍순칠이 50여 명의 재향군인을 규합하여 1954년 3월 기관총 등을 마련하여 독도에 상륙했으며 그해 7월 일본 경비정 헤구라호와 첫 조우했고, 한 달 뒤에는 다이센호를 나포하여 교사와 학생 등 40여 명을 포로로 잡아 각서를 받아냈다고 했다. 또한 "1956년 독도 경비가 경찰에 넘어가기까지 3년 동안 홍 씨가 유산으로 받은 전답 임야를 팔아 수비대 운영에 쓴 돈은 1

---

[78] 『동아일보』1976. 2. 14.
[79] 돈스코이 호는 1905년 5월 29일 저동 앞바다에 스스로 침몰했으나 이반 레베데프(Levedev) 함장은 그 다음날 체포되어 일본으로 이송되어 일본 병원에서 사망했다. 『독도사전』에는 그가 5월 20일 사망한 것으로 되어 있는데 오타이다. 필자인 유해수 박사에게 확인했다(독도사전편찬위원회 편, 『독도사전』, 한국해양수산개발원, 2019, 179쪽; 198쪽). 필자에 따르면, 러시아선박이 밤 늦게 하선할 때 주민들이 병사들의 하선을 도와주었으므로 이에 대한 감사 표시로 주전자와 금화를 준 것이라고 한다. 러시아전함의 침몰에 관해서는 1928년에 울릉도를 답사한 동아일보 기자 이길용이 기술한 바 있다. 이에 따르면, 자침하게 된 함장은 귀중품을 조선인에게 주라고 했으나 조선인들이 겁이 나서 받지 않자 화가 나서 바다에 던졌고, 이에 일본 해군성에서는 후쿠이(福井) 소장에게 이를 끌어올릴 방법을 연구하게 했다는 것이다(『동아일보』, 1928. 9. 9.). 당시 『황성신문』이 이 사실을 보도했는데(1905. 8. 10.) 군수 심능익이 러시아인들이 항복한 뒤 일본 군함이 저동에서 이들을 태우고 간 장면을 목격한 사실만 언급했다. 따라서 『동아일보』 기사도 와전된 것일 가능성이 크다.

억 원은 될 것"이라고 말한 주민의 이야기도 소개했다. 이어 『동아일보』는 "그에게 주어진 보상은 지난 1963년[80]에 정부로부터 받은 표창장 1장과 생계를 이어주는 자그마한 식당뿐이었다"고 보도했다.

1976년 5월 23일자 『선데이 서울』[81]은 「전사에 없는 독도의 미니 전쟁—사재로 무장한 의용군 80명 일본 군함 물리쳐」라는 내용을 실었다. '1953년부터 4년 동안', '부산 암거래시장에서 2트럭분 무기 구입', '일본 군함 충격으로 격퇴', '위장용 목대포', '서도에서 생수 발견 TNT를 폭파하여 개발' 등의 자극적인 소제목을 붙이는 한편, 홍순칠·박영희 부부를 소개하기도 했다. 이 내용은 홍순칠이 재향군인회 창립 제24주년 기념식[82]에서 2천 여 청중에게 들려준 무용담이다. 조금 길지만 일부를 인용하기로 한다. 이때의 키워드가 후일 반복되는데, 그 세부 내용이 1976년을 기점으로 해서 달라지기 때문이다.

> 홍순칠의 선조는 서울에서 살다가 호조참판을 지낸 6대조[83]에 와서 강릉에 낙향했고, 조부 대인 1884년[84]에 울릉도에 들어왔는데 빈 섬이어서 조부 내외가 유일한 주민이었다. 1890년[85]에 조부가 독도에 갔더니 일본 어부들이 있어 그들을 몰아내고 일본까지 가서 독도가 조선 영토임을 역설하고 다짐을 받은 뒤에 돌아왔다. 홍순칠은 조부가 일본인과 찍은 사진이 일본의 어떤 관리인지, 독도에 관해 어떤 서약을 받았는지는 너무 어렸을 때 들어서 기억에 없다. 홍순칠은 일본이 독도에 영토 표지판을 세운 시기를 1953년 봄이라고 하고 조부가 독도 수호를 위해 당시 돈 5천만 원을 마련해주었

---

80 1966년에 포상받았으므로 오기이다.
81 『선데이 서울』 9권 20호(1976. 5. 23.), 20~23쪽.
82 1976년 5월 10일 국립극장에서 기념식을 가졌다(『동아일보』 1976. 5. 10.).
83 홍순칠의 고조부이므로 4대조가 된다.
84 1883년이다.
85 다른 자료에는 1898년으로 되어 있다.

다고 했다. 무기를 구하러 부산에 가서 암거래 시장을 뒤지고 양공주도 동원해서 박격포 1문에 포탄 2백 발, M1소총과 카빈소총 1백 정, 중기관포 1문과 경기관포 1문, 수류탄과 권총 약간 등 트럭 두 대 분을 한 달 만에 사모았다. 무기를 담은 궤짝에는 '울릉도 공사장행'[86]이라고 써서 연장처럼 속였다.

그는 1954년 3월 27일, 상이군인 80명을 모아 의용수비대를 조직해서 독도에 들어갔다. 제1차 전투는 1954년 7월 4일 새벽 5시에 있었는데 일본 해상자위대 1천 톤급 군함을 상대로 싸워 도망하게 했다. 그로부터 1주일 뒤 오키수산고교 실습선이 나타났을 때 교사와 학생 등 30명을 수비대 본부로 연행하여 꿇어 앉힌 후 물품을 압수하고 독도가 우리 땅임을 교육시킨 뒤 3시간 만에 석방했다. 그 후로는 일본의 공격을 막기 위한 대대적인 방어책으로 위장 대포를 만들어 놓았는데 8월 24일경 일본 군함 3척이 나타나 독도를 살피다가 돌아갔고, 9월 23일 일본 군함 3척이 독도를 포위했을 때도 중기관총을 휘둘러 대응했는데 일본 군함이 소나무 대포에 속아 갑자기 도망쳤다. 그런데 5분 뒤 갑자기 비행기 두 대가 나타났고 우리가 대공 사격을 가해 자취를 감추게 되자 그로부터 2시간 뒤 일본 방송에서는 "다케시마 위문대가 피격당해 사상자 16명이 발생했다"고 방송했다. 이에 일본 정부가 주일 대표부에 엄중 항의하는 일이 있었고 이 사건이 문제가 되어 김상돈 의원 등이 조사하고 돌아가는 일이 있었다.[87] 그 뒤로는 일본의 도발이 없었고 1956년에 독도 수비를 정부에 인계하고 부하 중 20명[88]을 경찰로 특채시키는 것으로 소임을 다했다.(하략)

앞 무용담은 이전 및 이후 기록과 비교해보면, 키워드는 유사하지만 사건 발생일이나 세부 내용에서는 차이가 있다. 이에 관해서는 4장에서 본격적으로 검증하겠지만, 수비대의 활동기간을 3년에서 4년으로, 대

---

[86] 다른 자료에서는 수신인을 '울릉경찰서장'으로 썼다고 했다.
[87] 김상돈 의원 등의 조사는 일본 국회의원의 시찰과 관계된 것이지 9월 23일의 일본인의 침범과 무관하며 시기도 맞지 않는다. 김상돈 의원 등의 시찰은 1954년 7월 25일에 있었다.
[88] 실제로는 9명이 특채되었다.

원의 숫자를 50명에서 80명으로 늘려 과장이 심하다는 점만을 먼저 지적하고자 한다. 이 잡지는 무용담을 소개한 뒤 그가 수비대 유지비로 재산을 거의 날렸고 독도에서 생수를 발견하여 작업하다 실명(失明) 위기를 겪었으며, 한때는 울릉도와 포항을 오가는 여객선의 김밥장수를 했고 부인 박영희는 월급 2만 원짜리 식모살이를 감수해야 할 만큼 가세가 기울었다는 내용을 덧붙였다. 잡지는 이때가 홍순칠이 당뇨병 치료를 위해 서울에 온 지 한 달 된 시기라고 했다. 또한 잡지는 3장의 사진을 게재했는데 그 가운데 하나는 홍재현이 가타오카(片岡) 형제들과 찍은 사진이다. 이를 "고종 때 일본에 건너가 독도문제를 담판했다는 홍봉제옹. 일본인과 기념 촬영한 희귀한 80년 전 사진이다."라고 소개했다. 그러나 고종 때는 독도문제가 이슈가 되지 않았던 시기이다. 이 사진에 관해 홍순칠은 홍재현이 1898년에 일본인 지인 집의 자제와 찍은 것임을 밝힌 바 있다.[89]

1976년 홍순칠은 언론 보도로 인한 명성의 제고에 힘입어 독도에서의 개발사업을 추진할 것을 계획하기 시작했다. 그는 9월에 독도개발계획 지원 요청을 위한 민원을 대통령 비서실에 제출했고[90] 독도에서 양식사업도 하고자 했다. 그런데 당시는 도동어촌계가 독도 어장의 배타적 권리를 갖고 있었고 어촌계원 최종덕이 독도에서 양식업을 하며 거주하고 있었다. 홍순칠은 대통령 비서실과 수산청 등 관계기관에 『독도개발계획서』[91]를 제출했다. 그는 "1954년 본인은 사재 1억여 원을 투입, 독

---

[89] 4장 2절 '조부 홍재현의 영향 관계' 참조. 이 사진은 『월간 학부모』 제1회에도 실렸다.
[90] 민원 관련 수산청의 회신(어항 1176-3958, 1976. 10. 12.)(독도박물관 자료 제공).
[91] 홍성근, 『독도의 실효적 지배에 관한 국제법적 연구』, 한국외국어대학교 법학과 석사학위논문, 1998. 부록 3에 실려 있음(131~133쪽). 그런데 필자가 독도박물관으로부터 제공받은 「독도개발 계획서」를 보면 문서에 가필한 흔적이 있는데 이 가필한 내용의 필체가 다른 문서에서의 홍순칠의 필체와 유사하다. 따라서 계획서는 다른 사람이 초고를 작

도의용수비대를 조직, 30여 대원과 함께 현지인 독도에서 3년간 동고동락하면서 수차의 총격전까지 감행하며"[92] 활동했다고 자신을 소개했다. 또한 "10년간 본인은 천년만고 끝에 독도 서도에서 용출하는 식수를 탐색, 개발하여 1966년 10월 사재 200여 만으로 일 30드람을 급수할 수 있는 수조탱크를 시설"하여 지금까지 수비대원은 물론이고 독도 근해에 출어하는 어선들도 급수하고 있다고 기술했다. 앞에서는 수비대 운영비로 1억 원을 운운한 인물이 주민이었는데, 여기서는 홍순칠로 바뀌어 있고 1억 원은 운영비가 아니라 조직하기 전의 비용이 되어 있다. 홍순칠은 "1954년 본인은 사재 1억여 원을 투입"이라고 했으므로 1억 원이 1954년 기준인지 1976년 기준인지 명확하지 않으나 1954년의 화폐단위는 환이었다. 2009년 3월 정원도의 증언에 따르면, 1954~1957년경 미역 값이 70~80만 원이었는데 요즘 돈으로 환산하면 7,000만 원쯤 된다고 했다.[93]

앞에서 언급했듯이 수조 시설은 경상북도가 1966년에 어업인 숙소를 세우면서 설치한 것이다. 홍순칠이 식수 탐색에 10년이 걸렸다고 한 것은 조부로부터 식수터에 대해 가르침을 받았다고 한 진술과 배치된다. 홍순칠은 「독도개발 계획서」를 제출한 이유를 다음과 같이 말했다.

> 문제는 동서 양도를 연결하는 방파제 공사인 것입니다. 1973년도 경북지사의 건의로 수산청에서는 현지를 답사, 공사에 수반된 설계를 끝낸 바 있읍니다. 현시점에서 이 공사를 완공할려면(1976년 10월 산출 수산청) 약 9억 원의 자금이 소요된다는 것입니다. 본사에서는

성한 듯하다. 여기에 홍순칠이 수정한 흔적이 있으므로 이 계획서를 정부에 제출한 최종 문서로 보기는 어렵다.
92 홍순칠, 「독도개발 계획서」, 1976(홍성근, 1998, 위의 책에서 재인용). 홍성근이 인용한 「독도개발 계획서」도 독도박물관 소장본과 같은 것인 듯하다.
93 김호동 편저, 『영원한 독도인 최종덕』, 경인문화사, 2012, 41쪽.

전복 양식 및 인공진주 양식사업의 수익금으로서 향후 6년간에 동
서 양도를 연결하는 방파제 공사를 완공코저 하오니 동사업에 특별
하신 협조와 배려가 있으시기 바라나이다.[94]

즉 독도에 방파제를 건설하려면 막대한 자금이 필요하니 자신이 설립하려는 독도개발주식회사에 전복과 인공진주 양식사업을 허용해주면 그 수익금으로 방파제 공사를 완성시키겠다고 제안한 것이다. 그러나 홍순칠이 "1976년 10월 산출 수산청"을 언급했듯이 수산청은 1970년에 독도에 어민합숙소 1동, 창고 2동, 식수탱크 증설, 통로개설 350m가 필요하다고 제안한 바 있다. 이른바 '울릉도 독도 종합개발계획'이다. 이에 정부는 1972년에「독도종합 개발계획」5개년 계획을 수립·추진했다. 이렇듯 독도 개발계획을 정부 차원에서 추진하고 있었으므로 홍순칠이 관여할 바가 아니었다.

1977년에는 7월부터 포항-울릉도 간 800여 톤급의 쾌속선 한일호가 취항하여 울릉도에 6시간이면 닿았다. 울릉도 도동항의 선착장도 이때 완공되었다. 1977년 10월 22일 역사학자 최영희(崔永禧)를 단장으로 하는 학술조사단[95]은 독도에서 최종덕 일가의 거주를 확인했고 이는 언론에도 보도되었다.[96] 그러자 일본은 자국의 고유영토에 불법 입국한 것이라며 최종덕 일가의 퇴거를 요구했다.[97] 독도에 대한 관심이 다시 환기되자 언론도 홍재현과 홍종욱, 홍순칠 3대에 걸친 수호 업적을 재조명했다. 이들의 업적은 안용복의 업적에 비견되었다. 보도에 따르면,

---

[94] 홍성근(1998), 앞의 책, 133쪽. 필자도 이 문서를 독도박물관으로부터 제공받아 확인했다.
[95] 국사편찬위원장 최영희를 단장으로 하여 조사한 후『울릉도독도 학술조사연구』라는 보고서를 작성했다.
[96] 『동아일보』1977. 10. 24.;『조선일보』1977. 10. 25.
[97] 『동아일보』1977. 10. 25.;『조선일보』1977. 10. 26.

1953년에 홍재현(洪在顯)⁹⁸이라는 103세⁹⁹의 노인이 살고 있었는데 21세 때 유배 온 조부를 따라 울릉도에 정착하여 30여 세인¹⁰⁰ 한창 때 독도로 건너갔다가 일본인 포수와 맞부딪쳐 논쟁을 벌인 적이 있다고 한다. 홍재현 옹은 독도 태생의 손자를 보는 것이 소원이었고, 장남 종욱이 아들(순칠)에게 독도를 지키도록 불호령을 내려 독도수비대를 만들었는데, 홍 옹의 소원을 이루어준 사람은 24년 뒤에 독도 주민이 된 최종덕 일가 3명이 된다.¹⁰¹ 그러나 보도의 내용과는 달리 홍재현은 조부가 아니라 부친과 함께 울릉도에 왔다. 언론은 홍순칠의 부친이 홍종욱인 듯 보도했지만 족보에 따르면 홍종욱은 홍재현의 장남이고, 홍순칠은 차남인 홍종혁의 아들이다. 이에 대해서는 다시 다룬다.

4. 홍종인과 홍순칠

언론인 홍종인(洪鍾仁, 1903-1998)은 1953년과 1954년의 독도 수비를 1977년에 처음으로 언급했다. 그는 그 전에 두 차례(1947, 1953)에 걸쳐 울릉도·독도 학술조사대¹⁰²에 참여한 바 있다. 그는 1947년에는 『한성일보』에 「울릉도독도 학술조사대 보고기」(9. 21, 24~26.)를, 1953년에는 『조선일보』(10. 22.~27.)에 답사기를 연재했는데, 수비대를 언급한 적은 없다. 그는 1977년에 『주간 조선』에 「독도를 생각한다」(3. 20.)를 발표했

---

98 홍재현(洪在現)이 맞다. 족보에 따르면, 자는 봉제(奉悌)이고 갑자(1864) 12월 12일생, 배우자는 강릉 김씨 임술생, 부친은 병채(秉采), 조부는 학우(學禹)이고 묘는 사동에 있다.
99 1947년 조사 당시 85세였으므로(외교통상부, 『독도문제개론』, 2012, 41쪽) 1953년에는 91세가 된다.
100 1861년생으로 본다면 30세는 1891이다. 이때 처음 독도로 건너간 듯이 기술했는데, 다른 기록에는 그가 울릉도에 입도하여 배를 만들다가 독도를 발견했으며 10년째 되던 해로 적혔다.
101 『경향신문』1977. 10. 26.
102 1953년의 명칭은 '울릉도독도학술조사단'이었다(정병준, 『독도 1947』, 돌베개, 2010, 846쪽).

는데, 거기에 다음과 같은 내용이 있다.

> 1953년 6월 26일, 일본 측은 해상보안청 직원 등 30명을 2척의 순시함에 태워 독도(獨島)에 침입, 한국 어민 6명을 강제 퇴거시키고 '일본영토(日本領土)'라는 게시판을 붙이기까지 했었다. 정부는 곧 강력한 항의를 제출하고 해양경비대를 파견해 우리 땅 독도를 수복했다. 1954년 3월 20일에는 독도개발협회(獨島開發協會)가 일본인(日人)의 기총소사(機銃掃射)를 무릅쓰고 태극기(太極旗)와 '대한민국 경상북도 울릉군 독도(大韓民國 慶尙北道 鬱陵郡 獨島)'라고 새긴 청동의 비(碑)를 세우고 1尺크기의 글자로 '한국(韓國)'이라는 각자(刻字)를 바위벼랑에 새겨 놓았다. 역시 1954년부터 경비원이 파견되어 우리땅 독도를 지키고 있으며 1954년 8월 15일[103] 등대가 세워졌다.

홍종인이 말한 1953년 6월 26일[104] 일본 순시선의 침범과 '한국(韓國)' 각석에 관해서는 1970년에 박대련도 밝힌 바 있다. 홍종인은 태극기 및 청동비를 세우고 '한국(韓國)'을 각석한 주체를 독도개발협회라고 했는데 이 단체에 대한 전거를 찾지 못했다. '울릉개발주식회사' 사장 이정윤(李錠允)[105], '독도개발주식회사'[106] 사장 이정윤 등을 언급한 기사가 있는 것으로 보아 이를 잘못 칭한 듯하다. 이정윤은 자치적인 독도 방위를 약속하면서 경비 강화와 함께 원조를 요청하는 진정서를 내무부에 제출한 적이 있는데, 그 시기가 홍종인이 말한 청동비의 건립 시기와 비슷하다.

---

103 8월 10일이다.
104 국가기록원 소장의 「독도 침해 사건에 관한 건의 이송의 건」에 따르면 6월 27일이다. 박병섭도 6월 27일로 보았다(「1953년 일본 순시선의 독도 침임」, 『독도연구』 제17호, 영남대학교 독도연구소, 2014, 앞의 글, 209쪽). 6월 25일 밤에 출항했으나 날씨 때문에 26일 새벽에 오키(隱岐)로 돌아왔다가 27일 새벽 3시 반에 독도에 도착했다(2014, 앞의 글, 213쪽).
105 『조선일보』 1954. 1. 27.
106 『경향신문』 1954. 4. 3.

1947년에 조선산악회가 세운 표목에는 '조선 경상북도 울릉도 남면 독도(朝鮮 慶尙北道 鬱陵島 南面 獨島)'라고 쓰여 있었다. 1954년 3월 20일에 세운 청동비에는 '대한민국 경상북도 울릉군 독도지표(大韓民國 慶尙北道 鬱陵郡 獨島之標)'로 새겨져 있다.

일본은 1954년 5월 세 차례에 걸쳐 독도를 침범했는데 이 사실은 한국 언론에도 보도되었다. 이로 말미암아 내무부는 1954년 6월 8일 직녀호를 파견하여 조사했다. 그러므로 이때 수비대가 독도에 있었다면 언론에 보도되었을 것이고, 홍종인도 당연히 이를 언급했을 것이다. 그러나 언론과 홍종인 모두 수비대를 언급한 적이 없다. 관련 내용은 4장에서 다시 다루겠지만, 홍종인은 당시 일본의 침범에 대응한 것은 해양경비대와 경비원(경찰)이라는 견해를 견지하고 있었다. 홍종인은 1978년에도 『신동아』(11월호)에 「다시 독도문제를 생각한다」를 발표했다. 홍종인은 독도가 돌섬, 석도로 불리며, 우리말 돍(石)이 '돌' 또는 '독'으로 갈린 것에 관해 기술했다. 또한 그는 1948년 6월 8일의 독도폭격사건(사망자 16명, 중상자 3명-원주)[107]과 1951년[108] 6월 8일 조재천의 독도조난어민 위령비, 1952년 9월 17일~28일 한국산악회의 독도 조사 불발, 1953년 10월 15일 한국산악회가 독도로 가다가 울릉도로 회항하던 중 일본 순라선(PS)을 포착하고 정선을 명령한 일, 이 배가 쓰지[109] 국회의원이 탄 배라는 사실, 일본 잡지의 기사, 1953년 10월 17일 박병주의 독도 측량, 이용민의 기록영화 촬영 등에 관해서도 기술했다. 그러

---

107 1951년 9월 1일 경북 도지사가 조난어민 위령비 제막식을 위해 작성한 문서에 의거하여 내무부 장관에게 보고한 문서에는 14명 사망 혹은 행방불명, 6명 중경상, 선박 4척 대파되었다고 기록되어 있다(홍성근, 「1948년 독도폭격사건의 인명 및 선박 피해 현황」, 『영토해양연구』 제19호, 동북아역사재단, 2020, 49쪽).
108 1950년이다.
109 10월 17일 나가라호에 중의원 쓰지 마사노부, 가와카미 겐조가 동승했으나 상륙하지 못하고 귀항했다.

나 홍순칠과 수비대에 관한 언급은 없다.

그런데 홍순칠은 『월간 학부모』에서[110] 일가 어른 홍종인에게서 수십 년 동안[111] 조국애에 대한 가르침을 받았다고 하여 관계를 밝힌 적이 있다. 두 사람이 인척 관계임을 홍순칠이 언제부터 인지했는지는 알 수 없으나, 홍종인이 1953년에 독도를 조사할 당시는 아니었을 것이다. 홍순칠의 주장대로 그가 홍종인과 오래 전부터 교류했다면, 홍종인이 홍순칠에 관해 한마디도 언급하지 않았을 리 없기 때문이다. 홍순칠이 1966년에 대원들이 청와대에 훈장을 반납한 뒤 홍종인의 전화를 받았다고 했으므로 두 사람이 그 이전부터 교류한 것처럼 보이겠지만, 홍종인은 1978년 이전까지는 홍순칠을 언급한 적이 없다.

5. 「(도큐멘타리) 독도수비대」(1978)

동양방송의 라디오 프로그램 『광복 20년』(1967. 8. 7.~1977. 9월 말; 9,670회 방송)[112]에서 수비대를 다룬 내용이 일정 기간 전파를 탔다. 방송한 내용은 1978년에 단행본 『(도큐멘타리) 독도수비대』로 출간되었다. 홍순칠은 이 책의 서문에서 "작년 7~8월 2개월에 걸쳐 동양방송의 도큐멘타리 『광복 20년』을 통하여 지난날 우리 독도수비대의 이야기가 방송되었다"고 했으므로 방송은 1977년 여름에 되었던 듯하다. 『광복 20년』은 작가가 직접 취재하여 대본을 쓰고 성우들이 정치인들의 육성

---

110 『월간 학부모』 제34회(연재 22회)에 실려 있다. 1981년 4월호이다.
111 홍순칠은 홍종인과 언제부터 교류했는지를 명확히 밝히지 않았다.
112 '광복 20년' 방송은 1945년 광복 후로부터 1961년 5·16까지 다루었다. 동양방송(TBC)의 방송 내용은 후일 『광복 20년』 전 25권으로 출간되었는데 초기 원고는 이영신이 387회까지 담당했고 이후는 김교식이 담당했다고 한다(블로그 춘하추동 방송). 방송 내용은 현재 남아 있지 않다. 당시는 성우들이 녹음한 파일이 전파를 타면 바로 거기에 다시 녹음을 해서 남아 있지 않다는 것이다(https://jc21th.tistory.com/17782444; 방송 종사자인 블로거 이장춘 씨와 통화, 2023. 11. 12.).

을 녹음하여 내보내는 방식이었으므로 수비대 관련 내용도 김교식이 취재했을 것이다. 홍순칠도 김교식이 현지를 여러 차례 답사하여 정확성을 기하려 했다고 했고, 차녀 연숙은 출간 전에 자신이 원고 교정을 보았다고 했다.[113] 그럼에도 『(도큐멘타리) 독도수비대』는 다큐멘터리의 내용으로 보기 어려울 정도로 극적인 요소가 많다.[114] 다만 이 책 서문에서 홍순칠이 "우리가 1954년부터 3년간 무인고도 독도에서…"라고 했으므로 수비대가 1954년에 활동을 시작했음을 전제로 하고 있어 의미가 있다.

홍순칠이 김교식에게 관련 정보를 제공한 시기는 1977년 12월 서훈 요청 이전이다. 홍순칠이 1977년 여름에 방송이 나간 후 서훈을 추가로 요청한 데는 전국적으로 방송된 것이 작용했다고 보인다. 김교식은 홍순칠과 정부 관리와의 관련성을 많이 기술했는데 이는 앞서 보도된 신문기사나 언론인이 묘사한 내용과 크게 다르다. 김교식은 경무대와 이기붕, 외무부와 내무부 장관, 치안국장 등과 홍순칠과의 관련성을 많이 언급했지만, 이를 뒷받침할 만한 신문 기사나 관련 자료가 거의 없다. 김교식은 2005년에 실화소설『아, 독도수비대』를 간행하며 『(도큐멘타리) 독도수비대』에 쓴 홍순칠의 서문(1978. 8. 15.)을 그대로 프롤로그에 전재하고 "이 서문은 홍순칠 씨가 『다큐멘터리 독도수비대』(김교식 저)에 실은 글입니다"라고 부기했다. 그런데 두 책의 서문은 〈표-4〉에서 보듯이 같지 않다.

---

113 『동아일보』 1989. 8. 17.
114 『광복 20년』 1권부터 25권까지의 목차를 보았으나 수비대와 관련된 내용은 없다. 『(도큐멘타리) 독도수비대』로 따로 간행되었기 때문인 듯하지만 확실한 것은 알 수 없다.

〈표-4〉 홍순칠의 서문

『(도큐멘타리) 독도수비대』(1978)	『아, 독도수비대: 실화소설』(2005)	비고
작년 7, 8월 2개월에 걸쳐 동양방송의 도큐멘터리…	1971년[115] 7, 8월 2개월에 걸쳐 동양방송의 도큐멘터리…	1977년, 1971년
1954년부터 3년간 무인고도 독도에 상주하면서… 무려 2개월에 걸쳐 방송까지 하게 되었다.	1953년부터 3년여 동안 무인고도 독도에 상주하면서… 무려 2주일간에 걸쳐 방송까지 하게 되었다.	1954년과 1953년, 2개월과 2주간

　1978년 판 서문은 "1954년부터 3년간"이라고 했는데, 2005년 판 서문은 "1953년부터 3년여 동안"이라고 했다. 홍순칠 생존 당시의 서문이 사후에 바뀐 것인데 이에 대해 아무 설명이 없다. 방송된 기간도 2개월과 2주간으로 두 책이 다르다. 다만 홍순칠이 "무려 2주일 간"이라고 했으므로 2주는 2개월의 오기일 듯하다. 2005년 판『아, 독도수비대: 실화소설』은『(도큐멘타리) 독도수비대』보다 더 극적인 요소가 많으므로 이것으로 수비대의 행적을 검증하기는 어렵다.

6.『동해의 수련화』(1981)

　1923년부터 울릉국민학교[116] 교사로 근무했던 울릉도 출신의 문보근(文輔根, 1905-1981)은 1970년대 후반『동해의 수련화(東海의 睡蓮花)』를 집필했다.[117] 그런데 그가 기술한 내용은 〈표-5〉에서 보듯이 1974년에 보도된『동아일보』기사와 거의 같다.

115　1977년이 맞다.
116　1923년 당시는 울릉도공립보통학교였다가 1946년 우산국민학교로 개칭했고, 다시 1976년 11월에 울릉국민학교가 되었다.
117　1970년에 퇴직했다. 울릉도 개척령이 내려진 지 100돌이 되는 해(1881)를 기념하여『東海의 睡蓮花:「于山國 鬱陵郡誌」』를 낸 것이라고 했다. 1970년대 후반에 집필을 시작하여 3권의 초고를 완성했으나 잃어버려 1981년에 1권으로 된 필사본을 다시 썼다고 한다.

〈표-5〉『동아일보』기사와 『동해의 수련화』 (밑줄은 인용자)

동아일보(1974. 1. 1.)	동해의 수련화(1981)
	해방 후에 새워진 독도 조난민 위령비(미기 폭격으로 사상자 많았음) 옆에다 「주의 독도 □ 五미터 이내에 제一종 공동어업권이 설정되었으니 무단 채취를 금함」 島根縣이라 입간판을 새우고 전면에 「島根縣 隱岐郡[118] 五個村 竹島」라는 것이 쓰여 있다. 이를 재(제)거하면 또 새우던 것이 한 두 번이 아니였다.
六.二五가 막바지로 치받고 일본이 새삼 영토권을 주장하고 나섰던 1953년 전장에서 다친 몸을 이끌고 고향에 돌아와 있던 洪淳七 씨(47, 당시 울릉군 재향군인회장) 등 마을청년들이 자진해서 독도 수비에 나섰다.	六.二五 사변 막바지였던 一九五三年 초에 또 다시 日本은 영토권을 주장해 왔을 때 洪淳七이 부상병으로 고향에 돌아와 재향군인 회장으로 있을 때 마을청년들과 같이 자진해서 독도 수비에 나섰다.
이해 4월부터 나무를 실어 날라 막사를 짓고 진지 구축까지 하면서 일본인들이 '시마네껜 고께무라 다께시마'라고 쓴 각목을 꽂으면 이것을 뽑아버리고 '대한민국'의 팻말을 세우는 등 팻말쟁탈전을 벌이곤 했다. <u>심지어는 총격전 끝에 일본인 십여 명이 사상한 일도 있었다.</u>	이해 四月부터 나무를 실어 날라 막사를 짓고 진지 구축까지 하면서 팻말 쟁탈전을 벌리곤 했다. <u>심지어는 총격전까지 있었다.</u>
"한참 전쟁 중이라 나라 힘으로 독도를 지키기 어려울 때라 우리 고장은 우리 힘으로 지키자는 젊은이들의 정신은 참으로 훌륭했어요" 초대 수비대장 홍 씨의 회고담이다.	한참 전쟁 중이라 나라 힘으로 독도를 지키기 어려울 때라 우리 고장은 우리 힘으로 지키자는 젊은이들의 정신은 참으로 훌륭한 것이였다. 이때의 초대 수비대장은 바로 洪淳七이였다. 이 무렵의 日本의 경비선은 五百톤급 이상이며 속력도 상당하였다. 반면 우리 경비선은 三톤이였으니 참으로 통탄할 일이였다.
	이해(一九五三年) 七月 十三日에 日本 경비선과 울릉도 경비선이 독도 해상에서 맞나 日本 보안청 책임자와 울릉도 경찰서 최헌식(崔憲植) 경사가 울릉중학 교사 기옥비(奇玉碑)[119]의 통역으로 침약의 시비가 있은 후 재침은 없었다.

---

118 오치군(穩地郡)이 맞다.
119 『독도문제개론』(1955)에는 기왕석(奇王石)으로 보인다. 정병준은 『울릉도 향토지』에 기왕비(奇王碑) 혹은 기왕석(奇王石)으로 되어 있다고 하고 1963년 향토지(120쪽)와 1969년 향토지(120쪽)를 전거로 제시했다(정병준, 「1953-1954년 독도에서의 한일충돌과 한국의 독도수호정책」, 『한국독립운동사연구』 제41집, 독립기념관 한국독립운동사연구소, 2012, 407~408쪽). 그러나 1963년 향토지(120쪽)와 1969년 향토지(86쪽) 모두 기왕비(奇王碑)로 적혀 있다. 『직원록』에는 1952년 우산중학교 준교사로 기옥연(奇玉衍)이 보인다. 1970년 자료도 기왕비(奇王碑)로 표기했다. 경사 최헌식의 기록에는 기옥균과 김수현으로 되어 있다.

동아일보(1974. 1. 1.)	동해의 수련화(1981)
이해 8월에 대한민국 영토비가 건립되고 이듬해 4월에 울릉도경찰서가 독도경비를 인수했다.	이해 八月에 대한민국 영토비가 건립되고 이듬해(一九五四年) 四月에 울릉도경찰서가 독도경비를 인수했다.
그로부터 십년, 수목도 동물도 전무한 천고의 돌섬에도 나무가 뿌리를 내리고 토끼가 뛰노는 이변이 시작됐다. 울릉향우회(회장 鄭鍾泰, 36) 회원들이 찰흙 二十五가마를 날라 심은 해송 五十그루 중 十여 그루가 바람과 혹한을 이겨내 새해에도 잎이 푸르렀고 작년 4월에 심은 향나무십그루도 서너그루가 끝내 박토에 뿌리를 박았다.	一九七二年에 울릉향우회(회장 鄭鍾泰) 회원들이 찰흙 二十五가마니를 날라와 심은 해송 五十그루 중 十여 그루가 활착했고 다음해 심은 향나무도 서너 그루가 뿌리를 박였다 하나 지금은 보이지 아니한다.

『동아일보』와 문보근은 수비대의 입도 시기를 1953년 4월로 보았는데 이는 1965년과 1970년 자료의 기술이기도 하다. 문보근은 1953년 7월 13일[120] 일본과의 교전 즉 최헌식 경사가 일본 경비선과 시비를 가린 사건을 기술했다. 문보근은 홍순칠의 독도 수비를 기술했지만, "四月부터 나무를 실어 날라 막사를 짓고 진지 구축까지 하면서 팻말 쟁탈전을 벌리곤 했다. 심지어는 총격전까지 있었다"라고 한 내용이 전부다. 이 내용으로만 보면, 막사를 짓고 팻말 쟁탈전을 벌인 주체가 수비대라고 오인하기 쉽다. 그러나 문보근은 그 주체를 울릉도경찰서로 기술했다. 또한 문보근은 동아일보와 마찬가지로, 수비대가 경찰에 경비업무를 인계한 시기가 1954년 4월이라고 기술했는데 이 역시 다른 기록과 차이가 있다.

『동아일보』와 문보근의 글을 비교하면, 일본과 총격전이 있었다고 한 것은 동일하다. 다만 문보근은 『동아일보』가 보도한 "일본인 십여 명이 사상한 일도 있었다"는 내용을 삭제했다. 반면에 문보근은 1972년에 심은 해송 50그루 가운데 10여 그루가 활착했고 향나무도 뿌리를

---

120 7월 12일이 맞다.

박았었지만 1979년 당시에는 보이지 않는다는 내용을 기술했다. 『조선일보』는 전투경찰대원 이석창이 1979년 봄에 해송 천 그루를 심어 석 달 후 700여 그루가 생존해 있었다고 보도했다.[121] 문보근은 1979년에 해송이 없다고 했는데 『조선일보』는 700여 그루가 생존해 있다고 보도하여 이 역시 일치하지 않는다.

7. 『월간 학부모』 (1979-1985년 연재 추정)

홍순칠은 「(비화) 독도에 숨은 사연들」을 『월간 학부모(月刊學父母)』에 1979년 3월[122]경부터 7년간 70회가량 연재했다. 언론인과 극작가가 홍순칠의 행적을 소개한 적은 있지만, 홍순칠이 직접 소개한 것은 이것이 처음이다. 오랜 기간 연재한 만큼 많은 내용을 발표했고, 수비대 외에 안용복의 행적이나 시마네현 편입, 무주지 선점론의 부당성 등 민간인으로는 다루기 어려운 주제도 기술했다.

『월간 학부모』에 실린 글은 홍순칠 사후 『이 땅이 뉘 땅인데!』(1997)로 간행되었다. 『월간 학부모』에 실린 글과 표현 방식이 다르고 삭제된 내용도 있다. 이를테면, 『월간 학부모』 제66호(추정)에 실린 「獨島의 領有權 是非」(연재 54회)의 일부 내용이 『이 땅이 뉘 땅인데!』에서는 삭제되었다. 「독도의 영유권 시비」는 일제강점기 통조림공장을 운영하던 異村平太郎(오꾸 무라해이다로오-원주)[123]의 친척이 해방 후 38년 만에 울릉도에

---

121 『조선일보』 1980. 1. 27.
122 김점구는 2월로 보았다(김점구, 「독도의용수비대의 활동시기를 다시본다」, 『내일을 여는 역사』 제64호, 내일을 여는 역사재단, 2016, 247쪽). 김윤배(『오마이뉴스』 2003. 8. 12.)와 윤소영은 1977년부터 연재한 것으로 보았다(윤소영, 「울릉도민 홍재현의 시마네현 방문(1898)과 그의 삶에 대한 재검토」, 『독도연구』 제20호, 영남대학교 독도연구소, 2016, 41쪽).
123 통상 오쿠무라 헤이타로(奧村平太郞)라고 부른다.

왔을 때 홍순칠이 그를 만나 질책했다는 이야기를 기술했다. 해방되고 38년 뒤라면 1983년경이다. 홍순칠은 오쿠무라의 친척에게 너희가 中井養三郞(나가이 요사부로-원주)[124]로부터 일본 돈 500엔[125]에 바다사자와 해산물 어획권을 사서 부자가 되었을지는 모르나 한국 역사 독도 편에는 해적(海賊)의 보공(補供) 역할을 했다는 오명을 씻지 못할 것이라고 쏘아붙였다고 했는데 이런 내용이 1997년 판에서는 삭제되었다. 1983년경 오쿠무라의 친척이 실제로 울릉도에 왔었는지는 확인되지 않는다. 홍순칠은 1976년에 「독도개발 계획서」를 작성하여 자신의 행적을 알리기 시작했고 1976년부터 1979년에 걸쳐서는 대중 강연과 라디오 방송, 단행본 출간, 잡지 연재를 통해 자신의 행적을 세상에 널리 알렸다.

8. 『개척 백년 울릉도』(1983)와 이후의 언론 보도

1983년 울릉군은 『개척 백년 울릉도(開拓百年鬱陵島)』[126]를 간행했다. 홍순칠은 편찬위원으로서 부록 「독도」를 썼다.[127] 그는 독도의 명칭과 연혁, 바다사자, '강치(海驢)', 안용복, 시마네현 고시, 나카이 요자부로, 수로지 등의 문헌, 무주지 선점론 등을 언급한 뒤, "이제는 우리의 경찰이 1956년, 독도의용수비대(대장: 홍순칠)로부터 인수하여 조상이 물려준 국토의 마지막 한 치를 지켜가고 있으며 외로운 섬을 찾아드는 희귀 해조류(海鳥類)를 보호하기 위하여 독도 일원의 섬 35필지 178,781㎡를

---

124 통상 나카이 요자부로(中井養三郞)라고 부른다.
125 오쿠무라 헤이타로는 1925년(1928년 설도 있음) 야하타 조시로(八幡長四郞)로부터 독도 근해어업권을 3년 기한 1,600엔에 사들여 어업을 했다. 당시 어업허가원의 대표는 나카이 요자부로의 아들 나카이 요이치(中井養一)였다.
126 1982. 12. 군수 서문, 1983. 2. 간행. 「독도」는 부록으로 211~215쪽에 실려 있다.
127 홍순칠이 「독도」편의 초고를 썼다(홍순칠, 『이 땅이 뉘 땅인데!』, 독도의용수비대기념사업회, 2018, 154쪽).

1982년 11월 16일 천연기념물 제336호 '독도 해조류(바다제비, 슴새, 괭이갈매기) 번식지'로 지정하였다"[128]고 마무리했다. 경찰이 인수한 해를 1956년으로만 기술하고 월은 밝히지 않았다.

1983년은 이른바 수비대 창설 30주년이 되는 해이다. 7월 25일 울릉도 도동에서 기념식이 열렸다. 홍순칠은 독도의용수비대동지회 이름으로 「독도의용수비대 창설 30주년 기념행사 계획서」[129]를 울릉군청에 제출한 바 있다. 내용은 기념행사 개최 취지와 수비대 연혁, 장비 내역, 수비대 편성표(제1전투대, 제2전투대, 후방지원대, 교육대, 보급대, 보급선)와 33명의 명단, 행사계획표, 기념식순, 초청자 명단으로 구성되어 있다. 초청자에는 홍종인 국정자문위원을 비롯하여 도지사, 언론기관 관계자, 국회의원, 향우회장, 대학학생회 회장, 국민학교장, 중학교장, 고등학교장, 교육문화사 사장 및 직원 등이 망라되어 있다. 계획서에는 독도에서 행사를 개최하는 것으로 되어 있다. 그는 취지서에서 1953년 4월 20일 독도에 상륙해서 1956년 12월 30일까지 4년여에 걸쳐 일본 순시함과 수차례의 총격전을 감행했다고 기술했다. 4년여라는 기간의 언급이 이 문서에 처음 보인다.

언론에서는 "지난 1953년 4월 20일부터 3년 8개월여 동안 이 바위섬을 지킨 독도의용수비대원 33명 가운데 22명의 용사들이 내무부가 독도의용수비대 창설 30주년을 맞아 오는 25일 처음으로 베푸는 기념식전의 주빈으로 초대를 받았다"[130]고 보도했다. 그 사이에 수비대원 5명이 사망했고, 6명은 연락이 닿지 않는 것으로 파악되었다. 나머지 22명은 울릉도에서 고기잡이와 노동을 하며 살고 있었다. 언론은 수비대가 육

128　울릉군,『울릉군지』, 1989, 215쪽.
129　6월 20일자이다(독도박물관 자료 제공).
130　『동아일보』1983. 7. 9.

군상사 출신 홍순칠 씨(53)를 대장으로 하여 제1전투대, 제2전투대, 후방지원대, 교육대, 보급대 등으로 편성되어 1953년 4월 20일 독도에 상륙했고, 당국으로부터 박격포, 직사포, 중기관총, 경기관총 각 1정씩과 M1소총 20정 및 실탄 2만 4천 발을 지원받아 일본이 세운 표지판을 뽑고 진지를 구축했다고 보도했다. 무기를 전부 당국이 지원한 것으로 보도했으나 홍순칠의 계획서에는 그런 언급이 없다. 언론이 보도한 일본의 대응은, 대부분 홍순칠의 주장과 같다. 이를테면 수비대가 1953년 6월 24일 오키수산고교 연습선을 억류시킨 일, 7월 12일 일본해상 보안청 순시함 '해구라'호를 퇴거시킨 일, 1954년 8월 23일 순시선 오키호를 물리친 일, 1955년[131] 11월 21일 순시함 3척과 비행기 1대를 30분간의 총포전 끝에 격퇴한 일 등이 이에 속한다.[132]

홍순칠은 1977년 서훈 요청 당시에 33명을 언급했지만, 일부 대원은 1983년 기념식 직전에 명단을 처음 보았다. 서기종은 수비대원 명단에 박영희가 들어 있음을 알았고 보이콧을 하려다 할 수 없이 참석했다고 증언했다.[133] 또한 서기종은 홍순칠이 찾아와 대원 10명은 적으니 30여 명으로 늘리자고 말한 사실에 대해서도 증언했다. 1989년 판 『울릉군지』에도 수비대원 명단이 실렸지만 세상에 알려진 것은 1996년 서훈 뒤이다. 이렇듯 33인의 명단은 1977년과 1978년, 1983년, 1989년, 1996년의 기록이 각각 다르다. 1983년의 기념식에는 홍순칠이 일가 어른으로 칭했던 홍종인이 참석했고[134] 이를 계기로 홍순칠은 '3년 8개월,

---

131 1954년이 맞는데 홍순칠이 1955년으로 오기했다.
132 『동아일보』 1983. 7. 9.
133 김점구, 2016, 앞의 글, 247쪽; 김선식, 「독도의용수비대, 활동 기간·대원 수 날조됐다」, 『한겨레 21』 1180호, (2017. 9. 21).
134 『경향신문』 1983. 7. 26. 국회의원과 여행가 김찬삼도 참석했다.

33인'설을 정착시켜갔다.

홍순칠은 수비대 창설 30주년 행사 1년 후인 1984년 7월 10일 「독도의용수비대원 생계 협조 청원」을 원호처에 제출했다.[135] 그는 청원서에서 "1953년 4월부터 1956년 12월까지 30여 명이 활동", "울릉도에 두고 온 대원 가족 생계 일부를 돕는 데 현화 5억 원 상당의 가산을 처분"을 운운하며 생계 지원을 요청했고, 청원서에 현재 알려진 조직도를 첨부했다.[136] 이에 원호처는 7월 26일자 회신에서 "앞으로 국가유공자 예우 등에 관한 법률을 제정하고 보국훈장 수호자[137]를 1985년부터 국가유공자에 포함하여 이 가운데 생계가 어려운 분에 한해 1986년부터 자녀의 교육보호 등의 지원을 할 수 있도록 추진 중"이라고 회신했다.[138]

1983년 독도를 일반인에게 개방하기로 했다는 언론 보도가 있은 뒤,[139] 홍순칠은 민간인의 독도 출입을 요청하는 민원을 제기했다. 내무부는 이 문제를 다른 부처에 질의하도록 했고, 홍순칠은 다시 1984년 2월 5일 해운항만청에 울릉도-독도 간 관광선 취항 여부를 질의했다. 해운항만청은 필요한 서류를 제출하도록 했으나 개인이 제반 서류를 구비할 수 없었으므로 관광선 취항 계획은 수포가 되었다.[140] 그런데 홍순칠의 자필 이력서에 따르면 그는 1980년 3월부터 울릉도관광주식회사 대표이사였다. 관광회사를 운영하는 입장에서 독도 개방은 매우 중요했을 것이다.

---

135 서기종은 홍순칠이 이 청원을 동지회 이름으로 했다고 증언했다(김선식, 「독도의용수비대, 활동 기간·대원 수 날조됐다」, 『한겨레 21』 1180호, 2017. 9. 21).
136 홍순칠, 「독도의용수비대원 생계 협조 청원」, 1984. 7. 10(김점구, 2016, 앞의 글, 247쪽에서 재인용).
137 수여자를 오기한 듯하다.
138 김경도, 「독도의용수비대 해산 이후 대원들의 독도 수호 활동」, 『독도연구』 제31호, 영남대학교 독도연구소, 2021, 83쪽.
139 『동아일보』 1983. 8. 4.
140 김경도(2021), 앞의 글, 76~77쪽.

한편 울릉군이 김수봉과 양봉준, 김남순[141]에게 기초생활 수급 지원을 8월 10일 결정했음을 회답하자,[142] 홍순칠은 다른 대원을 위한 구직 청원을 대통령 비서실에 했다. 울릉군은 이에 대해 "사업장이 있을 경우 취업이 되도록 최선을 다하겠다"는 군수의 회시를 홍순칠에게 전했다.[143] 또한 홍순칠은 1983년 8월 10일자로 울릉도 일원 항만하역사업에 대한 면허 건을 대통령에게 청원하기도 했다. 그러나 해운항만청은 울릉도 도동항은 항만하역사업 면허 대상이 아니라고 회신했다.[144] 그는 1983년 8월 말에도 울릉도 저동항 국유지 사용을 요청한 바 있다.[145]

또한 그는 1984년 2월에도 여객운송사업 면허를 받고자 민원을 제기했다. 그는 이때 관광선이라고 표현했고, 해운항만청은 그 용어가 막연하다고 했다. 그는 이들 사업의 대부분을 '독도의용수비대동지회 홍순칠' 명의로 신청했다.[146]

이렇듯 홍순칠은 1984년까지 여러 민원을 제기했으나 대부분 수용되지 않았다. 그런데 그가 당시 제안한 개발사업의 방식이 현재 정부와 기업이 시행하고 있는 방식과 유사하다고 보아 이를 독도의 실효적 지배 강화와 연관 짓는 경우가 있다.[147] 그러나 정부 주도 아래 독도에 시설물을 설치하는 것은 일본의 항의가 계속되는 한, 실효적 지배의 강화와는 무관하다. 더구나 홍순칠이 개발 혹은 개방을 제안한 시기는 늘 정부의 결정이 있은 후였고, 대부분 개발이익과 연관되어 있었다.

---

141   수비대원의 이름을 오기한 것인지는 알 수 없다.
142   김경도(2021), 앞의 글, 84쪽.
143   위의 글, 85쪽.
144   민원 관련 해운항만청의 회신(지도 1584-6006, 1983. 8. 31.)(독도박물관 자료 제공).
145   민원 관련 수산청의 회신(시설 1176-1007, 1983. 9. 5.)(독도박물관 자료 제공).
146   민원 관련 해운항만청의 회신(내항 1574-1185, 1984. 2. 17.)(독도박물관 자료 제공).
147   김경도(2021), 앞의 글, 77쪽.

9. 「독도의용군 수비대」(1985)와 그 이후

홍순칠은 1985년에 국가유공자 생활 수기 500만 원 공모 대회에 「독도의용군 수비대(獨島義勇軍守備隊)」라는 글을 응모하여 당선되었고[148] 이듬해 2월에 사망했다. MBC는 그해의 광복절에 특집방송 「독도수비대」를 방영하면서 홍순칠을 다루었다. 1989년 광복절에도 「독도수비대」라는 드라마를 방영했다.[149] 그런데 유족들은 1989년의 방송에 대해 항의했다. 방영된 내용이 사실과 너무 동떨어져 있고 주변 인물의 묘사도 실제와 다르다는 이유에서다. 홍순칠의 차녀 연숙(34세, 강남구 대치동-원주)은 "아버지의 활동을 코미디 수준의 신파극으로 처리했으며, 일본 해적과의 싸움은 있지도 않았고 오히려 정식 전투가 여러 차례 있었다"[150]고 했다. 이를 잘 아는 이유는 아버지가 직접 쓴 수기를 극작가 김교식에게 넘겨 논픽션으로 만들던 1978년에 자신이 교정을 봐주었기 때문이라고 했다. 여기서 논픽션이란 김교식의 『(도큐멘타리) 독도 수비대』를 가리킨다. 또한 홍연숙은 "일본 와세다대학 출신인 할아버지가 우산국민학교, 우산중, 울릉고등을 설립하는 등 우리 집안이 상당히 부유했는데도 드라마에서는 이를 잘못 묘사했을 뿐 아니라 아버지가 독도수비를 맡은 것도 할아버지의 권유에 따른 것"[151]이라고 했다.

1989년에 MBC가 방송한 드라마는 김교식의 『(도큐멘타리) 독도수비대』에 의거하여 김운경이 극본을 썼다. 김교식의 글이 과장된 내용이

---

148 1985년에 『무명용사의 훈장』이라는 단행본으로 발간되었다. 모두 7개의 작품이 실려 있다. 「독도의용군 수비대」(175~241쪽)는 70여 쪽에 달한다.
149 필자가 MBC로부터 구입했는데 제작일이 1996년 8·15로 되어 있어 문의해보니 1989년에 방영한 것을 1996년에 다시 방영한 것이라고 한다. 내용을 보면 홍연숙의 지적처럼 신파극 수준의 드라마일 뿐 전혀 사실적이지 않다.
150 『동아일보』 1989. 8. 17.
151 위의 기사.

많은데 이를 드라마로 만들다 보니 더 극적으로 묘사된 듯하다. 그러나 홍연숙의 주장도 사실관계가 맞지 않는 내용이 있다. 홍연숙이 말한 조부는 홍순칠의 부친(홍종욱 혹은 홍필열)을 말하는데 누구든 학교 설립에 관계한 바가 없다.

수기 「독도의용군 수비대」가 단행본으로 나온 것은 1985년 12월이다. 홍순칠은 『월간 학부모』에 1985년 8월경까지 글을 연재했는데 수기는 그 전에 응모했을 것이다. 수기를 보면 1976년 5월 『선데이 서울』에 실린 무용담과의 차이가 드러날 뿐만 아니라 홍순칠의 다른 기록과도 비교가 되므로 사실 검증에 유용하다. 1985년의 수기는 다른 글에 비해 상대적으로 조부 홍재현의 업적을 많이 기술하고, 대한제국 칙령 제41호 등 역사적 사실도 많이 기술했다.

그 내용을 요약하면 다음과 같다. 홍순칠은 1952년 7월 하순 일본 표목을 보고 독도 수호를 결심했고, 1952년 8·15 행사를 계기로 향군회 연합분회장에 선출되면서 민병대 조직에 착수했다. 조부로부터 받은 자금 300만 원을 불려 미군들이 훔쳐 파는 무기를 양공주를 통해 구입했으며, 대구에서 만난 안동사범학교 졸업반 여성에게 적극 구애하여 1952년 가을에 결혼했다.[152] 1953년 4월 20일 오전 8시를 기해 독도에 상륙했는데 한 달 뒤 일본의 천 톤급 일본 경비정과 대적했다. 1953년 6월에도 경비정들이 몇 번 출현했는데 중기관총을 설치하지 못해 사용하지 못했다. 7월에 휴전 소식이 들려온 뒤에는 월동하는 동안 대원들을 공부시켜 문맹에서 벗어나게 했다.

1954년에는 동도와 서도를 잇는 줄사다리 공사를 하기 위해 장정과 목수 등이 필요하여 김인갑을 시켜 가짜 영장 300장을 만들게 했다.

---

152 1952년 12월에 결혼했다고 보도했다(『영남일보』 2013. 12. 18.).

1954년 8월 오키호와 교전한 뒤에는 집을 담보로 해서 작업복을 구매하는 한편 경찰국장 김종원에게 무선시설과 박격포를 요구했다. 도지사가 주기로 한 양곡을 미군이 거부했으므로 그 대신 미역채취 독점권을 요구했다. 무선시설을 완공한 후에 부임한 허학도가 경찰국장이 오던 날에 실족사했다. 그 다음 날 일본 경비정 3척과 비행기가 출몰했는데 우리는 박격포 9발, 중기관총 500여 발, 경기관총 500여 발을 쏘았다. 이 전투는 일본 뉴스에도 나왔고 한국 우편물의 반송으로까지 번졌다. 이를 계기로 목대포와 포탄을 만들었다.

1955년 봄에는 제주도에서 해녀를 데려왔고, 5월에는 〈독도와 평화선〉 영화 촬영팀이 들어왔다. 이어 해군 함정이 등대를 설치하러 왔고 수비대원 덕분에 완성시켰다. 소령 계급의 함장에게 '독도의용수비대'임을 밝혔고, 목대포도 보여주었다. 미역으로 2백만 원을 벌었지만 운영비가 모자라 1956년부터는 울릉도 사람에게 미역채취권을 개방했다. 홍순칠이 경찰국장에게 독도 경비를 맡으라고 요구하자 도리어 자신에게 경찰이 될 것을 권유했지만 사양했다. 1955년 월동준비를 위해 나머지 전답을 처분해야 했고 10월에 경찰 30명이 왔지만 오합지졸이라 결국 모두 제 발로 돌아갔다. 목대포 효과로 일본 경비정이 접근하지 못했다. 1955년부터 경찰에 인계하려 했지만 늦어져 1956년 봄이 되어서야 경찰국장을 만났고, 경찰을 희망하는 대원이 아무도 없어 자신이 10명을[153] 선정했다.

---

153 울릉도 주민의 증언에 따르면, 당시 울릉경찰서 수사과장이 김정수를 경찰로 넣어달라고 해서 수비대원 한 사람을 빼고 김정수를 넣었다고 한다. 그런데 이서행의 보고서에 기술된 김산리의 증언에 따르면, 독도에 간 11명 가운데 허학도의 형인 허신도가 동생이 죽은 뒤 빠져서 10명이 되었고 이 가운데 9명이 경찰관이 되었다는 것이다. 홍순칠을 제외한 자들이 경찰이 된 것이다. 통신사는 경찰 신분이어야 한다는 홍순칠의 언급으로 미루어 볼 때 통신사였던 김정수를 경찰로 임명한 듯하다. 최헌식도 2010년대에 작성한 수기에서 1954년 12월 24일 10명의 상이군인을 경찰관으로 임용했고 그중 1명은 '김정수 순경 대체 발령'이라고 했다. 따라서 수비대원 가운데는 9명이 경찰에 채용된 것이다.

Ⅲ - 1965~1996년 수비대 소개의 변질 과정   149

이렇듯 「독도의용군 수비대」는 1976년 잡지에 실린 글보다 언론인들이 기술한 내용에 더 가깝다. 다만 극적으로 묘사된 부분이 적지 않음은 여전하다. 양공주를 통한 무기 구입 과정, 결혼 스토리, 조부가 들려준 돈스코이호의 자침 이야기, 일본과의 교전, 줄사다리 공사 이야기, 허학도의 실족사, 목대포 제작, 경찰관 임명 과정과 인계 과정 등이 그러하다. 홍순칠은 1955년 겨울부터 경찰 측에 수비업무를 인계하려 했으나 경찰국에서 1956년 봄이 되어서야 인수에 착수한 듯이 기술했다. 그는 독도 체재 기간을 3년 6개월로 언급하는 한편 3년 8개월도 언급했다. 하나의 기록 안에서 두 가지 설이 보인 것이다. 인수인계가 지체된 내용은 다른 기록에서는 보이지 않던 내용이다. 그러나 1978년 경찰국 보고서에 따르면, 수비대원의 경찰 특채는 경찰국장 김종원이 수비대원의 공을 인정하여 자격요건을 갖춘 10명을 경찰관으로 특채할 것을 상신하도록 지시함으로써 이루어졌다. 1960년대에 언론은 수비대가 1955년 10월까지 활동했다고 보도했었는데 홍순칠은 이를 1956년 겨울로 바꾸었다. 수비대원이 경찰에 특채된 시기가 1954년 12월 말이므로 수비대의 활동시기는 1955년으로 넘어갈 수 없고, 따라서 1956년까지 활동했다는 주장은 성립하지 않는다.

홍순칠이 1986년 2월에 사망하자 부인 박영희는 홍순칠이 제출했던 「독도의용수비대원 생계 협조 청원」을 이어받아 생계에 대한 선처를 호소하는 탄원서를 직접 작성했다. 박영희도 수비대의 활동기간이 3년 8개월임을 기정사실화했다. 홍순칠이 1985년의 수기에서 수비대가 1953년 4월 20일 활동을 개시했다고 기술한 것이 현재 통설이 되어 있다. 앞서 1977년 서훈 청원서에 1953년 3월 27일로 적혀 있던 것이 1978년에는 1954년으로, 1983년부터는 1953년 4월 20일로 활동 개시일이 바뀌었다. 1985년의 수기는 3년 6개월과 3년 8개월 설을 함께 언급했었으나 1996년 「공적 조서」는 1953년 4월 20일 입도에 따른 3년 8개월을 기재했다. 따라서 '1953년 4월 20일' 입도설이 정착한 시기는 1983년경으로 보인다.

10. 『울릉군지』 (1989)

홍순칠 사후인 1989년에 『울릉군지(鬱陵郡誌)』[154]가 편찬되었다. 부속도와 암(巖), '독도의 개발' 항목에서 수비대를 다루었는데, 독도 주민보다 먼저 상주한 집단으로서 수비대를 소개했다. 독도 주민이란 제1세대 최종덕을 가리키며 그는 1981년 10월 14일부터 1987년 9월 23일까지 거주했다.[155] 제2세대는 1987년 7월 8일에 입주한 최종덕의 사위 조준기이다. 그런데 최종덕보다 30년 앞서 들어가 상주한 집단이 있으니 바로 독도의용수비대라는 것이다. 『울릉군지』는 수비대의 최초 상륙 시기를 1953년 4월 20일로, 정부가 수비 임무를 민간에서 경찰로 이관하기로 방침을 결정한 시기를 1956년 4월 8일로, 국립경찰에 임무를 맡긴 시기를 1956년 12월 30일로 기술했다. 경찰에의 이관 방침이 1956년 4월 8일 정해진 것에 대해서는 아무 설명이 없다.

또한 『울릉군지』는 1952년에 이승만 대통령이 해양주권을 선언하자 일본 측이 이의(異義)를 붙여 독도를 일본 영토라고 주장한 데서 수비대의 창설 배경을 찾았다. 『울릉군지』는 수비대의 편성과 30여 명의 명단을 수록했는데(〈표-7〉 참조), 김교식이 밝힌 명단과 다르다. 『울릉군지』는

---

154 집필 및 편집위원은 손태수, 이상덕, 장영수이다. 수비대에 관해서는 60~61쪽에서 기술했다.
155 1986년에 최종덕이 도동어촌계와 맺은 「독도제1종공동어장 자원채취 행사권 양도증서」에는 1986년 10월 2일부터 1991년 10월 2일까지 5개년간 임대 비용 천만 원을 5년 분할 납부로 지불하고 행사권을 보유한 것으로 되어 있다(해녀박물관·독도박물관 공동 기획전시, 『제주해녀 대한민국 독도를 지켜내다』, 제주특별자치도 해녀박물관, 2023, 53쪽).

80㎜ 박격포 1문(門), 경기관총 3정(挺), M1소총 20정, 칼빈소총 5정, 권총 3정 등의 무기를 2군 사령부로부터 지원받았다고 기술했다. 수비대의 주요 실적으로는 1953년 6월 24일 일본 수산고등학교 실습선의 나포, 1953년 7월 12일 해상보안청 순시선에 대한 위협 발사, 1955년 11월 21일 해상보안청 순시선 3척과 비행기 한 대를 격퇴시킨 사실을 기술했다. 순시함 3척과 비행기 언급과 관련된 시기는 1954년 11월 21일이 맞는데 1955년으로 오기한 것은 『개척 백년 울릉도』(1983)를 답습했기 때문으로 보인다. 1996년의 「공적 조서」도 1955년으로 잘못 기재했다. 교전에 관한 『울릉군지』의 기술은 『동아일보』가 1983년에 보도한 4건의 수비대 행적 가운데 1954년 8월 23일의 행적을 누락한 것을 제외하면 『동아일보』와 거의 같다. 1996년의 「공적 조서」에는 1954년 8월 23일의 사건이 포함되었다. 『울릉군지』가 이 사건만 누락시킨 이유는 알 수 없다.

『울릉군지』는 "이들의 공로를 인정받은 것은 수비대가 해체된 후 상당한 기간이 지난 1976년 4월 12일에 가서였다. 정부에서 수비대원 전원에게 포상하였는데 대장인 홍순칠에게는 건국공로훈장, 여타 대원에게는 방위포장을 수여하였다."라고 기술했다. 1966년을 1976년으로 오기하고 수비대원 전원이 포상된 듯이 잘못 기술했다. 행적 부분은 홍순칠의 주장과 거의 같다. 그런데 이 내용이 2007년에 개정된 『울릉군지』에서는 달라져, 제2편 '역사'에서 수비대를 다루되 수비대가 일본의 침범에 대응한 사건을 나열하지 않는 대신 1953년 6월 일본인의 독도 상륙과 표주 설치에 대한 울릉군의 대응을 기술했다. 수비대의 창설 배경을 울릉도 어민의 생존권 차원에서 찾았으므로[156] 이대로라면 수비대 결

---

156 『울릉군지』, 2007, 233쪽.

성은 1953년 6월 이후가 된다. 수비대가 1956년 12월 30일까지 경비했다고 기술한 것은 1989년 판과 같다. 수비대 행적에 관한 논란을 의식해서인지 소략하게 기술했지만 내용은 홍순칠의 주장과 거의 같다.

11. 1996년의 서훈 전후

정부는 1996년 2월 7일 독도에 경비정과 어선을 위한 접안시설을 건설할 계획을 발표했다. 그러자 2월 9일 일본 외상 이케다 유키히코(池田行彦)는 다케시마(독도)가 '일본 고유의 영토'라고 주장하고, 한국의 접안시설 공사가 '일본의 주권을 침해하는 것'이라며 경비대의 즉시 철수를 요구했다. 이케다 외상은 김태지 주일대사와 회담하여 UN해양법협약의 배타적 경제수역 설정에 따르는 어업 문제에 관해서는 독도 영유권 문제와 별도로 해결을 모색하기로 합의했다. 한일 양국이 배타적 경제수역 설정과 독도문제로 공방을 전개할 즈음 홍순칠의 유족은 홍순칠의 유고를 공개했고[157] 동아일보가 이를『신동아』4월호에 요약해서 실었다.

『동아일보』와『조선일보』는『신동아』에 실린 유고 내용을 자세히 보도했다.[158] 『동아일보』는 1면에서는, 수기의 개요 즉 조부 홍재현으로부터 들은 개척민과 일본인 간의 투쟁, 러일전쟁 이후 일본의 독도 편입 과정, 1952년에 수비대를 결성하여 36명이 3년 8개월간 사수한 일, 접안시설 설치와 관광지로의 개발 등을 정부에 요구해 온 일, 홍순칠의 요구가 1993년에 독도항만 배치 계획의 확정으로 이루어진 일, 1976년에 제출한 독도 개발 건의서를 수산청이 거부한 일, 1966년에 국가유공자로 지정되지 않아 생계가 어려워진 일 등을 소개했다. 또한 북한방송에

---

157 『동아일보』1996. 2. 29.
158 『동아일보』,『조선일보』1996. 3. 1.

『동아일보』 1996. 3. 1. 14면 (1953년 4월 상륙 후 촬영으로 설명)

『동아일보』 1996. 3. 1. 1면 (1953년 여름 촬영으로 설명)

네이버 뉴스 라이브러리(https://newslibrary.naver.com/search/searchByDate.naver)에서 기사 및 사진 제공

서 홍순칠을 애국자로 보도한 뒤 핍박을 받았다는 부인 박영희의 인터뷰 내용도 보도했다. 14면에서는 이들 내용을 좀 더 자세히 소개했다.

『동아일보』는 두 장의 사진을 게재했는데 하나는 1953년 4월에(14면), 다른 하나는 1953년 여름에(1면) 촬영한 것으로 되어 있다. 1953년 4월에 찍었다는 사진은 대원들이 독도 상륙작전에 성공한 뒤 기념촬영을 한 것으로 되어 있다. 모두 9명이 찍혔는데 홍순칠은 보이지 않는다. 그가 대원들을 찍어주기 위해 빠졌을 것 같지는 않다. 홍순칠은 1978년에는 처음 1진은 7명이라고 했다가 1985년에는 15명이라고 했다. 서기종은 1954년 4월경 1진 7명이 들어갔다고 했다.[159] 그러므로 사진이 1953년 4월에 찍은 것이 맞는지는 의문이다.

1면에 실린, 1953년 여름에 찍었다는 사진은 '독도의용수비대(獨島義勇守備隊)'라고 쓴 현판을 세워 놓고 대원으로 보이는 자가 포대경으로 멀리 주시하고 있는 모습을 찍은 것이다. 모두 8명이 찍혀 있다. 이 사진 역시 1953년 여름에 찍은 것인지는 의문이다. 1953년 여름에 수비대원들이 독도에 있었다면 최헌식[160] 경사 관련 기록이나 일본 측 기록에서 '독도의용수비대(獨島義勇守備隊)'에 관한 언급이 있었어야 한다. 또한 1953년 여름부터 1954년 8월 이전까지 양국의 함정이나 관련자들이 여러 차례 독도를 순시 혹은 상륙했으므로 '독도의용수비대'라고 쓴 현판이 있었다면 양국 기록에 이 명칭이 보였어야 한다. 그러나 양국 함정이나 조

---

159 『오마이뉴스』 2006. 10. 31.
160 최헌식은 2000년대에 언론과 여러 번 인터뷰를 했다. 그가 2009년 주강현 박사에게 구술할 때는 주소가 '도동 2리 261-2'였는데, 직접 작성한 수기에는 '울릉 도동 5길 265'로 되어 있다. 수기의 작성 시기가 미상인데 2014년부터 도로명 주소가 시행되었으므로 그 이후 작성한 듯하다. 괘지에 쓴 것으로 모두 9장이다. 「독도수비대의 진상」이라는 제목을 붙였고 1954년 4월부터 8월까지의 수비대 관련 내용을 인터뷰한 것을 적은 것임을 밝혔다. 이 수기는 (특수법인)문화유산국민신탁이 소장하고 있어 그 사본을 제공받았다(2023. 11. 18.).

사단 누구도 이 명칭을 언급한 적이 없다. 이 사진은 『월간 학부모』(제28호)「(비화) 독도에 숨은 사연들」1회에 처음 실렸는데 '독도의용수비대(獨島義勇守備隊)의 모습'이라고 표제를 붙였을 뿐 연도는 기재하지 않았다. 2006년에 『오마이뉴스』는 같은 사진을 싣고 다른 설명을 했다. 서기종의 증언에 의거하여 이 사진이 1954년 9월경 일본 순시선이 접근하자 박격포 공포탄을 쏘고 난 뒤 기념으로 촬영한 것이라고 했다.[161] 홍순칠이 기록한 일본과의 교전은 1954년 8월 23일 순시선 P9 오끼호의 침범이고 9월의 교전에 대한 언급은 없다. 따라서 이 사진이 1953년 여름에 찍은 것이 아님은 분명하지만, 8월 23일의 교전으로 본다 하더라도 이런 급박한 상황에서 기념촬영을 하려 했을까? 훗날 기획해서 찍은 사진이라는 설도 있다.

『조선일보』는 1953년 6월 25일 일본 경비정과의 첫 교전, 홍순칠이 1952년에 32명을 모아 의용수비대를 결성한 일, 조부로부터 300만 원을 지원받아 양공주로 하여금 미군부대의 무기를 빼내게 한 일, 1953년 4월 21일 독도에서 첫 아침을 맞이한 일, 1953년 6월 일본 오키수산고교 실습선과 학생을 나포한 일, 20세대를 정착시켜온 일, 1983년에 동도 정상에 태극기 석판을 설치한 일, 1950년대부터 접안시설 설치를 주장해온 일, 중앙정보부의 의심을 받아 고초를 겪은 일 등을 소개했다. 1983년에 '동도 정상에 태극기 석판을 설치한 일'은 그가 독도 정상에 대형 태극기를 설치하여 대한민국 영토임을 분명히 하는 데 일조했다는 것을 가리킨다. 이 내용은 1996년의「공적 조서」에도 기술되었다. 그러나 이 태극기는 1968년 10월 박두일이 울릉경찰서장 시절 경비대원들이 시멘트와 모래를 이용하여 통판으로 제작했다가 1983년 경비대 시

---

161 『오마이뉴스』 2006. 10. 31. 망원경으로 보고 있는 자가 서기종이고 그 아래 앉아 있는 자가 정원도라고 했다.

『조선일보』 1996. 3. 1. 39면 '일본이 겁낸 독도파수꾼' 제하의 '55년 기념사진' 사진

네이버 뉴스 라이브러리(https://newslibrary.naver.com/search/searchByDate.naver)에서 기사 및 사진 제공

설의 개보수 때 함께 개보수한 것이다.[162] 1981년 8월 11일 울릉경찰서장이 홍순칠에게 「독도시설물(태극기) 설치에 관한 회보」를 낸 바 있으므로[163] 홍순칠이 태극기 설치를 건의한 듯하지만 건의와 설치를 동일시할 수는 없다. 『조선일보』는 『동아일보』와 다른 사진을 게재했다.

『조선일보』는 이 사진이 1955년 4월에 군수와 경찰서장 등이 위문왔을 때 찍은 사진이라고 했다. 그러나 사진 속의 인물을 보면, 1954년 8월 28일 '독도 경비초사 및 표식[164] 제막 기념 4287. 8. 27.'이라고 쓴 사

---

162 독도박물관 편, 『한국인의 삶의 기록, 독도』, 독도박물관, 2019, 129쪽.
163 김경도(2021), 앞의 글, 73쪽. 1981년에 홍순칠은 서도 정상에 태극기를 설치할 것을 건의했지만 울릉경찰서는 동도에 이미 설치되어 있으므로 2개소에 설치할 필요성이 없다고 회신했다.
164 표석인지 표식인지 모호한데 표식으로 썼다면 표지(標識)를 잘못 쓴 것이 된다.

『독도의 한토막』(133쪽)
독도박물관 소장

진 속의 인물과 동일인이 있다. 황영문의 수기『독도의 한토막』에도 위 사진과 유사한 복장을 한 사람들의 사진이 실려 있다.[165] 황영문의 수기에는 해당 사진을 1954년 8월 28일 제막 기념식 당일 찍은 것으로 되어 있고, 황영문은 수기에서 '위문단'이라는 표현을 사용했다. 따라서 홍순칠이 말한 위문사진은 황영문이 말한 위문단을 일컫는 사진이므로 1955년 4월이 아니라 1954년 8월 28일의 제막 기념식 때 찍은 것이다.

홍순칠의 수기에 관해서는 4장에서 자세히 다룰 것이므로 여기서는 한 가지만 검증하고자 한다. 그것은『동아일보』에 실린, 홍순칠이 조부 홍재현에게서 들었다는 내용이다. 홍재현에 따르면, 개척민이 늘어나 1,700여 명이 된 1903년 무렵 일본인들이 수백 명 씩 울릉도로 몰려와

---

165   김경도·유기선,『독도의 한토막』, 독도박물관, 2019, 134쪽.

횡포를 부려 한국인들이 단합해서 물리쳤고 그 뒤로는 뜸해져 돌섬 즉 독도에의 내왕도 끊어졌다 한다. 홍재현은 이를 말하면서 1,700여 명을 개척민의 수로 적었으나 홍순칠의 1985년 수기나 1996년 『신동아』, 『월간 학부모』에는 관련 언급이 없다. 비슷한 내용이 『이 땅이 뉘 땅인데!』에 보이는데, 홍순칠은 그의 조부가 울릉도에 상륙했을 때 일본 낭인배 백여 명이 마구 원시림을 벌채하고 예사로 부녀자를 희롱했으므로 개척민들이 낭인배들과 목숨 걸고 싸웠고, 3~4년 후 그들은 일본으로 철수했다고 적었다.[166] 그러나 1,700여 명은 역시 언급하지 않았다. 『이 땅이 뉘 땅인데!』의 기술대로라면, 위 내용은 개척기의 일이므로 1903년보다 훨씬 이전이다. 1903년 이전에 일본인들이 울릉도에서 대거 철수한 것은 1883년에 250여 명이 철수한 사실이 유일하다. 그러나 이는 일시적인 철수에 지나지 않았고 이후 일본인의 입도는 계속되었다.

홍순칠은 1903년경 울릉도의 한국인 인구 1,700명을 운운했는데, 무엇에 근거한 것인지는 알 수 없다. 1,700명 관련 통계는 1900년 내부 시찰관 우용정의 기록에 보이므로[167] 1903년의 통계라고 볼 수 없다. 그리고 우용정의 보고서를 보아야 알 수 있는 내용을 홍재현이 알고 있었다는 사실도 의아하다.[168] 홍재현은 1903년 이후 한국인들이 단합하여 일본인의 발길이 뜸해졌고 돌섬에의 왕래도 끊어졌다고 했지만, 일본의 세력은 더 강대해졌고 그에 따라 울릉도 입도자가 증가함은 물론 독도로의 왕래도 활발했다. 1903~1905년 사이 한쪽에서는 울릉도에서, 다른 한쪽에서는 시마네현에서 많은 선박이 독도로 강치를 잡으러 갔다.

---

166 홍순칠, 『이 땅이 뉘 땅인데!』, 혜안, 1997, 237쪽.
167 유미림, 「차자(借字)표기 방식에 의한 '석도=독도'설 입증」, 『한국정치외교사논총』 제34집 제1호, 한국정치외교사학회, 2012, 62쪽.
168 1,700여 명이 울릉도에 거주했다는 사실이 학계에 처음 밝혀진 것은 1985년이다(송병기, 「울릉도 독도 영유의 역사적 배경」, 『獨島硏究』, 한국근대사자료연구협의회, 1985).

그런 가운데 러일전쟁이 발발하자 독도의 전략적 가치가 높아졌고, 일본은 독도를 자국령으로 편입하기에 이르렀다.

이런 부정확성에도 불구하고 1996년에 유족이 공개한 수기에 위 내용이 들어 있다면, 이 수기는 1985년의 수기(『독도의용군 수비대』)와 같은 것으로 보기 어렵다. 1985년의 수기는 홍순칠이 생전에 발표한 것이므로 유고가 아니다. 그렇다면 1996년에 새로 공개된 수기는 적어도 홍순칠이 1985년에 공모전에 제출하고 11월에 쓰러지기 전에 다시 썼음을 의미하는데, 위 내용을 제외하면 다른 내용은 1985년 수기와 거의 같다. 따라서 유족이 공개했다는 원고는 실제로 1985년 공모전에 제출한 원고의 초고일 듯하지만, 확실한 것은 알 수 없다.

수비대의 창설 시기에 대한 두 신문의 보도는 달랐다. 『동아일보』는 홍순칠이 1952년 7월 하순 영토 표주를 발견하고 1953년에 수비대를 결성했다고 보도한 반면, 『조선일보』는 그가 1952년에 수비대를 결성했다고 했다. 기자가 수기를 잘못 이해한 내용도 있다.[169] 『동아일보』는 박영희를 인터뷰하여, 어느 날 북한방송에서 홍순칠에 대해 보도한 뒤 정부 당국으로부터 억울하게 핍박을 받았으며, 홍순칠은 원산전투에서 입은 화상이 도져 병상에서 쓸쓸하게 숨졌다고 했다.[170] 『조선일보』도 홍순칠이 한때 중앙정보부의 의심을 받아 모진 고초를 겪어 1985년 11월 병으로 쓰러진 뒤 이듬해 2월 사망했다고 보도했다. 현지 주민들의 증언에 따르면, 홍순칠이 1970년대에 정부를 비방하고 있을쯤 남파 간첩 사건 때문에 울릉도에 있던 중앙정보부 사람들이 홍순칠에게 고초를 가

---

169 이를테면 변석갑 준위의 아버지가 경성제대 의학부 졸업자인데 "경성제대 의학부를 나온 군시절 동료 M 준위의 도움이 컸다"고 하여 『동아일보』는 변석갑이 졸업자인 듯 잘못 보도했다.

170 『동아일보』 1996. 3. 1.

해 그 후유증으로 사망했다고 한다.[171] 『이 땅이 뉘 땅인데!』는 홍순칠이 지병인 폐암 때문에 사망했다고 기술했다.[172] 홍순칠은 자신이 소속된 기갑연대가 청진으로 진격했을 때 원산에서 중상을 입고 육군병원에서 치료 후 4년 만에 지팡이를 짚고 귀향했다고 했다. 이어 1952년 말 어느 날 경찰서장을 찾아갔다가 표목을 발견했다는 것이다. 그가 1949년 6월에 입대하여 원산전투가 있던 1950년 12월에 중상 때문에 입원했다면, 복무기간보다 병상에 있던 기간이 더 긴 셈이다.

    1996년 3월 1일 학자와 시민단체는 독도학회를 결성했다. 독도학회의 결성은 독도를 주제로 하여 심층 연구하려는 학자들의 조직화를 의미하므로 독도문제가 한국 사회에서 중요한 학술적 의제가 되었음을 의미한다. 3월 14일 박영희는 본인의 생계 지원 및 1966년에 빠진 국가유공자 지정을 진정했고, 이즈음 부산여성상을 받았다.[173] 1996년 4월 1일 총무처는 수비대원 33명에게 훈장을 수여하기 위한 「영예수여 의안」을 국무회의에 제출했고, 4월 2일 가결되어, 4월 6일자로 이들에게 훈장증을 부여했다. 독도에서는 4월 말 항만공사를 시작하여 1997년 11월 접안시설이 준공되었다. 1996년 12월, 환경부는 「독도 등 도서지역의 생태계보전에 관한 특별법」을 제정했다. 1997년 8월 울릉도에 독도박물

---

[171] 울릉도 주민의 증언에 따르면, 1974년경 전석봉의 조카가 남파 간첩사건에 연루된 문제로 중앙정보부 사람들이 울릉도에 있었다고 한다. 박영희가 중앙정보부를 운운한 것은 이런 상황을 인지하고 있었기 때문이라는 것이다.

[172] 홍순칠(1997), 앞의 책, 264쪽. 박영희는 홍순칠이 전쟁에서 입은 왼쪽다리 마비 증세가 악성종양으로 전이되었고 급성폐렴으로 판명되어 사망했다고 기술했다. 김명기는 홍순칠이 척추암으로 사망했다고 기술했다(김명기, 『독도의용수비대와 국제법』, 다물, 1998. 서문).

[173] 『동아일보』 1996. 3. 16.; 『조선일보』 1996. 3. 26. 이예균은 「독도의용수비대원에 대한 국가 유공자 예우」 건을 진정했다(김점구, 2016, 앞의 글, 251쪽). 국가보훈처는 적극 검토하여 추진 중에 있다고 3월 30일을 시행일자로 하여 회신했다. 박영희는 1996년 3월 14일 김영삼 대통령 앞으로 '독도의용수비대 33명 유공자 인정 요청' 진정서를 보낸 바 있는데, 이후 한 달 뒤에 33인에게 훈장이 수여되었으므로 이 진정서를 접수시키는 일을 이예균이 대행한 듯하다.

관이 개관되었고, 홍순칠이 『월간 학부모』에 7년여에 걸쳐 연재한 글은 8월에 『이 땅이 뉘 땅인데!』로 출간되었다.

12. 「독도의용수비대지원법」(2005)의 제정, 그리고 현재

　1998년 11월 신(新)한일어업협정이 서명되어 1999년 1월 22일부터 발효했다. 이 협정에서 독도를 공동관리구역인 중간수역에 위치하게 함으로써 독도에 대한 한국의 영유권이 오히려 약화되었다는 견해가 있었다. 이 협정이 독도의 지위에 아무런 부정적인 영향을 끼치지 않는다는 것이 정부 견해임에도 이 문제는 여론의 중심에 섰다. 이런 분위기에서 독도를 지킨 인물로서 홍순칠과 수비대의 위상은 더 높아졌고 독도에 대한 행정적 조치에도 변동이 있었다. 독도 주소가 1948년에 '경상북도 울릉군 남면 도동 1번지'였던 것이 1981년 10월 최종덕이 주민등록을 등재할 때는 '경상북도 울릉군 울릉읍 도동 산 67번지'로, 2000년에는 '울릉군 울릉읍 독도리 산 1-37번지'로 바뀌었다. 2000년 3월 울릉군은 '독도리'를 신설하는 조례를 제정하기에 이르렀다. 현재 독도의 지번 주소는 '경상북도 울릉군 울릉읍 독도리 1-96번지(분번 포함 총 101필지)'이다.[174] 2014년에는 독도에 도로명 주소가 새로 부여되었다.

　한편 2002년 일본에서는 한국이 일본 영토인 다케시마에 대한 영유권을 주장한다고 기술한 고등학교 역사 교과서가 검정을 통과했다. 2005년 3월 일본 시마네현은 '다케시마의 날'(2월 22일) 조례를 제정했다. 이에 맞서 경상북도는 10월을 '독도의 달'로 하는 조례를 7월에 제정했

---

[174] 1998년에 독도는 행정구역상 경상북도 울릉군 울릉읍 도동리 산42번지-산76번에 속해 있었다(홍성근, 1998, 앞의 책, 116쪽). 현재의 지번 주소는 해양수산부가 구축한 독도종합정보시스템 기준임(2023년 4월 검색).

고, 울릉군은 2005년 3월 허가제로 했던 독도 입도를 신고제로 전환해 줄 것을 문화재청에 건의했다. 2005년 4월에 울릉군은 독도 전담 부서를 신설했다.

2005년 4월 18일 「독도의용수비대 지원에 관한 특별법안」이 발의되자 생존해 있던 수비대원이 민원을 제기했고, 수비대 활동 당시 경찰관이던 생존자들도 법안의 문제를 제기했다. 8월에 동지회(회장 서기종)는 국가보훈처를 방문하여 '3년 8개월, 33명'이라고 주장하는 내용이 잘못되었다며 진실 규명을 요구했다. 동지회가 인정한 수비대원은 16명이다.[175] 김경호, 김수봉, 김영복, 김영호, 김용근, 김재두, 김현수, 서기종, 양봉준, 이규현, 이상국, 이형우, 정원도, 하자진, 홍순칠, 황영문이 이에 해당한다. 1966년의 서훈자 가운데 동지회가 인정한 인물은 홍순칠과 서기종, 정원도, 김재두 네 사람뿐이다. 홍순칠은 황영문, 하자진, 이규현, 이상국의 활약을 빈번히 언급했음에도 1966년의 서훈에서 배제했다. 1966년에 황영문은 경찰 재직 중이었는데 함께 경찰로 근무했던 서기종과 정원도는 사직한 상태였으므로 서훈 대상에 포함되었다. 그러나 홍순칠이 공적을 인정했던 하자진, 이규현, 이상국은 배제되었고 공적이 없는 김병열과 유원식, 한상용이 서훈 대상에 포함되었다. 이는 홍순칠이 서훈 대상자를 급조했거나 개인적인 친분에 따라 대상자를 임의로 선정했음을 의미한다.

김병열[176]은 1966년에 서훈된 이후 홍순칠과 동행하면서 수비대의 홍보에 가장 적극적이었다. 그가 언론의 주목을 받게 되자 다른 대원들의 반발을 불러일으켰다. 1970년에 박대련이 홍순칠을 인터뷰할 때도

---

175   최헌식은 11명만 수비대원이라고 했으나 명단은 밝히지 않았다(2010년대에 쓴 수기).
176   울릉도 주민의 증언에 따르면, 김병열은 영남일보 울릉도 통신원이었다고 한다.

김병열은 서기종, 황영문과 함께 있었다. 홍순칠은 1977년에 대원 22명의 서훈을 추가로 요청했다. 이때 처음으로 33명의 명단이 드러났으나 그 명단이 그대로 유지된 것도 아니었다. 1978년에 경북 경찰국은 33명의 공적을 조사하여 실질적으로 독도 수비를 한 자(11명), 독도에 가지는 않았지만 행정업무를 한 자(1명), 1954년 11월 중순부터 12월 말까지 40일간 단기 근무한 자(6명), 1954년 말 경찰에 특채된 자(9명) 등으로 분류했다. 이들을 합치면 모두 27명이다. 나머지 6명 즉 박영희, 김병열, 유원식, 한상용, 김정수, 정재덕에 대해 경찰국은 독도 수비의 공적이 없는 자라고 판단했다. 실질적으로 독도수비를 한 자와 40일 단기 근무를 한 자를 합치면 17명이다.

1978년에 김교식은 다른 자료에서는 보이지 않던, 배석도와 김호철, 김병찬을 언급했다. 김교식은 수비대원이었던 배석도와 김호철이 경찰에 임명되었다고 했지만[177] 홍순칠은 세 사람을 거론한 바가 없다. 홍순칠이 제공한 정보에 따라 집필한 김교식이 왜 세 사람을 언급했는지는 알 수 없다. 1978년 경찰국 보고서는 김현수가 경찰국장의 특채 지시에 의거 경찰이 된 자로 40일간의 독도 수비 공적은 있으나 그것이 훈포장을 할 만한 공적은 아니라고 판단했다. 이런 평가는 김장호와 허신도, 김수봉, 김용근도 마찬가지라고 기재했다. 그런데 동지회는 김수봉과 김용근을 대원으로 인정했다.

2005년 4월 18일에 발의된 법안은 7월 29일 「독도의용수비대지원법」(법률 제7644호, 약칭 「독도수비대법」)으로 제정·공포되었다.[178] 2006년 6월

---

177 울릉도 주민의 증언에 따르면, 배석도는 통신병이었고 김호철은 경찰로 근무하다 어업에 종사했다고 한다.
178 2011년 8월 4일 일부 개정되었다(법률 제11028호).

30일 "○○-○에 있는 ○○○○○"¹⁷⁹는 감사원에 국가보훈처의 업무 처리에 관해 감사할 것을 청구했다. 이에 감사원은 1996년에 훈장을 받은 수비대원 33명 중에 독도수비 공적이 없는 자가 포함되어 있다는 민원과 언론 보도 등과 관련하여 서훈 공적을 재조사하는 등 적정하게 업무를 처리하였는지에 중점을 두어 감사했다. 감사원은 2006년 10월 30일부터 11월 6일까지 직원이 현장 확인 감사를 했고, 2007년 4월 12일 감사 결과를 확정하였다. 이어 감사원은 감찰의 결과를「독도의용수비대 서훈 공적 재조사 업무처리 부적정」으로 국가보훈처에 통보했다.¹⁸⁰

감사원이 일차적으로 지적한 사항은 1996년 서훈 당시 공적을 심사하지 않은 사실에 대해서이다. 즉 상훈법에 따르면, 훈포장은 공적 심사위원회의 심사를 거쳐 서훈 예정일 30일 전에 총무처 장관에게 제출하도록 되어 있고 공적 내용은 반드시 현장 조사 및 사실 조사를 하여 공적 내용의 진실성을 확인하도록 되어 있음에도 (국가보훈처는) "1996년 서훈 당시 서훈 대상자에 대한 개별 면담, 현장 조사를 하지 않았을 뿐만 아니라 공적 심사위원회의 심사도 거치지 않고 ○○○¹⁸¹이 1984년경 생계보호 청원 시 제출한 활동·조직현황 등 서면 자료만을 조사한 후 공적 조서를 작성하여 서훈을 추천하는 등 제대로 심사하지 않고 훈장을 수여하였다."¹⁸²는 것이다.

2005년에「독도수비대법」이 제정되어 기념사업회 설립을 추진하는 과정에서 국가보훈처가 독도의용수비대원 대표 1인과 유족 대표 1인을

---

179 시민단체 독도수호대를 가리킨다.
180 감사원,「감사결과 처분 요구서-「독도의용수비대지원법」에 따른 사업추진 지연 등 관련 감사 청구-」(2007. 4.)(감사원 홈페이지에 탑재되어 있다)
181 홍순칠을 가리키는 듯하다.
182 감사원,「감사결과 처분 요구서-「독도의용수비대지원법」에 따른 사업추진 지연 등 관련 감사 청구-」(2007. 4.)

참여시키기로 하고 동지회와 가족협의회에 각각 수비대원 대표와 유족 대표를 추천해달라고 했으나 동지회가 공적 없는 대원이 포함된 점과 논란이 있는 대원이 주도하는 가족협의회를 인정할 수 없다는 이유로 설립위원 추천을 거부하면서 기념사업회 설립 추진이 전면 중단되었다. 또한 2005년 8월부터 2006년 7월 사이에 동지회 등은 모두 9건의 민원을 제기했다. 이런 사실은 언론에 보도되었다.[183] 감사원은 민원과 언론보도가 신빙성이 있다고 보았다. 특히 감사원은 국가보훈처가 2006년 4월 3일 경찰청으로부터 33명 중 수비대 활약이 없는 인물이 6명이라는 내용을 회신받은 바 있음을 지적했다.

감사원이 보기에 이런 상황이라면 국가보훈처가 생존대원의 증언을 듣거나 경찰청의 조사결과를 추가로 확인하는 등 공적 관련 자료를 조사하고, 민관합동 진상규명회를 구성하여 33인에 대한 공적 재심사를 하는 등 합리적인 해결방안을 마련해야 했다. 그럼에도 국가보훈처는 재조사를 미루고 있다가 2006년 7월에야 문헌자료 수집 등을 시작했고, 11명 가운데 3명만 면담하고 경찰청 자료를 확인하지 않는 등 핵심 조사를 하지 않은 채 2006년 9월 29일 "생존 수비대원의 진술 외에 문헌상 객관적인 반증자료가 없다"는 결론을 내렸다는 것이다. 국가보훈처가 면담한 세 사람이 누구인지는 밝혀져 있지 않다.

감사원은 (홍순칠이 제출한) 1977년의 청원서를 경북 경찰국이 검토하여 33명 중 15명은 수비대원으로서의 활약이 인정되지만 나머지 18명은 훈포장을 수여할 만한 공적이 되지 않거나(12명), 수비 공적이 없다고 (6명) 조사된 사실이 있음을 지적했다. 한편 감사원은 생존대원 11명과

---

183 『오마이뉴스』 2007. 4. 19. 2006년 6월 30일 감사원에 국가보훈처의 업무 처리에 관한 감사 청구를 한 단체는 시민단체 독도수호대이다. 동지회의 민원 신청에 시민단체가 개재되어 있었음을 엿볼 수 있다.

면담하여, 실제 독도에서 활동한 사람은 17명이고 나머지 16명은 독도에 가지 않았으며, 주요 공적 사항인 '푸른독도가꾸기운동'도 수비대장을 제외한 32명 누구도 참여하지 않았다는 일관된 증언을 들어 과거 경찰국 조사와 거의 같은 결과를 얻었다고 했다. 감사원이 경찰국의 조사를 신뢰하고 있음을 알 수 있다. '푸른독도가꾸기운동'은 홍순칠이 언제부터 주도했으며 수비대원들은 언제부터 참여했는지 명확하지 않다.[184] 그가 '사단법인 푸른독도가꾸기회'를 설립하기 위한 신청서를 처음 제출한 시기는 1983년 10월이다.[185] 신청서에서 그는 수비대가 해산하고 30년이 지난 지금 독도에 나무를 심어 푸르고 아름다운 섬으로 가꾸어 후손에게 물려주기 위해 설립하고자 한다는 취지를 밝혔으나 해운항만청이 사단법인의 설립을 허가하지 않았으므로[186] 1983년 이전에는 이 운동을 시작하지 않았음을 알 수 있다.[187]

감사원은 독도에 직접 가지는 않았지만 후방에서 지원활동을 했다는 주장에 대해서도 이들이 실제로 후방에서 지원활동을 했는지, 그렇다면 이를 독도 수비에 참여한 공적으로 볼 수 있는지도 면밀한 심사가 필요하다고 지적했다. 이에 감사원은 2007년 4월 국가보훈처가 조치할 사항을 다음과 같이 적시했다.

---

[184] 민원에 대한 해운항만청의 회신(재정 1281-8866, 1983. 12. 28.)(독도박물관 자료 제공)
[185] '사단법인 설립허가 신청' 관련 문서(1983. 10.)(독도박물관 자료 제공)
[186] 민원에 대한 해운항만청의 회신(재정 1281-8866, 1983. 12. 28.)(독도박물관 자료 제공)
[187] '디지털 울릉문화대전'에 따르면, '푸른독도가꾸기모임'이 결성된 것은 1988년 5월이다. 이 모임은 1992년에 '푸른울릉독도가꾸기모임'으로 명칭을 변경했다. 이예균은 1992년부터 16년 동안 '푸른울릉독도가꾸기' 운동을 한 공적으로 울릉군으로부터 감사패를 받았다(『경북도민일보』, 2007. 7. 11.). 김경도에 따르면, 홍순칠은 1983년 11월에 산림청에 '사단법인 설립허가 신청서'를 제출하고 이어 '푸른독도가꾸기 사업계획서'를 작성한 바 있다. 그러나 해운항만청은 「사단법인 설립허가 신청에 대한 회신」에서 허가할 수 없음을 밝혔다. 이후 1986년에 '푸른독도가꾸기모임'이 재결성되었고 1988년에 단체가 설립되었으며 1991년 9월에 사회단체로 승인받았다. 1992년 4월에 '푸른울릉독도가꾸기모임'으로 명칭하였다(김경도, 2021, 앞의 글, 78~82쪽).

국가보훈처장은 독도의용수비대원 공적 논란을 명확히 규명하기 위해「진상규명위원회」등을 구성, 1996년도에 훈장을 받은 독도의용수비대원(33명)에 대한 공적을 면밀히 재심사하여 공적 유무 및 공적 정도에 따라 (중략) 적정한 조치와 지원대상을 33명으로 명시한「독도의용수비대지원법」개정을 검토하고, 필요한 경우 대원 및 유족에 대한 지원에 차등을 두는 등으로「독도의용수비대지원법」에서 정한 기념사업회 설립 및 기념사업을 조속히 추진할 수 있는 방안을 강구하시기 바랍니다.[188]

2008년에 국가보훈처는 다음과 같은 결론을 내렸다.[189]

○ 서로의 증언, 주장이 첨예한 반면 이를 밝혀줄 객관적인 문헌자료가 거의 전무하여 **객관적 진상 규명에는 한계**(고딕체-원문내용)
○ 각기 주장하는 내용에 일리가 없는 것은 아니나 홍○○대장을 비롯하여 대다수의 대원이 사망한 현시점에서 **명백한 반증 자료가 있지 않는 한 현재까지의 각종 기록을 뒤바꿀 수는 없다는 것이 위원회의 최종 결론**(고딕체-원문내용)
○ 그러나, 앞으로도 **객관적인 반증자료가 나타날 경우**(고딕체-원문내용) 위원회의 활동을 재개하여 진상 규명을 위하여 계속 노력해 나갈 것임

국가보훈처는 각 대원들의 병적·경력 증명서, 경북 경찰국 보고서, 외교부의 등을 반증자료로 인정하지 않았다. 나아가 국가보훈처는 2008년 진상규명위 조사 이후 수비대 공적을 재조사하지 않았다. 2008년 12월 31일「독도수비대법」에 따른 기념사업회의 법인 설립이 허가되자, 국가보훈처는 2009년 3월 4일 '독도의용수비대기념사업회'

---

188 감사원,「감사결과 처분 요구서-「독도의용수비대지원법」에 따른 사업추진 지연 등 관련 감사 청구-」(2007. 4.)
189 국가보훈처 독도의용수비대진상규명위원회,『독도의용수비대 진상규명위원회 결과보고』, 2008. 2. 21.(독도수호대 홈페이지에서 재인용, 2023년 5월 7일 검색)

를 출범시키고 수비대원과 유가족에게 생활지원금을 지급하기 시작했다. 그러자 민간단체 '독도수호대'는 독도의용수비대 진상규명위원회의 조사 결과에 대해 다시 민원을 제기했다. 2014년 6월 11일, 독도수호대는 추가로 확인된 연구 성과를 국가보훈처에 제시하고 진실 규명 및 서훈 취소를 요구했다. 이에 대한 국가보훈처의 회신은 다음과 같다.[190]

> 가. 감사원 처분 요구 조치 결과(2008. 6. 9.) 2007년 1월 15일 사학자, 민간 전문가 등으로 「독도의용수비대 진상규명위원회」를 구성하여 '유관기관 소장 자료 및 문헌 조사, 증언 청취 등 4회(07년 2회, 08년 2회) 회의에서 명백한 반증자료가 없는 한, 독도의용수비대 실체 및 결성 시기, 공적 진위 여부에 대한 문헌 등 기록의 임의 변경은 어렵고, 당시의 경찰 작전명령서, 근무명령서 등 객관적인 자료가 없는 상태에서 의용수비대 실체를 부정 또는 경찰이 경비를 전담하였다고 할 수는 없다'라는 결론을 내린 바 있고
> 나. 2008년 5월에 대구지방검찰청 포항지청으로 의용수비대가 독도를 지키다가 경찰에 인계한 것이 아니라며 수차 시정 요구에 자체(우리 처) 조사를 이유로 2년 이상 진실 은폐 또는 비호하여 직무를 유기하였다는 소장이 접수되어 검찰 수사를 받았으나 각하 처분(공소부제기)된 바 있습니다.

독도수호대는 국가보훈처가 진상규명위원회 회원이 누구였는지, 진상규명위원회가 어떤 자료들을 보았으며 4회에 걸쳐 이루어진 증언 내용이 무엇인지 밝히지 않았음을 지적했다. 국가보훈처는 홍순칠의 구술이나 기록을 객관적인 자료로 인정하는 반면, 1978년의 경찰국 보고서와 다른 대원의 구술 및 일본 측의 기록은 객관적인 자료로 인정하지 않았다.

2017년 10월 27일, 독도의용수비대기념관이 울릉군 북면 석포에 들

---

[190] 2014년 6월 18일자 회신이다. '독도수호대' 홈페이지, 「국가보훈처, 1950년대 독도경비사, 독도의용수비대 역사 왜곡」(2014년 6월 19일 등록)에서 재인용.

어섰다. 2018년에 기념사업회는 1997년에 간행되었던 홍순칠의 수기집 『이 땅이 뉘 땅인데!』를 재간행했다. 현재 기념사업회가 소개하고 있는, 수비대의 업적은 다음과 같다.[191]

　　　제1차 전투: 1954. 5. 23. 10:30경 일본 해상보안청 무장순시선 즈가루호(1,000톤급) 침범, 격퇴
　　　제2차 전투: 1954. 5. 29. 15:00경 일본 어업 실습선 다이센호(450톤급) 침범, 수비대원 일본배 승선, 퇴각 조치
　　　제3차 전투: 1954. 7. 28. 15:00경 순시선 나가라호(270톤급)·구르쥬호(270톤급) 침범, 수비대원 서도의 물골앞에서 격퇴
　　　제4차 전투: 1954. 8. 23. 08:00경 일본 해상보안청 무장순시선 오키호 침범, 기관총 600발 사격, 격퇴
　　　제5차 전투: 1954. 10. 2. 아침 일본 무장순시선 오키호·나가라호 침범, 목대포 설치, 격퇴
　　　제6차 전투: 1954. 11. 21. 06:00 ☆**독도대첩** 일본 무장순시선 오키호(450톤급), 헤꾸라호(450톤급) 침범, 1시간 동안 총공세 실시, 헤꾸라호 박격포탄 명중, 격퇴

　　기념사업회는 "독도에 입도한 1953년 4월 20일 이후에 수많은 일본의 불법적 침략 시도가 있었으며"라고 했다. 기념사업회는 1953년 4월 20일 이후 수많은 일본의 침범을 언급하면서도 1953년 수비대의 대응에 대해서는 일절 말하지 않았다. 현재 기념사업회는 1954년에 있었던 여섯 차례의 충돌만 언급하고 있다. 〈표-6〉은 각 자료에 기술된 일본의 침범 및 수비대의 대응을 비교한 것이다. 〈표-6〉에서 보듯이 모든 자료에 공통적인 것은 '1954년 11월 21일 일본 순시선의 격퇴'이다. 물론 이 내용이 맞는가는 별개의 문제이다.

---

[191] '독도의용수비대기념사업회' 홈페이지(2023년 3월 2일 검색). 오기도 그대로 인용했다.

〈표-6〉 일본의 침범 및 수비대의 대응에 관한 기록

『독도문제개론』 (외무부, 1955)	『이 땅이 뉘 땅인데』(1997) 외 기타	기념사업회 홈페이지 (2023년 기준)
	1953. 4. 20. 수비대, 독도 상륙	
1953. 5. 28. 오전 11시, 수산시험선 시마네호(80톤), 30명 중 6명 상륙		
	1953. 6. 24. 오키수산고등학교 연습선 지토마루호를 서도 150m 해상에서 나포	
1953. 6. 25. 오후 4시 반, 100톤급, 9명 상륙, 한국인 6명에 질문, 위령비 촬영, 정원준의 목격담		
1953. 6. 27. 오전 10시, 60톤급, 8명 상륙, 정원준 외 5명에 질문		
1953. 6. 28.[192] 오전 8시, 2척, 30명, 표목 2개 설치, 오후 10시 퇴거, 한국인 상황 촬영 〔6. 27과 동일 사건임〕	1953. 6. 27. 2척 30명, 표목 2개 설치, 6명에게 퇴거 요구 〔1970년 자료〕	
1953년 7월 2일 일본이 표목 확인 차 오고, 한국이 7월 3일 철거한 뒤 7월 8일 국회 결의, 7월 9일 일본이 다시 옴		
1953. 7. 12. 오전 5시 40분경, 해상보안청 순시선 정선, 순라반 최헌식 등이 임검, 선상 대화, 정지에 불응하기에 위 협 발포	1953. 7. 12. 해상보안청 소속 순시선을 위협사격으로 격퇴	
	1953. 8. 15. 오키실습선 다이센호 출현을 물리침〔1965, 1970, 1978년 자료 동일〕	
1953. 10. 15. 한국산악회의 조사, 10. 23. 일본이 네 번째 표목 설치하고 한국 표목을 제거		
1954. 5. 23. 오후 10시, 천 톤 순시선 2시간 체류, 미상륙		1954. 5. 23. 10:30경 일본 해상보안청 무장순시선 즈가루호 (1,000톤급) 침범, 격퇴
1954. 5. 28. 오전 3시, 450톤,[193] 13명 중 1인 상륙, 표지 촬영		1954. 5. 29. 오후 3시경 일본 어업 실습선 다이센호 450톤급[194], 수비대원 일본 배 승선, 퇴각 조치
		1954. 7. 28. 오후 3시경 순시선 나가라호(270톤급)·구르쥬 호(270톤급) 침범, 수비대원이 서도의 물골 앞에서 격퇴

---

192 일본은 6월 27일로 보도(『아사히신문』 6. 28. 석간)했다(『독도문제개론』 63쪽에서 재인용).
193 45톤의 오기로 보인다.
194 45톤의 오기로 보인다.

『독도문제개론』 (외무부, 1955)	『이 땅이 뉘 땅인데!』(1997) 외 기타	기념사업회 홈페이지 (2023년 기준)
1954. 8. 23. 오전 8시 40분, 순시선 오키호, 한국 관헌의 경고, 600발 발사		1954. 8. 23. 08:00경 해상보안청 순시선 오키호 침범, 기관총 600발로 격퇴
		1954. 10. 2. 아침, 순시선 오키호·나가라호 침범, 목대포 설치, 격퇴
1954. 11. 21. 순시선 오키와 헤구라, 3리쯤 도달, 오전 7시경 한국 선박이 5개 포탄으로 포격	1954. 11. 21. 해상보안청 소속 순시함 PS9, PS10, PS16함과 비행기 1대. 총격전으로 격퇴	1954. 11. 21. 06:00 ☆독도대첩, 순시선 오키호(450톤급), 헤꾸라호(450톤급) 침범, 헤꾸라호를 박격포탄 명중, 격퇴

2024년 현재 기념사업회가 밝힌 수비대 조직과 33명의 명단은 다음과 같다.[195]

```
              대장   홍순칠              부관   황영문
      전투1대 대장   서기종
              대원   김재두, 최부업, 조상달, 김용근, 하자진, 김현수,
                    이형우, 김장호, 양봉준
      전투2대 대장   정원도
              대원   김영복, 김수봉, 이상국, 이규현, 김경호, 허신도,
                    김영호
     후방지원대 대장  김병열
              대원   정재덕, 한상용, 박영희
         교육대 대장  유원식
              대원   오일환, 고성달
         보급대 대장  김인갑
              대원   정이관, 안학률, 정현권, 구용복, 이필영
```
(기념사업회는 인명을 한글로만 표기함)

기념사업회가 제시한 명단은 1977년에 홍순칠이 경찰국에 제출한 명단과 다르다. 수비대는 1966년 이전에 활동했으므로 명단은 해산 당

---

[195] 홈페이지의 '독도의용수비대'에는 김인갑이 중복되어 있지 않은데 탑재된 자료 「독도의용수비대의 조직과 활동」(pdf)에는 김인갑이 중복되어 있다(2023년 4월 5일 검색).

시에 성립되어 있어야 한다. 그러나 홍순칠은 1966년에야 명단의 일부만 밝혔고 이후로도 명단을 계속 바꾸었다. 1966년 서훈 당시부터 2018년까지의 명단을 보면 〈표-7〉과 같다. 명단은 대체로 한글로 표기되어 있고 『울릉군지』(1989)[196]와 1996년 서훈 문서에만 한자로 표기되어 있다. 참고로 밝히면, 1997년에 간행된 『이 땅이 뉘 땅인데!』에 기재된 20인의 한자는 다음과 같다.

洪淳七, 鄭元道, 鄭利冠, 黃永文, 河自振, 李奎賢, 金隱浩, 曺相達, 徐基鍾, 李相國, 梁鳳俊, 金守鳳, 金在斗, 金榮浩, 朴永姬, 具鎔福, 金仁甲, 金障浩, 金景浩, 金東烈[197]

〈표-7〉 수비대원 명단

번호	1966 서훈	1965~1970	1978 (보고서)	1978 (김교식)	동지회	1983 (30주년)	1979~1985	1989 (군지)	1996 (의안)
1	洪淳七	홍순칠	홍순칠	洪淳七	홍순칠	홍순칠	홍순칠	洪淳七	故 洪淳七
2	徐基宗	서기종	서기종	徐基鍾	서기종	서기종	서기종	徐基鍾	徐基宗
3	鄭元道	정원도	정원도	鄭元道	정원도	정원도	정원도	鄭元道	鄭元道
4	崔富業	최부업	최부업	崔富業		최부업		崔富業	崔富業
5	金在斗	김재두	김재두	金在斗	김재두	김재두	김재두	金在斗	고. 金在斗
6	曺相達	조상달	조상달	曺相達		조상달	조상달	曺相達	고. 曺相達
7	高成達	고성달	고성달	高成達		고성달		高成達	고. 高成達
8	吳日煥	오일환	오일환	吳一煥		오일한		吳一煥	吳一煥
9	金秉烈	김병열	김병열(△)	金秉烈		김병열		金秉烈	金秉烈
10	俞元植	유원식	유원식(△)	俞元植		유원식		俞元植	俞元植
11	韓相龍	한상용	한상용(△)	韓相龍		한상용	한상용	韓相龍	고. 韓相龍
12			김영복(경찰)	金榮福	김영복	김영복		金榮福	金榮福
13			이규현(경찰)	李奎賢	이규현	이규현	이규현	李奎賢	李奎賢

---

196 『울릉군지』, 1989, 61쪽.
197 金秉烈을 오기한 것으로 보인다.

번호	1966 서훈	1965 ~1970	1978 (보고서)	1978 (김교식)	동지회	1983 (30주년)	1979 ~1985	1989 (군지)	1996 (의안)
14		하자진	하자진 (경찰)	河自振	하자진	하자진	하자진	河自振	河自振
15		양봉준	양봉준 (경찰)	梁鳳俊	양봉준	양봉준	양봉준	梁鳳俊	梁鳳俊
16			김영호 (경찰)	金榮浩	김영호	김영호	김영호	金榮浩	金榮浩
17		이상국	이상국 (경찰)	李相國	이상국	이상국	이상국	李相國	고. 李相國
18		황영문	황영문 (경찰)	黃永文	황영문	황영문	황영문	黃永文	고. 黃永文
19			김장호	金障浩		김장호	김장호	金障浩	고. 金樟浩
20		허신도	허신도			허신도		許信道	고. 許信道
21			김현수	金賢洙	김현수	김현수		金賢洙	고. 金賢洙
22			김수봉	金守鳳	김수봉	김수봉	김수봉	金鳳守	고. 金守鳳
23			김용근	金容根	김용근	김용건		金容根	金容根
24			김인갑	金仁甲		김인갑	김인갑	金仁甲	고. 金仁甲
25			이필영	李弼永		이필영	이필영	李弼永	李弼永
26			정이관	鄭利冠		정이권	정이관	鄭利權	고. 鄭利冠
27			정현권	鄭現權		정현권		鄭現權	鄭炫權
28			박복이	朴福伊					
29			안학률	安鶴律		안학율		安學律	고. 安鶴律
30			이형우		이형우	이현우		李賢雨	李亨雨
31			김정수 (△, □)						
32		정재덕	정재덕 (△, □)			정재덕	정재덕	鄭在德	고. 鄭在德
33			박영희 (△, □)	朴永姬		박영희	박영희	朴永姬	朴永姬
34				金榮浩	김경호	김경호		金景浩	金景浩
35				具鎔福		구용복	구용복	具鎔福	具鎔福
총	11명	17명	33명	31명	16명	33명	20명	33명	33명

※ 1966년은 서훈 문서(한자는 이서행 보고서를 따랐다), 1965~1970은 언론인 자료, 1978년 보고서는 3월 30일자 경찰국 보고서, 1978 김교식은 「독도수비대」, 1983은 「수비대 창설 30주년 기념행사 계획서」, 1979~1985는 「월간 학부모」와 「독도의용군 수비대」에 언급된 인명,[198] 1989은 「울릉군지」, 1996은 서훈 명단[199] 2018은 기념사업회 홈피를 가리킨다. △는 독도에 가보지 않은 대원, □는 포상받은 적 없는 대원을 의미하는데, 1978년 경찰국의 조사 결과이다.

---

[198] 「월간 학부모」와 「독도의용군 수비대」에는 33인의 명단이 실려 있지 않다.
[199] 영예수여(국토수호유공자) 심의번호 제165호(1996. 4. 2.)

홍순칠이 33인의 명단을 온전히 밝힌 시기는 1977년 12월 추가 서훈을 요청할 때이다. 그는 1977년경 명단을 확정했을 듯하지만, 당시 서훈 요청에 제출된 명단과 1978년 김교식 책에 실린 31인의 명단과 일치하지 않는다. 서훈 요청 당시에 수록되었던 김정수와 정재덕을 김교식은 삭제했다. 김교식은 1956년 12월 해산 당시 인원을 33명이라고 했으나 결과적으로 명단은 31명만을 제시했다. 이후 최종적으로 1996년에 정재덕은 다시 서훈되었지만 김정수는 배제되었다.

1996년 이후 연구자들이 밝힌 수비대 조직과 명단 또한 제각각이다. 논자에 따라 제1전투대였던 인물이 제2전투대로 바뀌어 있거나 그 반대의 경우도 있고, 이름을 잘못 적은 경우도 있다.[200] 나홍주가 명단의 출처로 언급한 김교식은 정작 34인의 명단을 밝힌 적 없다. 1978년 경찰국 보고서에서 33인의 명단이 온전히 드러난 사실로는 홍순칠이 서훈을 요청할 때 명단이 제출되었음을 알 수 있다. 한편 홍순칠은 1983년에도 독도수비대 편성표에서 33인의 명단을 밝혔으나 이는 1977년의 명단과도 일치하지 않는다. 더하여 1983년 명단 중 김용근, 이형우, 정이관, 오일환 등은 이전에 보인 이름과는 다르다. 그러나 이후 홍순칠은 1985년 수기나 1997년 단행본에서도 33인의 명단을 제대로 밝히지 않았다. 나홍주는 2007년에 박영희로부터 33인의 명단을 제공받았다고 했다. 이는 박영희도 홍순칠 생존 당시는 명단을 제대로 파악하고 있지 않다가 이후 알게 되었음을 시사한다. 서기종, 김병렬, 김장호, 안학률, 정현권의 이름도 기록에 따라 한자가 다르다. 기념사업회는 올바른 한자 표기를 제시할 필요가 있다.

---

200 『울릉군지』(1989)도 몇 명의 이름을 오기했다. 한글이름과 한자가 일치하지 않거나 한글은 맞는데 한자를 잘못 표기한 경우가 있다. 일본인 이즈미 마사히코는 이규현 → 李吉賢, 하자진 → 河白振, 정이관 → 鄭利權, 이형우 → 李賢雨, 김병열 → 金龍學, 서기종 → 徐基種으로 잘못 표기했다(이즈미 마사히코, 『독도 비사(獨島秘史)』, 한국방송인동우회, 1998, 173쪽; 304~305쪽).

IV

홍순칠과 수비대의 행적에 관한 검증

....

1. 일본의 영토 표목 설치와 수비대 결성의 계기
2. 조부 홍재현의 영향 관계
3. 수비대 결성과 무기 조달 및 최초 입도
4. 첫 교전에 대한 검증
5. 가짜 영장
6. 1953~1954년 일본의 침범에 대한 격퇴
7. 정부와의 관계에 대한 검증
8. 1966년의 훈장 반납
9. 기타 사항에 관한 검증
10. 경찰 인계에 대한 검증

　홍순칠과 수비대의 행적은 1966년의 서훈 이전부터 언론에 간간이 보도되었으나 1965년 언론인 최규장에 의해 본격적인 소개가 시작되었다. 1979년부터는 홍순칠이 직접 이를 알렸다. 홍순칠이 잡지에 7년 넘게 연재한 글은 1997년에 『이 땅이 뉘 땅인데!』로 간행되었고, 2018년에 재간행되었다. 이 책에서는 1965년부터 2018년 사이에 나온 자료들을 검토하여 홍순칠과 수비대의 행적을 검증하고자 한다. 검토할 자료는 1965년, 1970년, 1978년, 1979~1985년, 1985년, 1997년에 발표된 글이다. 언론인과 극작가의 글뿐만 아니라 제3자의 글도 기본적으로는 홍순칠이 제공한 정보에 근거한 것이므로 이를 함께 검토하되, 출처를 밝힐 필요가 있을 경우 '1965년 자료' '1970년 자료'로 특기했다. 검토한 자료 목록은 〈표-8〉과 같다. 『월간 학부모』에는 1979년부터 1985년까지 연재되었지만 편의상 '1979년 자료'로 표기했다.

〈표-8〉 주제별 표의 출처

연도	저자	표제	출전	약칭
1965	최규장	「獨島守備隊 秘史」	『주간 한국』 (권 호는 미상)	1965년 자료
1970	박대련	「(더큐먼트·獨島의 苦難과 悲話) 獨島守備隊」	『世代』 81호	1970년 자료
1978	김교식	「(도큐멘타리) 獨島守備隊」	「(도큐멘타리) 獨島守備隊」	1978년 자료
1979	홍순칠	「(秘話) 獨島에 숨은 사연들」	『월간 학부모』 (1979~1985)	1979년 자료[1]
1985	홍순칠	「獨島義勇軍守備隊」	『무명용사의 훈장』	1985년 자료
1996	홍순칠	「전재산과 온몸 바쳐 독도 지켰다」 (고 홍순칠 육필 수기)	『신동아』 (1996.4)	1996년 자료
1997	홍순칠	「(秘話) 獨島에 숨은 사연들」	『이 땅이 뉘 땅인데!』 (1997; 2018)	1997년 자료

　최초로 수비대의 행적을 본격적으로 소개한 최규장의 글은 1965년에 쓰였으므로 수비대의 활동이 끝난 시점에서 가장 가까운 시기에 쓰인 것이라 볼 수 있다. 그런 만큼 이 글을 통해 홍순칠의 초기 주장을 엿볼 수 있다. 최규장의 글은 몇 가지 주제로 분류할 수 있는데, 이들 주제는 이후에도 계속 보이므로 그의 글을 기준으로 해당 주제들을 분석했다. 최규장의 글에는 없고 다른 글에만 있는 경우 새 번호를 붙였다. ⑧-1과 ⑧-2, ⑭, ⑮가 이에 해당한다. 최규장이 기술한 사건 발생일이 실제 발생일과 맞지 않더라도 일단 최규장을 따랐다.

　① 1953년 양국의 영토 표목 공방과 홍순칠 결심의 계기
　② 홍순칠 집안의 독도 수호 의지
　③ 식수터의 발견

---

[1] 1979년 자료는 『월간 학부모』를 의미하지만, 이 책에 인용한 표의 페이지는 『이 땅이 뉘 땅인데!』(1997)의 페이지를 가리킨다.

④ 수비대 결성과 무기 조달 과정

⑤ 1953년 4월의 첫 상륙 여부

⑥ 1953년 7월 23일의 첫 교전 성립 여부

⑦ 가짜 영장 발부

⑧ 1953년 8월 15일 오키수산학교 실습선 나포

⑧-1 1954년 8월 일본 순시선의 독도 침범

⑧-2 1954년 10월 일본 순시선의 독도 침범

⑨ 1954년 11월 경찰국장의 위문과 횡포

⑩ 1954년 11월 21일의 순시선 격퇴와 16명의 사상자 문제

⑪ 목대포와 일본 잡지

⑫ 외무부에의 구금

⑬ 1954년 국회조사단의 상륙 저지 여부

⑭ 해산한 지 12년 후의 서훈과 훈장 반납 여부

⑮ 기타

   1) 등대 설치

   2) 미역 채취와 횡령

   3) 바다사자

   4) 영화 촬영

   5) 구호양곡 절도

   6) 허학도 위령비

   7) 기타

각 자료에 기술된 내용을 비교하면 다음과 같다.(괄호안 연도는 인용자가 붙인 것이고, 〔 〕는 원주임)

1. 일본의 영토 표목 설치와 수비대 결성의 계기

① 1953년 양국의 영토 표목 공방과 홍순칠 결심의 계기

연도	내용
1965	1953년 4월 1일 해녀 5명이 독도 어로 중 일본 선박의 표목〔日本國島根縣竹島(일본국 시마네현 다케시마)〕설치를 목격하고 군에 신고, 군청에서 이를 뽑고 '大韓民國 慶尙北道 鬱陵郡 南面 道洞 1番地(대한민국 경상북도 울릉군 남면 도동 1번지)' 표목을 세움, 일본이 다시 뽑는 등 5회 공방, 각수장이 '끝단'을 데리고 가 대한민국 문패를 각명(313~314쪽)
1970	1953년 4월 1일 100여 마리의 '가제' 목격, 5명의 비바리가 일본 표목을 군청에 신고, 군청이 제거하고 '大韓民國 慶尙北道 鬱陵郡 南面 道洞 一番地(대한민국 경상북도 울릉군 남면 도동 1번지)' 표목을 세움, 이후 양국의 표목 공방 네댓 번(142~144쪽) (1953년) 6월 27일, 시마네현청과 경찰관 및 법무성 직원 등 약 30명과 순시선 2척, '日本國 島根縣 五個村 竹島(일본국 시마네현 고카촌 다케시마)' 푯말과 '한국인의 출어 불법' 경고판 설치 및 어민 6명에게 퇴거 강요,[2] 군에서 각수장 동원 '大韓民國 獨島(대한민국 독도)' 각명, 이 무렵 독도수비대 궐기(144쪽)
1978	평화선 선포 이후…, 이상국[3]이 어제 처음 독도 간 해녀들과 선원들의 부상 전해줌, 홍순칠은 독도에 관한 모든 것 조사해 보기로 결심(16~17쪽)
1985	1952년 7월 하순, 경찰서 앞마당 표목 '〔島根縣 隱岐部[4] 五箇村竹島(시마네현 오키군 고카촌 다케시마)〕'을 목격(177쪽)
1996	(1985년 자료와 거의 같음)
1997	(1952년 말경) 경찰서장을 찾아갔다가 '島根縣 隱岐郡 五箇村 竹島(시마네현 오키군 고카촌 다케시마)' 표목 목격, 경찰서장의 설명-어민이 발견, 우리가 '한국 울릉군 독도'란 팻말을 꽂았으나 그 후 바꿔치기 여러 번, 최근 어부까지 위협을 받고 있다-, 조부에게 일본 PS함의 위협과 어민 상황 설명, 향군으로 수비대 조직할 계획을 의논, 준비에 착수(20~22쪽) 1952년 7월 하순 경찰서 앞마당에 일본 푯말, 어민이 신고, 경찰과 군청 합동으로 5톤급 경비선 8시간 걸려 제거해 옴, 서장은 한상목, 군수는 6촌형 성국, 오징어 금수조치로 값 폭락, 군민이 군수와 서장에게 대책 요구, 도지사는 무응답, '大韓民國 慶尙北道 鬱陵郡 南面 獨島(대한민국 경상북도 울릉군 남면 독도)' 표목 건립, 양국의 공방(220~222쪽)

①은 홍순칠이 수비대를 조직하기로 결심하게 된 계기와 관련된다.

---

2 외교통상부, 『독도문제개론』(2012, 59쪽)은 4차 침범(1953. 6. 28.)으로 보았다.
3 이상국은 1926년생이고, 홍순칠은 1929년생이다. 그런데 이상국은 홍순칠을 형님으로 불렀다(김교식, 『(도큐멘타리) 독도수비대』, 선문출판사, 1980, 15쪽. 이 글에서 인용한 것은 1980년 판이다. 이하 마찬가지다.).
4 郡의 오기이다.

홍순칠의 주장에 의거하여 그 경위를 살펴보면 다음과 같다. 일본이 독도에 영토 표목을 세웠으므로 군에서 이를 뽑고 한국령 표목을 세우면 다시 일본이 제거하는 공방이 4~5회 반복되었다. 한편 동남아로 수출한 오징어가 중공군에게까지 보급되자 유엔군이 오징어 금수조치를 취해[5] 가격이 폭락, 어민들은 독도 어로에 눈을 돌렸다. 일본인의 방해로 조업을 하지 못하게 되자 어민들은 군수와 경찰서장에게 대책을 요구했고, 도지사에게도 보고되었지만 별다른 대책이 없었다. 군수직 수행에 어려움을 느낀 재종형 홍성국은 사표를 내기로 결심하고 조부인 홍재현과 의논했다. 그 자리에 있던 홍순칠은 자체적인 해결책을 제시하는 한편, 독도의용수비대를 조직하기로 결심했다는 것이다.

홍순칠의 주장이 기록에 따라 차이가 있으나 세 가지에 초점을 맞춰 검토하고자 한다. 첫째, 울릉군에서 표목을 설치하게 된 계기와 시기, 두 번째는 표목의 표기, 세 번째는 군수 홍성국과 관련된 내용이다.

첫째, 울릉군에서 표목을 설치하게 된 계기는 일본이 먼저 설치했기 때문이었다. 1953년 4월 1일 비바리가 일본 표목을 군청에 신고했다고 하는데 그렇다면 이는 일본이 1953년 4월 1일 이전에 표목을 세웠음을 의미한다. 울릉군은 일본이 설치한 표목을 제거하고 '大韓民國 慶尙北道 鬱陵郡 南面 道洞 一番地(대한민국 경상북도 울릉군 남면 도동 1번지)'라고 쓴 표목을 설치했으며, 이 뒤로 양국의 공방이 네댓 번 있었다. 1953년 6월 27일 일본이 경고판을 세운 이후 울릉군은 '大韓民國 獨島(대한민국 독도)'라는 문패를 각석했다고 하는데 이는 한국 측이 표목에서 각석으로 바

---

[5] 당시 오징어 금수조치에 관한 뉴스를 보면, 국내에 식량이 부족하고 유엔군 부식물이 필요하다는 이유에서 금수조치를 했다고 보도했을 뿐 중공군과 관련된 언급은 없다(『동아일보』 1951. 9. 23.).

꾸었음을 의미한다. 다만 그 시기는 1953년 6월 27일 이후 언제인지가 분명하지 않다. 표목은 제거하기 쉬운 반면 각석은 그렇지 않다는 점에 비춰보면, 각석은 표목 공방이 끝난 후에 시작되었다고 볼 수 있다.

과연 일본은 1952년 7월 하순 혹은 1953년 4월 1일 이전에 표목을 설치했을까? 일본의 독도 침범은 제2차 한일회담이 열리던 시기와 궤를 같이한다. 한일회담은 1953년 4월 15일부터 7월 23일까지 개최되었다.[6] 그 사이인 5월 28일 시마네현 소속의 80톤급[7] 수산시험선 시마네호가 독도에 처음으로 상륙한 일이 있었다. 이들은 '다케시마 초계'[8]라는 명목으로 상륙했다. 시마네호 승선자 30명 가운데 6명이 상륙하여 울릉어민 김준혁 등을 만났다.[9] 일본은 1953년 5월 28일 이전까지는 독도를 침범하지 않다가 이때부터 해상보안청, 시마네현, 돗토리현의 선박들이 잇따라 독도를 침범하기 시작했다.[10] 5월 28일에 독도에서 일본인들은 처음으로 울릉어민을 만났지만, 한국 어민들은 4월경부터 독도에 출어하고 있었다.[11]

일본 잡지『킹』1953년 11월호[12]에 따르면, 5월 28일 시마네호가 독도 가까이 갔을 때 전마선에 타고 있던 한국인 두 사람이 배에 올라 이

---

6 외무부,『독도문제개론』, 1955, 52쪽. 이 글에서 인용한 것은 별도의 표기가 없는 경우 외교통상부의 2012년 전면 개정판의 페이지를 가리킨다.
7 정병준은 63톤이라고 했다(정병준,「1953-1954년 독도에서의 한일충돌과 한국의 독도수호정책」,『한국독립운동사연구』제41집, 독립기념관 한국독립운동사연구소, 2012, 392쪽).
8 정병준,『독도 1947』, 돌베개, 2010, 841쪽; 박병섭,「광복 후 일본의 독도 침략과 한국의 수호 활동」,『독도연구』제18호, 영남대학교 독도연구소, 2015, 83쪽.
9 외교통상부,『독도문제개론』, 2012, 54쪽.
10 정병준,『독도 1947』, 돌베개, 2010, 890쪽; 정병준(2012), 앞의 글, 392~393쪽. 박병섭에 따르면 1953년 4월 오키호가 상륙하여 사진을 촬영한 것으로 되어 있다(박병섭,「광복 후 일본의 독도 침략과 한국의 수호 활동」,『독도연구』제18호, 영남대학교 독도연구소, 2015, 82쪽). 외무부는 1953년 5월 28일을 제1차 침범으로 보았다.
11 『민주신보』1953. 6. 9.(정병준, 2012, 앞의 글, 393쪽에서 재인용).
12 김교식의『(도큐멘타리) 독도수비대』(1980)에는 홍순칠이 이 잡지를 인용, 독도의 크기를 7만 평이라고 한 것으로 기술했다.

야기를 나눈 뒤 돌아갔다고 한다. 시마네호는 한국인이 독도(원문은 다케시마)에 상륙하는 듯한 모습이 보이지 않아 그대로 귀국한다고 중앙에 타전했다.[13] 일본 정부는 이 보고를 받은 뒤 6월 23일 한국 정부에 항의했다. 이로 말미암아 한국 정부는 일본인의 독도 침범을 정식으로 인지했다.

홍순칠의 주장대로라면, 1953년 5월 28일에 수비대는 독도에 있었어야 한다. 그랬다면 일본 측 기록에 관련 언급이 있었어야 한다. 하지만, 일본은 해상에서 한국 어민을 만난 사실만 기록했다. 김준혁의 이름이 언급되었지만, 홍순칠이 1진으로 파견되었다는 인물 가운데 그 이름이 호명된 자가 없다. 일본인과 수비대원과의 만남에 관한 기록이 없음을 의식해서인지, 김준혁 등이 어로하고 있을 때 홍순칠과 수비대원들은 4월 20일 입도할 때 준비해 간 연료와 식량이 떨어져 5월 초 울릉도에 나와 있었을 가능성을 제기한 경우가 있다.[14] 그러나 홍순칠은 "처음 몇 달 이곳에 와서 생활하는 동안 무인도 생활에 빨리 적응하려고 무진 애를 썼지만"[15]이라고 했다. 섬을 비우지 않았음을 시사한다. 수비를 목적으로 입도한 자들이 식량을 제대로 구비하지 않아 전원이 철수했다는 것도 성립하기 어렵다. 1953년 7월 초순 정원준이 어로할 때 수비대원이 없었던 것을 홍순칠의 일시적인 부재 때문으로 돌리고[16] 이를 1953년 봄에서 여름 사이 수비대가 입도한 적이 없었다는 주장에 대한 반론으로 제시하는 경우도 있다. 이 역시 설득력이 부족하다. 설령 홍순칠은 없었다고 하더라도 다른 대원들은 있었어야 했기 때문이다.

울릉도 어민들은 1953년 5월 28일 이후에도 독도에서 어로했다. 정

---

13 「竹島の表情」, 『キング』, 1953. 11., 190쪽.
14 이용원, 『독도의용수비대』, 범우, 2015, 63~64쪽.
15 홍순칠, 『이 땅이 뉘 땅인데!』, 혜안, 1997, 33쪽.
16 이용원(2015), 앞의 책, 68쪽.

원준 외 5명이 6월 11일부터 7월 1일까지 어로했다. 6월 25일 오후 4시 반경 미국기를 게양한 100톤급 목조선 한 척이 독도에 접근했고 일본인 9명이 상륙했다. 이들은 정원준 등에게 체류 이유를 묻고 약간의 기름과 담배, 석유, 로프 등의 물품을 건넨 뒤 독도 조난어민 위령비를 촬영하고 오후 7시경 돌아갔다.[17] 일본 측 기록에 따르면, 오키고등학교 수산실습선 오토리호(鵬丸)가 『마이니치신문』 기자와 함께 1953년 6월 25일에 독도에 상륙했다. 오토리호에는 강치어업권자 하시오카 다다시게(橋岡忠重)[18]와 『마이니치신문』 기자 사토미(里見)가 타고 있었다. 이들은 한국인들이 독도에서 천막생활을 하면서 미역을 채취하고 있는 모습을 보았다고 했다.[19] 그러나 이들이 말한 한국인은 수비대와는 무관한 울릉도민이었을 것이다.

『이 땅이 뉘 땅인데!』는 1953년 6월 24일 오키수산고등학교 연습선 지토마루호[20]를 서도 150m 해상에서 나포했다고 하나, 여기서 말한 지토마루호가 오토리호를 가리킨다면 기자가 동승했으므로 수비대에 관한 보도가 있었을 것이다. 그러나 관련 보도는 없었다. 홍순칠이 선박명을 착오하여 오토리호를 지토마루호로 잘못 칭했다 하더라도 이들을 물리치는 데 홍순칠이 기여한 바는 없다. 한국인과의 충돌은 없었고, 일본인들이 홍순칠의 경고를 받고 귀환한 것도 아니기 때문이다.

1953년 6월 26일에는 『아사히신문(朝日新聞)』 기자가 미호호(美保丸)를

---

17 정병준(2010), 앞의 책, 894쪽; 정병준(2012), 앞의 글, 394쪽.
18 하시오카 다다시게는 하시오카 도모지로(橋岡友次郎)의 아들이다. 도모지로는 나카이 요자부로와 함께 다케시마어렵합자회사 사원으로서 어업에 종사했고, 아들 다다시게가 그의 뒤를 이었다. 다다시게는 1935년부터 1941년까지 다케시마(독도) 사용료를 오키지청에 납부했다고 주장했다.
19 김선희, 『다무라 세이자부로의 「시마네현 다케시마의 신연구」 번역 및 해제』, 한국해양수산개발원, 2010, 163쪽.
20 오토리호를 의미하므로 지토마루호는 틀린 호칭이지만 일단 원문을 따랐다.

타고 독도에 상륙하였다.[21] 일본의 제8관구 해상보안본부[22]는 신문 기자가 도항한다는 정보를 얻은 뒤 기밀 유지를 위해 순시선의 출항을 연기했다. 이 때문에 순시선 구즈류호와 오키호는 미호호가 귀항한 뒤인 6월 27일 독도에 이르렀다. 이는 1970년 자료에서, 6월 27일 시마네현청 관리와 경찰관 등 약 30명이 순시선 두 척에 분승하고 독도에 왔다고 기술한 내용으로 볼 수 있다. 두 척의 순시선은 구즈류호와 오키호를 가리키기 때문이다. 6월 27일의 사건을 외무부는 28일로 보았고, '제4차 침범'[23]이라고 불렀다. 여기서는 일단 외무부의 분류대로 27일을 제3차 침범, 28일을 제4차 침범으로 보고 사실관계를 검증하기로 한다. 일본의 독도 침범에 차수를 매긴 건 외무부의 방식일 뿐 실제는 훨씬 더 많이 침범했다.

외무부가 말한 '제3차 침범'을 살펴보면, 1953년 6월 27일 오전 10시경 60톤급 대구리[24] 어선에서 8명의 일본인이 독도에 상륙하여 한국 어부 6명에게 여러 가지를 물은 뒤 백미와 담배, 양주 등을 준 뒤 오후 3시경 퇴거했다.[25] 6월 27일 두 척의 순시선과 한국인과의 만남에 관한 한

---

21 박병섭(2015), 앞의 글, 85쪽.
22 제8관구 해상보안본부를 가리키는데 통상 '8관본부'로 약칭한다. 제8관구 해상보안본부장은 순시 결과를 해상보안청 경비구난부장에게 보고하는 시스템이었다(박병섭, 2014, 앞의 글, 208쪽).
23 다만 날짜가 6월 27일과 6월 28일로 엇갈리는데, 해상보안청의 순시선 오키호와 구즈류호는 6월 25일 저녁에 독도를 향해 떠났다가 기상 때문에 회항하여 26일 오전 3시 30분에 오키 우라고로 돌아왔다. 다시 오후 6시에 오키를 떠나 다음날인 27일 새벽 3시 30분에 독도에 도착했다. 따라서 순시선들은 6월 27일 독도에 도착한 것으로 보아야 할 것이다. 외무부는 28일로 보았으나 박병섭은 27일이 맞다고 보았다(박병섭, 「1953년 일본 순시선의 독도 침입」, 『독도연구』 제17호, 영남대학교 독도연구소, 2014, 213쪽). 『아사히신문』 6월 28일자 석간도 27일 오전 3시 반에 상륙한 사실을 보도했다(박병섭, 2015, 앞의 글, 85~86쪽). 7월 8일자 국회 제19차 본회의의 결의문에도 27일로 되어 있다(외교통상부, 『독도문제개론』, 2012, 64쪽).
24 『조선일보』 1954. 2. 16. 기사에 '데구리선'이 보인다. 데구리선은 예인망의 준말이라고 한다.
25 정병준(2010), 앞의 책, 894~895쪽.

국 언론의 보도가 있었는데[26] 순시선의 상륙일을 대부분 6월 27일로 보도했다. 따라서 외무부가 말한 28일의 제4차 침범은 27일의 일이 되어야 맞다.[27] 즉 3차와 4차는 둘 다 6월 27일의 침범을 가리킨다. 박병섭의 연구에 따르면, 6월 28일(실제는 27일) 일본의 임검반[28] 30명이 순시선 2척 구즈류호(270톤)와 오키호(450톤)에 나누어 타고 왔는데, 두 선박이 섬에 닿았을 때 한국인 6명[29]이 상륙해 있었다. 일본 임검반은 한국인들에게 독도의 귀속과 한국 관헌의 독도 상륙, 함정의 독도 순시 등에 관해 물었으나 이들은 독도의 귀속에 관해 모른다고 대답하고 함정을 본 적이 없다고 대답했다.[30] 이들은 독도에 오려면 경찰의 출입항 허가증이 필요한 데 이는 모선의 선장이 가지고 있다고 답했다.[31] 이는 당시에 경찰이 독도의 출입을 관리하고 있었음을 의미한다.

일본인 연구자 가와카미 겐조(川上健三)에 따르면, 한국 어민들은 4월부터 7월에 걸쳐 독도에서 해조류를 채취하는데 일주일 단위로 교대하고 5톤에서 7톤가량의 동력선이 그들을 마중하러 왔다고 한다. 독도에 상륙한 일본인 임검반은 미제 작업복과 해군 마크가 부착된 전투모를 착용하고 그 가운데 사복 및 조절모(鳥折帽)[32]를 착용한 사람을 목격했다.[33] 해군 마크가 부착된 전투모를 착용한 사람은 상이군인을 가리킬 것이다. 당시는 상이군인들도 독도에서 미역을 채취했지만 이들을 수비

---

26 위의 책, 895쪽. 『평화신문』(1953. 6. 30.)과 『동아일보』(1953. 6. 29.; 7. 8.) 등이 보도했다.
27 다무라 세이자부로도 6월 27일로 보았다.
28 박병섭은 임검반으로 칭했고, 정병준은 임검대로 칭했다.
29 정원준, 정복룡, 정석구, 이만룡, 정무출, 변학봉이다(박병섭, 2015, 앞의 글, 86쪽).
30 위의 글, 86쪽.
31 川上健三, 『竹島の歷史地理學的硏究』, 古今書院, 1966, 265쪽.
32 鳥打帽(사냥모자)를 오기한 듯하다.
33 정병준(2010), 앞의 책, 895~897쪽.

대원과 동일시할 수 있는 것은 아니다. 홍순칠의 주장대로 1953년 6월에 수비대가 결성되어 있었고 그 안에 홍순칠이 있었다면, 그는 필시 신분을 밝히고 수비대의 세력을 과시했을 것이다. 후일의 인터뷰 때도 이 사실을 밝혔을 것이다. 그러나 홍순칠은 1953년 6월 27일 사건에 관해 언급한 바가 없다. 1970년에 박대련이 이 사건을 언급했지만 그것이 홍순칠에게서 유래했다고 밝히지 않았다. 따라서 6월 24일 수산고등학교 연습선 관련 내용은 6월 25일의 수산실습선 오토리호와 신문기자의 탑승과 무관하며, 6월 27일 시마네현 관리와 경찰의 순시선 탑승과도 무관하다. 홍순칠이 6월 24일의 '지토마루호'를 운운한 것이 후일의 언론 보도를 통해 인지한 뒤에 언급한 것인지는 알 수 없으나 이전 홍순칠의 기록에는 관련 내용이 보이지 않는다.

다시 1953년 6월 25일과 27일 사건으로 돌아가 내용을 검토하면, 정원준이 훗날 이에 대해 진술한 바를 확인할 수 있다. 그가 수비대를 목격했다면 이를 언급했을 것이고, 그랬다면 이 사실은 울릉경찰서 나아가 경상북도 경찰국과 내무부 등에도 보고되었을 것이다. 그러나 당시 사건에 관해 울릉어민이나 일본 임검반 누구도 홍순칠과 수비대를 언급하지 않았다. 오히려 이 사건은 주일 한국 대표부가 일본 신문의 보도를 본 뒤 본국으로 보고하면서 한국 정부에 알려졌다. 한국 정부는 1953년 8월 4일자 항의구술서를 일본 외무성에 보내는 한편, 이 일을 계기로 산악회원을 포함한 현지 조사단을 파견하기로 결정했다.

1953년 6월 27일 일본 임검반은 울릉도 어민에게 퇴거를 명하고 그들이 떠나는 것을 본 뒤 상륙 지점에 '시마네현 오치군 고카촌 다케시마(島根縣 穩地郡 五個村 竹島)'라고 쓴 표목과 "竹島(연안도서 포함) 주변 500m 이내는 제1종 공동어업권(해조류와 패류)이 설정되어 있으니 무단 채포를 금함. 시마네현"이라는 경고판을 조난어민 위령비 근처에 세웠다.[34] 이것이 표목 설치의 시작으로 알려져 있다.[35] 일본 신문들은 6월 27일 독도에 영토 표주 2개를 설치했다고 보도했다.[36] 1953년 7월 2일 시마네현 해상보안청의 헤쿠라호(450톤)는 일본이 세운 표주와 경고판에 이상이 없는지를 확인하기 위해 다시 독도에 왔다. 이들은 별다른 이상이 없으며 한국인도 보이지 않는다는 사실을 확인하고 돌아갔다.[37]

이튿날인 7월 3일 경상북도 경찰국은 일본이 세운 표주 2개와 게시판 2개를 철거했다.[38] 대한민국 국회는 7월 8일자로 일본의 해양주권선 침해에 항의하고 한국 어민의 출어를 충분히 보장할 것을 요구하는 대(對)정부 건의를 했다.[39] 경상북도 의회도 7월 10일자 건의서로 정부에 단호한 조치를 취할 것을 요구했다.[40] 7월 9일 일본 해상보안청의 오키호가 표주와 기타 조사를 위해 다시 독도에 왔지만 이상을 감지하지 못했다. 이렇듯 일본은 7월에도 1일과 2일, 6일, 9일에 독도에 순시선을 보냈지만, 한국 측은 이 사실을 알지 못했고[41] 홍순칠도 관련한 언급이 없었다. 이는 1953년 5월에서 7월 사이 수비대가 독도에 없었음을 방증한다. 7월 9일로부터 2~3일 지나 한국 신문에 한국 포함(砲艦)이 독도로 향했다는 기사가 나오자, 일본 정부는 7월 11일 사카이 해상보안청

---

34 「竹島の表情」,『キング』, 1953. 11., 190쪽.
35 박병섭, 「1953년 일본 순시선의 독도 침입」,『독도연구』제17호, 영남대학교 독도연구소, 2014, 217쪽.
36 『讀賣新聞』1953. 6. 27.;『朝日新聞』1953. 6. 28.(외교통상부,『독도문제개론』, 2012, 62~63쪽에서 재인용).
37 「竹島の表情」,『キング』, 1953. 11., 191쪽.
38 외무부,『독도문제개론』, 1955, 67쪽; 외교통상부,『독도문제개론』, 2012, 64쪽.
39 國議 제65호「獨島侵害事件에 關한 建議移送의 件」(국가기록원 소장);『독도문제개론』, 2012, 64쪽.
40 외교통상부,『독도문제개론』, 2012, 64~65쪽.
41 정병준(2012), 앞의 글, 397쪽.

의 헤쿠라호를 급히 독도로 향하게 했다.⁴²

이런 경위를 볼 때 홍순칠이 1952년 7월 하순 경찰서 앞마당에서 일본 표목을 목격했다는 것은 성립할 수 없다. 1965년 자료와 1970년 자료에서는 해당 시기를 1953년 4월 1일 이후라고 했다가 1985년 자료에서는 1952년 7월 하순으로 바꾸었는데, 이후 이 설이 정착했다. 홍순칠은 1953년 4월 1일 이후라고도 했지만 4~5회의 공방이 언제 있었는지를 분명히 하지 않았다. 1970년 자료는 1953년 6월 27일 일본 순시선의 표목 설치를 언급하고 이 무렵에 수비대가 궐기한 듯이 기술했다. 하지만 수비대는 궐기하지 않았고, 일본 표목을 확인하고 제거한 주체는 경북 경찰국(혹은 울릉경찰서)이었다. 일본이 표목을 처음 설치한 시기가 1953년 6월 27일이므로 한국인이 이를 발견했다면 그 이후가 된다. 한국 기록에도 7월 3일 한국 측이 표목을 철거한 것으로 되어 있다.⁴³ 경북 경찰국에서 직접 철거했는지는 알 수 없지만 울릉도에서 경북 경찰국으로 표목을 이송했다는 내무부 문서를 따른다면, 울릉경찰서에서 제거하여 경북 경찰국으로 보낸 듯하다. 홍순칠이 표목을 보았다면 울릉경찰서에 보관되어 있던, 짧은 기간이었을 것이다. 결국 홍순칠이

---

42 「竹島の表情」, 『キング』, 1953. 11., 191쪽.
43 외무부, 『독도문제개론』, 1955, 67쪽; 1953년 7월 3일 경북 경찰국이 표주 2개와 게시판 2개를 철거하여 보관하고 있다고 했다. 내무부 장관이 7월 7일 기자회견으로 이 사실을 밝혔다. 국회는 7월 8일자로 대정부 결의를 했고, 결의서에 산악회 조사단도 언급했다. 경북 의회는 7월 10일자로 건의서를 대통령에게 제출했고 해군 함정은 7월 8일 파견되었다. 박병섭은 울릉경찰서가 철거한 것으로 기술하고 전거로 『독도문제개론』 67쪽을 제시했는데(2014, 앞의 글, 220쪽), 『독도문제개론』은 경북 경찰국으로 기술했다. 정병준은 경북 경찰국이 7월 1일 철거했다고 기술했다(정병준, 「1953-1954년 독도에서의 한일충돌과 한국의 독도수호정책」, 『한국독립운동사연구』 제41집, 독립기념관 한국독립운동사연구소, 2012, 402쪽). 정병준도 『독도문제개론』 67쪽을 전거로 제시했는데 이 책에는 철거일이 7월 3일로 되어 있다(『日本船舶獨島侵犯事件에 關한 件』, (內治情 第1200號), 1953. 8. 11.)(내무부 장관 → 외무부 장관), 『독도문제, 1952~53』; 외무부, 1955, 앞의 책, 67쪽). 지시는 경북 경찰국이 하고 실제로 제거한 사람은 울릉경찰서 경관이었을 것이므로 의미가 크게 다르지 않다.

1977년 청원서에서 "1953년 1월~3월 어간 일본 경비정이 독도를 순회 '독도는 일본영토'라는 목판을 2개 설치한 것을 당시 조업차 출어한 어부가 발견 이를 경찰에 신고하여"라고 한 것은 성립하지 않는다.

두 번째로 검토할 것은 표목의 표기와 관련된다. 이 주제가 수비대의 행적과 직접적인 관련은 없지만 수비대가 표목을 설치하고 각석했다고 주장한 바 있으므로 독도에 설치된 표목 및 각석 관련 내용을 함께 검토하고자 한다. 이 부분에 관해 아직 학계에서는 정리된 설이 없기 때문이다. 일본이 처음 독도에 표목을 세운 것은 1953년 6월 27일이고, 한국은 7월 3일에 제거했다. 일본은 8월 7일에 다시 표목을 세웠고, 한국은 10월 6일에 제거한 뒤 한국령 표지를 세웠다. 일본은 10월 6일 다시 표목을 세웠고[44] 한국은 10월 17일에 이를 제거했다. 일본은 10월 23일 다시 표목을 세웠고 한국이 세운 표석과 깃대도 제거했다. 일본은 1953년에 모두 12번 독도를 순시하면서 네 번에 걸쳐 표목을 설치했고, 한국은 목격할 때마다 이를 제거했다.[45]

그런데 그 표기와 설치 주체, 설치 시기가 기록마다 다르다. 일본 표목의 표기는 '日本國 島根縣 竹島', '島根縣 隱岐郡 五箇村 竹島', '島根縣 隱岐部 五箇村 竹島', '島根縣 隱崎部 五箇村 竹島' 등이 있다. 그러나 '島根縣 穩地郡 五箇村 竹島'[46]가 올바른 표기이다. 한국 측도 '朝鮮 鬱陵島 南面 獨島', '大韓民國獨島', '韓國 鬱陵郡 獨島', '大韓民國 慶南 鬱陵島 南面 獨島', '대한민국 경상북도 울릉도 남면 독도', '大韓民國 慶尙北道 鬱陵郡 南面 獨島', '大韓民國 慶尙北道 鬱陵島 南面 道洞 一番地' 등의 표기가 있다. 형태도 표목(표주, 팻말)과 표석, 청동비석, 각석문 등으

---

44 박병섭(2015), 앞의 글, 83쪽.
45 박병섭(2014), 앞의 글, 209쪽.
46 『キング』1953년 11월호에 사진이 게재되어 있다. 김선희(2010), 앞의 책, 164쪽.

로 다양하다. 1947년 8월 20일 울릉도독도 학술조사대는 '朝鮮 鬱陵島 南面 獨島'라는 표목을 처음으로 동도에 세운 바 있다.[47] 1953년 6월에 『마이니치신문』과 『아사히신문』 기자가 독도를 취재했지만 한국 측 표목에 관해서는 언급하지 않았다. 앞서 1953년 4월에 왔던 순시선 오키호가 이를 제거했기 때문으로 보고 있다.[48]

1953년 10월 15일 한국산악회는 '독도(獨島) LIANCOURT'라고 쓴 표석을 '독도 조난어민 위령비' 옆에 설치했다. 10월 17일 일본은 세 번째로 세운 표목이 제거된 사실을 알게 되자, 10월 23일 네 번째로 표목을 세우고 한국산악회가 세운 표석을 제거했다.[49] 한국은 일본이 세운 네 번째 표목을 1954년 5월에 제거했다.[50] 한국산악회가 독도에 표석을 세운 후에도 여러 개의 표지가 세워졌는데 건립 주체와 연대가 분명하지 않은 것이 있다. 아래서는 표목과 표석, 각석 등 영토 표지 관련 내용을 검토해보고자 한다. 이를 자세히 다루려는 이유는 홍순칠이 독도에 '한국령'을 각석한 것을 수비대가 주도한 듯이 말해왔음에도 지금까지 제대로 검토한 적이 없는데다 그가 말한 영토 표지가 '한국령' 하나가 아니기 때문이다.

독도 동도의 몽돌 해안에는 '大韓民國 慶尙北道 鬱陵郡 獨島之標(대한민국 경상북도 울릉군 독도의 표)', '慶尙北道 建立(경상북도 건립)' 등 한자와 한글이 병기된 표석이 세워져 있었다. 또한 동도의 해녀바위 앞

---

[47] 정병준(2010), 앞의 책, 139쪽; 안동립·이상균이 게재한 1947 한국령 표주 사진에는 하나는 '朝鮮 慶尙北道 鬱陵島 南面 獨島'로, 다른 하나는 'Aug 20 1947 Korea Alpine Association'으로 쓰여 있다(안동립·이상균, 「독도에 새겨진 '한국' '한국령' 암각문의 주권적 의미와 보존방안」, 『영토해양연구』 20호, 2020, 10쪽). 사진의 출처는 연합뉴스 2016년 8월 10일로 되어 있다.

[48] 박병섭(2015), 앞의 글, 88쪽.

[49] 박병섭은 『아사히신문』(1953. 10. 25.)이 10월 22일로 보도했지만 10월 23일이 맞다고 했다(2014, 앞의 글, 234쪽).

[50] 위의 글, 237쪽.

경사면에는 또 다른 형태의 청동비석이 있다. 이들에는 '大韓民國 慶尙北道 鬱陵郡 獨島之標(대한민국 경상북도 울릉군 독도의 표)', '慶尙北道 建立(경상북도 건립)'으로 한자와 한글이 병기되어 있다. 몽돌 해안의 표석은 1954년 8월 24일에 세워진 것으로 알려져 있지만, 해녀바위 앞의 청동비석은 1954년에 세워진 것으로 추정될 뿐 시기 등에 관한 구체적인 사실은 밝혀져 있지 않다.[51] 황영문의 수기 『독도의 한토막』에 청동비석의 사진이 실려 있다.[52] 몽돌 해안에 세워진 표석 '大韓民國 慶尙北道 鬱陵郡 獨島之標'와 표기가 같은데 색상이 청록색이다. 편의상 청동비석으로 칭하고자 한다. 홍종인은 1954년 3월 20일 독도개발협회(獨島開發協會)가 '대한민국 경상북도 울릉군 독도(大韓民國 慶尙北道 鬱陵郡 獨島)'라고 새긴 청동비를 세웠음을 1977년에 밝힌 적이 있다.[53] 청동비로는 이것이 유일하므로 홍종인이 말한 청동비는 동도 해녀바위 맞은 편에 세워진 청동비석을 가리키는 듯하다. 표기와 서체가 같다는 것은 함께 만들어졌음을 의미하므로 청동비석도 몽돌 해안에 세워진 표석과 같이 1954년 8월 24일에 제작된 듯하지만 정확한 사실은 알 수 없다.[54] 같은 내용의 표석을 다른 장소에 설치한 이유가 무엇일까? 청동비석이 절벽의 경사진 곳에 세워져 있어 잘 드러나지 않아서일까?[55] 아니

---

51 독도박물관은 동도 해녀바위 맞은 편 경사면 중턱에 위치한 표석도 몽돌해안에 세운 표석과 마찬가지 표기이며, 똑같이 경상북도가 설치한 것으로 보고 있다. 다만 청동이 아니라 청록색 돌로 된 표석으로 보았다. 현재 몽돌해안의 것은 2005년에 시멘트에 매몰된 부분을 복원한 것이라고 했다(독도박물관 편, 『한국인의 삶의 기록, 독도』, 독도박물관, 2019. 116쪽; 148쪽).

52 위의 책. 148쪽.

53 『주간조선』 1977. 3. 20.

54 안동립도 청동비의 표기가 화강암 표석과 같다고 보았다. 다만 그는 청동비를 세운 이유가 화강암으로 된 표석이 태풍에 유실되었기 때문에 같은 내용을 복제하여 동판에 새긴 후 시멘트기둥에 청동을 덮어 만든 것이라고 했다(안동립, 「독도 암각 글자의 분석과 영토 인식⟨1⟩」, 『우리문화신문』 2018. 3. 17.). 그러나 이 표석은 현재도 남아 있다.

55 독도박물관은 몽돌해안의 표석이 파괴될 것을 우려하여 절벽사면에 설치했다는 일각의 의견에 대해 오히려 청동비석이 색상 때문에 육안으로 더 쉽게 확인된다는 점을 들어 설득력이 부족하다는 견해를 피력했다(독도박물관 편, 2019, 앞의 책, 148쪽).

면 반대로 제거하기 어렵도록 청동비석을 따로 절벽에 세운 걸까? 표석은 표목과 달리 화강암이든 청동비석이든 제거하기가 어렵다. 그 점에서 본다면 표석을 두 군데 설치한 목적은 일본에 독도가 우리 영토임을 더 확실하게 인식시키기 위해서였을 것으로 추정되지만 그럴 경우 위치가 더 중요할 것이므로 이 문제도 단정하기가 어렵다.

본래 한국 정부는 독도에 영토 표석을 건립하려는 계획을 1953년 가을부터 세우고 있었다. 그 전에 세운 표목을 일본인들이 철거했기 때문에 쉽게 제거하기 어려운 견고한 시멘트 공사가 필요했다. 이것이 표석을 세운 이유이다. 표석은 "독도가 대한민국의 영토임을 내외에 천명할 수 있는 유형적인 증거임로서의 표석을 의미하는 것"[56]이었다. 1953년 9월 24일 변영태 외무부 장관은 경상북도로 하여금 측량표를 조속히 설치하게 할 것을 내무부 장관에게 요청하였다.[57] 측량표라고 했지만 이는 표석을 의미한다. 경상북도는 측량표 설치 계획안을 내무부에 보고했다. 표기는 '大韓民國 慶尙北道 鬱陵郡 管轄 獨島之標, 慶尙北道建立'으로 하되 한글을 병기했다.[58] 1953년 10월 계획 당시 내무부는 한글로 표기하도록 지시했는데 최종적으로는 한자와 한글 병기로 바뀌었고 '관할' 두 글자도 삭제되었다.

1953년 11월 20일에 표석을 건립하던 계획은 다시 무산되었다. 1954년 1월 14일 경상북도 내무국은 '독도 측량표 설치 건'을 경찰국에

---

56 독도박물관은 「復命書」, 『獨島 測量標 設置의 件』(1953. 11. 5.)을 인용했으나(독도박물관 편, 2019, 위의 책, 35쪽),「독도표석 설치계획」에는 "내무부 당국의 지시가 있으므로 道 자체에서 獨島가 我國 영토임을 내외에 천명하기 위한 유형적인 물적 증거로서의 標石을 제작하여 同島에 건립코저 함"이라고 되어 있다(『독도관계서류(갑)』). 설립 취지를 나타내는 것이므로 복명서보다는 계획서를 인용하는 것이 나을 것이다.
57 독도박물관(2019), 위의 책, 34쪽.
58 『獨島 測量標 設置의 件』(1953. 9. 24.~11. 15.)과 『독도 표석 건립에 관한 건』(1953. 12. 12.~1954. 9. 7.)(『독도관계서류(甲)』)

요청했고, 1월 18일 해양경찰대 경비선 직녀호의 지원 아래 부산항을[59] 출발했다. 내무국 직원들은 1월 19일 포항을 출발하여 20일에 울릉도에 도착한 뒤 그날로 독도에 가서 표석을 설치한 뒤 22일 포항으로 돌아올 예정이었다.[60] 그러나 20일 격심한 풍랑 때문에 결국 울릉도 30해리 지점에서 회항, 오후에 포항으로 귀항했다.[61] 이때 가져간 표석의 대석(台石)은 울릉군수에게 보관시키고 3월이나 4월에 다시 건립하기로 하고 돌아왔다. 내무국 직원들은 울릉군에서 표석이 너무 크다고 하자, 석공을 대동한 건설과 직원에게 표석을 축소해서 작업하도록 했다. 1월 26일 다시 포항을 출항했으나 날씨 때문에 여러 번 회항했다가 2월 6일 울릉도에 표석과 자재를 내리고 포항으로 귀항했다. 군수 임상욱이 표석 보관증을 써서 경상북도 도지사에게 제출했다. 그 사이에 경비선이 견우호에서 다시 직녀호로 교체되었다.

1953년 12월과 1954년 1월 20일에 이어 3월에도 표석을 건립하려고 시도했으나 실패했다. 최종적으로 실행에 옮겨진 것은 1954년 8월이다. 한편 8월 11일[62] 경상북도는 독도 경비에 완벽을 기하기 위해 동도에 막사를 건립하기로 했음을 울릉군수와 경찰서장에게 통지했다. 이때 울릉군에 보관 중이던 표석을 건립하는 공사도 막사 공사와 함께 완수하도록 지시했다. 이를 위해 8월 15일에 1차로 독도에 갔으나 상륙하지 못해 8월 17일에 다시 표석을 울릉도로 가지고 나왔다가 8월 24일[63] 오

---

59 『독도관계서류(甲)』에는 대구 출발로 되어 있다.
60 『독도관계서류(甲)』, 『경향신문』(1954. 1. 23.)은 1월 19일에, 『조선일보』(1954. 1. 20.)는 20일에 건립된 것으로 보도했다.
61 『경향신문』 1954. 2. 1.; 『독도 측량표 설치의 건』, 1954년 2월 19일 기안, 2월 23일 시행, 『독도관계서류(甲)』
62 8월 9일 기안, 8월 11일 시행이다.
63 안동립은 이 표석이 1954년 8월 24일 세워졌다고 했는데 이 표석의 건립일이 왜 8월 24일인지 근거는 제시하지 않았다(안동립, 「독도 암각 글자의 분석과 영토 인식」 〈1〉, 『우

후 7시에 건립하는 데 성공했다.⁶⁴ 석공은 대구에서 데리고 들어왔다.⁶⁵ 표석은 독도 동도의 서쪽 해안 위령비 건립 장소 부지 앞에 세워졌다.⁶⁶ 표기는 '大韓民國 慶尙北道 鬱陵郡 獨島之標(대한민국 경상북도 울릉군 독도의 표)'였다. 기념식은 1954년 8월 28일에 열렸다. 막사도 준공되었으므로 '독도 경비 초사⁶⁷ 및 표석 제막 기념'식이 임상욱 군수와 구국찬 울릉경찰서장 등이 참석한 가운데 열렸다.

한편 1954년 5월 13일 국무총리는 영토 표지(標識)를 암석에 새기기 위해 조만간 해양경찰대⁶⁸가 파견될 것이라고 했다.⁶⁹ 이어 5월 16일 해양경찰대장이 석공 3명을 대동하고 50여 명의 대원과 함께 칠성호로 부산을 출발했다.⁷⁰ 일행은 5월 18일 오전 5시 반경 독도에 상륙한 뒤 석산봉⁷¹ 동남방 암석에 태극기를 그리고, 암석에는 '大韓民國 慶尙北道

리문화신문』, 2018. 3. 16.). 안동립의 글이 발표되고 1년 뒤에 독도박물관에서『한국인의 삶의 기록, 독도』(2019, 32~38쪽)를 간행했는데 '경상북도 독도지표 - 1'의 설치 연도를 1954년 8월 24일로 기재하고 그 근거를 제시했다. 근거 자료는「독도 측량표 설치의 건」(관리번호 BA0852071, 국가기록원 소장)이다.

64 「독도 표석 건립의 건(무전안)」(경북 경찰국장·내무국장 발신, 울릉군수·경찰서장 수신, 〈단기〉 4287년 8월 9일 접수, 8월 10일 결재, 8월 11일 시행)(『독도관계서류(甲)』).『독도관계서류』에는 표석 관련 문서뿐만 아니라 조난위령제 관련 문서 등 여러 문서가 함께 들어 있다.
65 1954년 1월 22일자 문서「독도 표석 건립에 관한 건」에 대구의 석공을 포항에 파견한다고 되어 있다(『독도관계서류(甲)』).
66 소요 경비는 400,000환이었다. 석공은 1인당 임금이 5,000환 1인이 3일, 인부는 2,500환 연인원 5인으로 책정되었다.
67 경찰은 경비초사로, 수비대는 막사로 주로 칭했다.
68 『국립경찰 50년사』(경우장학회, 1996)에는 1953년 10월 12일 해안경비대가 창설(사료편, 145쪽), 1953년 12월 12일 해양경찰대 편성령 공포, 12월 14일 대통령령 공포(일반편, 333쪽), 1953년 12월 23일 해양경찰대 창설(일반편, 1128쪽), 1954년 1월 18일 해양경비대가 독도에 영토 표지를 설치했다(사료편, 146쪽)고 기술하고 있다. 자료에 따라 해안경비대, 해양경비대, 해안경찰대, 해양경찰대 등이 혼재되어 있다. 대통령령으로 공포한 이후에는 해양경찰대가 정식 명칭이다.
69 『조선일보』1954. 5. 13.
70 『조선일보』1954. 6. 2. ; 1954. 6. 12.
71 지금 동도의 우산봉인지가 확실하지 않다. 울릉도 주민에게 물어도 대부분 모른다고 답한다.

鬱陵郡 南面 獨島(경상북도 울릉군 남면 독도)'[72]를 새긴 다음 5월 20일 오후 5시경 부산으로 돌아왔다. 이는 각석이므로 8월 24일에 세운 '大韓民國 慶尙北道 鬱陵郡 獨島之標'라고 쓴 표석과는 다른 것을 가리킨다. '南面'을 삽입했는가의 여부로도 표석인지 각석인지가 구분된다. 일본은 1954년 5월 25일 오전 10시 반경 '大韓民國 慶尙北道 鬱陵郡 南面 獨島'라고 각석한 것과 태극기 그림을 향해 기관총 300여 발을 발사한 뒤 사라졌다.[73] 그런데 언론 보도에 따르면, 일본이 기관총을 발사한 것은 단지 영토 표지를 없애기 위해서가 아니라 200여 명의 어민이 독도에서 출어 중이었기 때문이라고 했다. 이와 같은 보도 내용을 통해 1954년 5월 많은 한국 어민이 독도에 출어 중이었음을 알 수 있다.

홍순칠은 '大韓民國 慶尙北道 鬱陵郡 南面 獨島'와 '대한민국 경상북도 울릉도 남면 도동 1번지'(한글과 한문 병기, 표목) 두 가지를 언급했다.[74] 하나는 돌에 새긴 것이고, 다른 하나는 나무에 새긴 것이다. 그런데 '大韓民國 慶尙北道 鬱陵郡 南面 獨島'로 새긴 것은 일본 측 기록에도 보이므로 그 존재를 믿을 수 있지만, '대한민국 경상북도 울릉군 남면 도동 1번지'는 다른 기록에 보이지 않을 뿐만 아니라 실물 사진도 공개된 적이 없다. 일본이 파괴하려 했던 것은 1954년 5월 18일에 각석된 '大韓民國 慶尙北道 鬱陵郡 南面 獨島'였다.

---

[72] 1954년 6월 2일자 『동아일보』는 '大韓民國 慶北 鬱陵郡 南面 獨島'로, 6월 12일자 『조선일보』는 '大韓民國 慶南 鬱陵島 南面 獨島'로 보도했다. 『독도문제개론』(1955)은 5월 18일 '한국 경상북도 남면 독도'로 새겼다고 했다. 안동립의 글(2018)에 사진이 실려 있는데 바위 경사면에 '亐陵郡 南面 獨島'라고 쓰여 있다. 亐은 鬱의 이체자이다. 이 각석은 위의 것과는 다른 것이다.

[73] 『조선일보』(1954. 6. 2.)와 『경향신문』(1954. 6. 7.)은 일본이 5월 24일 영토 표식을 촬영한 것으로 보도했다.

[74] 일제강점기에는 도제(島制)였으므로 '울릉도'였다가 1948년 8월 '울릉군'으로 환원되어 '대한민국 경상북도 울릉군 남면 독도'로 되었다.

현재 독도 동도의 몽돌해안 암반면에는 '盃陵郡 南面 獨島'라고 새겨진, 또 다른 각석이 있다. 홍순칠도 '盃陵郡 南面 獨島'로 표기한 각석에 대해서는 언급한 바가 없다. 이 각석은 5월 18일에 각석된 것과는 다른 것이다. '大韓民國 慶尙北道' 8글자가 없고 鬱자가 盃자로 되어 있어 위의 것과 다르며, 서체도 조악하기 때문이다. 이 각석은 '獨島' 글자 하단에 '김□□'이 새겨져 있다.[75] 성을 한글로 썼다는 것도 의아하다. 이에 비해 1954년 5월 16일에 새긴 '大韓民國 慶尙北道 鬱陵郡 南面 獨島'는 당시 국무총리의 지시 아래 각석한 것이고, 8월 24일에 건립된 표석 '大韓民國 慶尙北道 鬱陵郡 獨島之標'도 내무부가 건립을 주도한 것이다. 하나는 각석이고, 다른 하나는 표석이므로 일본이 제거하기 어려웠을 것이다. 각석문이 '韓國領(慶尙北道 鬱陵郡 南面 獨島)'으로 새겨졌다고 보는 경우가 있는데[76] 두 표기가 병기되었다는 것인지가 명확하지 않으며, 실물이 확인된 적도 없다.

이렇듯 형태와 표기는 각각 다르지만, 이들은 독도가 대한민국 경상북도 울릉군에 속한 영토임을 나타낸 것이라는 점에서는 같다. 그런데 각석된 표기가 더 단순화되어 '韓國領'과 '韓國'으로 새겨진 것이 군데군데 있다. 이 가운데 '韓國領' 각석을 수비대가 제작을 주도 혹은 제작했다는 설이 있다. 과연 그런가?

현재 독도에는 '韓國領'과 '韓國'으로 각석한 표지가 모두 4개 남아 있는데[77] 동도의 독도경비대 앞 암벽에 새겨진 '韓國領', 동도 계단 중간

---

[75] 독도박물관(2019), 앞의 책, 133쪽. 글자체가 다르고 한글로 '김□□'(□는 미상)이라고 썼으므로 각석한 뒤 후대에 누군가 쓴 것으로 보인다. 독도박물관이 이를 자료집에 실어 소개했으나 제작 시기와 경위에 관해서는 자세한 내용이 실려 있지 않다.
[76] 김학준, 『독도연구』, 동북아역사재단, 2010, 253쪽.
[77] 독도박물관 자료집 『한국인의 삶의 기록, 독도』(2019)는 3개로 밝혔었는데, 안동립과 이상균이 2020년 7월 17일에 하나를 더 찾아내 모두 네 군데 있는 것으로 밝혀졌다. 한자와 한글이 병기되어 있다.

에 망양대 가는 길에 새겨진 '韓國領 한국령', 동도 정상부로 가는 능선 암벽에 새겨진 '韓國', 동도의 부채바위 맞은편 해안 암벽에 새겨진 '韓國'이다. 다만 이들의 제작 주체와 각석 시기에 대해서는 논란이 있다.

동도의 독도경비대 앞 암벽에 새겨진 '韓國領'은 수비대가 울릉도에 살고 있던 이북 출신 서예가 한진호에게 부탁하여 1954년 10월 19일 전후에 각석한 것으로 보도된 바 있다.[78] 그런데 1997년 판 『이 땅이 뉘 땅인데!』는 이 각석문이 1954년 6월 25일에 수비대에 의해 각석되었다고 기술했다.[79] 2016년에 한진호의 유족은 언론과의 인터뷰에서, 독도의용수비대의 요청이 아니라 정부의 요청으로 석공 한 명을 데리고 들어가 이를 제작했으며 '한국령'뿐만 아니라 동도와 서도에 모두 4~5개의 각석을 함께 했다고 증언한 바 있다.[80] 유족은 각석 시기를 명확히 하지 않았지만, 기자가 1954년에 새긴 것으로 알려져 있다는 사실을 언급한 뒤에 유족의 증언을 기술했으므로 각석이 새겨진 시기는 1954년이 된다. 보다 엄밀히 말하면, 서예가 한진오(한진호)가 글씨를 쓰고 석공이 각석했다고 보는 것이 맞을 것이다.

독도박물관은 독도경비대 앞의 '韓國領'과 부채바위 맞은편의 '韓國', 동도 정상부로 가는 능선에 있는 '韓國' 3개 각석문의 서체가 서로 유사하다고 보았다. 다만 이들이 모두 정부 주도로 이루어졌는가에 대해서는 의문을 드러냈다. 또한 독도박물관은 정부가 철저한 보안을 요구해

---

78 『매일신문』 2008. 10. 10. 독도박물관 간행물(2019, 131쪽)은 1954년 6월에 제작된 것으로 알려져 있다고 기술했다.
79 맨 뒤 '독도수비대 연혁'에 나오므로 홍순칠이 직접 쓴 것인지는 알 수 없다(『이 땅이 뉘 땅인데!』, 269쪽). '디지털 울릉문화대전'은 8월 5일에 만들어진 것으로 소개했다. 이용원은 정원도의 말을 빌려 1954년 6월 25일에 새긴 것이라고 했으나 신문에는 관련 기사가 없다. 이용원이 기입한 것으로 보인다(이용원, 『독도의용수비대』, 범우, 2015, 55쪽, 이용원은 『매일신문』 2008년 11월(?)을 근거자료로 제시했는데 2008년 10월 10일이 맞다).
80 『경상매일신문』 2016. 8. 12.

서 이제까지 함구했다는 유족의 증언은 일본의 침탈에 적극 대응하던 당시 한국 정부와 지방 정부의 상황으로 볼 때 설득력이 떨어진다고 보았다. 그렇다면 '韓國領'은 누가 제작한 것인가? 독도박물관은 이들 서체가 유사하므로 모두 한진호가 제작하고 각석 과정에서 수비대의 협조가 있었을 것으로 보았다.[81] 한편 안동립과 이상균은 동도에 있는 '韓國領', '韓國領 한국령', '韓國' 2개까지, 모두 4개의 암각문의 서체와 크기를 비교하여 이 가운데 3개를 동일인[82]이 새긴 것으로 보았고, 유족이 밝힌 사실에 근거하여 암각자를 한진오로 추정했다.[83] 안동립과 이상균은 또한 암각문의 암각 시기와 주체가 울릉군과 경상북도의 기록마다 다른 사실도 지적했다.[84] 그러나 동일한 사람이 3개의 각석문을 각석한 것이라면 그 시기는 같다고 보아야 할 것이다.

『나라일보』(2013. 4. 27.)는 독도경비대 앞의 '韓國領'은 1954년 8월 경비 막사를 짓고 동도 해안가에 영토 표석을 건립한 이후 한진호가 새긴

---

81 독도박물관(2019), 앞의 책, 131쪽.
82 동도에서 망양대 가는 길에 새겨진 '韓國領(한국령)'을 제외한 나머지 3개의 '韓國領'의 國자의 부수 □ 안에 들어가는 或자가 초서로 되어 있어 비슷하다고 생각하여 판단한 듯하다(안동립·이상균, 「독도에 새겨진 '한국' '한국령' 암각문의 주권적 의미와 보존방안」, 『영토해양연구』 20호, 2020, 19쪽). 두 논자는 울릉군 자료집(독도박물관 편, 『한국인의 삶의 기록, 독도』, 독도박물관, 2019를 가리킴)이 한진오 유가족 인터뷰 기사를 실은 『경상매일신문』(2016.8.12.) 기사를 인용했음에도 한진호로 잘못 칭했음을 지적했다. 한진오의 3녀는 부친의 이름이 한진오임을 증언했다고 한다. 한진오란 이름은 1956년경 최홍, 손태수, 박일동 등과 함께 울릉청년회의 일원으로 보인다('디지털 울릉문화대전'의 '천주교' 항목). 이즈미 마사히코는 『독도비사』에서 문화인으로 한진호(韓珍浩)를 거론했다. 위에서 나온 한진호(한진오)와 동일인인지는 알 수 없으나 한자를 썼으므로 잘못 썼다고 보기도 어렵다. 유가족은 한진오를 한진호로 잘못 칭했다고 하지만, 울릉도 주민들은 대부분 한진호로 칭했다. 한진오와 한진호가 별개의 인물인지 좀 더 조사가 필요하다.
83 안동립과 이상균은 유가족도 각석 시기를 명확히 하지 않은 것으로 기술했으나(안동립·이상균, 「독도에 새겨진 '한국' '한국령' 암각문의 주권적 의미와 보존방안」, 『영토해양연구』 20호, 동북아역사재단, 2020), 『한국인의 삶의 기록, 독도』에는 1954년으로 되어 있다.
84 안동립·이상균(2020), 앞의 글, 11~14쪽. 안동립과 이상균은 각석문이라는 용어 대신 암각문으로 통일하려 했다. 그러나 통상적으로 그림에 대해서는 암각문이라고 하고, 글씨에 대해서는 각석문이라고 한다. 글씨를 써준 자와 새긴 자도 구분할 필요가 있다.

것이라고 보도했으나[85] 이는 따져볼 일이다. 서예가의 자문에 따르면, '韓國領'이라고 새긴 두 개의 표석은 서체를 볼 때 동일인이 썼다고 보기 어렵다고 했다. 이에 비해 부채바위 맞은편의 '韓國'[86]과 동도 정상부의 '韓國'[87] 서체는 유사하므로 동일인일 가능성이 크다고 했다. 이를 따른다면 망양대로 가는 길의 '韓國領 한국령'을 각석한 자와 두 개의 '韓國'을 각석한 자가 동일인일 가능성은 낮다.[88] 두 개의 '韓國'도 같은 서체로 보기 어렵다. 하나의 '韓國領'과 두 개의 '韓國'을 동일인이 각석했고, 글자를 쓴 사람이 한진오라면, 1954년 5월 18일 해경이 대동한 3명의 석공에 한진오가 포함되어 있지 않았음은 분명해진다. 이때 새겼다고 알려진 것은 '大韓民國 慶尙北道 鬱陵郡 南面 獨島'이고 '韓國領'은 없기 때문이다. 더욱이 해경이 대동한 석공은 육지에서 데려온 자이고, 한진오는 울릉도 주민이다. 해경이 석공만을 육지에서 데려오고 한진오는 울릉도에서 데려왔을 가능성도 생각해볼 수 있다. 그러나 서예가 한진오가 대동되었다면 '大韓民國 慶尙北道 鬱陵郡 南面 獨島'의 각자(刻字)를 놔둔 채 '韓國領', '韓國'만 각자했다는 것도 자연스럽지는 않다. 일본 돗토리현 수산시험선 다이센호의 기자가 5월 29일 독도에 상륙하여 서도 해안가에 흰 페인트로 그린 한국기가 있고 그 옆에 '大韓民國'이라는 글자가 있음을 확인했다는 일본 신문의 보도가 있었음을 고려하면[89] 동도에 각석한 '한국령'과는 별개의 각석문이 있었다는 사실이 성립한다. 일

---

85 위의 글, 14쪽에서 재인용.
86 독도박물관 편, 2019, 앞의 책, 자료번호 47번(132쪽)에 해당한다.
87 위의 책, 48번(132쪽)에 해당한다.
88 이 부분은 서예가이자 한문 번역가인 최병준 선생에게 도움을 받았다. 최병준 선생은 동일인이 모각한다면 서체를 다르게 쓸 수도 있겠지만 이들 각석문은 그럴 가능성이 낮아 보인다는 의견을 피력했다.
89 『日本海新聞』1954. 6. 3(박병섭, 2015, 앞의 글, 98쪽에서 재인용).

본 기자는 한국 영토 관련 표지가 있는 것을 4~5개소 촬영했다고도 했다. 그의 증언 역시 독도에 1954년 5월 29일 이전 여러 개의 영토 관련 표지(각석문 포함)가 있었음을 의미한다. 홍종인도 1954년 3월 20일에 독도에 태극기와 청동비 외에 '韓國'을 바위벼랑에 새겼다고 1977년에 회고한 바 있다. 이것이 3월 20일에 새긴 것인지에 대해서는 의문이 있지만, 동도 정상부 암반에 새긴 '韓國'을 가리키므로 두 개의 '韓國'이 각석되었다는 것을 이로써 알 수 있다.

일본 외무성은 한국 신문(『국제신보』 5월 23일자)이 보도한 내용 즉 한국 관리가 1954년 5월 18일에 독도에 도착하여 '한국 경상북도 남면 독도'[90]라는 글자를 새기고, 한국 국기를 나타내는 형상을 동남부 중간 경사 위에 석공이 새긴 사실에 대해 항의했다.[91] 이는 위에서 말한 5월 18일의 각석문을 가리킨다. 이로써 보더라도 독도경비대 앞의 '한국령'은 5월 18일 이후 따로 각석한 것이 된다.

수비대원 정원도는 '韓國領'에 대해 수비대가 "들어가 암벽에 새겨 넣었다"[92]고 증언하는 한편, 수비대가 돌을 깎아 놓았고 한진호가 새겼다고 증언하기도 했다. "들어가 새겨 넣었다"는 표현은 상주하고 있지 않았음을 의미한다. 상주하고 있었다면 "우리가 새겼다"고 하지 "들어가 새겨 넣었다"고 하지 않았을 것이다. 정원도의 인터뷰를 실은 신문에는 사진이 게재되어 있는데 '한국령'의 위치가 동도의 독도경비대 앞이 아니다. 그렇다면 이는 위에서 말한 "동도 정상부로 가는 능선 암벽"에 새겨진 것으로 보기 어렵다. 정원도가 "언론에 보도되는 '한국령'이란 글씨는…"이라고 한 것은 독도경비대 앞의 '한국령'을 가리키므로 사진의

---

90 정확한 표기는 '大韓民國 慶尙北道 鬱陵郡 南面 獨島'이다.
91 외교통상부, 『독도문제개론』, 2012, 142쪽; 234쪽.
92 『오마이뉴스』 2005. 4. 4.

각석과도 일치하지 않는다. 정원도는 2008년에는 "1954년 몇 월인가 홍순칠 대장이 가깝게 지내던 젊은 이북 출신 서예가 한진호(1988년경 작고) 씨에게 부탁해서 만들었다"[93]고 증언했다. 그는 또 "대원들이 며칠간 바위를 정으로 쪼아내고 금강석 숫돌로 갈아 다듬어 놓으니 한 씨가 와서 다시 손질을 한 후 바위에 초안을 잡아 파냈던 기억이 난다"[94]고 증언하기도 했다. "파냈다"고 한 주체가 한진호인지 수비대원인지가 애매하다. 각석은 석공이 하기 때문이다.

2019년 8월 13일 JTBC가 공개한 영상자료에 따르면, 1954년 7월 25일 화성호를 타고 독도에 간 국회시찰단이 바위에 그려져 있는 일장기를 태극기로 바꾸어 그렸고, '대한민국 경상북도 울릉도 남면 독도'라고 한글로 새겼다고 한다. 그런데 글자를 보면 석공이 새겼다고 보기에는 너무 조악하다. 1954년 5월 18일에 새긴 '대한민국 경상북도 울릉도 남면 독도'는 한자였다. 시찰단이 페인트로 쓴 것은 한글이고 국회의원의 이름도 함께 쓰여 있다. 시찰단의 체재 시간이 너무 짧았으므로 각석할 시간도 안 되었다.

이렇듯 표지 및 각석문과 관련해서는 아직도 밝혀지지 않았거나 의문점이 많다. 그러나 어떤 경우도 홍순칠과 수비대가 이들의 제작을 주도했다고 보기는 어렵다.[95] 독도에서의 표지 건립 현황을 정리하면 〈표-9〉와 같다. 표내용은 현재까지 알려진 설을 정리한 것에 불과하다. 향후 추가적인 검토가 필요하다.

---

93 『매일신문』 2008. 10. 10.
94 위의 기사. 이용원(『독도의용수비대』, 범우, 2015, 55쪽)은 2008년 11월로 잘못 기술하고 '몇 월'을 '몇 월(6월 25일)'로 기재했다. 원래 기사에 없던 6월 25일을 넣은 것은 홍순칠이 1997년 책에서 "1954. 6. 25. '한국령'임을 바위에 새김"(269쪽)이라고 기술했기 때문으로 보인다. 그럴 경우 '인용자주'가 필요하다.
95 『독도총서』(경상북도, 2010)는 1954년 5월 18일 홍순칠 대장 외 32명이 '韓國領'을 새겼다고 기술했다(안동립·이상균, 2020, 앞의 글, 13쪽에서 재인용). 5월 18일은 해경이 석공을 데려와 '大韓民國 慶尙北道 鬱陵郡 南面 獨島'를 각석한 날이다.

〈표-9〉 독도에서의 표지 건립 현황

번호	설치 연대	표기	형태	건립 주체	출처
1	1947. 8. 20.	朝鮮 鬱陵島 南面 獨島	표목	조선산악회	
2	1953. 10. 15.	독도 獨島 LIANCOURT	표석	한국산악회	
3	1954. 1. 20. 추정	盃陵郡 南面 獨島	시멘트	경상북도, 해양경비대	
4	1954. 3. 20. 추정	大韓民國 慶尙北道 鬱陵郡 獨島	청동비	독도개발협회	홍종인
4-1	1954. 3. 20. 추정	韓國	각석	독도개발협회	홍종인
5	1953. 6. 이후 추정	대한민국 독도	각석	울릉군	박대련
6	1954. 5. 18. 추정	大韓民國 慶尙北道 鬱陵郡 南面 獨島	각석	해양경찰대, 석공 3명	
6-1	1954. 5. 18.	大韓民國 慶北 鬱陵郡 南面 獨島	각석	해양경찰대, 석공 3명	『동아일보』 (6. 2.)
6-2	1954. 5. 18.	大韓民國 慶南 鬱陵島 南面 獨島	각석	해양경찰대, 석공 3명	『조선일보』 (6. 12.)
6-3	1954. 5. 18. 추정	韓國領, 韓國	각석	경상북도, 한진오	안동립, 이상균
6-4	1954. 6.	韓國領	각석	경상북도, 한진오	『경상매일신문』 (2016. 8. 12.)
6-5	1954. 6. 25.	韓國領	각석	한진호	홍순칠 (1997)
6-6	1954. 8. 24.	韓國領	각석	경상북도	독도박물관
6-7	1954. 8. 24. 이후	韓國領	각석	한진호	『나라일보』 (2013. 4. 27.)
6-8	1954. 10. 19. 이후	韓國領	각석	수비대, 한진호	『매일신문』 (2008. 10. 10.)
7	1954. 8. 24.	大韓民國 慶尙北道 鬱陵郡 南面 獨島之標	표석	경상북도	『독도관계서류』
8	미상	大韓民國 慶尙北道 鬱陵島 南面 道洞 一番地 (한글과 한문 병기)	표목	수비대	홍순칠

　세 번째는 홍순칠이 재종형 군수 홍성국을 언급한 부분이다. 홍순칠은 홍성국이 조부와 의논한 시기를 1952년 7월 하순 이후라고 했는데 홍성국의 재임 기간은 1949년 1월 13일부터 1952년 8월 7일까지이다.

홍순칠은 군수가 자발적으로 사표를 제출했다고 했지만 홍성국은 해임되었다. 1952년 7월 하순이 재임 중이었던 시기는 맞지만, 당시는 아직 일본의 침범이 본격화하지 않았을 때였다.

1965년 자료는 표목 공방 5회 만에 울릉군에서 각수장을 이끌고 독도에 가서 문패를 새겼다고 했는데, 1970년 자료는 1953년 6월 27일에 일본이 표목을 세우고 돌아간 이후 군에서 각수장을 시켜 '대한민국 독도'를 새겼다고 했다. 이때의 군수는 임상욱[96]이었다. 홍순칠은 군에서 제대하고 집에서 요양 중이던 1952년 7월 하순 군수 홍성국과 여러 가지 문제를 논의했다고 했지만, 이 역시 시기적으로 맞지 않는다.

1978년 이전 자료는 대부분 홍순칠이 수비대를 조직하게 된 배경에 일본 표목이 있었음을 언급했다. 또한 홍순칠이 수비대 조직을 위해 울릉도를 떠난 것이 무기 구입과 관련 있는 듯이 기술했다. 그런데 1978년 김교식의 저술은 여러 면에서 다르다. 김교식은 홍순칠이 독도에 갔던 해녀와 선원들이 일본인에게 폭행당한 것을 본 뒤로 수비대 조직을 결심했다고 기술했다. 그러나 한국인은 일본인과 물리적인 충돌을 겪은 적이 없다. 또한 김교식은 홍순칠이 이승만 대통령을 만나기 위해 1954년 2월 임시수도인 부산으로 갔고, 국방부 장관[97]을 만나기 위해 대구로 갔다고 기술했으나 부산이 임시수도였던 기간은 공식적으로는 1950년 8월부터 1953년 8월 15일까지다. 1954년 2월은 앞에서 홍순칠이 1952년 7월 하순 이후 수비대 조직을 결심하게 되었다고 기술한 것과도 시기상의 격차가 크다. 김교식이 기술한 내용은 홍순칠의 증언에 의거한 것임에도 사실과 어긋나는 부분이 많다.

96 『開拓百年 鬱陵島』(울릉군, 1983, 216쪽)에 해방 후 역대 군수 명단이 실려 있다.
97 당시 국방부 장관은 손원일(1953. 6. 30.~1956. 5. 26. 재직)이었다. 그 전에는 신태영(1952. 3. 29.~1953. 6. 30. 재직)이었다.

① 주제에서 특기할 점은 1985년을 분기점으로 해서 홍순칠이 일본의 영토 표목을 발견하고 독도 수호를 결심한 시기가 1953년 4월에서 1952년 7월로 바뀌었다는 것이다. 이후 홍순칠은 '1952년 7월 결심'설을 일관되게 주장했다.

2. 조부 홍재현의 영향 관계

② 홍순칠 집안의 독도 수호 의지

연도	내용
1965	홍재현(洪在顯)은 호조참판이던 조부를 따라 21살[98]에 입도, 10년 걸려 목선을 건조하고 영농에 힘씀, 이틀 만에 돌섬에 도착, 처음으로 옷도세이(물개, 해려)를 봄, 동물원에 바칠 강치를 잡으러 온 무라야마(村山)[99]와 충돌, 한일합방 12년 만의[100] 일, 무라야마가 싹싹 빌고 일본 황실에 초청하겠다고 해서 일본에 가자 홍 로를 결박하여 도꾸가와 앞에 꿇어 앉히고 욕보임(314~315쪽)
1970	언급 없음
1978	언급 없음
1985	군수 성국이 의논하고 떠난 뒤 할아버지의 조언, 1905년 심흥옥[101]의 잘못으로 독도 문제가 어렵게 됨, 가족 8명이 강릉에서 2주일 만에 울릉도 당도, 씨앗도 바닷물에 젖어 해산물로 연명하다 돌섬에서 큰 물개가 건너와서 잡아먹음, 배 완성하는 2년 동안 물개로 연명, 『동국여지승람』에 우산도가 독도라고 기술, 한일의정서, 1905년 2월 22일 편입, 다음 해 4월 8일 심흥옥 군수에게 통고, 군수가 처음 독도 명칭을 썼는데 사실은 돌섬(石島)이 옳은 것이라고 하심, 심 군수가 돌섬이나 석도로 썼다면 일본이 독도와 석도의 이질성을 주장하지 못했을 것이라고 하심, 1900년 10월 25일 초령 제45호[102] 공도정책, 김옥균이 동남제도 개척사, 조부는 증조부[103]를 따라 울릉도에 오셨음, 고종 칙령 4년 후 편입, '이 땅이 뉘 땅인데!'를 운운(182~185쪽)

---

98 「光緖九年七月 日 江原道鬱陵島新入民戶人口姓名年歲及田土起墾數爻成冊」(1883)에 보인 홍경섭의 차자 재경의 나이가 20세이므로 홍재경이 바로 홍재현으로 보인다(정병준, 2010, 앞의 책, 165~166쪽; 윤소영, 「울릉도민 홍재현의 시마네현 방문(1898)과 그의 삶에 대한 재검토」, 『독도연구』 제20호, 영남대학교 독도연구소, 2016, 41쪽). 홍재현의 부친 홍경섭의 나이 57세이므로 조부와 함께 울릉도로 왔다고 보기는 어렵다(홍재경=홍재경 → 홍종욱 → 홍순칠로 이어짐).
99 1947년 당시 홍재현(85세)은 무라카미를 운운했다.
100 12년 전의 일 즉 1898년의 일이라고 해야 뜻이 통한다. 홍재현은 1898년에 시마네현에 간 적이 있다(윤소영, 2016, 앞의 글, 44쪽).
101 심흥택을 오기한 것이다.
102 '칙령 제41호'를 오기한 것이다. 뒤에는 칙령이라고 바르게 표기했다.
103 홍순칠에게는 증조부, 홍재현에게는 부친이 된다.

연도	내용
1985	일본인의 원시림 벌채와 부녀자 희롱 등 행패가 심해 조부가 장정을 모아 일본인 우두머리에게 도전. 조선인이 지면 콩 50섬을 주고 일본인이 지면 장도를 빼앗기로 약정. 일본인 6명의 사망자와 많은 부상자를 내게 함, 이들이 돌아가다 독도에서 바다사자를 남획함. 사용처를 보러 북해도까지 가보니 물 푸는 바가지로 쓰고 있었음(187~188쪽), 육촌 형(군수)은 양곡을 실어 온 후 사표 제출. '순칠'의 뜻이 할아버지 생신날 어머니가 눈길에 넘어져 다음 날 조산해서 붙인 것이라고 함(188쪽)
1996	(1985년 내용과 동일)
1997	할아버지는 1883년 음력 4월 8일 강릉에서 10년 예정으로 울릉도로 낙향. 4일간 뱃길로 현포[104]에 당도. 두 가구가 거주 중, 배 만들다 산에 올라 섬을 발견, 『세종실록』과 『동국여지승람』에서 말하는 우산도로 짐작, 배 완성 후 사람들과 1897년 6월 독도에 당도, 향나무 식재, 바다사자 3마리를 잡아 와 주민들에게 분배, 다음 해(1898년)에 많은 인원과 가서 동물상 무라카미 일행을 만남. 일행은 울릉도로 돌려보내고 무라카미 배로 일본에 가서 우산도 출어 금지를 당부, 일본인이 내주는 배로 돌아왔다는 무용담 들려주심(13~14쪽)
	할아버지는 고서에 우산도, 석도로 기술한 섬을 돌섬으로 부르기로 했다고 함, 심흥택 보고서와 칙령 41호에 '독도' 명칭, 조부는 석도(石島)가 돌섬이며, 이를 독도라고 한 것을 마음에 걸려 하심, 93세에 돌아가심(14~15쪽)
	1948년 6월 30일[105] 독도폭격사건 사망자 위령비 제막식(1950년)에서 할아버지의 조사 낭독을 생생히 기억, 풍랑 때문에 포항을 거쳐 울릉도로 돌아왔는데 독도를 당부하심, '순칠'이란 이름의 뜻(16쪽)
	1951년[106] 6월 경북도지사 조재천 참석한 위령비 제막식에 80세의 조부가 해군함선 춘천호에 승선, 돌아와 내게 조국과 민족을 사랑하는 자의 멋을 얘기하심.[107] 이때 동행했던 고모를 후에 서울에서 만남(170쪽)
	조부가 독도에 바다사자 잡으러 갔다가 일본인과 영유권 시비로 일본인 배로, 일본으로 직행, 일본 관헌에게 일본인의 독도 출입 통제를 요구했다고 어린 시절 들었음(194쪽)

홍순칠은 기회가 있을 때마다 수비대 조직에 조부의 가르침이 컸고, 조부가 울릉도 개척 1세대로서 큰 공적이 있음을 강조했다. ②는 바로 조부의 행적과 가르침에 관한 언급이다. 그런데 조부의 울릉도 입도 계기와 시기, 일본인과의 관계, 강치 포획, 돌섬과 석도(독도)에 관한 이야

---

104 『월간 학부모』 1회에는 현표동으로 되어 있다.
105 6월 8일이 맞다. 『독도문제개론』(1955, 38쪽)에 6월 30일로 기술되어 있다.
106 1950년이 맞다(『조선일보』 1950. 6. 8.; 『동아일보』 1950. 6. 9.).
107 이전에는 본인이 조부와 함께 간 것으로 기술했다.

기가 일관되지 않다.

　홍순칠은 선조들의 울릉도 입도 배경으로 고조부와 증조부, 조부를 언급했지만 이 역시 기록에 따라 다르다. 그는 조부 홍재현이 21살 때 호조참판이던 조부를 따라 입도했다고 했으므로 홍순칠에게는 고조부가 된다. 한편 홍순칠은 조부 홍재현이 1883년 강릉에서 울릉도에 왔다고 했다. 홍재현은 성책(成册)[108]에 기술된 홍경섭의 차자 홍재경을 가리키는데 홍경섭이 두 아들을 포함해서 모두 8명의 가족을 데리고 온 것으로 되어 있을 뿐 홍재경(홍재현)의 조부(홍병훈)에 대한 언급은 없다. 홍순칠은 조부가 가족을 이끌고 강릉에서 2주일 만에 울릉도에 당도했다고 하는가 하면, 4일 걸려 울릉도 현포에 당도했다고 했다. 그러나 신라시대에도 강릉에서 울릉도까지 오는 데는 이틀이 걸렸다.[109]

　홍순칠은 조부가 독도에서 충돌한 무라야마로 인해 일본 황실에 초청되었으나 결국 도꾸가와(도쿠가와) 앞에서 수모만 당했다고 기술했다. 그러나 강치 포획으로 대립한 사람에게 황실 초청을 운운했다는 것은 앞뒤가 맞지 않으며 무라야마에게 그럴 권한이 있었는지도 의문이다. 당시는 도쿠가와 시대가 아니라 메이지 시대였다. 다른 자료에서 홍순칠은 조부가 1898년에 독도에서 무라카미를 만나 일본으로 함께 가서 우산도가 한국 땅임을 주장하고 돌아왔다고 기술했다. 그런데 1947년에 홍재현은, 1903년경부터 독도를 왕복했으며 마지막으로 간 해에는 선박을 빌려 일본인 선주 무라카미와 오카미라는 선원을 고용해서 갔다고 증언했다.[110] 한국인이 독도로 강치를 포획하러 간 최초가 1903년 전

108　『光緒九年七月 日 江原道鬱陵島新入民戶人口姓名年歲及田土起墾數爻成册』
109　「又阿瑟羅州(今溟州)東海中便風二日程有亏陵島(今作羽陵)」『삼국유사』권1 지철로왕
110　외교통상부, 『독도문제개론』, 2012, 41쪽. 또한 그가 일본 배를 빌려 갔다는 진술은 홍순칠이 조부가 10년 걸려 목선을 만들어 왔다고 한 사실(1965년 자료) 및 2년 동안 배를 만들어 돌섬으로 갔다고 한 사실(1985년 자료)과 맞지 않는다. 윤소영도 홍재현이

후였음을 감안하면,[111] 1898년의 무라카미 운운은 성립하기 어렵다. 홍순칠은 조부가 독도에서 일본인을 만났다고 했으나, 사실은 울릉도에서 일본인과 함께 간 것이다. 1947년 홍재현의 증언대로 그가 무라카미 배로 독도로 갔다면, 홍순칠이 무라카미 일행을 만나 대화, 일행은 울릉도로 돌려보내고 할아버지는 무라카미 배에 동승하여 일본으로 갔고, 울릉도로 돌아올 때 일본인이 내주는 배로 돌아왔다고 말한 것은 사실과 맞지 않는다. 무라카미는 울릉도 거주자이므로 어차피 독도에서 울릉도로 돌아와야 하는데 다른 사람의 배를 타고 돌아올 이유가 없기 때문이다. 무라야마와 무라카미, 이름이 다르듯이 한 사람은 일본 거주자이고 다른 한 사람은 울릉도 거주자이다.

　　홍순칠은 1898년 조부의 도일이 강치 포획 때문인 듯 말했지만,[112] 실제 이유는 다른 데 있었다.[113] 그의 도일은 홍석준(洪石俊)이 1897년에 일본에 와서 발의 종기를 치료한 데 대한 감사 인사를 전하기 위해서였다. 이때 홍재현은 일본인 상선을 타고 갔다.[114] 따라서 홍재현의 도일은 강치 포획과는 무관하며, 일본인과의 충돌도 없었다. 홍순칠은 조부가 『세종실록』과 『동국여지승람』, 칙령 제41호 등을 언급했다고 기술했지만, 이들 사료는 홍재현 생존 당시는 세상에 거의 알려지지 않았다.[115]

　　　배를 빌려 갔다고 한 사실과 1890년대에 배를 손수 제작해서 갔다고 한 홍순칠의 회고
　　　는 상충됨을 지적했다(윤소영, 2016, 앞의 글, 44쪽).
111　1947년에는 묘년 즉 계묘년인 1903년에 독도에 간 것으로 진술했다.
112　홍순칠은 이 사진을 1985년 11월 16일에 독립기념관에 기증했다. 독립기념관은 이 사
　　　진을 설명하는 카드에서 홍재현이 1898년 잦은 왜구의 침입에 일본에 가서 행정관과
　　　논의한 뒤 당시 유숙했던 집의 자제들과 기념촬영한 것으로 기술했다(윤소영, 2016,
　　　앞의 글, 46쪽). 홍순칠의 설명을 따른 듯한 데 본디 홍재현의 도일은 왜구의 침입과 관
　　　계가 없다.
113　『山陰新聞』 1898. 1. 21.(윤소영, 2016, 앞의 글 50쪽에서 재인용).
114　위의 글, 50쪽.
115　『조선왕조실록』이 처음 출판된 것은 1929년 이후이고(위의 글, 42쪽), 칙령 제41호의
　　　'석도'가 세상에 알려진 것은 1968년이다(유미림, 「1900년 칙령 제41호의 발굴 계보와

1985년 수기는 심흥택을 심흥옥으로, 칙령 제41호를 초령 제45호로 잘못 칭했다가 1997년 자료에서 바로잡았다. 1997년 자료는 1979년부터 연재한 것이므로 실제로는 1985년 수기보다 먼저 작성되었다고 보아야 한다. 1979년 자료에서 칙령 제41호, 심흥택으로 바르게 표기했는데 뒤에 쓴 1985년 수기에서 초령 제45호, 심흥옥으로 오기한 것은 의아하다. 또한 1985년 수기는 일본이 독도를 편입한 뒤 군수에게 통고한 시기를 1906년 4월 8일이라고 했지만, 음력으로는 3월 4일이고 양력으로는 3월 28일이다.[116]

홍순칠은 1950년 독도 조난어민 위령비 제막식에 조부와 함께 참여했다고 하는가 하면, 1951년에 고모가 조부와 함께 참석했다고도 했다. 같은 1997년 자료에서도 다르게 기술되어 있는 것이다. 위령비 제막식은 1950년 6월 8일에 거행되었고, 얼마 안 돼 6·25 전쟁이 발발했다. 그런데 홍순칠은 6·25 전에 국방경비대[117]에 입대하여 기갑연대에 소속되어 있었다고 했으므로 제막식에 참석하는 건 불가능하다.[118] 또한 그는 제막식에 참석한 뒤 풍랑 때문에 포항을 거쳐 울릉도로 왔다고 했다. 그러나 신문에 보도된 행사 일정을 보면, 일행은 1950년 6월 6일 오후 대구를 떠나 포항을 거쳐 저녁 9시에 울릉도에 입항한 뒤 7일 오전 8시에 울릉도를 일주하고 (8일에 독도에서) 10시에 제막식을 한 뒤에 다시 울릉도로 와서 울릉도에서 출범하여 9일 오후 8시에 포항에 입항하도록

'石島=獨島'설」, 『한국독립운동사연구』 제72집, 독립기념관 한국독립운동사연구소, 2020, 186쪽).
116 『독도문제개론』(1955, 22쪽)에 실린 「심흥택 보고서」(1906. 3. 5.).
117 대한민국 국군의 전신이다. 1945년 8·15 광복 후 미 군정청이 '조선경찰 예비대'로 명명했으나 우리나라는 '남조선경비대'라고 불렀다. 1946년 1월 남조선국방경비대 총사령부가 설치되었고 6월에 조선경비대로 개칭되었다(『한국민족문화대백과』 참조).
118 「독도사건 2주년 기념행사 참가자 명부(於大邱)」(『독도관계서류(갑)』)에는 대구 지역과 그 외 참석자 약 60명, 포항지역 참석자 40여 명 명부가 실려 있다.

되어 있다.[119] 풍랑 때문에 일정이 바뀌었는지는 알 수 없지만, 이후 일정이 변경되었다는 기사는 보이지 않는다.[120]

홍순칠은 조부가 일본인들이 바다사자를 어디에 쓰는지 보기 위해 홋카이도까지 갔다 왔으며, 물푸는 바가지로 사용되고 있음을 목격했다고 하지만, 이 내용은 1985년 수기에만 보인다. 조부가 일본인의 행패를 저지하느라 6명의 사망자와 많은 부상자를 내게 했다고 하는데, 『황성신문』등에서는 관련 기사를 찾을 수 없다.[121] 조부의 생신 다음 날 어머니가 조산해서 자신이 태어났다고 했는데, 족보에 홍재현은 갑자년(1864) 12월 12일생으로 되어 있고, 홍순칠은 단기 4262년(1929) 9월 23일생으로 되어 있다. 주민등록부에는 1929년 1월 23일생으로 되어 있고 1966년 훈장증과 1978년 경찰국 보고서에는 1927년 1월 23일생으로 되어 있다. 홍순칠이 조부의 독도 사랑과 수호 의지를 강조했으므로 언론도 3대에 걸친 독도 수호를 보도한 경우가 많다. 그 때문인지 1960년대에 언론은 홍재현의 친일 행적에 관해서는 거의 보도하지 않았다.[122]

홍재현의 친일 행적은 그가 조선총독부가 선정한 조선인 공로자에 선정되었다는 사실로 알 수 있다. 1935년 조선총독부는 시정 25주년을 기념하여 공직자를 포함하여 5,392명을 표창했다. 민간 공로자도 262명을 선정했는데 울릉도의 유일한 조선인으로 홍재현이 포함되었다. 조선총독부가 인정한 홍재현의 공로는 세 가지다. 첫 번째는 '미풍양속의 순

---

119 『경향신문』1950. 6. 5.
120 『동아일보』1950. 6. 9.;『조선일보』1950. 6. 14.
121 당시 독립신문과 황성신문은 울릉도 관련 기사를 매우 자주 그리고 매우 자세히 보도했다.
122 『미디어오늘』이 2015년에 처음 보도했다.「애국으로 둔갑한 독도지킴이 할아버지의 친일행적」이라는 제하에 친일단체 동민회가 발행한 회보『同民』제10호(1925. 3. 25.)에 '산업개량의 공로자'로서 홍재현이 울릉도의 여러 단체를 장악하고 공공사업에 관여한 공로가 크다고 소개한 사실 및 김점구의 관련 언급을 실었다(『미디어오늘』2015. 8. 5.). 동민회는 일선융화를 내세우며 조직된 친일단체로서 1924년 4월부터 1937년 7월까지 존립했다.

치(馴致)'와 '농어촌 갱생'이다. 그가 가타오카 등의 일본인과 협력하여 갱생에 노력했다는 것이다. 두 번째는 어업과 양잠업 개선에 힘썼다. 그가 1928년 어업조합 부조합장에 취임하여 어업의 개선에 노력했고, 양잠업이 울릉도 산업에서 중요한 위치를 차지하게 하는 데 큰 공적이 있다는 이유였다. 세 번째는 공공사업에 대한 공적이다. 그는 1916년 보통학교를 설립할 당시 부지의 정지(整地) 작업이 힘들어지자 몸소 공사감독에 나섰고, 섬 일주도로 개설을 위해 분주히 진력했으며, 5회에 걸쳐 면협의원으로 선출되어 면정(面政)에 참여한 공적으로 공로자에 선정되었다. 1934년 10월 농지령 실시로 울릉도에 소작위원회가 조직되었을 때 민간위원으로는 가타오카 기치베(片岡吉兵衛)와 최열이, 예비위원으로 홍재현(洪在現)과 후지노 긴타로(藤野金太郎)가 포함되었다. 조선총독부는 홍재현이 농회 부회장, 학교 평의회원, 번영회 부회장, 농촌진흥회위원 등으로서 공공사업에 대한 노고가 컸음을 긍정적으로 평가한 것이다.[123] 홍재현은 일본어에 능통하여 일본인과 조선인 이주자 사이를 잘 조정한 공도 인정받았는데, 그가 식민통치에 협력하면서 손잡은 자는 가타오카 기치베였다. 가타오카도 당연히 조선총독부가 선정한 공로자에 포함되었다.

　가타오카 기치베는 1896년경 울릉도로 왔다. 그는 1899년 4월 도감 대리자가 일본 상인들로부터 납세하겠다는 약조문을 받아낼 때 서명한 사람 가운데 한 사람이기도 하다.[124] 이후 그는 1902년 일상조합(日商組合)의 부조합장을 지냈고[125] 1917년 나카이 다케노신(中井猛之進)이 식물

---

[123] 조선총독부, 『조선총독부 시정 25주년 기념 표창자 명감』, 1011~1012쪽(윤소영, 2016, 앞의 글, 52쪽에서 재인용). 조선총독부『관보』호외(1935. 10. 1.)에도 실려 있다.
[124] 「受命調査事項 報告書」 중 '輸出税の件'(외무성 기록, 1900, 『鬱陵島における伐木關係雜件』 수록).
[125] 1900년 우용정이 울릉도를 조사할 때 조사한 가타오카 히로치카(片岡廣親)와 동일인인지는 알 수 없다.

채집을 위해 만났을 때 우편국원 신분이기도 했다. 그는 1914년에 설립된 어업조합의 초대 조합장을 지냈고,¹²⁶ 초대 금융조합장도 지냈다. 그는 울릉도에서 오래도록 거주하면서 모든 면에 걸쳐 개입한 자이다. 홍재현은 이러한 가타오카와 특별한 친분관계를 지녔다.

『월간 학부모』「(비화) 독도에 숨은 사연들」(1회)에는 홍재현이 가타오카 형제와 함께 찍은 사진이 게재되어 있다. 사진들은 홍재현이 일본 방문을 기념하여 그가 묵었던 집의 자제들(片岡市吉, 片岡平市)과 함께 1898년 1월 10일 찍은 것으로 되어 있다. 가타오카 기치베의 주소와 같으므로 두 사람은 형제로 보인다. 가타오카 기치베가 1868년생 즉 30세이고 가타오카 이치요시(片岡市吉)는 28세, 가타오카 다이라시(片岡平市)는 18세이다.¹²⁷ 35세인 홍재현이 19세인 홍석준(洪石俊)을 대신해서 도일하여 1898년 1월 31일에 찍은 것이지만, 홍재현이 가타오카 형제의 집에서 유숙했는지는 알 수 없다.¹²⁸ 홍석준의 도일에 대해서는 1897년 3월 31일자 시마네현 지사 소가베 미치오(曾我部道夫)가 외무대신 오쿠마 시게노부(大隈重信)에게 보고한 바 있다.¹²⁹ 이에 따르면, 울릉도 사동에 거주하는 18세의 홍석준은 가타오카 이와이치(片岡岩市)와 함께 발을 치료하기 위해 와서 이달 3월 25일 시마네현 마쓰에 여인숙에 투숙했기에 취조해 보니, 가타오카 이와이치가 장사를 위해 울릉도에 있을 때 자신에게 일본에 와서 치료받을 것을 권유, 이번에 함께 왔다는 것이다. 그런데 지사는 그가 조선 정부의 허가증도 없어 바로 귀국시키려 했으나 병

---

126 1939년 4월까지 재임했다(『울릉도 향토지』, 1963, 93쪽).
127 시마네현 지사는 종기라고 하지 않았는데, 이시바시 도모키는 홍석준이 발의 종기 치료를 위해 도일했다고 했다(윤소영, 2016, 앞의 글, 47~48쪽에서 재인용).
128 이 사진에 대하여 선우영준은 홍재현이 가타오카의 집에서 유숙한 것으로 보았으나 윤소영은 사진을 찍은 자들이 유숙한 집의 자제인지는 알 수 없다고 했다(위의 글, 47쪽).
129 『韓國近代史資料集成』1권, 要視察韓國人擧動 1, 渡來朝鮮人ノ儀ニ付報告, 1897. 3. 31.

중이라 치료가 끝나는 대로 귀국시키도록 조치했다고 보고했다. 그러므로 1898년 홍재현의 도일은 홍석준 대신 감사 인사를 전하기 위한 것이었다. 1897년에 홍석준이 도일할 때 동행한 이와이치는 가타오카 기치베가 1896년경 울릉도에 왔을 때 함께 온 사람인 듯하다. 사진 안쪽에는 "가타오카 이치요시(片岡市吉), 홍봉제(洪奉悌), 가타오카 다이라시(片岡平市) 이상 세 명의 모습을 사진으로 남겨 장래 홍 씨를 뵙고 또한 우리들이 동반했던 모습을 보기 위해"[130]라고 적혀 있다. 홍재현과 홍석준의 관계는 알 수 없다. 이런 경위를 모른 채 『월간 학부모』에 실린 사진만 본다면 홍재현과 일본인 가타오카와의 관계를 알기가 어렵다.

『울릉군지』(1989)는 개척기 한국인과 일본인 간의 갈등에 관련된 기사 세 가지를 소개했는데, 이 역시 홍재현의 친일 행적과 연계된다. 1897년경 한국인들은 일상생활에 필요한 옷감이나 소금 등의 물품을 일본인에게 의존할 수밖에 없었다. 일본인들이 이런 현실을 악용하여 과도하게 값을 올리자 한국인들은 1년 동안 불매운동을 하기로 결의했다. 이를 인지한 일본인들은 한국인 3명에게 뇌물을 주고 몰래 계략을 꾸몄고, 이들과 내통한 3명의 한국인이 주도자 10여 명과 주민을 소집하여 일본인과의 교역을 허락했음을 온 섬에 통보한 결과 주민의 결의가 좌절되었다.[131] 이 일이 있은 직후 홍재현이 일본의 가타오카 형제를 방문하고 환대받았으므로 내통한 3인 가운데 1인을 홍재현으로 추정하기도 한다.[132]

두 번째는 홍재현과 배상삼과의 관련성을 다룬 부분인데, 이에 관해서는 앞에서 기술했다. 1897년 불매운동이 좌절되도록 주도한 3인이 배상삼의 죽음과도 관계되었음을 보여주기 위해 두 사건을 연계시켜 다

---

130 윤소영(2016), 앞의 글, 47쪽.
131 위의 글, 56쪽.
132 위의 글.

룬 연구가 있다.¹³³ 세 번째는 1904년의 조선인 상무회(商務會) 사건이다. 이 사건은 불매운동과 마찬가지로 김광호가 일본인에게 일용품을 의존하고 있는 현실이 부당하다고 생각하여 상무회를 만들어 운영했는데 일본인의 농간으로 말미암아 문을 닫게 된 것을 말한다.¹³⁴ 이런 상황에서 홍재현은 일본인과의 협조관계를 잘 유지하며 공생하는 모습을 보였다.¹³⁵ 홍순칠은 조부에게 들었다는, 1898년에 독도에서 무라카미를 만나 일본으로 가서 우산도가 한국 땅임을 주장하고 돌아왔다는 무용담을 소개했다. 그런데 홍재현은 이런 업적을 1947년 울릉도에 온 학술조사단에게는 전혀 언급하지 않았다. 홍재현은 과거 자신의 친일 행적을 숨기고 손자 홍순칠에게는 자신의 과장된 무용담만 들려준 것이다.

③은 홍순칠이 독도에서 식수터를 발견한 시기와 관련된다. 홍순칠이 말한 식수터는 오늘날의 물골을 가리킨다. 홍순칠은 아버지(종욱)¹³⁶가 조부에게 들은 식수터를 자신에게 일러주었다고 했다. 그렇다면 조부는 1953년 이전에 이를 발견했다는 것인데, 홍순칠은 조부가 1886년에¹³⁷ 발견했다고 하는가 하면, 온 섬을 뒤져 발견한 것처럼 기술했다. 또한 홍순칠은 조부가 알려준 자리가 미군 폭격사건으로 인해 수천 톤의 돌무더기가 덮여 있어 1954년에 대원들을 시켜 8일 동안 바위를 들어낸 뒤 식수터를 찾아냈다고 했다.

---

133 위의 글.
134 이 부분은 손순섭의 『도지』에도 기술되어 있다. 한국인들이 상무회에 대응하여 농무회를 만든 것으로 되어 있어(손순섭 저술·유미림 번역, 『島誌:울릉도史』 번역 및 해제』, 2016, 울릉문화원). 농무회가 후에 만들어진 것으로 보이지만 확실하지 않다. 농무회와 상무회 관련 내용은 공식 사료에 거의 보이지 않는다.
135 윤소영(2016), 앞의 글, 58쪽.
136 족보에 따르면 홍종욱은 홍순칠의 백부이다.
137 다른 기록에는 조부가 독도에 처음 간 시기가 1897년이고, 그 이듬해에도 간 것으로 되어 있다.

③ 식수터의 발견

연도	내용
1965	(1953년 4월 1일) 문패 싸움이 한창일 때 순칠 씨(39)는 아버지 종욱 씨(73)에게 독도 수호를 다짐, 아버지는 홍로(홍재현)가 발견한 식수터를 아들에게 일러줌, 홍종인이 이끄는 산악회도 식수터를 두 번 다 발견하지 못함(315~316쪽)
1970	화비(和費)[138]로 전세낸 4분의 1톤 전마선으로 5시간 남짓해서 바위섬에 도달, 지형 정찰, 푯말을 꽂고 식수터를 찾고, 신석호와 홍종인이 발견하지 못한 식수터를 발견하는 개가, 구멍바위 속에 외줄기로 솟아 한 시간을 받아야 물 한 바가지, 물이 부족해 로빈슨 크루소[139] 모습(146~147쪽)
	조부 홍재현이 1886년에 독도에 왔다가 샘물을 발견했다고 하나 폭격사건으로 지형이 바뀜, 조부에게 들은 말과 지도를 종합해서 찾았지만 수천 톤의 돌무더기가 덮여 있음(72쪽)
1978	1954년 9월 7일 이후 막사 건설 후 보급선 단절되고 식수가 떨어짐, 1947년[140] 미군 폭격 때 바위가 샘을 덮어 조부의 증언과 지도에 의거하여 바위를 들어내며 찾기 시작, 『조선연안 수로지』, 1947년 한국산악회 조사,[141] 정원도가 가재방 동쪽에서 샘을 발견, 가재, 해로(海驢+盧),[142] 가지어, 물에서 가재똥 냄새 남(119~130쪽)
	홍순칠이 물을 찾으라고 명령, 처절한 작업, 태풍 8일 만에 34호[143]로 홍순칠 부인과 경찰서장, 군수가 8시간 걸려 독도에 옴, 결국 대원들이 물을 찾아냄(132~136쪽), 3년 간의 세월을 회상하니 샘을 발견한 사실이 떠오름(329쪽)

홍순칠은 조부가 부친에게 일러준 곳을 자신이 찾아냈다고 하는가 하면 정원도가 발견했다고도 해서, 조부가 일러준 곳을 말하는지 정원도가 발견한 곳을 말하는지가 모호하다. 정원도에 따르면,[144] 1953년 4월부터 1956년 12월까지 3년 8개월간 독도에서 활동했는데 처음에는 서도의 물골에 진지를 만들었다고 했다. 이는 이미 물골의 위치를 인지한 상태에서 입도했음을 의미한다. 언론도 1956년에 "식수는 바위틈에

---

138 화비의 의미를 알 수 없다.
139 홍종인은 1953년 10월 26일 『조선일보』에 기고한 글에서 '로빈손 쿠르소도 될 뻔'이라고 하여 로빈슨 크루소를 언급했다. 홍순칠은 1970년에 로빈슨 크루소를 언급했다.
140 1948년이 맞다.
141 조선산악회가 맞다.
142 海驢(해려)를 잘못 쓴 것이다. 일본어로는 아시카라고 한다.
143 선박 삼사호를 말한다.
144 『오마이뉴스』 2005. 4. 4.

서 한 방울 두 방울 떨어지는 물을 받아 간신히 갈증을 면할 수 있다"[145]고 보도한 바 있다.[146] 1959년에 홍순칠은 "서도 모퉁이에 10여 명이 먹고 살 만한 물굴(水窟)이 있고, 또 근해는 홍어, 우룩이, 문어, 소라가 흔하며 물개(해구, 일명 가재-원주)떼도 와서 산다"[147]고 말한 적이 있다. '물굴'에서 '물골'로 바뀐 듯한데, '굴'과 '골'은 그 의미가 다르므로 '굴'에서 '골'로 와전된 것인지, 아니면 본래 '물골'인데 '물굴'로 잘못 말한 것인지는 알 수 없다. 바다사자를 가리키는 '가제'가 여기서는 '가재', '가지어'로 불리고 있다.

1980년에 언론은 "1965년 11월 23일 독도 초대 의용수비대장 홍순칠 씨가 발견한 샘"[148]이라고 보도했다. 이를 따른다면 물골은 1954년이 아니라 1965년에 발견한 것이 된다. 그런데 『조선 수로지』(1907)는 "서도의 남서쪽 구석에 동굴 하나가 있는데 하늘을 덮고 있는 암석에서 떨어지는 물은 그 양이 많긴 하지만 빗물이 떨어지는 것과 마찬가지여서 받아내는 데 어려움이 있다."라고 기술했다. 1951년에 일본 외무성도 나카이 요자부로가 독도에서 강치잡이를 할 때 서도에서 하루에 1석(石)정도의 물을 얻었던 것으로 파악했다.[149] 1953년에 한국 정부가 일본 정부에 보낸 반박서에 『한국연안 수로지』(1933)를 언급했으므로[150] 역사학자들은 『조선 수로지』도 인지하고 있었을 것이다. 홍순칠은 (역사학자)신석호와 (언론인)홍종인 등의 산악회가 두 번이나 물골을 조사했으면서 찾지

---

145 『동아일보』 1956. 8. 22.
146 1958년에 '서울대학교 정치학과 경북일대 및 울릉도독도 계몽대'의 일원으로 독도에 입도한 적이 있는 이택휘(1934-, 전 서울교대 총장)에 따르면, 당시 독도에 물이 없어 울릉도에서 보름마다 보급했다고 한다(2024년 5월 21일 통화).
147 『경향신문』 1959. 3. 3.
148 『조선일보』 1980. 1. 27.
149 「다케시마 조사에 대한 회보(回報)」(1951. 9. 10.) 『쇼와 26년도 섭외관계철』, 시마네현 총무과.
150 「1953년 7월 13일자 독도[竹島]에 관한 일본 정부의 견해에 대한 한국 정부의 반박서」

못했다고 하지만, 이들의 조사 목적은 물골을 찾는 데 있지 않았다.

물골의 존재가 울릉도민에게 알려진 시기가 정확히 언제부터인지는 알 수 없다. 그러나 경상북도가 이를 정비하여 안정적인 취수원을 확보한 시기는 1960년대 이후다. 서도의 물골 입구에는 경상북도가 설치한 '독도 어민보호시설 기념' 동판이 부착되어 있다. 어민보호시설뿐만 아니라 선 치장과 급수조 시설의 준공을 기념하여 1966년 11월 22일 설치되었다. '독도 어민'은 1966년 이전부터 독도에서 어로하고 있던 최종덕을 포함한다. 따라서 홍순칠이 "1966년 10월 사재 200여 만(원)으로 (1)일 30드람을 급수할 수 있는 수조탱크를 시설"했다는 것도 사실과는 거리가 있다.

3. 수비대 결성과 무기 조달 및 최초 입도

④ 수비대 결성과 무기 조달 과정

연도	내용
1965	대원은 7명, '독도 사수 특수의용대'라 이름함, 고(故) 채병덕 장군의 호위병, 특무상사로 입대하여 특무상사로 제대한 홍 대장은 채병덕 사후[151] 육탄 탱크저격병으로[152] 이름을 날렸고, 6·25 막바지에 경북 병사부를[153] 찾아가 카빈과 M1총, 무전기 및 인민군에게서 노획한 박격포 1문 얻음, 노력동원 명목으로 영장 30장을 끊어 대원 모집(316쪽)
1970	독도수비대 대장이 된 홍순칠 씨가 먼저 자진 입대, 고 채병덕 장군의 호위병이자 육탄저격병으로 활약, 특무상사로 제대한 뒤 '독도 사수 특수의용대'라 이름함, '독도의 용수비대'는 그후의 이름, 7명에서 30명으로 가다듬음, 홍순칠(洪淳七)씨를 비롯해서 김병렬(金秉烈), 서기종(徐基宗), 정원도(鄭元道), 한상용(韓相龍), 황영문(黃永文), 유원식(俞元植), 고성달(高成達), 오일환(吳日煥), 김재두(金在斗), 최부업(崔富業), 이상국(李相國), 정재덕(鄭在德), 조상달(曺相達), 양봉준(梁鳳俊), 하좌진(河佐鎭)[154] 허심도(許心道)[155] 등 거의 다 6·25 참전 용사임, 홍 대장이 경북 병사구 사령부를 찾아가 얻은 카빈총과 M1총, 무전기, 인민군에게 노획한 박격포 1문 등이 장비의 전부임 (145~146쪽)

---

151 1950년 7월 27일 사망함.
152 당시 북한군의 탱크에 육탄으로 저지했다는 것인데 그리 한 자들은 전원 사망했다. '육탄저격병'이라는 직책이나 병과는 없다.
153 경북 병사구 사령부가 되어야 맞다.
154 河自振이 맞다(1977년 청원서 참조). 현재 기념사업회 홈페이지에도 '하자진'으로 적혀 있다.
155 허신도가 맞다(1977년 청원서 참조). 현재 기념사업회 홈페이지에도 '허신도'로 적혀 있다.

연도	내용
1978	1952년[156] 11월 한국산악회 측량(17쪽), 1953년 11월호『킹』지는 독도가 7만 평이라 함, 대구에서 고등학교 마침(19쪽), 홍순칠은 조부에게 부산에 가서 대통령 면담하겠다고 함(22쪽), 1954년 2월[157] 임시수도 부산에 도착, 대통령 임시관저를 찾아갔으나 경관들에게 두들겨 맞은 뒤 하루 갇혀 있다가 석방, 대구로 국방부 장관을 만나러 갔으나 무산됨(24~26쪽)
	(1954년 2월 이후) 이튿날부터 훈련에 돌입, 황영문과 부산 국제시장에서 군복 50벌과 장비 마련, 수선집에서 대원 복장 만듦(32쪽), 전시라 국가에서 무기를 못 준다고 둘러대고 고물상에서 기관총 부속품을 구입, 권총은 부산 적기에서 양공주와 짜고 무기 적재장의 보초병을 유인하여 자리를 비우게 한 뒤 황영문이 소총 2상자, 수류탄과 탄약을 한 상자씩 훔침, 상자에 '독도수비대 사령부 앞'이라고 써서 포항에서 부침(33~44쪽) 식량과 일용품도 준비(47쪽), 황영문과 이상국이 신형 권총 만들겠다고 함, 전서구 준비, 조부가 대원들 맹장수술 받게 했는데, 맹장은 두 사람만 있었음(53~55쪽), 3월 26일 밤 9시 30분 도동항 출발(57쪽)
	2진 20명 도착 후 100일 경과, 훈련한 지 한 달쯤 뒤에 7·23 교전, 중화기 필요성 인지, 물개 한 마리와 집 담보로 3백만 환 빌려 대구행, 명함 만들 때 인쇄소 주인이 '독도의용수비대'를 권유, '독도의용수비대 대장 홍순칠'로 만듦(87~90쪽), 이튿날 경찰국장 김종원 찾아가 중화기 요구, 조준대 없는 박격포 받음, 그가 모 부대 사령관에게 포탄 50발도 주라고 전화함(91~92쪽), 다시 동창생을 통해 모 장군에게 접근, 해구신을 주고 중기관총 1정과 실탄 5천 발 얻음(93쪽)
	포항 해병대에서 모포와 작업복, 기름 10여 드럼을 불하받고, 오산 기지에서 미국 C 레이션, 양담배와 권총 2자루 매입, 발송인을 경북 경찰국으로, 수신인을 울릉경찰서장으로 해서 군경합동 임검반의 검사를 모면(93쪽), 밤에 화물적재실에 몰래 들어가 발송인을 국방부로, 수취인을 독도수비대로 바꿔 경찰서장과의 실랑이를 피하도록(94쪽), 이에 대원들은 독도군을 국방부 직속으로 오인(98쪽), (홍순칠이) 서장과 군수에게 김종원의 협조를 말함(95쪽)
1985	1882년[158] 4월 개척진 1진 16호 54명, 북진과 중공군(1951년) 참전, 1·4 후퇴 때 중공군에게서 오징어가 발견되어 유엔군이 금수조치, 일본인들이 독도 어로 방해, 군민들이 군수(재종형 성국)와 서장에게 안전작업 보장 요구, 군수와 서장이 도지사에게 요청했으나 무응답, 군수와 서장이 일본 푯말을 뽑고 '慶尙北道 鬱陵郡 南面 獨島 (경상북도 울릉군 남면 독도)' 푯말 세우면 일본이 다시 제거, 이즈음 나는 원산에서 중상, (1952년) 7월 15일자[159]로 명예제대하고 요양중, 군수가 조부에게 구호양곡 수송방법 등 고충 토로, 내가 청년을 독도로 보낼 것을 제안, 재종형은 양곡 실어 온 후 사표 제출(177~182쪽)

---

156   1953년이 되어야 맞는데 오기한 듯하다.
157   임시수도는 1950년 8월 16일 이후부터 약 3년 동안 부산광역시 서구 임시수도기념로 45[부민동 3가 22]에 관저를 두었다. 1953년 4월에 환도했다고들 하는데,『국방사 연표』는 정부가 8월 15일 서울 환도를 선포한 것으로 기술했다(『국방사 연표』, 1994, 145쪽).
158   1883년이 되어야 맞다. 16호 54명은 두 번에 걸쳐 입도한 인원이다.
159   『이 땅이 뉘 땅인데!』(1997, 233쪽) 본문에는 7월 15일, 안 표지에는 7월 20일 명예제대한 것으로 되어 있다. 김명기는 7월 15일로 기술했다.

연도	내용
1985	1952년 8·15 경축 행사에 향군 50명 참석, 내가 경축사, 재향군인회 울릉군 연합분회 결성준비위원회 남면 대표, 행사 후 군수실에서 서장 만남, 신임 군수 최징[160]이 민병대를 운운, 민병대 총사령관 신태영 공문에 민병대 조직과 향군 훈련 전담을 언급, 5일 후 연합분회 결성식, '독도방위계획서' 작성, 향군연합 분회장 선거운동 돌입, 결성식 준비, 참전 동지들도 규합, 내가 분회장에 선출되고 민병대 울릉군 감독관도 겸하게 돼 취임사(185~186쪽; 189~191쪽)
	조부에게 창립 비용으로 그때 돈 300만 원 요청, 동지 10여 명 확보, 부산에서 무기 구입 예정, 군청 허가받고 소유림 10트럭의 소나무 벌채를 당부, 40명만 뽑기로(191~193쪽). 300만 원으로 오징어 구입, 천양환으로 22시간 만에 포항 도착, 군수의 소개장으로 경북 병사구 사령부를 찾음, 보좌관 신 중령과 참모장 하 대령과의 술자리에서 물개 숫놈 구해주는 조건으로 M2 2정과 실탄 200발 획득, 재향군인회 경북 지부회에서 회장 임명장 받음(193~195쪽)
	다음 날 부산에서 변석갑 준위(청진 고향, 아버지가 경성제대 의학부[161] 나와 병원 운영, 그는 단신 월남해서 1949년에 용산기갑연대 입대)에게 오징어로 불린 돈 600만 원, 적기에서 미군이 훔쳐 팔아먹는 무기를 150만 원에 양공주(7명) 통해 획득, 따로 양공주에게 사례, 무기(중기관총 1정과 탄알 3천 발, 경기관총 1정과 탄알 3천 발, M1소총 20정과 탄알 3천 발, 45권총 2정과 탄알 200발)를 포항으로 부침, 발송인은 민병대 총사령부, 수취인을 울릉도 민병대 감독관으로 함(196~201쪽)
	입도 전 전투 1대장에 서기석(徐基錫)[162] 2대장에 정원도, 예비대장에 김병렬, 지원대장 유원식, 수송대장 이필영, 보급주임 김인갑, 부관 황영문, 50여 명 2주간 합숙 훈련,[163] 소주 공장과 병원하는 자형 집을 훈련장소로, 전마선 두 척 건조, 자형이 집도사줌, 작업복과 모포 배부(206~207쪽)
1996	(1985년 내용과 동일하되 청혼 과정을 생략함)
1997	경찰서장의 협조로 무기 대여하여 합숙훈련 시작, 2군과 경북 병사구 사령부에서 소총과 권총, 경기관총 입수하여 울릉도로 돌아옴, 후일 바다사자 한 마리를 주는 댓가로 권총과 소총 입수. 부산 양키시장에서 무기 구입, 선원 포함 대원 45명 중 3명 외에 모두 전투 경험자, 진주할 때의 장비는 경기관총 2정, M2 3정, M1 10정, 권총 2정, 수류탄 50발, 0.5톤 보트 1척, 전서구 3마리, 일본인 적산 2층집을 쓰고 있다가 입도 전 황소 한 마리 잡아 며칠 동안 회식(22~23쪽)
	기갑연대에서 광복절 행사로 행진한 이후 두 번째, 1952년 8·15 행사에서 상이군인 대표로 경축사, 7월 15일 명예제대하고 한 달 뒤임, 정원도가 향군회 결성준비위원회에 갈 것을 권유, 그 열흘 전(8.5)에 군수 6촌형이 사표 제출, 그 2주 전에 할아버지를 찾아와 사표 내겠다고 함, 유엔군 오징어 금수로 오징어값 하락, 어민들이 독도로 향함, 일본인이 방해하자 군수와 경찰서장에게 대책 요구, 군청과 경찰서가 합동으로 표목('대한민국 울릉군 남면 독도') 설치, 일본이 제거하면 울릉도 배가 군청에 신고하고 어민들이 다시 대책 요구, 8·15 행사 때는 후임 군수 도착한 지 일주일 안 된 시기, 8·15 행사 후 군수와 경찰서장 만나 향군 결성 장소 등 섭외(232~235쪽)

---

160 최징은 예천군 내무과장으로 있다가 1952년 9월 7일에 4대 울릉군수에 취임하여 1953년 1월 19일까지 재직하다 경상북도 건설과로 이임했다. 그러므로 이때는 아직 울릉도에 부임하기 전이다.
161 『동아일보』는 변석갑이 나온 것으로 오보했다.
162 서기종을 오기한 것이다.
163 국민학교를 나오지 않은 동지 5~6명, 미혼자 20명을 전투대에 배치했다(206쪽).

연도	내용
1997	향군 결성식 장소를 신임 군수와 의논, 군수가 부임 전 경북 병사구 사령부로부터 민병대 조직하라는 명령을 받았다고. 민병대 총사령관 육군 중장 신태영의 공문에 경찰서 무기 대여와 비용 조달을 언급함. 조부의 행적과 가르침, 향군회장이 민병대 총감독관이 되니 독도문제 해결에 도움이 되리라 생각. 서울에서 학교 다닐 때 섬놈이라 놀림받음. 의병 생각, 일주일 후 향군회장이 되어 수비대 조직 결심하고 조부에게 말함(236~239쪽)
	독도 진주 전 1952년 가을, 장비 구입을 위해 부산행, 조부가 그때 돈 300만 원 지원, 오징어를 사서 판매한 돈으로 5백만 원 만듦, 변석갑 준위를 통해 양공주에게 부탁하여 200만 원 상당의 무기 구입, 나머지로 쌀과 개인장비 구입, 조부의 결혼 압박, 부산의 여관에서 '독도방위계획서' 작성, 양공주 도움으로 기관총과 탄알, M1소총 입수, 수취인을 울릉도 민병대 감독관, 발송인을 민병대 총사령관으로 해서 검문에 용이하게 함(224~227쪽)
	무기 입수 후 경북지구 병사구 사령부 참모장 하갑청 대령과 보좌관 신중식 중령을 만나 독도 물개를 주기로 하고 M1 2정과 실탄 200발 요구, 대구에서 의약품 구입 후 부산의 제3육군병원 있을 당시 안동 갔다 오던 기차에서 마주친 여성과 인사, 여성은 국방장관 그만두고 사장이 된 이기붕[164]의 달성제사 사택에 거주, 일주일간 장인 집 방문 뒤 청혼, 택일하고 귀향, 대원에게 해송 60년생 10트럭분 벌채를 준비시킴(229~231쪽)

④는 홍순칠이 수비대를 결성하고 무기를 조달하는 과정에 관한 내용이다. 먼저 1966년 서훈 전후 보도된 수비대의 결성 시기와 활동 기간에 관한 내용을 정리하면 〈표-10〉과 같다.

〈표-10〉 1966년 서훈 전후의 관련 기술

출전	결성 시기	활동 기간	수비대원
1965년 최규장의 글	1953년 4월 28일	1953. 4. 28.–1954.12. (8개월)	7명(대장 제외)
1966년 영예수여 의안	1954년 6월	1954. 6.–1956. 8.	
『경향신문』(1966. 4. 26.)	1954년 6월 초	2년 4개월 (28개월)	상이용사회원 30명
『경향신문』(1966. 4. 27.)	1954년 6월 20일	1954. 6. 20.–1956. 10. 24.	30명

---

164 1951년 5월 국방부 장관, 12월 자유당 창당, 1952년 3월에 장관 퇴임, 1952년에 대한체육회장, 1953년 12월에 자유당 중앙위원회 의장, 1954년 5·20 총선에서 민의원 의장에 선출되었다. 이기붕이 달성제사라는 회사를 운영했다는 사실은 확인되지 않는다.

출전	결성 시기	활동 기간	수비대원
『조선일보』(1966. 4. 27.)	1954년 6월	1954. 6.–1956. 8. (26개월)	상이용사 30여 명
『조선일보』(1967. 3. 9.)	1954년 제대 후		30명

〈표-10〉에서 보듯이 1966년 서훈 및 홍순칠에 관한 언론 보도가 제각각이다. 홍순칠이 언급한, 수비대 결성에 착수한 시기와 울릉도 출항 시기, 독도 입도 시기 등이 다르다. 특히 수비대 조직에 착수했다는 시기가 1952년 8·15 경축 행사 전후, 1953년 4월, 1953년 6월 이전, 1954년 2월 이후 등으로 제각각이다.

홍순칠이 수비대 결성에 착수한 시기가 1952년 8·15 전후인 듯하지만, 이는 성립하기 어렵다. 홍순칠은 1952년 8·15 행사 전에 신임 군수 최칭과 민병대에 대해 의논했다고 하지만, 전 군수 홍성국은 8월 7일 해임되었고 신임 군수 최칭은 9월 7일에 부임했으므로 8·15 행사 당시는 군수가 공석이었다. 또한 홍순칠은 최칭이 민병대 총사령관 신태영의 공문 및 민병대령을 운운한 듯이 말했지만, 민병대령은 1953년 7월 23일(대통령령 제813호) 공포되었다. 민병대 총사령부가 각 지역별로 민병대 조직에 착수하기 시작한 것은 1953년 8월 14일이다.[165] 일본인의 독도 침범으로 어로작업에 위협을 느낀 울릉어민 배성희가 1953년 8월 "독도에 대한 특별한 감시 대책을 강구"해줄 것을 요청한 바 있고, 이 사실은 내무부 치안국을 거쳐 외무부 및 국방부에 전달되었다.[166] 그러나 울릉군민이 자위대 결성을 실행에 옮긴 것은 1954년 봄에 와서다. 1954년 3월 울릉군민은 자발적인 독도 수비, 이른바 '독도자위대' 결성

---

165 『국방사 연표』, 1994, 142쪽; 144쪽.
166 1953년 7월 12일 최헌식 등의 순라반을 배에 태워 독도에 데려다준 적 있는 배성희가 요청했다(정병준, 「1953–1954년 독도에서의 한일충돌과 한국의 독도수호정책」, 『한국독립운동사연구』 제41집, 독립기념관 한국독립운동사연구소, 2012, 429쪽).

을 논의하기 시작했다. 1만 5천의 군민을 대표하여 독도개발주식회사 사장 이정윤은 6월부터 시작될 미역 채취에 앞서 독도 경비 강화의 필요성을 제기했다. 그는 독도와 울릉도에 등대를 가설할 것과 무선시설이 있는 감시초를 설치할 것, 해안경비정을 보급해줄 것을 진정했다.[167] 당시 김장흥 치안국장[168]은 해안경찰대가 독도 경비를 해왔음을 강조하며 앞으로 국가적인 견지에서 경비를 강화할 것을 천명했다.[169]

1954년 4월 25일 울릉군민은 독도자위대를 결성하여 독도를 결사 방위하기로 결의했다.[170] 이를 위해 먼저 독도에 등대와 감시초소를 설치한 다음 50명씩 청장년을 소집해서 그중 20명을 교대로 파견 근무케 하고, 무전사 1명씩을 교대로 근무시켜 상시 연락하도록 했다.[171] 5월 3일 백두진 국무총리는[172] 내무부 장관에게 울릉도민의 독도자위대 조직을 적극 후원할 것을 지시했다.[173] 독도자위대 설립을 주도했던 이정윤은 3대 민의원 선거(1954. 5. 20.)에 출마했으나 포항우체국 과장으로서 울릉도의 송금을 횡령한 문제로 독도자위대장직을 내놓았다. 이에 자위대 결성이 무산될 위기에 처하자 하자진 등이 향군연합회 분회장인 홍순칠을 책임자로 추대했다고 한다.

이미 국무총리가 독도자위대에 무기와 식량 등을 지원하기로 결정한 상태였으므로 홍순칠이 후에 경찰서장과 군수의 지원을 확인하고 수비대원을 모집할 수 있었다. 이 경우 민병대와 수비대와의 관계를 어떻게

---

167 『경향신문』 1954. 4. 3.
168 김장흥의 재직 기간은 1954. 3. 27.~1956. 5. 26까지이다(경우장학회 편, 『국립경찰 50년사: 자료편』, 경우장학회, 1996, 347쪽).
169 『경향신문』 1954. 4. 3.
170 『동아일보』 1954. 5. 2.
171 『조선일보』 1954. 5. 3.
172 백두진 총리가 임명된 것은 1953년 4월 21일이다.
173 『조선일보』, 『동아일보』 1954. 5. 6.

설정할 것인가가 문제가 된다. 민병대령에 따라 조직이 완료되어 있었는데 독도 경비를 제대로 하지 못해 다시 독도자위대를 조직한 것인가? 그럴 경우 수비대를 민병대의 연장선상에서가 아니라 민병대와는 별도의 경비조직으로 보아야 한다. 기념사업회 측은 1953년 8월 초에는 재향군인회에서 독도를 경비중이었다고 하면서 이정윤과 관련된 독도자위대 궐기대회는 수비대와 무관하다는 입장을 취하고 있다. 그러나 수비대가 1953년 4월에 조직되어 있었다면 군민들이 굳이 독도자위대를 다시 조직하고 청년들을 독도로 파견할 필요가 없었을 것이다.

독도의용수비대가 민병대령에 따라 조직된 것은 아니지만 민병대령에 따라 무기를 사용할 수 있는 법적 근거를 지니게 되었다. 따라서 홍순칠이 수비대를 결성하게 된 데는 정부의 자위대 결성 지시와 그에 대한 지원 약속이 영향을 미쳤다고 볼 수 있다. 홍순칠은 1952년 8·15 행사 이후부터 수비대를 결성하기 위해 움직였다고 주장하는 한편, 입도 시기는 1953년 4월이라고 했다. 1954년 5월 20일 국회의원 선거가 있었다. 홍순칠도 출마했다가 중도에 사퇴했다.[174] 중도에 사퇴했으므로 선거 이전에 독도에 입도했을 가능성은 적다. 들어갔다면 미역 때문이지 독도 경비를 위해서가 아니었다. 증언자들도 대부분 그가 선거 이후에 입도했다고 증언했다. 이때는 미역 채취기라서 미역을 채취하러 독도에 들어간 사람이 많았고 그 가운데 상당수는 상이군인이었다. 경찰

---

[174] 중앙선거관리위원회 홈페이지(2024년 6월 17일 검색)에서 홍순칠과 관련된 정보를 보면, 1929년 5월 20일생, 직업은 무직이며, 학력은 체신학교 3년졸로 되어 있다. 무소속으로 경북 제34선거구에 출마한 것으로 되어 있다. 서기종이 독도에 상륙하여 대원들에게 입도한 날을 물으니 "민의원 선거 때 홍순칠 대장이 중도 사퇴하고 나서 들어왔다"고 대답했다고 증언했다(김선식, 「독도의용수비대, 활동 기간·대원 수 날조됐다」, 『한겨레 21』 1180호, (2017. 9. 21).).

과 생존자들은 수비대가 울릉군수와 경찰서장, 어업조합장[175]의 협의하에 미역채취권을 획득하여 1954년 봄부터 1956년 봄까지 3년 동안 채취했다고 증언했다.[176] 앞서 1953년에도 사람들은 독도에서 미역을 채취하다가 일본인과 조우한 바 있다.

홍순칠에 따르면, 1954년 가을 신현돈 경북도지사를 만나 미역채취권을 요구했고, 도지사는 수산과장을 불러 "수산과장 울릉도 군수에게 공문을 띄우시오. 내년부터 독도 미역 채취는 독도의용수비대만 할 수 있도록 말이오. 아시겠오."[177]라고 말했다고 한다. 이를 따른다면 수비대가 미역채취권을 독점하게 된 시기는 1955년부터이므로 그 전에는 상이군인을 포함한 주민들이 들어가 채취할 수 있었다. 재향군인회에 속한 상이군인의 일부가 후에 수비대원이 된 것은 맞지만, 수비대원이 모두 상이군인이었던 것은 아니다. 그러므로 상이군인이 미역을 채취했다는 것과 수비대원이 미역을 채취했다는 것은 그 의미가 같지 않다. 홍순칠과 상이군인들의 행패가 심해서 경찰서장이 기관장들과 협의하여 미역채취권을 주었다는 경찰관의 증언도 있는 반면[178] 대원들이 양같이 순했다며 이를 부인한 증언도 있다.[179]

---

175 1912년 4월 '어업조합규칙'의 시행으로 울릉도에 '울릉도어업조합'이 설립되었다. 1962년 1월 수협법이 시행됨으로써 4월에 수산업협동조합이 설립되었고 8월부터 어촌계가 조직되기 시작했다(수산업협동조합중앙회, 『한국 수산업 단체사』, 수산업협동조합중앙회, 1980). 따라서 (울릉도)어업협동조합이라는 용어는 없다. 독도 어장은 1965년 3월부터 도동어촌계 소속으로 지정되었다.
176 『오마이뉴스』 2006. 10. 30. 1957년부터 독도어장이 공매되었다는 일설을 따른다면, 수비대의 채취기는 1956년까지였다고 추정된다.
177 한연호 외, 『무명 용사의 훈장』, 신원문화사, 1985, 223쪽. 홍성근은 1954년경 수비대가 미역채취권을 갖고 있었고 이후에도 수산물 채취권이 승계되었다고 했지만(홍성근, 『독도의 실효적 지배에 관한 국제법적 연구』, 한국외국어대학교 법학과 석사학위논문, 1998, 117쪽), 1954년은 수비대가 채취권을 독점한 상태가 아니었으며 자동적으로 승계되는 것도 아니었다.
178 이서행, 『대한민국 경찰의 독도경비사 연구』, 2009, 치안정책연구소(7월 31일 김산리의 인터뷰).
179 하자진 증언, 2006년 11월 24일 포항자택에서 면담(국가보훈처 독도의용수비대진상규명위원회, 『독도의용수비대 진상규명위원회 결과보고』, 2008. 2. 21).

홍순칠이 1954년에 경북도지사로부터 받은 미역채취 독점권을 받았다면 그 시기는 1955년부터 3년 동안 즉 1955년부터 1957년까지가 된다. 그런데 홍순칠은 1955년에 제주도 해녀에게 맡겼던 미역 채취를 1956년부터는 울릉노 사람들에게 개방했다고 했다. 그러나 수비대는 1956년에도 해녀들과 함께 미역을 채취했다. 1955년부터 경찰이 독도 경비를 전담했음에도 홍순칠이 1956년 말까지 수비대가 독도 경비를 담임했다고 주장할 수 있었던 이유는 미역 채취를 위해 대원들이 체재하고 있었기 때문이다. 홍순칠은 이를 독도 경비를 위해 있었던 것처럼 포장했다.

홍순칠에 따르면, 처음 독도로 떠난 시기가 1953년 4월 19일 밤과 4월 27일 밤, 6월 말, 1954년 3월 26일 밤과 4월 21일로 기록마다 다르다. 울릉도 출항 시기와 독도 상륙 시기가 혼재되어 있기도 하다. 수비대원의 편성을 보면, 1965년 자료는 7명의 대원으로 시작했다고 했지만 1970년 자료는 7명의 대원으로 시작해서 30명으로 늘어났다고 했다. 1970년 자료에 언급된 명단은 모두 17명이다. 1978년 자료는 1진 7명을, 1985년 자료는 15명을, 그리고 독도에 갈 사람 40명만 뽑기로 했다고 기술하는 한편 50명도 운운했다. 1953년 4월 20일에 1진 15명이 먼저 독도에 상륙했다고도 했다. 정원도는 조 편성을 따로 한 것이 아니라 한두 사람이 모이는 대로 들어갔다고 증언하는가 하면, 초기에는 10여 명이었으나 조직체계를 갖추면서 33명이 되었다고도 증언했다. 1997년 자료는 45명 가운데 8명만 군 출신이 아니라고 했다. 이렇듯 대원에 관한 숫자는 가지각색이다.

1985년 수기에서 홍순칠은 수비대 편성에 대해 "전투 1대장에 서기석(徐基錫), 2대장에 정원도, 예비대장에 김병렬, 지원대장 유원식, 수송대장 이필영, 보급주임 김인갑, 부관 황영문"을 언급하고 50여 명이라고 했다. 서기종의 한자 표기는 신문기사마다 다르고,[180] 문헌마다 다르다. 1965년 자료는 서기망(徐基望), 1970년 자료는 서기종(徐基宗), 1985년 자료는 서기석(徐基錫)으로 표기했는데, 기념사업회는 "서기종(徐基鍾)을 수비대 수기 206쪽에서 서기석(徐基錫)으로 인쇄 과정에서 착오, 실제는 徐基宗으로 씀"이라고 했다. 기념사업회가 말한 수비대 수기는 1985년 수기를 말하는데 여기에는 徐基錫으로 되어 있다. 울릉경찰서 관련 기록에는 徐基鍾으로 되어 있다. 1996년 의안에는 徐基宗으로 되어 있다. 기념사업회에서 바른 표기를 밝혀줄 필요가 있다.

1977년에 경상북도 경찰국은 김병열이 수비대 결성 당시 부산에 있었다는 사실을 밝혀냈고, 1985년 자료에서 홍순칠은 예비대장 '김병렬'[181]을 운운했다. 1953년 울릉경찰서 인사사령부에는 명단이 한글로 실려 있는데 1954년 12월 31일에 순경에 임용되어 울릉서 근무를 명받은 자는 모두 10명이다(김정수 포함). 발령실청(부서)은 국장 즉 (경북) 경찰국장이다.[182]

홍순칠은 무기와 보급품을 어떻게 조달했을까? 그의 무기 조달의 경위는 다음과 같이 다양하다.

---

180 『동아일보』(1962. 1. 30.)와 『경향신문』(1966. 4. 26.)은 徐基鍾, 『경향신문』(1966. 4. 3.)과 『조선일보』(1966. 4. 27.), 『동아일보』(2009. 10. 9.)는 徐基宗으로 표기했다. 『마이니치신문』(2024. 6. 19.)은 徐基宗으로 표기했다.
181 이 기록을 제외한 다른 기록은 대부분 김병열로 칭했다.
182 『오마이뉴스』(2006. 10. 30.)에 따르면, 1955년 울릉경찰서 배명기록(독도박물관 소장)에 1954년 12월에 순경으로 특채된 9명의 명단(한자로 명기)이 실려 있다고 했으나, 자료에는 김정수, 서기종, 하자진, 정원도, 황영문, 이규현, 양봉준, 김영호, 김영복, 이상국 모두 10명으로 기재하고 수비대원을 따로 구분하지 않았다. 김정수는 수비대 출신이 아니므로 그를 제외하면 9명이 맞다. 위 명단에서 하자진은 포항, 황영문은 강원도에 근무중으로 되어 있어 1955년의 상황임을 보여준다.

1. 민병대령에 따라 울릉경찰서에서 무기를 대여하고 자금을 조달해준 경우
2. 6·25 막바지에 2군과 경북 병사구 사령부에서 카빈과 M1소총, 무전기 및 인민군에게서 노획한 박격포를 얻은 경우
3. 경북 병사구 사령부에서 무기를 입수한 후 다시 대령과 중령에게 바다사자를 주는 조건으로 권총과 소총(M2 2정과 실탄 200발)을 얻은 경우
4. 1954년 2월 이후 부산 고물상에서 기관총 부속품을 구매하고, 양공주의 협조 아래 미군 무기(권총과 소총, 수류탄, 탄약, 중기관총 1정과 탄알 3천 발, 경기관총 1정과 탄알 3천 발, M1소총 20정과 탄알 3천 발, 45권총 2정과 탄알 200발)를 구득(혹은 절도)한 경우
5. 부산에서 소총을 획득한 후 대구의 경북 경찰국장 김종원에게서 조준대 없는 박격포를 얻은 경우
6. 모 장군에게 해구신을 주고 중기관총과 실탄을 얻은 경우

무기를 획득한 경로가 같음에도 종류를 다르게 기술한 경우도 있다. 민병대령에 따라 민간인의 무기 사용이 가능해졌지만 경찰서를 통해 대여하도록 되어 있었다. 홍순칠은 합숙훈련은 경찰서에서 대여받은 무기로 했다고 하고, 경북 병사구에서 권총과 경기관총 등의 무기를 입수했다고 했다. 부산 미군 기지에서 밀반출한 무기를 입도 전에 조달했다고 하거나 1954년 7월 23일의 첫 교전 후에 조달했다고 하는 등 증언이 일관되지 않다. 부산에서는 양공주의 도움을 받아 황영문과 함께 절도했다고 하는가 하면, 미군이 훔쳐서 팔아먹는 무기를 양공주를 통해 구입했다고도 했다. 처음 독도에 진주할 때 경기관총 2정, M2 3정, M1 10정, 권총 2정, 수류탄 50발 그리고 0.5톤 보트 1척, 전서구 3마리도 지참하고 들어간 것으로 되어 있다.

비용은 조부로부터 집을 담보로 300만 환을 빌려 모포와 작업복, 미

국 C레이션, 양담배와 권총 등을 구입했다고 하는가 하면, 조부로부터 받은 300만 원으로 미역을 사서 판매한 수익금으로 충당했다고 했다. 화폐 단위에 따라 금액은 300만 환과 300만 원, 두 가지로 보인다. 화폐개혁으로 원에서 환으로 바뀐 시기가 1953년 2월이므로 이 문제는 수비대 결성 시기를 언제로 보는가와도 관련된다. 1953년 2월 이전에 수비대를 결성했다고 보기 어려우므로 300만 환이 맞을 것이다. 다만 조부 홍재현이 이런 거금을 마련할 수 있었는지는 의문이다.[183]

당시 울릉경찰서에 근무했던 경찰들은 "모든 무기는 울릉경찰서가 대여해 준 것"[184]이라고 증언했다. 경찰출신 김산리는 "아무리 전쟁 중이지만 민간인들이 어디 가서 소총과 기관총을 구하겠느냐"고 하고, "박격포도 울릉경찰서 소유로 배정된 것을 빌려줬다"고 증언했다. 1978년 자료에 따르면, 홍순칠은 포항에서 울릉도로 물품을 보낼 때 발송인을 경북 경찰국으로, 수신인을 울릉경찰서장으로 했다. 검문을 피하고자 해서다. 포항을 출항한 뒤에는 다시 몰래 적재실로 들어가 발송인을 국방부로, 수취인을 독도수비대로 고쳤다. 울릉경찰서와의 마찰을 피하고자 해서다. 이 때문에 대원들이 자신들을 국방부 직속으로 오인했다고 했다. 그런데 1985년 자료에서는 발송인이 민병대 총사령부, 수취인이 울릉도 민병대 감독관으로 바뀌어 있고, 1997년 자료에도 발송인이 민병대 총사령관, 수취인이 울릉도 민병대 감독관으로 되어 있다. 민병대 감독관은 홍순칠 자신을 말한다. 홍순칠은 이 모든 일이 속임수였음을 시인했다.

---

[183] 2009년에 87세였던 경찰 출신 최헌식은 증언하기를, 홍재현이 홍순칠에게 주었다는 1,500만 원이라는 돈은 감자와 강냉이 농사로 마련할 수 있는 것이 아니며, 일본인에게 매수당한 친일파 1호라고 했다. 최헌식이 1,500만 원이라고 한 근거는 알 수 없다 (주강현, 『울릉도 개척사에 관한 연구: 개척사 관련 기초자료 수집』, 한국해양수산개발원, 2009, 178쪽). 일본인에게 매수당해 거금을 마련했다는 것인데 그 의미도 명확하지 않다.

[184] 『오마이뉴스』 2006. 10. 31.

홍순칠과 다른 대원이 언급한 무기 종류와 숫자는 〈표-11〉과 같다.

〈표-11〉 무기 내역

출전	조달처와 무기 내역	비고
1965	경북 병사구: 카빈총, M1총, 박격포 1문	
1970	경북 병사구: 카빈총, M1총, 박격포 1문, 무전기	
1978	부산: 소총 상자 2, 수류탄 1상자, 탄약 한 상자 절도 경북 경찰국장 김종원: 조준대 없는 박격포 1문, 포탄 50발 경북 사령부 모 장군: 중기관총 1정, 실탄 5천 발	
1983	80미리 박격포 1문과 포탄 200발, 20미리 직사포 1문과 포탄 30발, 중기관총 1문과 실탄 2만 발, 경기관총 1문과 실탄 3천 발, M1 소총 20정과 실탄 1천 발, 카빈소총 3정과 실탄 1천 발, M2 소총 5정과 실탄 200발, 권총 3정과 실탄 300발, 다발총 1정과 실탄 500발, 포대경 1대, 보급선1척, 전마선 3척	
1985	경북 병사구(대령과 중령): M1 2정, 실탄 200발 부산: 중기관총 1정, 탄알 3천 발, 경기관총 1정, 탄알 3천 발, M1소총 20정, 탄알 3천 발, 45권총 2정과 탄알 200발, 미군이 절도한 무기 구득	나홍주, 김명기 인용[185]
1989	경북 병사구: 80미리 박격포 1문, 경기관총 3정, M1소총 20정, 카빈 소총 5정, 권총 3정	
1997-1	울릉경찰서: 대여 2군과 경북 병사구: 소총과 권총, 경기관총, 권총과 소총 +M1 2정, 실탄 200발 부산: 기관총과 탄알, M1소총 입수 경북 병사구(대령과 중령): M2 2정, 실탄 200발 입수 경북 경찰국: 소련제 직사포 한 문, 조준대 없는 박격포 한 문	
1997-2	경북 병사구(소령): M1소총 2정, 실탄 200발 부산: 중기관총 1정과 실탄 5천 발, M1소총 20정과 실탄 2만 발, 수류탄 50발 구입	
1997-3	80미리 박격포 1문과 포탄 200발, 중기관총 1문과 실탄 2만 발, M1 소총 20정과 실탄 1,000발, M2소총 5정과 실탄 200발, 권총 3정과 실탄 300발, 20미리 직사포 1문과 포탄 30발, 경기관총 1정과 실탄 3,000발, 카빈소총 3정과 실탄 1,000발, 다발총 1정과 실탄 500발, 포대경 1대, 전마선 3척, 보급선 삼사호 한 척, 병영시설 한 채	김명기 인용
2005. 4	박격포 1문과 경기관총, M1소총, 칼빈 소총 몇 정, 목대포	정원도 증언
2006.11	기관포1, 박격포1, 구식장총1, 경기관총 1, 실탄 다수, 목대포, 모두 경찰이 지원	하자진 증언
2006.11	M1, BR, 81미리 박격포, 목대포(이상국 아이디어), 모두 홍순칠이 마련	이규현 증언

---

[185] 이들은 절도가 아니라 구입한 것으로 기술했다.

출전	조달처와 무기 내역	비고
2015	중기관총 1정(3,000발), 경기관총 1정(3,000발), M1 20정(3,000발), 45구경 권총 2정(200발) 확보 경북 경찰국, 병사구 사령부 등 지원: M1 2정(200발), 박격포(80m) 1문(200발), 통신시설	
기념사업회 자료	부산 사재: 중기관총 1정(3,000발), 경기관총 1정(3,000발), M1 20정(3,000발), 45구경 권총 2정(200발) 경북 경찰국, 병사구 사령부 등: M1 2정(200발), 박격포(80m) 1문(200발) 기타: 목대포, 포대경, 전마선, 통신시설 등	

※ 1978은 김교식의 『독도 수비대』, 1979는 『월간 학부모』, 1983은 수비대 『창설 30주년 기념행사 계획서』 안 '장비', 1985는 『독도의용군 수비대』, 1989는 『울릉군지』, 1997은 『이 땅이 뉘 땅인데!』(2018년 판도 동일), 2015는 이용원의 『독도의용수비대』를 말함.

    이렇듯 무기 내역이 기록에 따라 차이가 크고 특히 대원의 증언과 차이가 크다. 표에는 80㎜ 박격포라고 했는데, 81㎜ 박격포가 맞다. 정원도도 앞에서 언급했듯이 박격포 1문과 경기관총, M1소총, 칼빈 소총 몇 정만으로 무장했다고 증언한 바 있다.[186] 그는 목대포는 언급했지만 중기관총이나 수류탄은 언급하지 않았다. 정원도가 말한 무기는 위의 표에서 기술한, 경북 병사구에서 얻었다는 무기 종류와 거의 일치한다. 하자진과 이규현의 증언도 정원도가 언급한 무기에서 크게 벗어나지 않는다.

    홍순칠에 따르면, 군인은 제대할 때 군복을 벗고 광목으로 만든 제대복을 한 벌 받는다. 그는 대원들을 위해 부산 국제시장에서 군복 50벌을 구입한 뒤 수선집에서 수선했다고 하는가 하면, 포항 해병대에서 모포와 작업복을 불하받았다고도 했다. 입도 전 2주간 합숙훈련을 할 때 50명의 대원에게 모포와 작업복을 배부했다고도 했다. 그러나 그가 포항 해병대로 간 시기는 2주간의 훈련이 끝난 뒤이다. 정원도의 증언에 따르면, 대원들은 대부분 군대 생활을 해본 자들이라 훈련이 필요 없었고, 의복은 제대 초기는 제대복을 입고 있었으나 그 옷이 다 떨어진 뒤

---

[186] 『오마이뉴스』 2005. 4. 5.

에는 개인이 준비했다고 증언했다. 그는 홍순칠이 의복을 준비해주거나 부인 박영희가 세탁해 주었다는 사실을 부인했다. 하자진과 이규현도 2006년에 같은 증언을 했다.

홍순칠에 따르면, 1956년 12월 수비대가 경비 임무를 울릉경찰서에 인계한 뒤 유일한 경비선이며 보급선인 삼사호로 전 대원이 울릉도로 철수했다고 한다.[187] 여기서 말한 전 대원은 경찰에 특채된 9명을 제외한 나머지일 것이다. 그가 말한 전마선은 '화비(和費)로 전세낸 4분의 1톤 전마선', 40여 척의 보급선(전마선), 자형이 보급해준 전마선 등으로 일관되지 않다. 김교식은 보급선을 '34호'로 불렀고, 다른 기록은 대부분 '삼사호'로 불렀다.

⑤ 1953년 4월의 첫 상륙 여부

연도	내용
1965	영장 30장으로 대원 모집, 7인의 무기와 복장 제각각, 모두 맹장을 잘라냄, 구호양곡이 끊겨 각자 식량을 챙긴 뒤 1953년 4월 27일 밤 울릉을 출항, 입도 후 일본 푯말을 제거하고 독도 푯말을 세웠으며 약수터도 간신히 찾아냄, 석 달을 넘김(316~317쪽)
1970	1953년 6월 말, 밤에 홍 대장을 위시한 7인(김병열, 서기종, 황영문 등)의 선발대가 도동항 출발, 가지각색의 복장과 무기 소지, 급성 맹장염 막으려 보건소행, 식량 마련에 관한 김병렬 씨의 증언(146쪽)
1978	두 사람만 맹장 수술, (1954년) 3월 27일을 디데이로(56쪽), 6·25가 나던 해에 입대하여 육군기갑연대에서 훈련, 군번은 5500919, 죽을 고비 넘긴 것은 끝수가 가보[188]라서, 1진 황영문, 정원도, 양봉준, 허신도, 이상국, 이규현(56쪽)이 3월 26일 밤 9시 30분에 출항(57쪽), 수송선은 친구 이필영[189] 소유의 5톤짜리 어선 34호(57쪽), 기관총 1정과 M1(소총) 지닌 6명이 출발하여 7시간 30분 걸려 3월 27일 새벽 5시 서도에 도착, 자재와 일용품 하선, 대원 7명과 선원 5명 모두 12명 조식, 고사, 이필영에게 보트 두고 가게 함(78~59쪽), 국기게양대 설치를 위해 보트로 순시 중 500마리 가까운 물개(海狗, 바다사자라고도 한다-원주)떼 목격, 물개 잡으려다 혼난 (홍순칠의) 6촌 홍광국 이야기를 황영문이 언급(60~63쪽)

---

187 홍순칠, 『이 땅이 뉘 땅인데!』, 혜안, 1997, 168쪽.
188 화투에서의 갑오(9)를 말하는 듯하다.
189 1924년생이다.

연도	내용
1978	황영문이 날짜와 요일, 날씨, 교대시간과 근무상황 기록한 경비일지 씀(73쪽), 나무에의 각자(刻字)로 보낸 첫날 밤. '대한민국 경상북도 울릉군 남면 도동 1번지'라고 한글과 한문 병기, 이튿날 2진 20명이 도착, 100여 일이 지남(74쪽)
1985	(1953년) 4월 20일 오전 8시를 상륙일시로, 전날 회식, 삼사호에 경기관총 설치, 출발 한 시간 전 조부에게 인사-러일전쟁 이야기, 울릉도 앞바다에서 50~60명 구조, 돈스코이호 함장의 자침(自沈), 청동주전자, 돈을 경찰에게 빼앗김-, 전서구 한 쌍, 15명의 1진 출발(209~211쪽). 국기게양대와 막사 건립이 첫날 일과, 독도는 56,301평 8홉, 2진 합류 후 서도에 무기고 만들기로, 한 달 동안 일본 경비정을 몇 번 봄(211~212쪽)
1996	(1985년 내용과 동일)
1997	40명이 1953년 4월 20일 독도로 향하기 전날 밤 조부의 이야기-러일전쟁 당시 돈스코이함대의 병사를 구출해주고 청동 주전자 선물받은 일, 함장의 자침-, 주전자를 아내에게 맡기고 밤 12시 장도에 오름, GUN BOAT(砲艦) 대 GUN ROCK(砲岩) 작전, 제2진 출발, 1진 상륙 당시 물개 200마리 목격, 황소 몇 배 만한 바다사자(24~27쪽), (4월 21일) 도착 후 보트로 섬 일주, 서도에 야전용 대형천막과 태극기 게양대 설치, 우산도와 간산도 노래 추억, 동도 정상에서 러일전쟁 당시 망루 발견(24~31쪽)

　　독도에 상륙한 시기는 수비대 역사에서 매우 중요한데 이에 대한 기록이 제각각이다. 위의 표에서 보듯이 홍순칠이 독도에 처음 상륙한 시기는 1953년 4월 20일 오전 8시, 4월 21일 오전, 4월 28일, 6월 말(독도 상륙은 7월 1일?), 그리고 1954년 3월 27일 등으로 다르다. 1953년 4월 20일 오전 8시 독도에 상륙했다고 하는가 하면, "4월 20일 독도로 향하는 전날 밤"이라고도 했다. 1953년으로 쓴 경우가 4건이고 1954년으로 쓴 경우가 1건이다. 오늘날 '1953년 4월 20일' 상륙설이 거의 통설로 되어 있는데 이를 처음 언급한 것은 1985년 수기이다.

　　홍순칠은 1953년 입도 당시 "GUN BOAT(砲艦) 대 GUN ROCK(砲岩) 작전"으로 일본인을 대적한다고 했지만, 한 달 동안 일본 경비정을 바다 위에서 몇 번 보았을 뿐이었다. 작전을 실행에 옮길 만한 사건은 석 달이 넘도록 일어나지 않았던 것이다. 입도 시 지참한 무기는 경기관총 1정과 M1 소총이다. 홍순칠은 1953년 4월 20일 독도로 떠나기 전날 밤 조부 홍재현으로부터 러일전쟁 당시의 에피소드를 들은 것으로 기술했지만, 4월 20일 오전 8시 울릉도를 떠나기 한 시간 전에 들었다고 기술한 자료도 있다. 러일전쟁 당시의 일화에 대해서는 1976년에 『동아일보』가 보도한 바 있다.[190] 1978년 자료는 1954년 3월 27일을 디데이로 잡았다고 했지만 앞에서 언급했듯이 1954년 5·20 선거 전에 홍순칠이 본인을 제외한 채 대원들만 먼저 들여보냈는지는 의문이다.

홍순칠은 수비대원을 1진과 2진으로 구분했고, 1진을 7명으로 기술하거나 선원 포함 12명 혹은 15명으로 기술했다. 1진은 황영문, 정원도, 양봉준, 허신도, 이상국, 이규현이고, 홍순칠을 포함하면 7명이다. 2진으로는 20명을 언급했으나 명단은 밝히지 않았다. 1953년 4월 20일 40명이 향했다는 기록도 남아 있다. 1966년의 서훈 관련 문서에 "1954년에…울릉도 출신 대원 30명을 모집하여 다액의 사재를 들여"라고 했지만, 30명의 명단이 제시된 것은 1970년대 후반에 와서다. 입도 전 모든 대원에게 맹장 수술을 받게 했다는 홍순칠의 말과는 달리 이미 군대에서 대부분 맹장을 제거하여 2명만 받았다고 한 기록도 있다. 홍순칠은 1954년에 황영문에게 날짜와 날씨, 교대시간과 근무상황 등을 담은 경비일지를 쓰게 했다고 하지만, 일지의 실물이 공개된 적은 없다. 하자진도 일지는 없다고 증언했다.[191] 1955년에 작성한 황영문의 근무표가 남아 있지만 이는 대원 전원의 일지가 아니다.

홍순칠에 따르면, 수비대가 입도하자마자 '대한민국 경상북도 울릉군 남면 도동 1번지'라고 쓴 표목을 설치했고, 막사와 국기게양대를 설치했으며 약수터도 찾아냈다고 한다. 그러나 '대한민국 경상북도 울

---

190 「울릉도 개척 100년의 주역 용기와 보람의 3대」, 『동아일보』 1976. 2. 14.
191 하자진 증언, 2006년 11월 24일 포항자택에서 면담(국가보훈처 독도의용수비대진상규명위원회, 『독도의용수비대 진상규명위원회 결과보고』, 2008. 2. 21.).

릉군 남면 도동 1번지'라고 쓰인 표목이 있었음을 입증할 만한 자료는 없다. 그는 독도의 크기를 '56,301평 8홉'이라고 했지만, 일본 잡지를 인용하여 7만 평이라고 한 기록도 있다. 현재 알려진 독도의 크기 187,554㎡는 약 56,735평이다.

4. 첫 교전에 대한 검증

⑥ 1953년 7월 23일의 첫 교전 성립 여부

연도	내용
1965	입도한 지 석 달 후 로빈슨 크루소 몰골의 7월 23일 아침, 황영문이 물개사냥 중 일본의 5백 톤급 PF 9정[192] 목격, 첫 교전. 홍대장은 소련제 기관총에 실탄 200발을 장탄. 일본 경비정은 마이크로 표류자인가 소리침. 기관총이 불을 뿜자 일본 경비정은 급히 닻을 올리고 '독도경비대 사요나라' 운운하며 달아남(317쪽).
	'7·23 사건'에 대해 일본이 항의. 백두진 총리는 애매하게 답변하고 홍 대장에게 군정법령 70호[193]에 따라 사회단체로 등록하라는 전문을 보냈으나 거부, 6·25 휴전(318쪽)
1970	1935년(1953년의 오기-인용자) 7월 12일 첫 접전의 날, 황영문이 가제사냥 중 5백 톤급 일본 F9정 목격, 홍대장은 소련제 기관총에 실탄 100알을 장전. 일본 경비정이 마이크로 표류자인가 물음. 기관총을 쏘았으나 일본 선박은 철옹성, 일부 대원이 전마선 타고 돌격했으나 36계 줄행랑, '독도경비대 사요나라' 운운하며 달아남(147쪽).
	일본 순시선과 울릉경찰서 소속 경비선이 마주침. 경사 최헌식(崔憲植)이 일본 선박 책임자와 만나 울릉중학교 교사 기왕비(㠳王碑)의 통역으로 담판. 3톤짜리 경비선이 500톤의 일본어선(日船)을 물리친 셈(147쪽).

---

192 PF9정은 없으므로 PS 9정이 맞는 듯하다(박병섭, 「1953년 일본 순시선의 독도 침입」, 『독도연구』 제17호, 영남대학교 독도연구소, 2014, 210쪽). 홍순칠이 언급한 함정에 대한 기술이 제각각인데, 다음의 분류를 참고하면 될 듯하다. P=Patrol(초계정), PL=Patrol Large Vessel(대형 초계정), PM=Patrol Medium Vessel(중형 초계정), PS=Patrol Small Vessel(소형 초계정), PC=Patrol Craft(초소형 초계정). 박병섭에 따르면, PS9(구즈류, 232톤) PS13(노시로, 243톤) PS18(나가라, 241톤)이다. 오키호는 PM06, 389톤이고, PL105가 쓰가루호 811톤으로 가장 크다. 홍순칠이 언급한 PS9정, 11정, 16정 가운데 일치하는 것은 PS9정뿐이지만 232톤의 소형이다. 외무성이 오키호와 헤쿠라호라고 했으므로 이에 해당하는 함정을 찾는다면 PM06과 PM14가 해당한다. 2009년에 최헌식은 헤쿠라호를 450톤이라고 증언했다(주강현, 『울릉도 개척사에 관한 연구: 개척사 관련 기초자료 수집』, 한국해양수산개발원, 2009, 54쪽). 따라서 그 이전부터 450톤으로 구전되고 있었던 듯하다.
193 이 법령(1946년 5월 17일 공포)은 '부녀자의 매매 우는 기 매매계약의 금지'에 관한 것이므로 홍순칠이 말하는 바와 관계없다.

연도	내용
1970	독도수비대의 '7·12 사건'으로 일본은 한국어민이 한국 관헌의 보호 아래 어로하고 있음을 목격, 총격당했다는 일본 측의 제5차 항의구상서, 백두진 총리의 애매한 답변, 홍대장에게 긴급 전문으로 군정법령 70호에 따른 사회단체 등록을 권함, 홍대장은 연락을 끊음. 7·17[194] 휴전 직전의 일임(147쪽)
1978	2진 20명이 도착한 지 100여 일(74쪽)… 한 달가량 훈련 지속하던 (1954년) 7월 23일 새벽, 보초병 조상달(曺相達)이 일본 선박 발견, 해상보안청 P9정, 20m 가까이에서 수비대가 기관총 발사(78~79쪽), 철판은 뚫리지 않음, 10여 분간 총탄 세례를 받은 일본 함정 도망(79~80쪽)
1985	(서도에 온 지 한 달 지난) 9월(5월의 오기-인용자) 28일 150m 전방에 천 톤급 일본 경비정 출현, M1소총으로 공포 3발을 쏘자 표류자인지 소리치며 사라짐, 일본 경비정의 최초 목격임, 깔따기(깔따구-인용자)로 인한 고통, 하자진이 몸 단련 제안 (212~213쪽)
	(독도에 온 지) 두 달 뒤인 6월 25일 일본 경비정이 나타나 정원도가 기관총 29발을 쏘았으나 명중하지 못함, 마이크로 표류인지 해적인지 물음, 6월 27일과 28일 일본 경비정이 막사 앞을 지나갔으나 시계 밖임, 태풍 때문에 막사 건립과 목재 운반 중지, 동도로 옮기기로 하고 통로와 방카 구축 중 휴전(213~215쪽)
	(1953년) 가을, 갈매기 고기, 월동준비, 막걸리, 대다수가 국졸이라 겨울에 한글 공부, 이상국이 근무일지에 '근무중 이상없음' 쓰는 정도였는데 후일 경찰관이 됨, 한상용은 동장 지냄(215~217쪽)
1996	1985년 내용과 동일, 6월 28일을 9월 28일로 오기한 것도 동일
1997	1953년 7월 23일 새벽 5시 보초 김경호 "일본 군함이다"를 보고, PS9함의 진격, 조상달 이상국, 황영문과 필자가 한 조, 다른 대원은 서기종과 한 조, 함대의 20m 앞까지 돌진, 소총과 경기관총으로 2000여 발 쏘자 도망, 물개 파티(35~36쪽). 다음날 중화기 때문에 대구행, 경북 병사구 사령부 모 과장에게 바다사자 미끼로 M2정 입수, 경북 경찰국에서 소련제 직사포 한 문과 조준대 없는 박격포 한 문 획득, 탁송 후 200만 환과 바다사자 생식기 1개로 부산행(37~37쪽), 무기를 삼사호에 선적, 진지 구축 전까지 야영천막(41쪽), 3일 만에 구축하고 울릉도로 나옴(42쪽)

⑥은 수비대가 언제 처음으로 일본과 교전했는가의 문제와 관련된다. 홍순칠은 1953년 7월 12일 해상보안청 소속 순시선을 위협사격으로 격퇴한 사실을 언급했지만, 그의 기록에는 7월 23일과 7월 12일이 섞여 있다. 실제 사건이 일어난 시기는 7월 12일이고 이는 홍순칠과 무관하다. 1985년 자료에서 홍순칠은 6월 25일 정원도가 경비정에게 기관총을 쏜 일과 6월 27일, 28일 일본 경비정이 멀리서 지난 일을 간단히 언급한 뒤 7월 17일(27일이 맞음-인용자)의 휴전 소식을 언급했지만, 7월

194　휴전일은 1953년 7월 27일이다.

12일 사건은 언급하지 않았다. 홍순칠을 제외하면, 양국에서 7월 23일의 사건을 기록한 자료는 없다. 1965년 자료는 7월 23일을 먼저 기술했지만, 1970년 자료는 7월 12일을 첫 접전의 날로 기술했다.

1953년 7월 12일 이전의 상황을 보면, 일본의 독도 침범으로 한국인들이 독도 어로를 중단할 위기에 처하자 한국인을 보호하고 일본인을 감시할 필요가 생겼다. 이에 7월 11일 오전 울릉경찰서의 '순라반'이 경기(경기관총) 2문을 장착하고 독도로 향했다.[195] 이들은 어민 배성희 소유의 발동선(5톤)에 편승하여 오후 7시경 독도에 도착한 뒤 1박을 했다. 당시 독도에는 하얗게 칠한 10톤 정도의 전마선 2척과 파랗게 칠한 5톤 정도의 전마선 한 척, 모두 3척의 어선이 있었고, 동도의 상륙 지점에는 40명 정도의 어민들이 있었다. 일본 측 자료는 선박명을 大成號[196]와 □榮號[197]로 적고, 다른 한 척은 인식하지 못한 것으로 기록했다.[198]

7월 12일 오전 5시경 일본 돗토리현 제8관구 소속의 순시선 헤쿠라호(450톤)가 독도 300미터 앞에서 멈추었다. 백색 어선(대성호)에서 경사 최헌식과 교사 2명이 다가가 한국 영해에 들어온 일을 항의했다. 최헌식이 기 교사의 통역으로 선장과 대화하고 울릉경찰서로의 동행을 요구했지만 선장은 이를 거부했다. 다시 다른 백색 어선[199]에 있던 경찰(김

---

[195] 다무라 세이자부로는 당시 7명의 경찰관이 있었다고 하고(김선희, 2010, 앞의 책, 165쪽); 『요미우리신문』도 경관 7명의 호위를 받았다고 보도했으므로(정병준, 2010, 앞의 책, 901쪽에서 재인용) 승선자들을 모두 경찰로 보았음을 알 수 있다. 7명은 3명의 경찰 외에 교사 2명과 선원을 합한 인원으로 보인다.

[196] 박병섭은 순라반이 대성호를 타고 독도로 갔을 것으로 보았다. 자동소총과 카빈총, 경기관총을 실은 대성호 사진이 『アサヒグラフ』 9월 16일자에 게재되었기 때문이다(박병섭, 「1953년 일본 순시선의 독도 침입」, 『독도연구』 제17호, 영남대학교 독도연구소, 2014, 225쪽).

[197] 일제강점기 울릉도의 통조림공장 소속의 선박명이 광영호(光榮號)였다. 1952년 9월 15일 독도폭격사건이 재발했을 때 광영호 소속의 해녀 14명과 선원 등 모두 23명이 독도에서 소라와 전복 등을 채취 중이었다(외교통상부, 『독도문제개론』, 2012, 46쪽).

[198] 「竹島の表情」, 『キング』, 1953. 11., 191쪽.

[199] 대성호로 카빈총이 하나, 자동소총이 하나, 경기관총이 하나 있었다(박병섭, 2014, 앞의 글, 223쪽).

진성 경위)과 앞서 선박에 탔던 3명(최헌식과 교사 2명) 모두 4명이 선장실에서 대화한 뒤 하선했다. 이어 청색어선이 자동소총 하나를 지니고 일본 선박에 다가왔다. 일본 순시선이 독도를 일주하자 바위그늘에 숨어 있던 한국 어선 3척이 산 중턱에서 수십 발을 발포했다. 탄환은 왼쪽 뱃전 근처에 물보라를 일으키며 흩어졌고, 일본 측의 인명 피해는 없었다.[200] 7월 12일 사건은 독도순라반이 일본 경비정 20m 앞에서 소총과 경기관총 200여 발의 위협 발포를 해서 일본 순시선을 달아나게 한 것이었다. 일본 외무성은 항의각서(7월 13일자 제187호 각서)에서 일본 순시선이 독도를 떠나기 시작했을 때 한국 측이 일제히 무수한 사격을 가했다고 했다.[201] 이에 한국 외무부는 경찰이 일본 선박에 제지를 명했으나 불응하기에 경기관총으로 위협 발포한 것이라고 응수했다.[202] 당시 최헌식의 증언도 일본 외무성 및 한국 외무부 기록과 일치한다. 외무부는 이를 '제5차 침범'이라고 불렀다.[203]

그런데 홍순칠은 1965년 자료에서 (7월 23일) 자신이 소련제 기관총에 실탄 200발을 장탄하여 불을 뿜자 일본 경비정이 급히 떠났다고 기술했다. 1970년 자료는 (7월 12일) 소련제 기관총에 실탄 100알을 장전하고 쏘았으나 맞지 않았고 일부 대원이 전마선으로 돌격했지만 일본 경비정이 달아났다고 기술했다. 실탄의 숫자나 사격을 가한 시점이 일본 외무성의 기록과 다르다. 한국 내무부는 우리 쪽에서 경기관총으로 일본 선박을 위협 발포했으나 그들이 도주했다고 보았다.[204] 일본 측은 "산중턱

200　박병섭(2014), 앞의 글, 223~224쪽; 다무라는 한 발이 배에 명중했지만 부상자는 없었다고 했다(김선희, 『다무라 세이자부로의「시마네현 다케시마의 신연구」번역 및 해제』, 한국해양수산개발원, 2010, 165쪽).
201　외교통상부, 『독도문제개론』, 2012, 71쪽.
202　위의 책, 70쪽.
203　위의 책, 68~73쪽.
204　위의 책, 70쪽.

에서 점점 기관총 총성이 연속해서 들리고 슈하는 소리가 순시선 주위를 스쳤다. 그 가운데 한 발이 선복(船腹)에 소리를 내며 맞았고, 한 발은 로프를 스쳤다"고 기록했다.

일본 측 자료에 따르면, 한국인들은 헤쿠라호 대원이 권총만 지녔고 기관총 등의 무장을 하지 않았음을 인지한 뒤 태도가 바뀌었다고 했다. 한국인 가운데 7명의 무장 경관(울릉경찰서 서원(署員)으로 그 가운데 한 명은 주임, 한 명은 순사부장-원주)과 2명의 중학교 교사가 있었다고 했다. 또한 일본 측 자료에 따르면, 처음에는 최헌식이라는 순사부장과 중학교 교사 2인이 승선했고, 전마선에 기관총이 있는 게 보였다는 것이다. 최헌식의 증언에 따르면, 헤쿠라호에서 일본인 선장과 실랑이를 하던 중 갑자기 우리 쪽 선원이 소총을 몇 발 쏴 '해구라호'(헤쿠라호)가 기겁하고 달아났다는 것이다. 일본 측은 한국 경관과 교사가 하선한 뒤 헤쿠라호가 섬을 일주하고 가려 할 즈음 한국 측이 발포했다고 했으므로 최헌식의 증언과는 내용이 다르다. 최헌식은 한국 경관이 선박을 바위 그늘에 숨겨 놓고 산 중턱에 올라가 일본 선박을 향해 발포했다고 했는데 일본 측은 이들을 무장 경관으로 불렀다.

최헌식은 2006년의 증언에서 "그때 발포하지 말도록 이야기했는데 선원 중 하나가 실수했다"며 "그중 두 발이 해구라호 선창에 맞았는데 나중에 보니 일본 잡지에 크게 실렸더라"고 회고하며 잡지 기사를 기자에게 보여주었다.[205] 잡지란 『킹』 1953년 11월호를 가리키는 듯하다. 최헌식이 말한 선원은 경관을 가리킨다.[206] 최헌식은 2009년의 증언에서는 우리 선원들이 기관총을 배에 직접 쏘지는 않고 바닥에 긁었다고 했

---

205 『오마이뉴스』 2006. 10. 31. 당시 최헌식은 85세로 울릉도에 살고 있었다.
206 최헌식은 2010년대에 작성한 수기에서 선원을 일러 경찰 신분이라고 했다.

다가,[207] 2012년의 증언에서는 일본 배가 달아나려 하자 기다리던 순경들이 M1소총으로 위협 사격을 했다고 했다.[208] 최헌식의 또 다른 기록에 따르면,[209] 양측이 담판을 짓다가 일본 측이 기념사진을 찍자고 제안, 선장실을 나가려던 순간 (사찰)주임 김진성이 험악한 기색으로 선장실로 되돌아가 일본인을 나포하겠다고 했고, 불응할 것이면 나를 포로로 체포해가라고 했다. 그러자 일본 측이 난처해하며 상부 명령 없이 체포할 수 없다며 선장을 불러 출항명령을 내렸다는 것이다. 우리 측이 연안에 도착했을 때 김진성이 경찰 신분의 선원에게 발포 명령을 내려 선장과 기관장이 M1 소총으로 각각 2~3발씩 발포했고, 다시 경기관총으로 위협 발사를 하자 헤쿠라호가 혼비백산하여 도주했으며, 이후 이 사건이 일본 월간지 『킹』에 '소총탄 2발 명중'이라는 내용이 실렸다는 것이다. 최헌식 본인은 발포를 말렸다고 했다. 그의 증언이 시기에 따라 내용이 다르기는 하지만, 7월 12일 사건이 경찰의 대응임을 밝힌 것은 공통된다. 그런데 홍순칠은 이를 수비대의 행적으로 바꿔버렸다.

    1970년에 박대련은 홍순칠의 증언과 최헌식의 증언을 함께 기술했다. 박대련은 "35년[210] 7월 12일은 수비대에게 첫 접전의 날이었다"고 하여 사건을 일본 순시선과 수비대의 교전으로 기술하는가 하면, "최헌식 씨의 증언에 의하면, 이 일본 순시선은 이날 때마침 독도 근해를 순시 중이던 울릉경찰서 소속의 경비선과 마주친 것으로 되어 있다"고 기술하여 일본 순시선과 경찰의 교전처럼 기술하기도 했다. 박대련은 같은 사건을 다른 세력이 다른 날 대응한 것처럼 적었는데 이에 대한 설명

---

207 주강현, 『울릉도 개척사에 관한 연구: 개척사 관련 기초자료 수집』, 한국해양수산개발원, 2009, 175쪽.
208 「독도, 1950년대부터 민간 아닌 경찰이 경비」, 『연합뉴스』 2012. 11. 7.(박병섭, 2014, 앞의 글, 228쪽에서 재인용).
209 2010년대에 작성한 수기를 가리킨다.
210 1953년의 오기이다.

은 없다. 박대련이 (최헌식이 일본 순시선에게) "…재침하지 않도록 담판했단다."라고 기술했으므로 이는 전문(傳聞)을 적은 것으로 보인다. 박대련은 일본 순시선을 5백 톤급 일본 F9정으로 기록했지만, 김교식은 해상보안청 P9정으로 기록했다. 순시선은 386톤급 헤쿠라호를 가리키지만 최헌식은 450톤이라고 했다. 한편 1985년에 홍순칠은 천 톤급을 운운했다. 이 사건은 울릉경찰서가 독도에 경찰 인력을 상주시키지는 않았으나 어민 보호를 위해 필요할 때마다 경관을 파견해서 독도를 순시하고 있었음을 보여준다.

『동아일보』는 도쿄발 뉴스를 인용, 한국 어선 3척이 한국 함정의 보호 아래 어로하고 있었는데 헤쿠라호에 4명의 한국 경관이 승선하여 각자 자국 영토임을 고집했고, 일본 측이 한국 관헌을 하선시킨 후 독도를 순회한 뒤 귀환하려 할 때 갑자기 한국 선박이 수십 발의 총격을 가했다고 보도했다.[211] 보도된 바로는 그 가운데 2발이 명중했지만 인명 피해는 없었다. 여기에 수비대에 관한 언급은 없다. 일본 측이 수비대와 경찰관을 구분할 수 없어 수비대를 언급하지 않았다고도 볼 수 있지만, 양국인이 선장실에서 대화하는 동안 그 신분이 드러나지 않았을 리 없다.

양국의 공식 기록에 수비대에 관한 언급이 없기도 하지만, 홍순칠도 일본인과의 선상 대화를 언급한 적이 없다. 다만 홍순칠은 일본 경비정이 우리 측에 표류자인가를 물었으나 수비대가 바로 앞으로 돌진해서 총격을 가했다고 했다. 그러나 제8관구 해상보안본부장의 보고서와 사진 및 언론 보도[212] 등을 보건대, 일본 순시선과 한국 경관이 곧바로 총격전을 벌였다고 보기는 어렵다. 나중에 한국 경관이 일본 순시선에 발

---

211 『동아일보』 1953. 7. 15.
212 1953년 7월 14일자 『아사히신문』도 사진을 게재했다(정병준, 2010, 앞의 책, 900쪽).

포한 이유는 그들이 떠나겠다는 약속을 지키지 않고 섬을 일주했기 때문이었다. 일본 측 보고서는 섬에 미군 노무자의 옷차림 비슷한 녹색 옷과 모자를 착용한 경비원 같은 자가 여러 명 있었다고 했다.[213] 또한 이 보고서는 '미군 노무자 옷차림 비슷한 녹색 옷'[214]을 입고 있던 최헌식과 비슷한 옷을 입은 다른 경찰들이 서도의 산중턱에서 대기하고 있었다고도 했다.[215] 그렇다면 일본 측이 산중턱에서 총격을 받았다고 한 것은 서도에 있던 경찰의 총격을 가리킨다고 보아야 할 것이다.

일본은 7월 12일의 사건에 대한 항의각서를 7월 13일자로 주일한국대표부에 보내왔다. 이에 따르면 3척의 어선에 탑승한 30명가량의 어부가 7명의 관헌의 보호 아래 어로에 종사하고 있었고, 일본 순시선이 섬을 떠나기 시작했을 때 그들에게 무수히 일제 사격을 가했다.[216] 일본 정부는 7명의 관헌 혹은 무장 경관을 언급했는데 이들이 말하는 관헌 혹은 무장 경관의 범주에 수비대원이 포함되었을 수 있다. 그러나 최헌식의 증언대로 선장이 한국인과 한 시간 반가량을 대화했다면 일본 측이 관헌(경찰)과 민간인을 구분하지 못했을 리도 없다.

사건이 일어난 후 7월 21일 해군 참모총장 박옥규는 일본의 침입에 대비하여 독도 주변을 순항하고 경계하도록 지시했다.[217] 헤쿠라호는 일단 사카이항으로 돌아갔으나 후에 다시 독도에 왔을 때 그들이 설치한 표주와 입찰(立札)이 모두 뽑혀 그 파편도 볼 수 없었다. 한국 측이 이미 제거했기 때문이다. 한편 홍순칠은 일본 정부의 항의로 백두진 총리가

---

213 박병섭(2015), 앞의 글, 89쪽.
214 제8관구 해상보안본부장의 7월 13일자 보고서.
215 박병섭(2014), 앞의 글, 227쪽.
216 외교통상부, 『독도문제개론』, 2012, 71쪽.
217 박병섭(2014), 앞의 글, 228쪽.

수비대의 존재를 파악, 군정법령에 따라 사회단체로 등록하라고 했으나 자신이 거부했다고 한다. 그가 운운한 군정법령 70호는 1946년 5월 27일에 공포된 인신매매 금지령이므로 사회단체와 무관하다. 같은 내용을 언론에서는 정부에서 군정법령 7호인지 8호에 의거하여 단체등록이 불가하니 '특수의용경찰관'의 신분으로 울릉경찰서장의 감독하에 들어가라고 해서 독도경비대가 성립한 것처럼 보도했다.[218] 같은 연도에 행해진 사람의 인터뷰인데, 하나는 군정법령 70호와 '독도 사수 특수의용대'를, 다른 하나는 군정법령 7호, 8호와 '특수의용경찰관'을 말하고 있었다.

홍순칠에 따르면, 1953년 7·12 사건 이후 중화기의 필요성을 인식하여 자신이 경북 병사구 사령부에 M2 몇 정을, 경북 경찰국에 직사포 1문과 조준대 없는 박격포 1문을 요청했다고 한다. 그렇다면 독도에 입도한 지 석 달이 지난 뒤에야 중화기를 마련했다는 것인데, 1965년 자료는 1953년 7·12 사건 전에 경북 병사구에서 박격포 1문을 입수한 것으로 기술하는가 하면, 경찰국장 김종원에게 이를 요구한 것으로 되어 있기도 하다. 경찰관들이 타고 있던 백색 어선에는 소련제 경기관총(DP-28)이 장착되어 있는데 이 기관총은 전쟁에서 중공군이나 인민군에게서 노획한 것이므로 순라반이 다른 조직과의 연계 없이 단독으로 획득하기는 어렵다는 견해가 있다.[219] 이용원이 이런 견해를 개진한 이유는 홍순칠이 확보한 무기 목록에 경기관총이 있음을 들어 이 교전이 경찰이 아닌 수비대와의 교전임을 뒷받침하기 위해서였다. 그런데 홍순칠은 경북 병사구에서 얻은 박격포가 인민군에게서 노획한 박격포임을 이미 밝힌 바 있다.

---

218 『매일신문』 1965. 6. 25.
219 이용원, 『독도의용수비대』, 범우, 2015, 102쪽.

일본 측은 1953년 8월에도 여러 번 독도에 불법 침입하고 상륙을 시도했다. 9월에도 17일과 23일 독도를 침범했다. 그런데 일본 측 기록에 따르면, 8월 3일 돗토리현 해상보안부 순시선 헤쿠라호가 왔을 때 한국의 함정이나 관리가 보이지 않았고 전에 세운 일본 표주가 철거된 사실만 확인했다는 것을 알 수 있다.[220] 한국 외무부 기록에 따르면, 8월 23일 오키호가 출현하여 한국 측 파견대원들과 대치했다. 일본 측에는 관련 기록이 없지만[221] 홍순칠은 8월 15일의 사건을 언급했다. 다무라는 일본 측 순시선의 침입이 8월 31일에 있었음을 언급했다. 1953년 8월 15일의 사건에 관해서는 다시 다루겠지만 여기서 특기할 것은 양국의 교전은 7월 12일의 교전만 있었고, 이는 수비대와는 무관하다는 것이다. 따라서 1953년 7월 23일의 첫 교전이라는 말은 성립하지 않는다.

5. 가짜 영장

⑦ 가짜 영장 발부

연도	내용
1965	대원 7명을 '독도 사수 특수의용대'라 함, 노력동원이라며 영장 30장을 끊어 대원을 모집, 7인의 맹장 제거, 1953년 4월 27일 밤 울릉 출항(316쪽)
1978	대통령과 국방장관을 만나는 일 무산, 도장으로 뭐든 가능한 세상이므로 대통령 서명 문서를 구하고 경북 병사구 사령관 발행의 징집영장을 한 장 구함, 대통령 서명과 인장 및 사령관의 직인 위조(26쪽), 하갑청 대령이 사령관 직인으로 징집영장 50장 작성, (1954년) 3월 1일을 소집일로 함(27쪽), 모두 제대군인, 대구에서 울릉도로 영장 발송, 부산에서 군복과 권총을 구하고 장교 모자도 구매, 수선집에서 사령관 옷처럼 고침, 독도수비대 사령관 복장(28쪽)을 하고 대통령 서명이 든 사령관 임명장을 위조하고 권총을 지참(28~29쪽)

---

220 정병준(2012), 앞의 글, 400쪽.
221 위의 글, 400쪽(國防海外發 제19호, 1953. 8. 28. 국방부 장관 → 외무부 장관, 『독도문제, 1952-1953』 재인용-)

연도	내용
1978	1954년 2월 말 영장 도착, 주민들이 징집영장에 대해 군청과 경찰서에 항의(29쪽), 대통령이 독도수비대 사령관에 임명했다고 청년들에게 홍순칠이 거짓말, 일본이 알면 안 되므로 비밀에 부쳤다고 거짓말, 군수와 서장에게도 대통령 명력이 없어 제대장병들로 구성하기로 병사구 사령관에게 지시하는 것을 보았다고 거짓말하자 군수와 서장 납득(31쪽), 1954년 3월 1일, 50명이 도동국민학교 운동장에 출두, 홍순칠이 군수, 서장과 함께 나타나 연설, 두 사람은 축사, 독도수비대가 탄생(31~32쪽)
	막사 지으려 군수에게 조부의 산 벌채 허가와 울릉군의 공용선 요청, 경찰서장이 경관 5명 파견과 경비정 제공 약속(138쪽), 인력과 목수 100여 명, 미장이 등 기술자 10여 명 필요, 군수와 서장에게 술자리에서 병사구 사령관에게 받은 비공식 200장의 백지영장을 빌미로 10여 일간 동원령을 요청(138~140쪽), 백지영장 이야기는 거짓말임, 인장도 없었기에 다시 사령관 인장 위조, 인쇄소 친구에게 영장 300매 부탁(141쪽), 벌채신청서 군청에 제출하고 병사계에서 인적 사항 파악하게 한 뒤 영장 발송, 3일 안에 벌채와 도동 수송 완료(142쪽), 군수와 기술자 동원 상의와 영장 발부, 어업협동조합장에게 기름 20드럼 요구(142쪽), 60세 이상자에게는 '특별법'으로 대응(143쪽)
	경찰서장이 주임 길대홍과 순경 4인 파견, 무선국 직원 3명도 차출, 천여 톤의 자재를 독도로 운반(143쪽), 50명 운집, 군법 운운, 벌채용 인부 100명 귀가시킴, 2주 만에 완공, 배와 건물 사이 줄사다리만 남기고 폐쇄(144쪽), 철사에 바윗돌을 매달아 2주 걸려 설치 (일본의) 기습에 대비(146쪽), 독도 산정에 5개의 철탑(146쪽), (1954년) 9월 10일 동도로 이사, 입주식
1985	전쟁이 터져도 울릉도 청년은 징집되지 않음, 징집영장 발부 절차 밟느니 육지의 길 가는 사람 잡아가는 것이 울릉도 장정보다 많음(181~182쪽)
	(1953년) 겨울에 전마선 두 척 파괴, 새 전마선, 다이너마이트가 없어 동도 통로 개설을 위해 줄사다리를 놓기로, 황문영[222]에게 울릉도의 원목과 로프 200m 가져오게 함, 대원의 불평 많아 중단, 석공과 목수 및 인건비 1천만 원 필요, 석공과 목수 30명 및 장정 200명 명단 확보, 원목 수송(217~219쪽), 민병대 감독관 공문에 병사구 사령관 직인 위조하여 가짜 소집영장 300장 만들게 하고 군수와 서장을 속임, 소집 일자 기입한 200명분 영장을 경찰서에 접수, 개별적으로 전달하게 함(219쪽)
	군수에게 영장 발부를 전하고 행정선도 요청, 경찰서장에게 경비정[223] 요청, 행정선과 삼사호에 나눠 50명씩 수송, 200여 명 12일 동안의 야간작업, 통로와 120m 줄사다리 완공, 동도로 이동, 일본 경비정이 멀리서 머뭇거리다 사라짐(219~221쪽), 이후 1954년 8월 23일 오끼호 출현
1996	(1985년 내용과 거의 동일. 황영문을 황문영으로 오기한 것도 동일함)
1997	(1953년 7월 교전 이후) 동도에 진지 구축 후 영주 막사 건립 구상, 수백 명의 인력이 필요해 구국찬 서장과 군수 임상욱[224]에게 부탁, 군수에게 조부 산의 소나무 삼천 본(本) 벌채 허가와 행정선 제공 요청, 300명 동원용 영장 300장도 요청 (43~45쪽), 경찰서장이 상부 보고 운운하기에 거짓말로 설득, 300명으로 역사(役事) 시작, 노인층에 특별법 운운하며 영장 발부, 20여 명으로 작업, 무선전신국에서 차출된 3명과 경찰관 4명도 작업 독려(46~48쪽)[225] 150여 명 동원 인원(49쪽)

222 황영문이 맞다.
223 경비정의 오기로 보인다.

연도	내용
1997	(1953년) 휴전 후인 7월 30일 칠성호로 박춘환 경사와 순경 4명 소총 한 자루와 식량, 소주 지참하고 옴, 잠자리와 보급품 문제, 경찰 쫓아낼 궁리하며 박격포 쏘는 법 전수, 함께 기거하다 4일째 수비대는 서도로 이동, 경찰 스스로 물러가게 하자는 강경론 우세(54~57쪽), 다음날 새벽 순시선 PS 11정이 동·서도 300m 위치에 출현, 중기관총과 경기관총으로 총격 가하자 도망, 경찰은 인기척도 없었음(57~58쪽)

홍순칠은 1985년 수기에서 울릉도에서는 징집 영장이 발부되지 않았음을 언급했다. 이는 다른 기록에서 매번 상이군인을 언급한 사실과 부합하지 않는다. 더욱이 그가 수비대원으로 충당한 자는 모두 제대 군인이었다. 또한 울릉도에서 징집 영장이 발부되지 않았다는 말은 가짜 영장을 발부했다는 말과도 상충된다. 홍순칠은 가짜 영장을 운운했는데 이는 두 가지 용도를 위해서였다. 하나는 대원 모집용이고, 다른 하나는 인력 동원용이다. 전자는 1965년과 1978년 자료에, 후자는 1978년과 1979년, 1985년, 1996년 자료에 기술되어 있다.

우선 대원 모집용 가짜 영장을 보면, 1953년 4월 이전 30장을 끊었다고 하는가 하면, 대령이 발부한 30장이 1954년 2월 말에 섬에 도착했다고 해서 발부 시기가 일치하지 않는다. 1953년 3월에 발부한 30장의 영장은 '독도 사수 특수의용대'라고 이름 붙여 4월 27일 울릉도를 출항했고 이때 떠난 대원은 7명이라고 했다. 1954년 2월 말에 발부되었다는 영장의 배경은 다음과 같다. 홍순칠은 세상이 혼란한 틈을 이용하여 대통령의 서명 문서를 구하고 경북 병사구 사령관 명의의 영장 한 장을

---

224 구국찬 서장의 임기는 『국립경찰 50년사: 사료편』(464쪽)에는 1953. 11. 17.~1956. 9. 23.으로, 『경북경찰 발전사』(1223쪽)에는 1953. 11. 17.~1956. 9. 29.로 되어 있다. 1953. 11. 18.~1956. 9. 26.로 된 것도 있어 기록에 따라 약간 다르다. 임상욱 군수의 부임 시기는 1953. 3. 22.~1955. 8. 29.이다.

225 2018년 판(51쪽)에는 '독도 경비초사 및 표식 제막기념 4287. 8. 28.'이라고 쓴 사진이 게재되어 있다.

구한 뒤 대통령의 서명과 인장, 사령관의 직인을 위조하여 (1954년) 3월 1일을 소집일자로 해서 영장 50장을 만들었다. 징집영장은 제대군인에게만 발부해서 만에 하나 아직 군 복무를 하지 않은 미필자에게 실제로 징집영장이 오게 될지 모르는 위험을 피했고, 군청과 면사무소에서 보내던 통상적인 절차를 바꿔 경북 병사구 사령부에서 보내는 방식을 택했다. 주민들이 항의하자 홍순칠은 일본이 알면 안 되므로 대통령이 비밀리에 추진하는 것이라고 속였다. 군수와 서장에게도 대통령의 가짜 임명장을 보여주며 전시라서 병력이 없어 제대 장병으로 수비대를 구성하기로 합의된 사항이라고 속였다. 홍순칠이 1953년 11월호의 일본 잡지를 본 이후 독도 수비를 결심했다고 했으므로 이 일은 1954년의 일임을 알 수 있다. 한편 1954년 2월은 휴전 이후이므로 임시수도가 부산이 아니었다.

홍순칠은 대원 모집용 영장과 별개로 막사 건립을 위한 영장도 발부했다 서도에서 생활하던 수비대가 동도로 옮겨 거주하려면 영구 막사가 필요했기 때문이다. 홍순칠에 따르면, 1953년 4월 20일 입도하자마자 서도에 야전용 대형 천막을 설치한 이후 60년생 해송 벌채 허가를 군으로부터 받아 10트럭 분의 소나무를 벌채하여 막사를 지었다. 이때 필요한 인력과 목수, 미장이 등을 동원하기 위해 경북 병사구 사령관으로부터 비공식의 백지영장 200장을 받은 것처럼 해서 군수와 경찰서장을 속였다. 군수와 서장에게 공용선과 경찰 파견도 약속받았다. 그러나 실제로는 사령관으로부터 백지영장을 받은 것이 아니므로 그의 인장을 위조하여 영장 300장을 찍어냈다. 한편 울릉경찰서는 수사주임 길대흥과 순경 4인을 파견하고[226] 무선국 직원 3명도 보내 일을 독려했다. 200명이

---

226 1978년에 김교식은 모두 5명으로 기술했다. 1979년에 홍순칠은 길대흥 경위 외 경찰관 3명 모두 4명이 독려 차 왔다고 했다(김교식, 『(도큐멘타리) 독도수비대』, 선문출판사, 1980, 52쪽).

넘는 인원이 동원되어 12일 동안 작업하여 막사를 완공했다. 가짜 영장은 젊은 목수와 석공을 동원하는 데 이용되었을 뿐만 아니라 노인 동원에도 이용했다. 노인들이 따질 때는 특별법을 운운하며 입을 막았다. 이들의 인건비로 홍순칠은 1천만 원을 운운했다.

한편 홍순칠은 구국찬 서장[227]에게 협조를 구했다고 했을 뿐 그 시기를 명확히 하지 않았으나 1954년 8월로 짐작된다. 새 막사로 이사한 때를 1954년 9월 10일이라고 했기 때문이다. 구국찬은 1953년 11월 17일에 울릉도에 부임했고, 막사가 완공된 것은 1954년 8월 24일 혹은 26일이므로 가짜 영장을 발부했다면 시기는 1954년이라야 한다. 그런데 홍순칠은 수비대가 처음 울릉도를 출항한 시기는 1953년 4월 27일 밤이고 7월의 교전 이후부터 막사 건립을 구상한 듯이 말했다. 그럴 경우 막사는 1953년 8월에 완공한 것이 되므로 위에서 기술한 내용과 시기적으로 맞지 않는다.

홍순칠은 자신이 막사 건립을 주도했고 경찰관은 작업을 독려하기 위해 일시 파견된 것처럼 기술했다. 그러나 막사는 "독도 경비의 완벽을 기하기 위하여 동도에 막사를 설치하기로" 하여 경상북도 내무국장과 경찰국장이 울릉군수와 울릉경찰서장에게 지시해서 이뤄진 것이다.[228] 경찰은 민간에게 하청을 주었다. 박춘환 경사의 증언에 따르면, 나무는 강원도 영림서 울릉출장소 김용택이 도동 오른쪽 살구머니[229] 아래쪽의 국유림에서 벌목할 것을 허가해주었고, 제재소를 가지고 있던 하천주가

---

[227] 『국립경찰 50년사: 사료편』, 464쪽. 『울릉군지』는 구국찬이 1953년 11월 17일 부임, 후임인 김성대가 1956년 9월 29일부터 재직한 것으로 기술했다.
[228] 김점구(김점구, 「독도의용수비대의 활동시기를 다시본다」, 『내일을 여는 역사』 제64호, 내일을 여는 역사재단, 2016, 258쪽)는 경북 경찰국에서 군수와 경찰서장에게 공문을 낸 시기를 8월 11일로 보았다. 원문을 보면, 기안일이 8월 9일, 시행일은 8월 10일, 무전으로 보낸 것으로 되어 있다.
[229] 살구머니는 당시 살구나미(살구남, 사구남)로 불리던 곳으로 지금의 '행남'을 가리킨다. 본래는 '사공넘이'인데 '사공'이 살구·사구로 와전된 것이다.

제재해주었다. 박춘환은 공사 책임자가 오만복, 도목수가 김용식이고 주용선이 마루를 놓았다는 증언도 덧붙였다.[230] 막사는 목재에 슬레이트 지붕을 얹은 형태였다고 한다.[231] 박춘환의 증언이 아니더라도 경찰이 막사를 건립하는 데 굳이 가짜 영장을 만들 필요가 없음은 상식이다. 수비대원들도 가짜 영장은 발령된 사실이 없다고 증언했다.

한편 홍순칠의 1985년 수기는, 민병대 감독관의 공문에 경북 병사구 사령관의 직인을 위조하여 300장의 가짜 영장을 만들어 인력을 모집했고 50명씩 이틀에 걸쳐 수송해 와서 12일 동안 작업했으며 연인원 200명이 동원되었다고 했다. 300장의 영장, 50명의 두 배, 200명 동원을 운운하여 인원이 각기 다르다. 그는 경북 병사구 사령관의 직인이 찍힌 공문을 이용하여 대원을 모집했음을 운운했는데 막사 건립에서도 이 공문을 언급했다. 두 번에 걸쳐 같은 공문을 이용했다는 사실이 의아하다. 또한 그는 민병대 감독관의 공문을 운운했지만 자신을 민병대 감독관이라고 했으므로 공문 발행자는 민병대 총사령관 신태영이 되어야 맞는데 두 직함을 혼용했다.

홍순칠은 1954년 3월 1일 영장을 받은 50명으로 독도수비대가 탄생했다고 했다. 그렇다면 30장 혹은 50장의 영장은 대원용, 200장 혹은 300장의 영장은 막사 건립용으로 나뉠 듯하지만 이 역시 분명하지 않다. 실제로 가짜 영장이 통했는지도 의문이다. 김산리는 경사 1명과 순경 6~7명이 경비하고 보름씩 윤번제로 교대했는데 7월 중순경 1진이 들어가 막사를 지었다고 했다. 그는 경찰이 상주한 시기를 7월로 보았

---

[230] 1954년경 울릉경찰서 경사였던 박춘환(85세, 경북 포항시)은 "내가 직접 부하들을 데리고 목재를 가지고 가서 초소를 지으려다 태풍을 만나 모두 쓸려 보낸 경험이 있다"며 "그 뒤에 다시 재료를 가져가 공사를 시작했고 1954년 8월 28일 완성했다"고 증언했다 (『오마이 뉴스』 2006. 10. 31.).
[231] 독도박물관 편, 『한국인의 삶의 기록, 독도』, 독도박물관, 2019, 120쪽.

다. 막사를 짓기 위해 작전명령 1호로 들어간 자가 박춘환 경사였고[232] 1954년 8월 28일 막사 준공식을 한 뒤에 표석을 세웠다고 증언했다. 박춘환도 막사를 지으려다 목재가 태풍에 모두 떠내려가서 다시 재료를 가져가 공사를 시작하여 8월 28일 완성했다고 증언한 바 있다.[233] 경찰이 7월 중순에 순경과 목수를 데려와 작업하여 8월 26일에 완성한 뒤 경사 1명 순경 4명 의경 10명이 주둔했다는 설이 있는데[234] 이는 중간에 작업이 중단됐다가 재개된 것을 생략한 설명인 듯하다. 경찰 당국이 해경에 7월 23일 독도의 경비강화를 명령한 뒤[235] 독도에 6명의 경찰을 파견하여 막사를 건립하게 한 사실로 보건대 경찰관은 적어도 1954년 8월 초부터 독도에 체재하며 건립을 주도했다고 보인다.

정원도의 증언대로라면 동도에 홍순칠 혹은 수비대가 지은 막사가 있었다는 것인데, 1953년 6월 25일 독도에 왔던 일본인들은 한국인들이 천막생활을 하면서 미역을 채취하고 있는 모습을 보았다고 했다.[236] 한국인들은 해방된 이래 독도에서 미역을 채취하고 있었으므로 1951년 5월 독도에 왔던 하마다 쇼타로(浜田正太郎)도 4척의 동력선과 50여 명의 한국인이 독도에서 미역을 채포하고 있는 것을 목격한 바 있다.[237] 한국인들이 일시적이지만 독도에 체재하려면 천막집이 필요했을 것이고 그것은 서도에 있었을 것이다. 홍순칠은 독도에 오자마자 서도에 야전용

---

232 홍순칠은 박춘환과 순경 4명이 1953년 7월 30일에 들어왔다고 기술했다(1997년 자료). 1년의 오차가 있다고 본다면 1954년 7월로 보아야 할 듯하다.
233 『오마이뉴스』 2006. 10. 31.
234 경우장학회, 『국립경찰 50년사: 일반편』, 1995, 335쪽; 김윤배·김점구·한성민, 「독도의용수비대의 활동시기에 대한 재검토」, 『내일을 여는 역사』 제43호, 내일을 여는 역사재단, 2011, 190쪽; 박병섭(2015), 앞의 글, 113쪽; 『조선일보』 1954. 8. 15.
235 『동아일보』 1954. 7. 29.
236 김선희(2010), 앞의 책, 163쪽.
237 川上健三, 『竹島の歷史地理學的硏究』, 古今書院, 1966, 273쪽.

천막을 설치했다고 했다. 1954년 7월 국회의원 조사단은 판자집이 서쪽 편 기슭에 있는 것을 목격했다고 했다. 홍순칠은 막사 건립에 동원된 인원을 150여 명, 200명으로 다르게 말했고, 300명으로 시작하여 기술자 20명을 확보해서 작업한 것으로도 묘사했다. 어느 것이 사실이든 막사 건립을 위한 인원으로는 과다하다.

1954년 8월 28일 막사 준공식에서 경찰국과 울릉경찰서장, 간부들이 행사를 마친 뒤 사진을 찍었는데 그 안에 홍순칠이 있었다. 홍순칠은 미역을 팔기 위해 부산에 갔다가 돌아와서 준공식이 있음을 알고 독도에 들어와 사진을 찍었다는 증언이 있다. 보통 독도에서의 미역채취는 4월부터 6월 사이에 이뤄지고 이를 부산에 가져가 판매하는데 홍순칠이 미역을 팔러 갔다는 것이다.[238] 그렇다면 공사가 한창이던 7월 말에서 8월 중순까지 홍순칠은 부산에 있었다는 말이 된다.

막사가 완공된 후부터는 경찰과 수비대원이 함께 상주했다. 김산리의 증언에 따르면, 수비대원 가운데 특히 딱히 갈 곳이 없어 홍순칠의 집에서 기숙하고 있던 이상국과 황영문에게 막사에 기거하게 하며 훗날 자신이 이들을 경찰로 만들어주겠다고 말했다는 것이다.

『동아일보』는 경비초소가 완성되어 ○○명의 무장경찰대가 배치되어 있다고 보도했다.[239] 수비대도 서도에서 동도로 옮겨와 기거했으며, 제주도에서 온 해녀들도 함께 있었다. 이 때문에 수비대의 기거가 독도 경비 때문인지 아니면 미역채취 때문인지 논란이 있다. 홍순칠의 주장대로 경찰이 1954년 7월 30일에 들어왔다면, 경찰 병력 없이 수비대가 전적으로 경비를 담임한 시기는 1954년 5·20선거 이후인 6월부터 7월

---

[238] 주강현(2009), 앞의 책, 177쪽. 박춘환을 박춘남으로 오기했고, 최헌식은 2010년대의 수기에서 박춘황으로 오기했다.
[239] 『동아일보』1954. 9. 11.

30일 이전까지가 된다. 일본 돗토리현 수산시험선 다이센호가 5월 29일에 독도에 상륙했을 때 목격한 것으로 기록된 한국인은 미역을 채취하던 상이군인을 가리킨다. 이들의 체재는 미역채취가 주였으므로 경비는 부수적인 것이었다. 경찰이 막사 건립을 위해 7월 중순에 들어와 목재 유실 때문에 울릉도로 나갔다가 다시 8월 중순에 입도했다면 그 사이를 메꾸었다고 볼 수 있으므로 6월부터 8월 중순까지를 공권력의 공백기로 볼 수 있다. 그런데 언론에서는 6월 20일을 수비대의 상륙일로 보도한 바 있으므로 6월이라고 하는 것만으로는 애매하다. 또한 이 시기에 경찰이 일부 남아 있었는지도 알 수 없다. 어쨌든 막사가 완공된 이후부터는 경비의 주체는 경찰이고 수비대는 보조병력이었다고 볼 수 있다. 경찰의 상주 이전 제대군인과 민간인들의 독도 체재는 그 목적이 미역채취에 있었다 하더라도 그 자체가 일본인의 침범을 억제하는 효과가 있었다고 볼 수 있다.

    1953년[240] 7월 말 경비하러 온 박춘환 경사와 순경을 홍순칠은 매우 무능력하다고 평가했다. 수비대원들은 경찰을 쫓아낼 궁리만 하며 동거했다고 한다. 그는 일본 해상보안청 순시선 PS 11정이 나타났을 때 경찰관은 인기척도 없었다고 비난했다. 이렇듯 경찰의 무능을 강조한 이유는 그들을 폄하해야 수비대의 위상을 높일 수 있다고 여겨서이다.

---

[240] 1954년이 되어야 의미가 통한다.

6. 1953~1954년 일본의 침범에 대한 격퇴

⑧ 1953년 8월 15일 오키수산학교 실습선 나포

연도	내용
1965	(1953년) 8월 15일, 일본 오키노구니수산학교 실습선 200톤급 다이센마루 출현, 7명의 대원이 수류탄 들고 승선, 수백 명 학생을 무릎 꿇리고 식품과 담배 압수, 일본이 항의, 정부는 해군 초계정에 보급품 보내옴, 무선기술자 홍대장이 SOS로 자주 정부에 보급품 요청(318쪽)
1970	(1953년) 7·12 사건 한 달 후인 8월 15일 일본 오키노구니수산학교 실습선 200톤급 다이센마루 출현, 7명의 대원이 수류탄 들고 승선, 수백 명의 학생을 무릎 꿇리고 식품과 담배 압수하고 경고, 일본이 항의, 정부는 해군 초계정에 보급품을 보내옴, 무선기술자 홍대장이 SOS로 자주 정부에 보급품 요청했다고 홍순칠, 김병열, 서기종, 황영문 씨가 회고(147~148쪽)
1978	(1954년) 8·15 기념식을 위해 전날 대원들이 전쟁 중 받은 훈장과 기장 준비 중(101쪽) 2시경 200톤급 다이센마루 출현, 공포를 쏘고 갑판 위에 집합시키자 40여 명, 물품 압수하고 막사로 데려와 심문하자 수산고등학교 연습선이라 함, 교사는 7명, 모두 싹싹빌게 하고 독도 교육, 역사적 유래 설명, 공도정책과 선점, 스케핀 1033호, 해양법, 국제공법 등 운운, 영토 팻말을 가운데 두고 촬영, 카메라 압류하고 문부성에 건의를 지시, 재침 않겠다는 각서에 전원 무인(拇印) 찍게 함(102~112쪽) 일본은 제8해상보안청에 수색 명령, 클라크 사령관 통해 나포와 억류 항의(113쪽), 이승만은 클라크 서한을 받고 돌려보내라 지시했지만, 해양경찰대는 그런 사실 없다고 보고, 연습선이 대마도에 도착했고 일본 정부는 선박이 공해상에 있었다고 발표, 일본 언론의 대서특필, 연습선 승선자들의 인터뷰 기사를 보도(114쪽), 변영태 외무장관의 성명서(115쪽)로 일본 자극, 일본이 초계정 140척 동원하여 한국 해안 전역 초계할 계획이라고 발표(115쪽), 이승만이 치안국장 이성주 불러 경비정 총동원령 내림, 9월 7일 일본 선박 100여 척이 평화선을 침범, 4척 나포하여 부산항에 억류(117쪽)
1985	언급 없음
1996	언급 없음
1997	언급 없음

⑧은 1953년 8월 15일 독도에 나타난 오키수산학교 실습선 다이센호 승선자의 물품을 수비대가 압수하고 경고한 뒤 돌려보낸 것과 관련된다. 사건이 발생한 시기는 1953년 8월 15일과 1954년 8월 14일 두 가지로 보인다. 홍순칠이 직접 쓴 저술에는 관련 내용이 없다. 김교식은 일본에서 대서특필했다고 하는데 일본의 언론 보도나 외무성 기록을 찾아보았지만 관련 내용이 없었다.

1970년 자료는 이들 내용이 홍순칠, 김병열, 서기종, 황영문의 회고

담임을 밝혔다. 1978년 자료에 따르면 사건이 1954년 8월 14일에 일어났다는 것인데, 이는 경찰이 막사 건립을 위해 독도에 있을 때이다. 휴전 후인 (1953년) 7월 30일 박춘환 경사와 순경 4명이 왔다면 관련 기록이 부재할 수 없다. 일본 측에는 1953년 8월 3일과 7일, 21일, 31일, 9월 17일, 21일, 23일, 10월 6일과 17일의 기록이 있다. 김교식은 (1954년) 8·15 기념식 준비를 한다고 했지만, 연도가 1953년이 되어야 맞다. 또한 그는 치안국장 이성주를 거론했는데 1953년 8월에는 이성주가 치안국장이 아니었다.[241] 당시 치안국장은 문봉제[242]였다. 문봉제와 이성주에 이어 김장흥이 1954년 3월 27일부터 1956년 5월 26일까지 치안국장으로 재직했다. 사건이 1953년 8월에 발생한 것이라면, 이는 김교식이 홍순칠 행적의 출발점을 1954년으로 보고 서술한 것과도 맞지 않는다.

홍순칠이 언급한 1953년의 "일본 오키노구니수산학교 실습선 200톤급의 다이센마루"에 해당시킬 만한 것과 유사한 사건을 굳이 찾는다면, 1953년 9월 23일 돗토리현 수산시험선 다이센호의 독도 조사를 들 수 있다.[243] 선박명이 같으므로 사건을 같은 것으로 가정하고 검증해보자. 돗토리현의 수산시험선 다이센호는 47톤이고, 홍순칠이 말한 오키의 실습선 다이센호는 200톤이다. 돗토리현의 수산시험선은 일본이 1953년 8월 7일에 세운 두 번째 표주가 없어졌음을 확인하는 데 그쳤다. 시마네현 수산시험선 시마네호는 1953년 9월 17일 오전 영토 표주에 이상이 없음을 확인했지만, 같은 날 징발선으로 독도를 시찰하던 울릉경찰

---

241 이성주의 재직 기간은 1953. 10. 5.~1954. 3. 27.까지이다(경우장학회 편, 『국립경찰 50년사:사료편』, 경우장학회, 1996, 347쪽).
242 『경향신문』 1953. 8. 13.
243 정병준(2010), 앞의 책, 905쪽. 정병준은 다이센호를 47톤으로 보았고, 『일본해신문』은 48톤으로 보도했다.

서의 경찰관이 이들을 제거했으므로[244] 돗토리현의 다이센호가 확인을 위해 9월 23일에 다시 왔다. 따라서 다이센호와 시마네호 모두 홍순칠이 말한 오키수산학교 실습선과는 관계가 없다.[245] 더욱이 수백 명의 학생이 실습선을 타고 독도에 왔고 이들의 물품을 한국 측이 빼앗았다면 일본 정부가 항의했을 것이다. 그러나 일본 정부 차원의 항의는 없었고 관련 보도도 없었다. 1965년과 1970년 자료는 오키수산학교 실습선에 수백 명이 탔다고 했지만, 1978년 자료는 선원을 합해 모두 40여 명이라고 했다. 실습선에 수백 명이 탔다는 사실도 의아하지만, 홍순칠이 교사를 포함한 40명 앞에서 공도정책, 선점, 스케핀 1033호, 해양법, 국제공법을 운운하며 독도 교육을 했다는 것도 의아하다. 홍순칠이 이들에게 문부성에 건의할 것을 지시했고, 재침하지 않겠다는 각서를 쓰고 날인까지 하게 했다는데, 이 역시 믿기 어렵다.

이즈미 마사히코(泉昌彦)는 1979년에 홍순칠의 자택에서 직접 들은 것을 기술했다. 내용은 1954년 8월 15일 오키수산고교 연습생 30명 정도가 250톤급의 다이센호를 타고 독도에 왔을 때 홍순칠이 이를 나포하고 다시는 침범하지 않겠다는 말을 들은 뒤 방면했다는 것이었다.[246] 다른 자료에는 1953년으로 되어 있는데, 이즈미는 시기를 1954년으로, 규모는 200톤을 250톤으로, 인원은 수백 명의 학생을 30명으로 기술했다. 일본인들에게 30분에 걸쳐 독도 교육을 한 뒤 방면했다는 사실을 홍순칠이 이즈미에게 직접 말했던 것이다. 그렇다면 1978년 자료에 '독도 교육'을 운운한 것도 홍순칠의 증언에 입각한 것으로 보이지만, 이를

---

[244] 위의 책, 905쪽.
[245] 정원도의 증언에 따르면, 오키 실습선이 와서 물골 앞에 정박해 있을 때 자신들이 오면 안 된다고 하자 그냥 떠났다고 했다.
[246] 이즈미 마사히코, 『독도 비사(獨島秘史)』, 한국방송인동우회, 1998, 178쪽.

사실로 보기는 어렵다.

이즈미는 오키의 수산학교를 방문하여 이 사실을 확인하고자 했다. 그런데 수산학교장 마쓰나가 노부오(松長信男)는 학교에 '오오또리'(오토리호-인용자)라는 연습선은 있지만 '다이센'이라는 배는 없다고 했다. 이즈미는 다이센이 돗토리 수산시험장의 선박명이고 1954년 5월 29일 독도에서 꽁치 봉망[247]시험을 했다는 기록이 있음을 알게 되었다.[248] 1979년 4월 22일 오키수산학교 교장은 홍순칠의 증언을 부인한 데서 더 나아가 허위사실로 학교의 명예를 손상시킨 데 대해 사과를 요구했다. 1979년 4월 28일 홍순칠은 이즈미에게 서신을 보내 자신의 진술이 사실이라고 주장했다.[249] 이즈미는 기본적으로 홍순칠의 주장을 신뢰했으므로 사실관계를 더이상 검증하지 않은 듯하다.

제1전투대장이던 서기종(78세)은 "홍순칠 대장은 실습선이 왔을 때 독도에 없었다"[250]고 증언했다. 그는 "독도의용수비대 1진 7명이 들어가고 난 뒤에 독도 실습선이 독도에 왔다고 들었다. 홍순칠 대장과 1명은 하루 만에 독도에서 나가고, 나머지 5명이 있는데 실습선이 와서 그냥 돌려보냈다고 했다"고 했다. 서기종이 말한 실습선이 오키수산학교 실습선을 가리키는지 분명하지 않지만, 실습선이 다녀간 일은 홍순칠이 부재중일 때 일어난 것이다. 설령 실습선이 왔다 하더라도 홍순칠이 없는 상태에서 나머지 대원들이 이를 나포하여 물품을 압수했을지는 의문이다. 그런데 이때는 서기종도 입도 전이므로 다른 사람에게 들은 일을 증언한 듯하다.

---

247 봉수망을 가리키는 듯하다.
248 이즈미 마사히코(1998), 앞의 책, 179쪽.
249 이즈미 마사히코, 위의 책, 179~180쪽.
250 『오마이뉴스』 2006. 10. 31.

1953년 10월 6일 일본 사카이 해상보안청의 순시선 헤쿠라호(450톤)와 나가라호의 독도 침범이 있었다. 헤쿠라호는 동도와 서도에 각각 세 번째 표주를 설치했다.[251] 홍순칠의 회고대로 1953년 8월 15일경에 수비대가 있었다면, 그 이후 일본의 독도 침범이나 한국 측의 독도 방문에 관해 기술했어야 한다. 그러나 헤쿠라호와 나가라호는 독도에 표주를 설치할 때 한국인이나 선박이 없음을 확인한 뒤에 상륙했다. 이 역시 1953년 8월에서 10월 사이에 독도에 수비대가 없었음을 방증한다.

　일본 해상보안청은 한국 측이 지질학자 등을 독도로 보낼 것이라는 소식을 접하고 1953년 10월 13일 헤쿠라호와 나가라호를 파견했다. 이들은 오전까지는 한국 함정을 발견하지 못했으나 오후에 조우했다. 파도가 거세 나가라호만 남고 헤쿠라호는 회항했다.[252] 지질학자 등을 태운 한국 함정은 해군 함정 907호를 가리킨다. 이는 한국산악회가 1953년 10월 11일부터 17일까지 울릉도독도학술조사단을 파견한 것인데, 조사단도 10월 13일 기상 때문에 다시 울릉도로 돌아와야 했다.[253] 조사단은 10월 15일[254] 새벽에 다시 독도에 도착하여 일본이 세 번째로 세운 표목을 철거하고 '독도(獨島) LIANCOURT'를 새긴 표석을 설치했다.[255] 뒷면에는 '한국산악회 울릉도독도 학술조사단'이라고 새기고 측면에는 날짜를 써넣었다.[256] 그런데 학술조사단의 보고서 어디에도 수비대에 관한 언급이 없다. 수비대가 독도에 있었다면 학술조사단이 이들을 목격하지 않았을 리 없다.

251　정병준(2010), 앞의 책, 905쪽.
252　박병섭(2014), 앞의 글, 232쪽.
253　위의 글, 233쪽.
254　10월 17일이 되어야 맞다.
255　일본은 이 표석을 10월 21일 제거했다.
256　「독도에 다녀와서」(3), 『조선일보』 1953. 10. 26.

학술조사단이 돌아가고 난 뒤 1953년 10월 17일 일본 중의원 쓰지 마사노부(辻政信)와 외무성 사무관 가와카미 겐조(川上健三), 해상보안본부 공안과장 등이 나가라호를 타고 독도 근처에 와서 사진을 촬영하고 일본 표주가 사라진 것을 확인했다.[257] 10월 21일에는 『아사히신문』 기자가 시마네호를 타고 와서 한국산악회가 일본 표주를 제거하고 한국령 표석을 설치한 사실을 확인했다.[258] 같은 날 해군참모총장은 독도 순찰을 강화할 것을 언명했다. 10월 23일 사카이 해상보안부 순시선 나가라호와 하마다 해상보안부 순시선 노시로호 두 척은 독도 영해에 진입한 후 불법 상륙하여 한국산악회가 설립한 표석 등을 철거하고 네 번째 표주를 설치했다.[259]

이후 일본은 표주의 이상 여부를 확인하기 위해 1953년 11월 15일에 나가라호를 보냈으며, 12월 6일에는 헤쿠라호를, 12월 19일에는 헤쿠라호를 파견하여 독도에 접근시켰다.[260] 일본 언론은 일본 선박이 1953년 가을부터 겨울에 이르기까지 독도에 왔던 사실을 계속 보도했으나 한국 관헌 혹은 수비대에 관한 언급은 없다. 1953년에 일본 순시선과 한국 경찰의 대치가 확인된 것은 7월 12일 헤쿠라호의 침범 때뿐이다. 이는 수비대가 대응한 것이 아니었다. 헤쿠라호 선장과 울릉경찰서 관헌이 독도에서 대치했을 때 수비대가 개재되었음을 보여주는 증거는 하나도 없다. 오히려 이 사건은 간헐적이지만 울릉경찰서에서 독도 순라반을 운용하고 있었음을 확인해준다. 한편 다른 측면에서 보면, 이는 1953년에 독도에 상주하는 경비인력이 없어 일본의 잦은 침입을 허

---

257 정병준(2010), 앞의 책, 907쪽; 박병섭(2014), 앞의 글, 234쪽.
258 『朝日新聞』1953. 10. 23.(박병섭, 2014, 앞의 글, 234쪽에서 재인용)
259 『朝日新聞』1953. 10. 25.(위의 글, 234쪽에서 재인용) 일본이 네 번째로 세운 표주는 1954년 5월 3일까지 이상이 없었다고 보도했다.
260 정병준은 1953년 10월 말을 마지막으로 독도 침범이 중단되었다가 1954년 3월에 재개되었다고 했다(정병준, 2012, 앞의 글, 415쪽). 박병섭은 1953년 일본의 독도 순시가 모두 16차에 걸쳐 있었다고 보았다.

용할 수밖에 없었음을 의미한다. 울릉경찰서의 순라반은 상주하지 않고 순시하는 데 그쳤다. 이 때문에 홍순칠이 이를 일러 "1953년 정부의 행정권이 독도에 미치지 못할 때"라고 했는지는 모르지만, 그렇다고 해서 이 시기에 수비대가 독도 경비를 담임했다고 주장할 수 있는 것은 아니다. 더구나 홍순칠이 말하는 "행정권이 미치지 못한다"는 것의 의미는 행정권(administrative authority)의 행사가 정지된 것을 의미하는 것은 아니다. 통상적으로 행정권이란 정부가 행정권을 행사하는 중추기관이지만 지방자치단체 등에 분여(分與)하거나 사인(私人)에게 위임하기도 한다.[261] 독도는 경상북도 울릉군이 정부의 행정권을 위임받아 관할하는 지역에 속한다. 그러므로 독도에 경비 인력이 상주하지 않았다고 해서 법적인 행정권이 미치지 못했다고 볼 수 없다. 대한민국에 3,200여 개의 섬이 있는데 이들에 따로 경비인력을 두어야만 행정권이 미쳤다고 볼 수 있는 것은 아니기 때문이다. 외딴 섬 독도에 경비인력을 파견하게 된 배경에는 일본과 영토 갈등을 겪는 특수한 상황이 있어서였다.

⑧-1 1954년 8월 일본 순시선의 독도 침범

연도	내용
1965	언급 없음
1970	언급 없음
1978	막사를 동도로 옮긴 것은 1954년 9월 10일, 서장이 불러 경찰국장이 이번에 무전기와 기관총 2문 주겠다고 하니 만나라고 함, 6개월 동안 사재 수 천만 환이 들었기에 도지사를 만나고 식량을 요청함, 도지사가 쌀 200가마니를 주라고 사회과장에게 지시했으나 미국 고문관 승인사항이라며 거부(147~152쪽), 경찰국장에게서 중기관총 2문과 실탄 한 상자 획득, 경북상회에 미역을 주기로 하고 백미 20가마니 얻음(152쪽)
	경찰서장을 찾아가 김종원과의 친분을 과시하며 무전기사 요청, 무선사 시험 합격생 3명을 경찰관으로 발령·파견할 것을 제안, 경찰국장(김종원)과 얘기가 다 됐다고 거짓말, 무선사에게 2년 근무 뒤 경사 승진을 약속, 무선기사 2명과 통신사 3명 데리고 온 뒤 정경 발령이 남(152~156쪽), 무선 공사에 5일 소요, 울릉도경찰서와 매일 두 번 무선 연락(156쪽)

---

261 이종수 집필(네이버 지식백과 인용), 『행정학사전』, 2009.

연도	내용
1978	(1954년) 9월 23일 해상보안청 순시선 P9와 P11정 출현. 통신사 허학도가 일본어 해독 불능이라 홍순칠이 전문(電文) 파악, 일본이 '지난번 정기 순시'를 운운하기에 매월 23일 전후의 순시 사실을 알게 됨. 일본 배가 공포를 쏜 뒤 '다케시마 경비대 나오라'고 하기에 우리도 박격포 한 방을 쏘자 달아남(156~158쪽)
1985	(1954년) 8월 23일 해상보안청 경비정 P9 오끼호가 독도 500m 지점에 접근, 300m 지점에서 기관총 발사하여 후미에 맞자 도망함. 집을 담보로 대출해서 부산가는 인편에 작업복 구입을 부탁하고 독도로 옴(221쪽). 3일 후 경찰국장 김종원을 만나 무선 시설과 박격포 및 포탄 요구. 신현돈 도지사로부터 구호양곡 300표를 승인받았으나 미군이 거부, 대신 미역채취권을 요구하여 내년(1955년)부터 의용부대만 할 수 있도록 수산과장에게 지시, 어업조합에 위탁·공매하는 조건. 다시 경찰국장 만나 독도 방문을 요청(221~223쪽)
	독도로 돌아온 일주일 후 해안경비대 직녀정이 무선시설 경찰관 수송, 10여 일간 대원과 함께 공사. 울릉도무선국의 견습통신사 허학도를 추천하여 임명, 통신사 김정수를 울릉도경찰서에 임명, 일본 방송과 기상예보 청취 가능해짐, 선양장 공사에 착수(223~224쪽)
1996	(1985년 내용과 동일)
1997	언급 없음

⑧-1은 1954년 8월과 9월의 독도 침범을 기술했지만, 실제로 일본이 침범한 시기는 1954년 5월이다.[262] 1954년 8월의 독도 침범에 대해 1965년과 1970년 자료는 언급하지 않다가 1985년과 1996년 자료에서 언급했다. 1985년과 1996년 자료 모두 홍순칠의 수기이다. 한국 내무부는 1954년 5월에 독도에서의 일련의 활동에 대해 발표했다. 언론 보도에 따르면, 1954년 5월에 있었던 양국의 활동은 대략 다음과 같다.[263]

1. 5월 16일 오후 2시 59분경, 독도가 우리나라 영토임을 표지하기 위하여 해양경찰대장은 칠성호로 석공 세 명을 대동하고 부산을 출발, 18일 오전 5시 반경 독도에 상륙하였다. 그리고 석산봉 동남방 암석에 태극기와 '대한민국 경남[264] 울릉도 남면 독도'라는 표지를 조각한 다음 5월 20일 오후 5시경 부산으로 돌아왔다.

---

262 『조선일보』 1954. 6. 12.
263 『동아일보』 1954. 6. 11. ; 『조선일보』 1954. 6. 12.
264 '大韓民國 慶尙北道 鬱陵郡 南面 獨島'가 맞다.

2. 5월 23일 오전 10시 반경, 일본 국기를 게양한 함정(약 1천 톤급 포장함) 한 척이 독도 동방 약 250m 해상에 출현하여 독도를 바라본 다음 퇴거하였다.
3. 5월 24일 오전 11시경, 국적 불명의 비행기 한 대가 일본 북해도 방면으로부터 독도 상공에 날아와 약 300발의 기총 소사를 한 후 일본 하관(下關) 방면으로 퇴거하였다.
4. 5월 28일 오후 3시 15분경, 독도 근해에 일본 국기를 게양한 어선(140톤[265] 급 무전장치가 있고 선원 13명이 탑승) 한 척이 나타났으며, 한 명의 선원이 상륙하여 우리나라 영토 표지를 4~5개소 촬영하고 같은 날 오후 3시 40분경 퇴거하였다. 이에 진상 조사차 6월 8일 해양경찰대 소속 직녀호를 현장에 파견하였다.

위 내용과 홍순칠이 언급한 내용을 교차 검토해보기로 한다. 일본 정부는 맥아더 라인으로 말미암아 어업이 금지된 어민들에게 독도에 어선을 출항시켜 어업하게 한다는 계획을 1954년 5월 1일 실행에 옮겼다. 이에 시마네현은 수산관계 관리와 구미촌어업협동조합장 및 어민 등으로 구성된 출어단을 비밀리에 편성하여 5월 1일 사카이항을 출항, 제8관본부의 순시선 5척과 합류하게 했다. 이들은 파도 때문에 출항을 연기했다가 5월 3일 10시 30분에 독도에 도착, 미역을 채취한 뒤 오후 회항하였다. 이때 그들은 강치 20~30마리가 떼지어 있는 것을 목격했다. 이 내용은 『산인신보(山陰新報)』(5. 7.)에 보도되었다.[266] 『산인신보』는 "그들은 한국 측 무선통신을 방수해 '민경(民警) 20명을 태운 포함(砲艦)이 출동한다'는 정보를 얻었지만 출항을 강행하였다"고 보도했다.

5월 23일[267] 대형 순시선 쓰가루호가 독도에 나타났다. 이 선박은 한

---

265 48톤급이다.
266 박병섭(2015), 앞의 글, 96쪽에서 재인용.
267 박병섭은 5월 23일인데 『동아일보』(1954. 6. 2.)가 5월 22일로 잘못 보도했다고 기술했다(위의 글, 104쪽).

국령[268] 글씨, 태극기 등을 바라보고 어민들의 작업을 정찰하면서 2시간 머물다가 떠났다. 이틀 후(5월 25일)[269]에는 비행기도 한 대 나타나 한국의 영토 표지에 기총사격을 가한 뒤 도주했다. 외무부는 1천 톤급의 무장 일선 즉 쓰가루호의 침입에 대해서는 항의 각서에서 언급했으나 비행기의 기총사격은 언급하지 않았다. 일본도 기총사격이 사실무근의 선전이라고 부정하였다.[270] 1954년 5월 독도에 있었다는 홍순칠은 이런 내용을 언급하지 않았다. 그런데 기념사업회는 기총사격을 홍순칠의 업적으로 언급했다. 이 부분을 검증해보자.

기념사업회는 1954년 5월 23일 1천 톤급 순시선의 침입에 대하여 "우리 부대가 서도에 온 지 한 달이 경과되었다…그러던 중 안개가 약간 깔린 5월 23일,[271] 약 150미터 전방 해상에 천 톤급으로 추산되는 흰색 일본 경비정이 희미하게 모습을 드러냈다…이때가 일본 경비정을 사실 최초로 본 것이다."[272]라고 했다. 그 전거를 '수비대 212-213'으로 제시했다. '수비대 212-213'이란 홍순칠의 1985년 수기「독도의용군 수비대」의 페이지를 말한다. 그런데 이 수기에 해당내용은 1953년의 일로 되어 있다.

기념사업회는 이를 '제1차: 최초로 본 일본 경비정 퇴치'라고 제목을 붙이고, 수비대의 업적으로 제시했다. 홍순칠은 1953년 5월(9월로 오기[誤記]-인용자) 28일의 일로 기술했는데 기념사업회가 이를 5월 23일의 일로 착오한 것이다. 기념사업회는 연도는 적지 않았으나 뒤에 주일 대표

---

[268] '한국령'으로 각석한 것이 아니라 한국 영토임을 나타낸 표지를 말한다. '大韓民國 慶尙北道 鬱陵郡 南面 獨島'(언론 보도)인지 '韓國 慶尙北道 南面 獨島'(『독도문제개론』, 1955)인지는 설이 나뉜다.
[269] 5월 25일이 되지만 내무부는 5월 24일로 발표했다.
[270] 『朝日新聞』시마네판, 1954. 11. 15(외무부, 『독도문제개론』, 1955, 105쪽).
[271] 「독도의용군 수비대」는 9월 28일로 잘못 기술했다.
[272] 기념사업회 홈페이지에 탑재한 「독도의용수비대 업적」(10쪽의 pdf 자료임).

부 각서(1954. 6. 14.)의 1954년 5월 23일의 일을 인용했으므로 1954년의 일로 인지했음을 알 수 있다. 또한 기념사업회는 이를 뒷받침하기 위해 1954년 5월 23일에 침입한 (일본의)불법 행동에 항의했다는 6월 14일자 주일 대표부 각서를[273] 인용했다. 그러나 한국 외무부가 일본 측에 항의한 이유는 순시선이 독도 주변 영해를 침범했기 때문이다.

1954년 당시 내무부 발표에 따르면, 5월 23일 오전 10시 반경 일본 국기를 게양한 함정(약 1천 톤급 포장함) 한 척이 독도 동방 약 250m 해상에 출현하여 독도를 바라본 뒤 퇴거했다. 그렇다면 일본 함정은 독도에 접근하지 않고 스스로 물러갔다는 말인데 기념사업회는 이를 일러 '최초로 본 일본 경비정 퇴치'라고 했다. 기념사업회는 일본 순시선의 침입을 1954년 5월 23일의 사건으로 보았고 "서도에 온 지 한 달이 경과되었다"고 했다. 이는 수비대가 독도에 상륙한 해를 1954년으로 상정하고 있음을 보여주지만, 홍순칠이 서도에 온 지 한 달 되었다고 한 것은 본래는 1953년을 가리킨다. 다른 한편 기념사업회는 1954년 5월 23일 홍순칠이 독도에 온 지 한 달이 된 시기임을 내세우면서 주장을 내세우면서 1953년부터 3년 8개월간 수비했다는, 상충된 설을 내세우고 있다.

기념사업회의 「독도의용수비대 업적」은 (1954년) 5월 23일에 온 일본 선박이 산꼭대기의 태극기와 바닷가에 설치된 천막을 보고 사람이 살고 있다고 판단했던 것 같다고 했다. 그러나 태극기와 영토 표지를 확인하고 촬영해 간 선박은 5월 23일에 온 쓰가루호가 아니라 5월 29일에 온 48톤급 돗토리현의 수산시험선 다이센호였다. 다이센호는 꽁치봉수망 어업을 시험적으로 하다가 독도에서 한국 어선과 조우했다. 이

---

[273] 외무부, 『독도문제개론』, 1955, 84쪽.

에 대해서는 『아사히신문(朝日新聞)』(1954. 6. 1.)과 『니혼카이신문(日本海新聞)』(1954. 6. 3.)이 보도했다. 『아사히신문』에 따르면, 돗토리현 수산시험선 다이센호(48톤)는 5월 28일 조업을 떠나 29일 오후 3시 독도에 도착, 이 섬 주변에서 약 30명의 해녀와 22~23인의 청년 및 약간의 어린애들이 한국기를 세우고 15톤 정도의 어선 1척과 전마선 3척으로 미역을 채취하고 있는 것을 보았다. 그 안에는 울릉도수산학교 학생 4~5명과 상이군인이 몇 명 섞여 있었다. 십수 명의 청년이 전마선 2척으로 본선에 올라 배 안을 견학하고 싶다고 했다. 청년과 한 시간 정도 이야기를 해보니 이들은 생활이 어려워 울릉도와 제주도 등 각지에서 왔다는 사실을 알게 되었다는 등의 일을 보도했다.

『아사히신문』이 먼저 보도했지만 『니혼카이신문』 기자가 배에 동승하여 취재했으므로 이 보도가 더 자세하다. 다만 『니혼카이신문』은 독도 상륙일을 5월 30일로 기술했다. 기자의 기억이 정확할 듯하지만 한국 내무부와 외무부는 5월 28일로, 일본 외무성은 5월 29일로 기재했다. 그러므로 시기는 5월 29일이 맞을 듯하다. 『니혼카이신문』에 따르면, 기자는 강치 3마리를 목격했고 서도 바위에 흰 페인트로 한국기가 그려져 있는 것도 목격했다. 동도 약간 편평한 곳에 미역 건조장이 있고, 그보다 약간 위에 돌인지 시멘트 모양의 표주가 있는데 한국 영토라는 표시였다는 것을 후에 알았다고 했다. 그렇다면 기자가 목격한 표주는 1954년 8월 24일 '대한민국 경상북도 울릉군 독도지표'라는 표석이 동도에 건립되기 전의 것을 말한다. 한국 신문(『동아일보』 1954. 6. 11.; 『조선일보』 1954. 6. 12.)은 석산봉 암석에 태극기와 '大韓民國 慶北 鬱陵郡 南面 獨島'가 각석되어 있는 듯이 보도했다. 이는 5월 18일 석공 3명이 각석

한 '大韓民國 慶尙北道 鬱陵郡 南面 獨島'[274]를 가리킨다.[275]

『니혼카이신문』 기자가 상이군인에게 들은 바에 따르면, 그는 한국군에 소집되어 전쟁터로 갔다가 부상하여 돌아왔으나 먹을 것이 없어 상이군인회 도움으로 미역을 채취하고 있는데 이미 20일 전에 왔다고 했다. 그렇다면 그 시기는 1954년 5월 초이다. 발동기선 한 척과 작은 배 4척, 남자가 23명, 여인이 28명 있고 여인은 제주도에서 온 자가 약 20명이라고 했다.[276] 남자 중에는 울릉수산고교 학생으로 아르바이트를 하는 자도 있었다. 이때 한국인들은 경비선이 5일마다[277] 와서 위험하니 오지 않는 것이 좋겠다는 충고까지 기자에게 해주었다고 한다.[278]

이런 정황을 보면 당시 독도에 상이군인이 있었음은 분명하지만, 이들은 경비를 목적으로 입도한 것이 아니라 미역 채취를 목적으로 입도한 것이었다. 제주해녀와 수산고교생이 함께 있었던 것도 이를 입증한다. 상이군인들은 자신들을 독도자위대라거나 민병대 혹은 의용수비대라고도 부르지 않았다.

그럼에도 기념사업회(『독도의용수비대 업적』 자료제공)는 (1954년 5월 28일의 침입 당시) 일본 선박이 정박하려는 것을 목격한 정원도, 이규현, 하자진, 양봉진 등 4명이 전마선을 타고 가서 즉시 퇴각할 것을 통보하여 떠나

---

[274] 1954년 6월 2일자 『동아일보』는 '大韓民國 慶北 鬱陵郡 南面 獨島'로 보도했다. 『조선일보』가 '울릉도'로 보도했다.
[275] 박병섭은 『日本海新聞』 기사를 인용하기를 "서도 북쪽에는 암석이 무너진 해안가에 흰 페인트로 한국기가 그려져 있고 그 옆에 아마 '大韓民國'이라는 글자가 그려져 있는 것을 보았다"고 하고 동도로 가서 돌 혹은 시멘트로 된 표주를 본 사실을 인용했다(박병섭, 2015, 앞의 글, 98쪽).
[276] 다무라는 한국인 51명과 해녀 20명으로 기술했다.
[277] 해양경찰대의 경비선은 5월 18일에 처음 독도로 갔고 그 다음에 간 것은 6월 14일이다(박병섭, 2015, 앞의 글, 100쪽).
[278] 박병섭에 따르면, 해양경찰대의 경비선은 5월 18일 처음 독도에 온 이후 6월 14일에 왔으므로 어민들이 말하는 경비선은 운반선일 것으로 보았다(위의 글, 100쪽).

게 했다고 기술했다. 기념사업회는 자료에 날짜는 명기하지 않았지만 그 아래에 5월 28일자 주일 한국 대표부 각서와 5월 29일자 일본 외무성 각서를 인용했다. 기념사업회 홈페이지는 2차 전투를 1954년 5월 29일로 기술하고 있어 날짜 표기가 일본 외무성을 따랐음을 알 수 있다. 기념사업회는 이를 '제2차: 어업시험선 "다이센"호 침입 퇴치'라고 이름 붙였지만, 그 내용은 정원도와 이규현의 증언을 일방적으로 따른 것이므로 사실관계가 입증된 것은 아니다. 이때 정원도와 이규현이 있었던 것도 수비대로서가 아니라 미역채취를 위한 상이군인으로서였다. 외무부는 이 배가 한국의 영토 표지를 촬영하고 10분 후에 떠났다고 했지만[279] 일본 측 기록으로 볼 때 그보다는 오래 머물렀다고 보인다. 한국 정부는 이 사실을 확인하고 일본 정부에 항의각서를 보냈다.[280]

1954년 5월 28일의 침범에 대해 『동아일보』는, 15시경 일본 선원 한 명이 어로 작업 차 출동한 우리 어부 河재천(원문대로) 1명에게 히까리 담배 두 갑과 간장(원문은 醬油) 약간을 준 뒤 15시 40분경 퇴거했다고 보도했다.[281] 하재천이라고 했으므로 정원도와 이규현도 있었다면 이들 성명도 언급되거나 아니면 훗날 정원도와 이규현의 증언에서 하재천이 언급되었어야 하지만 두 사람은 하재천을 언급하지 않았다. 하자진은 하재천이 본인이라며 정원도와 이규현, 양봉준과 함께 다이센호에 승선했다고 증언했다. 하재천이 하자진의 오기라면, 이런 사실이 다른 사람의 증언에서라도 언급되었어야 한다. 이규현은 5·20 선거 후에 입도했다고 했으므로 5월 초부터 계속 어로하던 인원 안에는 들어가 있지 않

---

279 외교통상부, 『독도문제개론』, 2012, 74쪽.
280 5월 23일과 5월 28일의 침범에 대하여 항의했다(외교통상부, 『독도문제개론』, 2012, 74쪽, 1954년 6월 14일자 각서).
281 『동아일보』1954. 6. 11.; 『경향신문』도 6월 7일자로 보도했다.

앉던 것으로 보인다. 혹여 그가 5월 28일에 어로중이었다면 이는 수비대로서가 아니라 어민으로서 미역 채취중이었음을 의미하고, 후에 이를 수비대의 행적으로 둔갑시킨 것이 된다. 이런 여러 정황으로 볼 때 기념사업회는 수비대가 다이센호의 정박을 저지하려 했음을 부각시키려 했지만, 전혀 상관없는 사실을 제시한 것으로 볼 수밖에 없다.

1966년에 수비대원들이 포장(褒章)을 받은 후『경향신문』[282]은 "울릉도의 어민들인 이들이 독도수비대로 규합되어 그 섬에 닿기는 1954년 6월 20일~1956년 10월 24일 독도 경비 경찰에게 섬의 방위 임무를 물려주고 철수했다.", "1954년 6월 19일 하오 8시 6마력의 소형 선박에 수비대원 15명이 탔다. 나머지 15명은 교대를 위해 울릉도에 머물러 있었다", "수비대원 30명 중 15명은 경찰에 정식 임명됐다"는 내용을 보도했다. 홍순칠, 정원도, 김재수, 조상원, 서기종을 찍은 사진도 게재했다. 이렇듯 당시 언론은 수비대의 입도를 1954년 6월 중순으로 보도했다. 수비대원 30명 중 15명이 경찰에 임명되었다고 한 것은 홍순칠의 증언을 따른 것이다. 사진 속 인물은 김재두를 김재수로, 조상달을 조상원으로 오기하기도 했다. 1948년 6월 국방경비대에 입대하여 6년간의 군대 생활을 했던 서기종은 1954년 8월 1일에 제대한 뒤 홍순칠의 요청으로 수비대에 합류했는데 그 전인 4월에 홍순칠과 6명이 처음 독도에 들어갔다고 증언하기도 했다. 이는 그가 전해 들은 것을 증언한 것이므로 정확하지 않지만,[283] 1954년 6월 19일에 입도할 수 없었음을 말해준다.

1966년 서훈 당시 언론에서 독도 상륙일을 1954년 6월 20일로 보도한 것은 자위대 궐기대회 및 5·20 선거 이후가 되므로 시기적으로 들

---

[282] 『경향신문』1966. 4. 27.
[283] 『오마이뉴스』2006. 10. 30.

어맞는다. 『경향신문』은 6월 20일로 보도했는데, 1966년 훈장중에는 "1954년 6월 30여 명의 대원을 모집하여"로 명기되어 있다. 6월이 왜 '6월 20일'로 바뀌어 보도되었는지는 알 수 없다.

해양경찰대 경비정 직녀호는 일련의 침범 사건의 진상을 조사하고자 1954년 6월 8일 부산항에서 출발했으나 파도 때문에 돌아왔다가 6월 11일에 다시 파견되었다.[284] 이때도 수비대가 있었다면 직녀호 선원과 조우했을 것이고 홍순칠도 이를 언급했을 것이다. 그러나 홍순칠은 이를 언급한 바가 없다. 내무부는 직녀호를 파견한 이후 독도에 연안 경비선을 파견하기로 했다고 6월 17일 발표했다. 그러나 실제로 해양경찰대 화성호가 파견된 것은 7월 25일이다.[285] 그런데 그 사이인 6월 15일(16일) 일본 경찰이 독도에서 울릉어민 배승희(배성희와 동일인-인용자)를 만났을 때 아무런 제지가 없었음을 들어[286] 경찰이 없었다고 보는가 하면, 6월 16일에 독도에 접근한 선박은 쓰가루호로서 독도에 1km까지 접근해서 한국 어민들이 조업하고 있는 것을 보았지만 일본 측은 협박만 할 뿐 실력 행사를 하지 않은 것을 두고 한국 측의 공격을 경계하고 있었다고 보는 경우[287]도 있다. 그러나 당시 독도에 경찰이 없이 수비대만 있었다고 하더라도 이들이 순시선에 공격을 가할 정도였을지는 의문이다.

한국 내무부와 외무부, 법무부 등은 1954년 7월 23일 관계자 연석회의를 가진 후 해경에 독도 경비를 강화하도록 했다. 이는 일본 국회의

---

284 박병섭은 6월 14일로 보았다(박병섭, 2015, 앞의 글, 100쪽). 그러나 한국 신문은 6월 11일에 다시 떠난 것으로 보도했다. 직녀호가 무전으로 연락을 취해온 날짜가 6월 14일이다(『조선일보』 1954. 6. 16.).
285 위의 글, 106쪽.
286 정병준(2012), 앞의 글, 431쪽.
287 박병섭(2015), 앞의 글, 107쪽.

원단의 독도 시찰에 대비해서 내려진 조치였다.[288] 일본 참의원들의 독도 방문은 한국 측을 자극하여 민의원 김상돈 등이 화성호로 독도를 시찰하기로 했다. 이에 대해서는 '⑬ 1954년 국회조사단의 상륙 저지여부'에서 구체적으로 기술한다. 이어 7월 29일 내무부는 경비대의 독도 상주를 발표했다. 그러나 실제로 경찰이 상주하는 것은 막사가 준공된 8월 말부터이고 그 전에는 막사 건립을 위해 경찰과 공사 인력이 파견되어 있었다.

기념사업회는 수비대가 1954년 7월 28일 나가라호와 구즈류호[289]의 침범을 격퇴한 사실을 수비대의 업적으로 언급했다. 서도에서 천막을 설치하고 있던 6명의 대원들이 일본인들의 퇴거를 요구하자 일본인들이 상륙을 포기한 채 그대로 도망쳤다는 것이다. 당시 일본 외무성은 한국 주일 대표부에 보낸 각서(144/A5, 8월 27일자 각서)에서 나가라호와 구즈류호가 7월 28일 다케시마(독도)에 도착하자 한 척의 바지선과 약 6명의 한국인을 발견했는데 그들이 한국 경비대와 관련성을 가진 이들 같았다고 항의했다. 기념사업회는 대원들이 서도에서 천막을 설치하고 있었다고 했지만, 7월 25일 한국 국회의원들은 서쪽 편 기슭 "울릉도자위대의 경비막으로 추측되는 판자집"[290]을 목격했다고 했으므로 이미 서도에 막사가 설치되어 있었다. 한편 신문에서 말한 울릉도자위대가 4월 25일 결성된 '독도자위대(또는 독도의용수비대-원주)'와 관련된 사람들로 보인다는 견해가[291] 있다. 그러나 1954년 4월 25일은 독도자위대 또는 독도의용수비대가 결성된 날이 아니라 1만 5천 군민이 대회를 열어 독도자

---

288 『경향신문』 1954. 7. 25.
289 기념사업회는 구르쥬호로 오기했다.
290 『조선일보』 1954. 7. 29.
291 홍성근, 「1953-1954년 독도를 둘러싼 한일 간 물리적 대립 현황 분석」, 『독도연구』 제31호, 영남대학교 독도연구소, 2021. 35쪽.

위대를 결성하기로 만장일치로 결의한 날이다.[292]

홍순칠은 1953년 7월 30일[293] 울릉지서 주임 박춘환 경사가 칠성호로 순경 4명과 함께 경비 임무를 위해 들어왔다고 했는데, 이것은 1954년의 일을 가리킨다. 박춘환은 1954년 7월 중순에 막사 공사를 시작하여 7월 말에 완공했다고 증언했지만 막사가 준공된 것은 8월 하순이다. 박춘환의 증언대로 경비대 막사가 1954년 7월 말에 완공되었다면, 기념사업회가 기술한, 7월 28일 일본 선박이 목격한 6명이 수비대원인지 경찰인지를 단언하기 어렵다. 기념사업회는 "며칠 동안 이들(경찰관)과 동도에서 기거하다가 4일째 되는 날"[294]이라고 하여 수비대와 경찰이 함께 있었음을 기술했다.

홍순칠은 8월 23일[295]의 일본 침범을 언급하였다. 연도를 밝히지 않았지만 여러 정황으로 보아 1954년을 가리킨다. 1954년 8월 26일자 외무성의 항의각서에 따르면, 해상보안청 순시선 오키호가 서도 북서쪽 700m 지점에 이르렀을 때 서도의 동굴에서 600여 발의 총탄을 10분 동안 발사했고 그 가운데 하나가 선박의 우현 축전실을 통과했다고 했다. 홍순칠도 일본 경비정 P9 오끼호[296]가 동도 500m에 접근했다는 보고를 받은 뒤 300m 지점에서 기관총을 발사하자, 후미 쪽에 몇 발이 맞았고 일본인들이 도망했다고 한 점이 일본 기록과 유사하다. 오키호를 총격한 장소가 수비대원들이 천막을 친 곳이었으므로 서도에서 총격을 가한 것으로 볼 수 있다. 오키호 선장은 보고서에서 경비원의 상주를 기

---

292 『동아일보』 1954. 5. 2.; 『조선일보』 1954. 5. 3.
293 "1953년 7월은 한국동란 3년을 종식하는 휴전의 달이었다…휴전 며칠 후인 7월 30일"(『이 땅이 뉘땅인데!』, 1997, 50쪽)라고 기술하고 있으므로 1953년 7월 30일을 가리킨다.
294 기념사업회 홈페이지(「독도의용수비대 업적」)
295 1978년 자료는 9월 23일로 표기했지만, 8월 23일을 가리킨다.
296 1978년 자료는 순시선 P9와 P11정 두 척을 언급했다.

정사실로 본다는 소견을 밝혔고,[297] 일본 정부는 한국 관헌의 불법적인 총격에 항의했다.[298] 그들이 말한 한국 관헌이 경찰과 수비대 가운데 누구를 지칭하는지 분명하지 않지만, 일본 정부가 수비대를 파악하고 있었을 리 없으므로 이를 관헌으로 인식했을 가능성이 크다. 한국 정부는 이 총격이 일본 선박이 한국 경비대의 정지명령을 무시하고 접근하려는 데 대한 경보라며 대응했다.[299] 한국 정부는 '한국 경비대'라고 하여 경찰이 한 일로 보았다. 경비대 막사가 완성될 즈음이므로 경찰과 수비대원, 막사 건립용 인력이 함께 있었던 것으로 보인다.

서기종은 "1954년 9월경 일본 순시선이 접근하길래 흰 수건을 흔들며 접근하지 말라고 신호를 보냈으나 계속 접근했다"며 "'저들이 상륙하면 죽겠구나' 싶어서 박격포탄 4~5발을 쐈는데 그중 한 발이 순시선 뒤쪽 바다에 떨어지니까 배를 돌려 돌아가더라"고 회상했다.[300] 그는 "그 뒤로는 어떤 총격전이나 발포도 없었고 일본 순시선도 멀찌감치 독도를 돌아서 갈 뿐이었다"며 "당시에도 홍순칠 대장은 현장에 없었다"고 증언했다. 이규현도 "일본 순시선과 총격전을 벌인 사실은 없다"고 증언했다. 이를 종합하면 1954년 9월 일본 순시선의 침범은 없었으므로 서기종과 이규현이 말한 것은 8월 23일의 침범을 가리킨다.

기념사업회는 1954년 8월 23일의 침범을 '제4차 : 일본 무장 순시선 "오끼"호 총격으로 격퇴'라고 칭했다. 기념사업회는 홍순칠의 수기(『독도의용군 수비대』)를 인용하고, 일본 외무성 각서(1954. 8. 26. 140/A5)와 주일 한국 대표부 각서(1954. 8. 30. 부25), 『동아일보』 1954년 8월 29일

---

297 박병섭(2015), 앞의 글, 115쪽.
298 외교통상부, 『독도문제개론』, 2012, 75쪽.
299 위의 책, 76쪽. 8월 30일자 각서.
300 『오마이뉴스』 2006. 10. 31.

자 기사 및 9월 1일자 기사를 근거 자료로 제시했다. 홍순칠은 수비대가 일본 선박이 접근하기 300미터 거리에서 기관총을 발사했다고 했는데 이는 앞에서 언급한 일본 외무성(각서 1954. 8. 26. 140/A5)의 내용과 유사하다. 한국 외무부는 일본 선박이 500미터 지점에 왔을 때 정지명령을 내렸으나 무시했으므로 이 섬에 있는 한국 관리들이 합법적인 도전을 실행하기 위해 경보를 발한 것이라고 항의했다.[301] 외무부의 NOTE VERBALE은 "Under the circumstances, in order to enforce their entirely legal challenge, a warning had to be fired by the Korean officials there whose duties are to protect the said island of the Republic of Korea from any intrusion."이라고 했다. 이를 기념사업회는 "독도를 보호할 의무가 있는 자가 합법적인 경보를 발하지 않을 수 없었다."라고 번역했다. 일본 정부는 'Korean authorities'이라고 표현했고, 한국 정부는 'Korean officials'라고 표현했다. 그렇다면 Korean authorities와 Korean officials 개념에는 수비대가 포함되는가?

『동아일보』(1954. 8. 29.)는 일본은 한국군이 한 척의 일본 초계정을 공격한 데 대해 항의하고, 한국군의 발포 사격에 대해 사과를 요구했다고 보도했다. 또한『동아일보』(1954. 9. 1.)는 일본 해상보안청 경비정이 한국 순시함의 정지 신호에 불복하고 500m까지 접근하여 상륙을 기도한 데 대해 김용식 공사가 항의한 사실도 보도했다. 일본 경비정의 승조원이 30명이었다는 사실도 보도했다. 이렇듯 한국 언론은 한국군과 한국 순

---

[301] "事情이 如斯하므로 어떠한 侵入으로 부터도 大韓民國의 同島를 保護하는 義務인 同島 駐在의 韓國官吏들은 그들의 숙혀 合法的인 挑戰을 實行하기 爲하여 警報를 發하지 않을 수 없었다" (외무부,『독도문제개론』, 1955, 88쪽). 2012년 판은 다음과 같이 기술했다. "사정이 이와 같으므로 어떠한 침입으로부터도 대한민국의 동 섬을 보호하는 의무를 지고 있는 동 섬 주재의 한국 관리들은 그들의 전적으로 합법적인 요구를 실행하기 위하여 경보를 발하지 않을 수 없다"(76쪽).

시함을 운운했을 뿐 수비대의 존재를 드러내는 표현을 사용하지 않았다.

　1954년 8월의 침범에 관해 일본의 제8관본부 해상보안본부장은 해상보안청 경비구난부장에게 보고했다.[302] 보고서 「제28차 다케시마 특별 단속 실시 경과에 관하여」에 실린 「제28차 다케시마 특별 단속 실시 경과 개요 보고」를 보면, 동도의 서쪽에 목재 수십 개가 놓여 있고 계속 주둔할 막사를 짓는 듯이 보였으며, 판자로 둘러진 동굴 안에는 10명가량의 경비원이 경계를 하고 있는 것 같다고 했다. 이어 배가 서도 700m 가까이 왔을 때 동굴 근처로부터 400발[303]의 총격이 10분 정도에 걸쳐 있었고, 배가 2,000m 멀어져 탄환이 도달하지 않았다고 기술했다.[304] 일본이 보고서에서 동도 서쪽에 목재 수십 개[305]가 놓여 있었다고 한 데 대하여, 이용원은 등대를 설치하고 남은 것인지 아니면 영구 막사를 짓기 위한 자재인지 명확하지 않다고 했다.[306] 당시 일본은 독도에 등대가 설치되어 있고 경비대가 상주하고 있다고 판단했다. 그리고 지난번에 보았던, 서도 동굴 앞에 있던 천막이 이번에는 없는 것으로 보아 동도에 영주 막사가 구축되었다고 보았다. 일본은 한국이 소총과 자동소총으로 총격했다고 보았으나[307] 홍순칠은 기관총을 발사했다고 했다. 그러므로 여러 정황으로 보건대 이 시기는 막사의 완공을 앞두고[308] 경찰

302　오키 선장이 제8관구 해상보안본부장에게 보낸 보고서이다.
303　외무성은 항의 각서(1954. 8. 26.)에서 600발이라고 했다.
304　박병섭(2015), 앞의 글, 114쪽 재인용, 필자가 윤문했다.
305　다무라 세이자부로는 수십 톤이 놓여 있었다고 했다(다무라 세이자부로, 『島根縣竹島の新研究』, 島根縣, 1965, 126쪽).
306　이용원, 『독도의용수비대』, 범우, 2015, 37쪽.
307　박병섭(2015), 앞의 글, 116쪽.
308　경비 초소를 8월 1일 설치하기 시작했다는 기사(『동아일보』 1956. 8. 21.)가 있으나 그 전에 시작했다는 증언도 있어 확실하지 않다. 8월 26일경 완성된 것으로 보인다. 경사 등 15명이 주둔했다. 사진 촬영일이 8월 28일로 되어 있는 것은 이때 제막 기념식을 했기 때문이다.

이 체재하고 있었고 수비대도 철수하지 않은 상태였으므로 함께 대응한 것으로 보인다. 기념사업회는 수비대가 일본 오키호를 퇴치한 일자를 1954년 8월 23일로 보아야 하는 근거로 홍순칠이 「독도의용군 수비대」에서 1954년 8월 23일로 명시한 것을 제시했다. 홍순칠이 1997년 수기에는 1953년 7월 23일로 기술했지만 1985년 수기에서는 1954년 8월 23일로 명시하였고, 기념사업회가 근거로 보는 것은 후자를 가리킨다.

한편 일본 선박이 독도에 근접한 지점이나 총격을 가한 형태에 대한 기술은 양국이 다르다. 일본 외무성은 700m, 한국 외무부는 500m, 홍순칠은 300m 접근을 언급했고, 일본은 소총과 자동소총을, 홍순칠은 기관총을, 수비대원은 박격포를 언급했다. 1954년 8월 23일의 침범에 대해 경찰과 수비대가 대응하려 했음은 분명해 보이지만, 이는 일본의 선제 총격에 대응한 것이 아니었고 포탄은 선박의 외곽 바다에 떨어졌다. 또한 이 대응은 수비대의 단독 대응이 아니라 경찰의 대응에 수비대가 공조한 것이었다. 그러므로 이를 일러 수비대의 단독 대응인 듯이 기술한 것은 과도하다.

이 사건이 일어난 이후 한국 정부는 수백 명의 해상경비원을 상주시키기로 하고 추가 예산 3천만 환을 계상했다.[309] 1954년 9월부터는 정식으로 경비대가 상주했으나 독도에 체재하던 수비대원들도 함께 거주하면서 독도 경비에 일익을 담당했다. 이후 수비대원의 일부가 1954년 12월 말 경찰에 채용되었으므로 1955년부터의 경비는 경찰의 경비로 보아야 한다.

이상에서 검증한 것은 홍순칠은 언급하지 않았으나 기념사업회가 언

---

309 『朝日新聞』 시마네 지방판, 1954. 9. 1.(박병섭, 2015, 앞의 글, 116~117쪽에서 재인용, 원문은 "竹島 防衛に三千万圜"). 『경향신문』(1954. 9. 1.)도 국무회의에서 독도 경비를 강화하기 위해 경비대를 파견하고 3천만 환을 4287년도(1954) 추가예산 안에 편성했다고 보도했다. 박병섭은 이를 약 6천만 엔으로 환산했다.

급한 업적에 대한 것이다. 위의 표 ⑧-1에는 검증해야 할 내용이 몇 가지 더 있다. 홍순칠에 따르면, 1954년 8월 23일의 침범이 있은 뒤에 경북 경찰국장 김종원에게 무선시설과 박격포 지원을 요청하고, 다시 신현돈 경북도지사를 찾아가 구호 양곡을 300표 요청했다고 한다. 그런데 홍순칠은 1954년 9월 10일 이후 도지사를 만났을 때 수비대를 결성한 지 6개월이 되었다고 했으므로 이 역시 결성 시기를 1954년 4월 이전으로 상정했음을 드러낸다. 홍순칠은 양곡 수취가 미군의 거부로 무산되자 미역채취권을 요구하여 내년(1955년)부터 수비대가 미역 채취를 독점할 수 있는 공문을 받았다고 했다. 그러나 앞에서 언급했듯이 미역채취권은 재향군인회가 1954년에도 거의 독점하고 있었다. 구호 양곡에 대한 홍순칠의 증언도 1954년 가을에 요청했다는 기록이 있는가 하면, 1954년 3월에 요청했다는 기록도 있다.[310]

1978년 자료는 1954년 9월 10일에 서장이 홍순칠에게 경찰국장을 만나 무전기와 기관총 2문 등을 받으라고 해서 그 후 만난 것으로 되어 있다. 홍순칠은 6개월 동안 사재 수천만 환이 들었기에 도지사를 만나고 식량을 요청했다고 했다. 그러나 앞에서 기술했듯이 홍순칠은 1954년 9월 당시 부식비로 40환을 받고 있었음을 언급했으므로 그 이전에 사재로 수천만 환을 충당했다는 것은 과장이다. "부식비 40환"이 1인당 1일 비용인지가 분명하지 않다.

홍순칠은 해양경찰대 직녀정이 경찰관을 싣고 와서 무선시설을 완공한 때로부터 일본 방송과 기상예보 청취가 가능해졌다고 했다. 이때 경찰에 임명된 자가 허학도이다. 그런데 그 시기를 보면, 1954년 8월 23일의 침범 사흘 지난 26일에 홍순칠이 대구로 갔다가 볼일을 보고 다시 독도

---

310   경상북도 경찰국, 『청원서 사실 조사 보고』(경무 25-1036, 1978. 3. 30.)

로 돌아온 지 일주일 뒤이다.³¹¹ 그렇다면 허학도³¹²가 온 것은 1954년 9월 초순이 되어야 하지만 무선시설은 이로부터 열흘 이상 지난 뒤에 완성되었다고 했으므로 9월 20일 이후가 되어야 한다. 하지만 실제로 무선시설이 개통된 것은 8월 27일이다.³¹³ 『조선일보』는 8월 27일 오후에 개통되었다고 보도했는데³¹⁴ 『경찰 10년사』³¹⁵는 무선시설을 8월 10일 착공하여 9월 20일 완성했다고 잘못 기술했다.

⑧-2 1954년 10월 일본 순시선의 독도 침범

일본 해상보안청 순시선 오키호와 나가라호는 1954년 10월 2일에도 독도를 침범하였다. 이 사실은 일본에서 방송되었고, 한국에도 전해져 김장흥 치안국장이 5일에 관련 기자회견을 가졌다. 『경향신문』에 따르면, 김장흥은 일본 선박이 독도에 접근하려 했으나 한국 해양경찰대의 포문(砲門)이 자기들을 향해 있어 접근하지 못해 비난했다고 일본 방송이 보도한 사실을 인용했다. 또한 김장흥은 일본 선박이 독도에 접근하면 발포할 것임을 암시했다.³¹⁶ 『조선일보』³¹⁷도 모 정부 당국자³¹⁸의 말을 빌려, 일본 선박의 승무원들이 상륙을 꾀했지만 독도의 경비 포문에

---

311 8월 26일에 대구에서 볼일을 보고 독도로 왔다면 8월 28일의 준공식에 참석하는 것은 거의 불가능하다.
312 허학도는 울릉경찰서의 1954년도 인사사령부에 따르면, 1954년 8월 2일(원문 불상)에 울릉서 근무를 명받았고 11월 10일에 경사에 추서된 것으로 나온다(이서행 보고서 참조).
313 『조선일보』1954. 8. 30. 경북 경찰국을 인용하여 8월 27일 3시부터 무선시설이 개통되었다고 보고했다.
314 내무부 편, 『警察十年史』, 백조사, 1958, 495쪽; 정병준(2012), 앞의 글, 441쪽(박병섭, 2015, 앞의 글 118쪽에서 재인용); 『조선일보』1954. 8. 30.
315 내무부 편, 『警察十年史』, 백조사, 1958, 495쪽(박병섭, 2015, 위의 글, 118쪽에서 재인용: 정병준, 2012, 앞의 글, 441쪽).
316 『경향신문』1954. 10. 6.
317 『조선일보』1954. 10. 7.
318 김장흥 치안국장을 가리키는 듯하다.

공포를 느껴 도주한 것 같다고 말한 사실을 보도했다. 이때 일본 언론은 '한국 해양경찰대의 포문'이라고 했고, 한국 치안국장은 '독도의 경비 포문'을 운운하며 실제로 발포하겠다고도 했다. 일본이 운운한 '포문'은 가짜 목대포를 가리키지만, 수비대의 존재를 몰랐기 때문에 그것을 한국 경찰이 설치한 대포로 본 것이다. 이에 비해 한국 치안국장이 운운한 포(砲)는 진짜 박격포를 가리킨다.[319] 치안국장은 독도 경비에 만전을 기하고 있다고 했지만[320] 그가 수비대를 인지한 정황은 보이지 않는다.

기념사업회는 1954년 10월 2일의 전투를 5차 전투로서 기술했지만, 홍순칠은 10월 2일의 침범을 언급한 적이 없다. 한국 외무부도 10월 2일의 전투를 언급한 적이 없다. 그런데 기념사업회는 "10월 2일 아침 일본 무장 순시선 오키호와 나가라호 침범, 목대포 설치, 격퇴"라고 했다. 기념사업회는 어떤 근거에서 이를 수비대의 업적으로 제시했을까? 기념사업회는 「독도의용수비대 업적」에서 '전투상황(수기 76)'이라고 하고 외무성 각서(1954. 10. 21, No185/A5)를 언급한 뒤 '수기 76'을 인용했다. '수기 76'은 『이 땅이 뉘 땅인데!』의 76쪽을 가리키는데, 목대포 제작을 언급한 내용이다. 홍순칠은 "후일 일본에서 발간되는 『킹』이라는 월간지에 「독도에 거포 설치」란 제하의 기사가 났는데, 필경 이것은 일본 함정에서 망원경으로 찍은 우리 수비대의 목대포이며 당사자인 우리로서도 감별이 어려울 정도로 진짜에 흡사했다. 아니나 다를까 다음 달 24일 함정이 나타났는데 이제는 근접치 않고 먼 곳에서 배회할 뿐 함정의 번호조차 식별하기 힘들 정도였으니 이는 필경 목대포의 위력이 아니었나 생각된다"[321]고 기술했다. 그런데 홍순칠은 이 일이 11월 21일의 침범 이

---

319 정병준에 따르면, 치안국장 회견 이후 독도에 박격포가 설치되었다고 했다(2012, 앞의 글, 427쪽).
320 『동아일보』 1954. 10. 6.
321 홍순칠(1997), 앞의 책, 76쪽.

후에 일어난 것으로 잘못 기술했다. 11월 21일의 침범 때 수비대가 일본 측에 16명의 사상자를 내게 했지만 다음 달에도 함정이 나타날 것에 대비하여 고심하다가 목대포를 제작하게 되었다는 것이다. 그러나 1965년과 1970년 자료는 11월 21일 전투에서 목대포를 돌려 보였다고 하여 그 전에 설치한 것처럼 기술했다.

홍순칠은 목대포 제작일을 다르게 언급했지만, 일본 외무성 각서(1954. 10. 21., No 185/A5)[322]를 따르면, 이는 1954년 10월 2일 이전에 제작한 것이 된다. 외무성 각서에 따르면, 1954년 10월 2일 일본 순시선 오키호와 나가라호가 독도에 접근했을 때 7명의 한국 관리가 동도의 진지에서 포의 덮개를 벗겨 순시선을 향하는 일이 있었기 때문이다. 외무성은 이를 비난하며 한국 정부의 사과, 총포와 무선 방송용 간주 및 가옥의 철거, 한국 관헌의 즉각적인 철수를 요구했다.[323] 홍순칠은 사건 발생일을 잘못 기술했지만, 외무성 각서로 보건대 10월 2일 일본 순시선이 독도에 접근한 것으로 보인다.[324]

한편 기념사업회는 『킹』 1954년 12월호를 근거 자료로 제시했는데 이 잡지에는 목대포 혹은 독도 관련 기사가 없다. 기념사업회가 자료를 잘못 제시한 듯하다. 일본 『산인신문(山陰新聞)』에 따르면, 오키호와 나가라호 두 척은 1.5해리 떨어져 섬을 일주하다가 7명의 경비원이 무선시설이 있는 가옥 근처에서 산포(山砲) 덮개를 여는 것과 24~25명의 경비원이 상주하고 있는 것을 목격했다. 다만 순시선은 지난번(8월 23일 순시)에 총격받았던 동굴 근처에서는 사람이나 시설을 목격하지 못했다고 했

---

322 이용원은 '1954. 12. 1. N185/A5'로 잘못 기술했다(앞의 책, 41쪽).
323 외교통상부, 『독도문제개론』, 2012, 150쪽.
324 이용원(2015, 앞의 책, 41쪽)은 이 사건에 대한 일본 외무성의 각서(1954. 12. 1. N185/A5)를 근거 자료로 제시했지만, 12월 1일자 각서는 존재하지 않는다. 10월 21일을 오기한 것으로 보인다.

다.[325] 8월 23일에 보지 못했던 무선시설을 이번에 확인한 것이다. 『아사히신문』도 일본 해상보안청의 발표를 보도했는데, 무전탑 옆에 목조가옥이 있고 동굴에서 7명의 경비원이 나타나 대포의 덮개를 열고 순시선을 향해 있음을 보았다고 보도하되 '24~25명의 경비원' 상주에 대해서는 언급하지 않았다. 『요미우리신문(讀賣新聞)』도 다케시마 무장을 보도하고 대포와 무전탑을 찍은 사진을 게재했다.[326]

일본 측이 운운한 '7명의 한국 관리', '7명의 경비원'이 경찰관인지 수비대원인지는 위의 기술만으로는 알 수 없지만, 당시는 경찰이 상주하고 있을 때였다. 목대포가 설치되어 있고 일본 선박이 이를 목격했다면 그 자체가 일본인을 물러가게 하는 효과가 있었음도 분명하다. 이 점에서 수비대의 목대포 설치는 높이 평가할 만하다. 그러나 설치되어 있던 기간은 매우 짧았으며 그 사이에 양국 간에는 특별히 교전이라고 볼 만한 충돌이 없었다. 또한 수비대원의 아이디어로 목대포를 설치했다고 하더라도 경비의 주체는 경찰이었다.

⑨ 1954년 11월 경찰국장의 위문과 횡포

연도	내용
1965	11월 23일[327] 김종원[328] 경찰국장이 총리 친서를 전함. (일본이) 영해를 침범할 때 위협 발사하라는 내용을 홍대장이 "무조건 발사하여 격침시키라"는 내용으로 바꿈, 경찰국장 위문품은 박격포탄 100발, 위문대원에게 녹슨 물을 마시게 하거나 정 경비과장의 따귀를 갈기는 횡포, 태풍 7호로 행사 중지, 국장의 카메라케이스 주우러 올라갔던 허학도 경사 추락사, 대원이 김종원에게 총을 겨누자 함장의 따귀를 때리고 유서 씀, 위문품 전부 바다에 빠짐(319~321쪽)

---

325 『山陰新報』 1954. 10. 5.(박병섭, 2015, 앞의 글, 118쪽에서 재인용).
326 『讀賣新聞』 1954. 10. 10.(위의 글, 119쪽에서 재인용).
327 『이 땅이 뉘 땅인데!』(60쪽)에는 10월 22일로, 『독도의용군 수비대』(225쪽)에는 4월 21일 방문한 것으로 되어 있으나 11월 10일 방문했다.
328 김종원은 경남지구 계엄민사부장 겸 경북지구 계엄민사부장, 경남지구 병사구 사령관, 전북경찰국장, 경남경찰국장, 서남지구 전경사령관, 1954년 11월 30일에는 경북 경찰국장으로 재직 중이었다.

연도	내용
1970	(박대련은 아래 내용을 1954년 겨울 성탄절 파티 뒤에 기술했지만, 1954년 11월의 일이므로 여기에 실음―인용자) (1953년) 2차에 걸친 발포사건과 『킹』 잡지 이후 일본 측 항의로 정부가 곤란, 김종원은 독도수비대 행위에 흡족, 1954년 11월경 위문단 방문 통고, 7인의 로빈슨 크루소 같은 대원 마중, 각종 위문품, 김 국장이 총리 친서를 "무조건 발사하여 격침시키라"로 고쳐 전함, 홍 대장이 담배 요청, 위문품은 박격포탄 100발(152쪽), 김 국장이 철사 녹슨 물을 위문대원에게 마시게 하거나 정 경비과장의 따귀를 갈기는 등 횡포, 태풍 7호로 행사 중지, 국장의 카메라케이스 주우려던 악대원 허학도(樂隊員 許學道) 경사 추락사, 박격포탄 때문에 고마운 은공자로 전해짐(153쪽)
1978	(1954년) 10월 15일 서장 구국찬이 10월 21일이나 22일 김종원의 위문단 방문 전보로 알림, 10월 20일 손기수(북면 지서장 출신) 경사가 순경(김봉찬 포함) 3인과 카빈소총 하나씩만 지참하고 옴, 훈련을 못 견디고 사직서 내겠다고(158~161쪽)
	10월 22일 칠성호와 50여 명의 위문단, 한상룡 총경에게 태풍 9호 알림, 위문품 운반, 김종원이 카메라 케이스만 챙겨 와 허학도 추락사, 홍순칠·김종원과 5미터 떨어진 지점임(162~166쪽)
	순경 발령을 약속했던 허학도, 시체를 울릉도로 운송, 김종원에게 호송 부탁, 손기수 등 경찰 4명 함께 철수하도록 지시(166~167쪽), 칠성호 엔진 고장으로 강원도로 선회, 김 국장이 선장 따귀(168~169쪽), 선장의 앙갚음과 김 국장의 유서가 후일담(169쪽), 박격포탄 100개는 김종원의 조달로 홍순칠은 추정(169쪽)
	1954년 11월 23일 일본 경비정 사라진 뒤 황영문이 귀신 허학도 목격, 허학도의 새 옷 타령, 구국찬이 위령비 세우기로 결의(214~222쪽), 김종원이 경찰 경비병을 파견하지 못하는 현실을 경무대에 설명, 이승만은 정부 묵인하에 일본 순시선 포격시킬 속셈(222~224쪽)
1985	(1954년) 경찰국장의 방문 소식, 4월[329] 21일 태풍 예보, 10시에 칠성정과 어선 한 척, 경찰악대 20여 명 포함 50여 명, 박격포와 포탄 100발이 이승만 위문품, 김 국장의 담배 약속, 허학도 경사의 추락사, 칠성정은 포항으로, 시신은 오징어배에 경찰관 4명과 동승, 김재두가 허학도 실족사를 설명―위문단 중 일행이 카메라집을 두고와 가져오다 봉변―, 김수봉이 통신사 자청했으나 일본어 중국어 영어 통신 경험자인 내가 하기로, 다음날 일본 경비정이 온다는 보고(225~226쪽)
1996	(1985년 내용과 동일, 4월 21일 오기도 동일함)
1997	통신사 허학도가 김종원 경찰국장의 순시 연락 접수, 1954년 10월 22일[330] 칠성호와 50인[331] 위문단의 방문 예고, 태풍 예보, 전(錢) 과장, 박격포 100알이 위문품, 허학도 추락사, 일행이 카메라를 정상에 두고 옴, 조포, 경찰에게 시체 운구와 철수 지시, 김종원이 칠성호 선장 뺨 때린 일, 포항으로 가겠다는 한 선장의 전문, 보급품과 위문품 운반 성공, 김인갑에게 시체 포장용 쌀가마니 보충 지시,[332] 필자가 통신사 겸함(59~66쪽)[333]

---

329 11월의 오기인 듯하다.
330 이 내용이 『월간 학부모』(59회)에는 11월 20일로 되어 있다. 11월 10일이 맞다.
331 『경향신문』(1954. 11. 16.) 보도에 따르면, 경북도 정재원 등 7명 도의원과 김종원을 비롯한 43명의 경찰관으로 구성되었다.
332 기술한 내용과 보도 일자가 맞지 않는다.
333 2018년 판 『이 땅이 뉘 땅인데!』(63쪽)는 신문기사 '김종원 경찰국장 울릉도 순시. 1954. 11. 16. 경향신문'을 게재했다. 그런데 기사를 보면, 11월 8일 10시 대구 출발, 5일간 예정임을 밝히고 있다.

연도	내용
1997	구국찬 서장이 경찰국장의 방문 전문[334] 접수 뒤 경찰(5명) 파견, 시체 운반 시 함께 돌려보냄. 박격포 제외한 위문품 태풍에 유실.[335] 견습통신사 허학도를 추천, 경찰로 임명해서 오게 함. 경사로 추서, 허학도 귀신 소동(67~70쪽)
	1954년 10월 22일, 김종원 등 11시 당도, 경비과장 전우홍과 악대, 도의원과 부인회 등 50여 명, 전날 구국찬 서장의 무선 전보, 돼지 두 마리 가져옴, 허학도 시신을 오징어배에 태워 20시간 만에 울릉도 도착, 경비정이 2시간 동행하다 포항으로, 태풍 7호, 김 국장의 유서, 포항에서 금파(호) 대기시킴(216~219쪽)

⑨는 1954년 경북 경찰국장 김종원(金宗元)[336]의 독도 방문에 관한 것이다. 방문일이 1954년 10월 21일, 10월 22일, 11월 20일경, 11월 23일로 각각 다르고, 4월 21일로 오기하기도 했으나 11월 10일이 맞다. 홍순칠은 『월간 학부모』에 김 국장이 울릉도를 순시한다는 내용의 『경향신문』 기사를 함께 게재했다. 신문의 내용은 8명의 도의원과 김종원을 비롯한 43명의 경찰관 등으로 구성된 '독도시찰 위문단' 일행이 11월 8일 상오 10시에 대구를 떠났고 5일간 예정으로 "동해의 고도에서 분토하는 경비대를 방문할 것"[337]이라는 것이다. 기사를 보더라도 위문단의 독도 방문은 11월 10일경이 된다. 그런데 홍순칠은 11월 20일[338]과 10월 22일로 잘못 기술했다. 신문에서 '경비대'라고 한 것은 경찰을 가리킨다.

1978년 자료에는 (1954년) 10월 20일부터 손기수 경사와 김봉찬을 포함한 순경 3인이[339] 독도에 파견되어 근무하고 있는 것으로 적혔는데, 홍순칠은 이들이 훈련을 못 견디고 사직서를 내겠다고 한 것으로 기술했다. 홍순칠은 경찰의 파견에 대해 내내 불쾌한 기색을 드러냈다. 그는

---

334 이 역시 선장이 포항으로 선로를 변경하겠다고 통신해온 내용과 맞지 않으며, 울릉도 보급 주임에게 보충할 것을 지시했다는 내용과도 맞지 않는다.
335 같은 책의 앞에서는 무사히 운반이 끝났다고 보고한 것으로 되어 있다(70쪽).
336 김종원 경찰국장의 임기는 1954년 8월 28일부터 1955년 2월 15일까지였다.
337 『경향신문』 1954. 11. 16.
338 『월간 학부모』(59회)에 기술된 날짜이다.
339 1985년 수기에서는 1955년 10월 30명이 차출되어 독도에 온 것으로 기술했다.

"치외법권적(治外法權的)인 곳에 경찰관이 배치되어 왔으니 눈에 가시가 아닐 수 없었다."[340]라고 했다. 독도가 치외법권적인 지역인가? 그는 공권력으로 정당하게 수비하는 경찰을 자신의 권역을 침범한 세력으로 다루었다. 그의 저술의 기저에는 경찰을 폄하하는 태도가 도처에 깔려 있다. 이는 홍순칠이 경찰의 상주를 기정사실화한 것이기도 하다.

홍순칠에 따르면, 경찰국장 김종원의 방문일에 허학도 경사의 죽음이 있었다고 하는데 관련 보도가 거의 없었던 것은 이채롭다. 홍순칠이 기술한, 허학도 사망의 원인은 기록마다 달라, 허학도가 가지러 되돌아간 것이 카메라 케이스인지 카메라인지 일정하지 않고, 두고 온 자가 김종원인지 위문단 일행인지도 일정하지 않다. 1956년에 『동아일보』[341]는 (1954년 8월 1일 이래-인용자) "울릉도 경찰서에서는 모든 악조건을 무릎쓰고 이 섬을 경비하게 되었다는데 그동안 불행하게도 한 사람의 경비경찰관이 식량을 운반하다가 바위에서 미끌어져 순직한 사실"이 있었다고 보도했다. 『동아일보』에서 말한, 순직한 경비경찰관이 허학도를 가리킨다면, 그는 식량 운반 중 실족사한 것이 된다. 1981년에 『조선일보』도 독도에서 3명의 해경대원이 순직한 사실을 보도하면서 허학도가 1954년 11월 10일 사망한 것으로 보도했는데[342] 3명 모두 야간 근무 중 실족하여 사망한 것으로 전했다. 1965년에 홍순칠은 허학도가 풀린 농구화 끈을 밟아 넘어져서 추락사했다고 증언한 바 있다.[343] 이것이 후에는 김종원 일행의 카메라 등과 연계된 것으로 와전된 것이다. 최헌식 경사는 추

---

340 김교식, 『(도큐멘타리) 독도수비대』, 선문출판사, 1980, 159쪽.
341 『동아일보』 1956. 8. 25.
342 『조선일보』 1981. 10. 10.
343 하자진은 허학도가 무전치러 올라가다가 풀린 운동화 끈을 밟아 추락사했다고 증언했다(하자진 증언, 2006년 11월 24일 포항자택에서 면담)(국가보훈처 독도의용수비대진상규명위원회, 『독도의용수비대 진상규명위원회 결과보고』, 2008. 2. 21.)

락사하는 장면을 직접 (목격)했다고 증언했다.[344] 구국찬 서장은 경찰국장 김종원이 온다는 전문을 접수한 뒤 경찰 5명(경사 1명, 순경 4명-인용자)을 파견한다고 홍순칠에게 연락했다. 홍순칠은 "울릉도에서 온 경찰관 5명의 조포"라고 했으나 5명의 이름은 밝히지 않았다.

김종원이 가져온 총리 친서의 내용에 관하여 이를 "무조건 발사하여 격침시키라"는 내용으로 고친 자가 홍순칠이라는 기록과 김종원이 고친 뒤에 홍순칠에게 전했다는 기록이 두 가지로 나뉜다. 검증할 만한 자료가 없는데, 경찰국장의 독도 순시에 총리가 친서를 보냈는지, 그리고 이를 함부로 고칠 수 있었는지는 의문이다.

김종원이 뺨을 때렸다는 대상도 전우홍 경비과장, 정 경비과장,[345] 칠성호 선장 등으로 기록에 따라 다르지만, 횡포를 부린 것은 사실로 보인다. 홍순칠은 보급품과 위문품의 정상 운반에 성공했다고 기술하는가 하면, 박격포만 제외하고 모두 태풍에 떠내려갔다고 기술한 경우도 있다. 홍순칠은 박격포탄 100발을 이승만의 위문품이라고 했지만, 김종원이 이승만의 위문품인 것처럼 꾸며 조달한 것임을 홍순칠이 인지했다고 기술한 자료도 있다.

홍순칠은 허학도가 사망한 후 김수봉이 통신사를 자청했으나 언어가 안 돼서 여러 언어를 통신할 줄 아는 본인이 하기로 했다고 기술했다. 홍순칠에 따르면 김수봉은 해군 출신이다. 그런데 1978년에 경찰국은 김수봉이 1954년에 40일간 독도에서 근무한 자였음을 밝혔다. 그럴 경우 그는 1954년 11월 20일경부터 12월 말까지 근무한 것이 된다. 홍순칠을 따르면, 김수봉은 허학도 사망일(11. 10.) 이전부터 근무한 것이 된

---

[344] 주강현, 『울릉도 개척사에 관한 연구: 개척사 관련 기초자료 수집』, 한국해양수산개발원, 2009, 177쪽. '목격' 두 글자가 빠져 있는데 "직접 목격했다"가 되어야 맞을 것이다.
[345] 1979년 자료에서는 전(錢) 경비과장과 전우홍으로 보인다. 전우홍이 맞는 듯하다.

다. 홍순칠은 김종원의 방문 다음날 일본 경비정이 온다는 보고가 있었다고 했다. 그렇다면 시기는 11월 11일인데 홍순칠이 일본 순시선의 격퇴를 언급한 것은 아래에서 다루겠지만, 11월 21일이다.

⑩ 1954년 11월 21일의 순시선 격퇴와 16명의 사상자 문제

연도	내용
1965	11월 4일 새벽 5시 PF9정, 11정, 16정 3척이 200m까지 접근, 박격포와 소총 발사, 서기망(徐基望)이 조준대 없는 박격포로 3발 중 2발 명중, 11호정이 화염에 덮여 (일본)경비원 5명 사망, 목대포를 서서히 돌려보이자 9호정과 16호정 도망, 2시간 뒤 라디오에서 다케시마경비대 소속의 세 함정이 16명의 사상자 낸 일 및 위문품을 우에노역으로 가지고 오라고 방송, 일본이 독도우표가 붙은 편지를 반송하고 한일회담 중단을 선언(321쪽)
1970	11월 21일 새벽 PF9정, 11정, 16정 3척이 접근, 100m 접근하면 박격포를 쏘기로, 수비대는 1만 발의 실탄 보유, 조준대 없는 박격포를 김병열과 서기종이 쏘아 3발 중 2발 명중, 11호정이 맞아 5명의 승조원 사망, 부상자와 시체, 목대포를 돌려보이자 9호정과 16호정이 달아남, 2시간 뒤 라디오에서 다케시마경비대 소속 세 함정의 피격과 16명의 사상자 및 위문품 우에노역으로 가지고 오라고 방송, 일본은 독도우표 붙은 편지를 반송하고 한일회담 중단을 선언(149~150쪽), 정부는 수비대 활약을 기념하여 11월 초 10환과 20환[346] 등의 독도우표 발행, 이 격퇴는 1953년 10월 15일 구보다망언에 대한 통격(痛擊)임(150쪽)
1978	10월 23일 오전 7시 반, P9, P11, P16정 접근, P9정이 다케시마경비대를 운운하며 50분 이내 떠날 것과 사령관 홍순칠의 투항을 언급, 수비대는 박격포 1문에 기관총 셋과 약간의 소총, P9가 움직이자 박격포를 발사, 다른 경기관총 발사하자 3척은 사정거리 밖으로 이동, 폭탄 3개씩 단 비행기가 동도 쪽 선회, 우리는 박격포 16발과 중기 3천 발 소모(171~177쪽), 울릉경찰서에 무전 보고-P9 명중과 P11정의 예인 등-(178쪽), 일본이 라디오 9시 뉴스로 16명의 사상자 보도, 일본이 독도우편물 반송 결정(178쪽), 수비대는 대포 제작을 구상, 목수에게 울릉도 나무 벌채하게 함(179쪽)
	(10월 23일 교전 후) 16명의 사상자와 일본 측 항의, 클라크 대장과 미국 대사관 측의 압력, 이승만이 외무 및 내무장관, 치안국장에게 조사를 지시, 변영태가 일본 방송 청취 상황을 보고, 주일공사 김용식이 외상 오까자끼에게 들은 일 보고-한국경비대에 의한 피격-(195~196쪽), 김용식은 오까자끼에게 경비대 파견한 바 없다고-(197쪽), 목대포 설치 후 5일 지나 비행기 출몰, 사진만 찍고 감, 외상이 방위청에 사진 촬영 명령(197쪽), 외상이 김용식에게 사진 보여주자 김용식도 막사와 포신을 확인하고 이승만에게도 전달, 각료회의 소집하고 진상 조사 지시(199쪽)
	1954년 11월 23일, 일본 경비정 출현, P16정이 오다가 사라지자 목대포 때문임을 자각(210~212쪽)

---

346 우표는 2환, 5환, 10환 세 종류이다(『동아일보』1954. 9. 9.).

연도	내용
1985	(경찰국장 돌아간) 다음날 일본 경비정 PS 9정, 11정, 16정이 출현. 폭탄 6개 단 비행기도 저공 선회. PS16은 박격포 맞아 도망. 박격포탄 9발과 중기관총 탄알 5000여 발, 경기관총과 탄알 5000여 발 사용, 두 경비정 도망하고 비행기도 선회하다 돌아감. 11시에 시신 실은 배의 미도착을 보고, 오후 5시 치안국이 총격사건에 관해 알려달라고 통신. 시신 도착 소식, 호송 경찰관의 사표, 군민장. 다음날 일본 정오뉴스로 독도우편물 반송하고 항의문 전달 보도(226~228쪽)
1996	(1985년 내용과 거의 동일함)
1997	11월 21일 아침 허 동지 장례 후 1천 톤급 함정 PS9, 10, 16함의 접근, 서기종이 쏜 박격포 제1탄이 PS9에 명중, 몇 사람 나가떨어짐. 치명상 입은 PS10함이 동쪽으로 도망(75~78쪽), 비행기의 선회와 위협, NHK 라디오 정오뉴스의 보도: 함정의 피해와 16명 사상자, 일본의 항의 각서, 독도우편물 반송(74~75쪽). 지난해(1953)는 PS9, PS11 두 척이었고 올해 PS16정 추가, 한 바퀴 선회한 뒤 일본 쪽으로 사라짐(202쪽)

⑩은 1954년 11월 21일 일본 함정의 침범에 대한 수비대의 대응과 관련된다. 11월 21일의 대응을 기념사업회는 '독도대첩'이라고 부른다. 홍순칠은 수비대가 일본 순시선 3척에 대응했다고 하지만 날짜와 함정명, 대응 양상이 기록마다 다르다. 날짜가 1954년 11월 4일, 11월 21일, 10월 23일, 11월 21일로 다른데, 여러 자료로 고증해 볼 때 11월 21일이 맞다. 홍순칠은 경찰국장이 돌아간 다음 날이라고 했지만 그럴 경우 해당 시기는 11월 11일이 된다. 경찰국장이 온 11월 10일에 허학도가 사망한 것이 맞다고 보더라도 일본 함정이 나타난 것은 11월 21일이다.

홍순칠은 함정을 PF와 PS로 언급하여 9정, 10정, 11정, 16정이라고 했지만 독도에 접근한 순시선은 오키호와 헤쿠라호이다. 한국 정부도 두 척으로 보았고 그 가운데 한 척을 PM14(헤쿠라호에 해당함)로 불렀다. 홍순칠은 1천 톤급이라고 했지만, 오키호는 389톤, 헤쿠라호는 386톤이다. 홍순칠은 세 발의 박격포를 쏘았는데 두 발이 명중해서[347] 11호정에

---

[347] 서기종의 증언(2005. 4. 8. KBS 역사저널 방송 인터뷰)에 따르면, 3발 중 한 발이 배에 떨어졌다고 했다. 그는 부상자에 대해서는 언급하지 않았다. 기념사업회의 홍보 동영상은 정원도의 인터뷰 영상을 탑재했는데, 그는 부상자가 있었다고 증언했다.

있던 5명의 승조원이 쓰러졌고 3척의 함정에서 모두 16명의 사상자를 냈다고 했다. 무기와 포탄 사용량은 기록마다 달라, 박격포탄 9발 혹은 16발, 중기관총 500여 발 혹은 3천여 발, 경기관총 500여 발을 운운했다. 박격포는 조준대가 없어 김병열과 서기종이 안고 쏘았다고 하였으나 1965년 자료에서는 서기종이 쏘았다고 했고 1970년 자료에서는 서기종과 함께 김병열을 언급했다. 그러나 김병열은 1954년 당시 부산에 거주하고 있었다. 홍순칠은 1997년 자료에서는 서기종이 박격포를 쏘았다고 다시 말을 바꾸었다.

일본 측 보고서[348]에 따르면, 1954년 11월 21일 오전 6시 55분 헤쿠라호가 등대를 확인한 후 5발의 포탄을 맞았지만 배에서 1해리 떨어진 곳에서 맞았으므로 물보라를 일으켰을 뿐 피해는 없었다.[349] 또한 일본 측은 동도에 태극기를 게양한 기둥 근처에 14~15명이 움직이고 있는 것을 보았고, 90cm 정도의 대포가 있었으나 선회하지 않아 위장대포로 보였다고 했다. 포격은 박격포로 당한 듯하다고 보았다.[350] 일본이 10월 2일에는 목대포를 진짜 대포로 알았지만, 11월 21일에는 위장대포임을 인지한 것이다. 이로써도 목대포가 10월 2일 이전에 설치되었음을 알 수 있다.

경찰국장의 보고에 따르면, 11월 21일 오전 5시경 2척의 일본 선박이 독도 앞 1,500야드에 출현했는데, 한 척은 동도 부근에 표박하고 다른 한 척(PM14)은 서도 1,500야드 해상에 표박했다. 우리 경비대원이 퇴거 신호를 보냈으나 불응하기에 동도 인근에서 박격포 1발(연막탄)을 위

---

348 제8관구 해상보안본부장이 해상보안청 경비구난부장에게 보낸 보고서「제30차 다케시마 특별 단속 보고에 관하여」(박병섭, 2015, 앞의 글, 119~120쪽에서 재인용)
349 『요미우리신문』(1954. 11. 22.)도 11월 21일 5발이 발포되었지만 이상은 없었다고 보도했다.
350 박병섭(2015), 위의 글, 120쪽.

협 발사했고, 서도 부근의 선박에는 기관총 약 70발을 발사했다. 일본 선박이 3,000야드가량 후퇴했다가 다시 1,500야드까지 접근했기에 경비대원들이 다시 M1소총과 기관총 약 100발, 박격포 2발로 위협 사격을 가했다.[351] 섬에는 3인치로 추정되는 포 3문이 설치되어 있었으며 경비원 14~15명을 확인했다고도 보고했다.[352]

한국 측의 포탄 공격에 대하여 일본 외무성은 11월 30일자 항의각서를 보내 항의했다. 헤쿠라호가 서도의 북서 약 3리(한국 리로는 30리-원주)에 도달했을 때 한국이 5개의 포탄으로 공격한 데 대한 항의였다.[353] 다만 외무성은 사상자는 언급하지 않았고, 포격의 주체를 'Korean Authorities' 즉 한국 당국으로 표현했다. 이에 대한 12월 30일자 주일 대표부 각서도 경찰국장의 보고와 크게 다르지 않다. 그 내용은 11월 21일 오전 5시경 2척의 일본 선박이 침입하여 PM14(헤쿠라호)가 포를 장착하고 서도에서 약 1,500야드[354] 점에 투묘하고 있었고, 다른 한 척은 동도에서 약 1,500야드 지점에 투묘하고 있었는데, 한국 측이 이를 목격하고 일본 선박에게 철수하도록 신호했으나, 일본 측이 무시했다는 것이었다. Korean Officials(한국 관리들)가 연막탄을 쏘아 철수하도록 명했음에도 무시하고 접근했으므로 부득이 몇 발의 경고탄을 발사했다는 것이다.[355]

홍순칠이 언급한 포탄 숫자는 일관되지 않지만, 일본 외무성은 5발, 한국 외무부는 연막탄과 몇 발의 경고탄이라고 했다. 홍순칠의 말대로

---

351 정병준, 「1953-1954년 독도에서의 한일충돌과 한국의 독도수호정책」, 『한국독립운동사연구』 제41집, 독립기념관 한국독립운동사연구소, 2012, 427쪽. 출전은 「독도 일본 선박 출현의 건」(내치비 제1132호, 내무부 치안국장 → 외무부 정무국장, 1954. 11. 29, 『독도문제, 1954』)이다.
352 위의 글, 427쪽.
353 외무부, 『독도문제개론』, 1955, 90쪽.
354 리로 환산하면 약 3.49리가 된다. 해리로는 0.74리이다.
355 외무부, 『독도문제개론』, 1955, 93쪽.

16명의 사상자를 냈다면, 이 사건은 당연히 양국 언론에 크게 보도되었을 것이며, 외교 문제로 비화되었을 것이다. 그런데 치안국장은 이 문제에 대해 아무런 보고도 받지 못했다고 했고, 한국 언론은 일본 해상보안청의 발표를 인용·보도하는 데 그쳤다. 일본 탐색정 2척이 한국 해안포의 사격을 받았지만 아무런 피해를 입지 않았고, 독도 주위를 정기적으로 순찰하던 일본 경비대원들은 15명의 한국군 초계병이 독도에 있는 것을 보았다는 보도에 그쳤다.[356] 당시 사건을 기록한 시마네현청의 다무라 세이자부(田村淸三郞)로도 일본 측이 3인치 포탄 5발의 포격을 받았고, 독도에는 14~15명의 경비원이 있었다고 기술했다.[357] 이 15명 안에 수비대원이 포함되었을 가능성은 있지만 전원이 수비대원일 가능성은 없다.[358]

한일 양국은 경비대원, 경비원, 'Korean Authorities', 'Korean Officials', '한국군 초계병', '독도경비대'를 운운했다. 양국 모두 주둔 병력을 국가 공권력으로 본 것이다. 그런데 1978년 자료는 주일 공사 김용식이 한국 정부는 경비대를 파견한 바 없다고 말한 사실을 기술했다. 여기에는 경찰이 아닌 의용수비대에 의해 경비가 이뤄졌음을 강조하려는 홍순칠의 의도가 반영되어 있다. 1954년 11월이라면 경찰이 경비하고 있을 때이다. 정부가 이전부터 해양경찰대 경비를 언급했는데, 경비대 상주를 결정한 후에 민간인에게 경비를 전담하게 했을 리 없다. 홍순칠은 16명의 사상자를 운운했지만 그 근거를 찾을 수 없다. 홍순칠은 일본 비행기의 선회도 언급했지만, 일본 측 보고서는 이와 관련하여

---

[356] 『동아일보』 1954. 11. 24.;『경향신문』 1954. 11. 25.
[357] 김선희, 『다무라 세이자부로의 「시마네현 다케시마의 신연구」 번역 및 해제』, 한국해양수산개발원, 2010, 173쪽.
[358] 1954년 8월 말 막사를 완공한 뒤로는 경사 1명, 순경 4명, 의경 10명을 주둔시켰다는 설이 있다.

언급한 바가 없다. 김용식이 말한 바도 전거를 찾을 수 없다.

기념사업회는 1954년 11월 21일의 사건을 '제6차 일본 순시선 PS9, 10, 16함 박격포 발사 격퇴'라고 기술했다. 또한 홍순칠의 1997년 수기를[359] 인용하여 PS9, 10, 16함에 대한 서기종의 박격포 발사를 언급했다. 그런데 언론은 PS9, 10, 16함이 아니라 PS9, 11, 16함 혹은 PS9, 11로 보도한 경우가 더 많다. 기념사업회는 홍순칠이 말한, 21일 당시 일본 NHK방송의 저녁뉴스를 거론했지만, 홍순칠은 정오뉴스도 여러 번 언급했다. 정오뉴스든 저녁뉴스든 홍순칠의 주장일 뿐 증빙할 만한 자료가 없다. 일본 해상보안청과 외무성 등 정부 당국에서 자국의 피해를 부정했는데 NHK방송이 이와 다르게 보도했을 가능성은 없다. 사건이 발생한 지 한 시간 혹은 두 시간 만에 보도되었다는 사실은 더욱더 의아하다.[360]

11월 21일의 침범을 인용한 이용원은 이날의 침범 이후 일본이 독도 문제를 국제사법재판소에 제소했다고 했다.[361] 그러나 일본이 국제사법재판소 회부를 제의한 것은 그보다 앞선 9월 25일이다. 앞에서 언급했듯이 홍순칠은 10월에도 경찰이 파견되었음을 언급한 바가 있다. 당시 독도에 들어가 취재한 기자도 경찰이 수비대와 함께 기거하고 있던 상황을 언급했다. 따라서 1954년 11월 21일에 일본 순시선에 포격을 가한 주체는 경찰이 되어야 한다. 홍순칠에 따르면, 11월 21일의 사건이 있은 지 두 시간 뒤 일본 라디오에서 방송하기를, 다케시마경비대 소속의 세 함정이 독도경비대의 공격을 받고 16명의 사상자를 냈으니 위문품을 보낼

---

359 홍순칠(1997), 앞의 책, 71~72쪽.
360 정원도는 2005년에는 사건 한 시간 뒤 일본 NHK방송에서 보도했다고 증언하고(『오마이뉴스』 2005. 4. 4.), 두 시간 뒤 라디오에서 방송했다고 증언하기도 했다(2012년 기념사업회 홍보 동영상).
361 이용원(2015), 앞의 책, 49쪽.

사람은 우에노역으로 가지고 오라고 했다는 것이다. 이 내용은 1965년과 1970년, 1997년 자료에 보이는데, 1985년 수기는 "다음 날 12시, 일본 뉴스가 독도우표가 첨가된 한국발 일본착의 우편물을 한국으로 반송시키고…"라고 기술했다. 위문품 관련 내용에서 우표 관련 내용으로 바뀐 것이다. 사상자도 없는데 위문품을 운운하며 라디오에서 방송했다는 사실도 의아하지만, 도쿄의 우에노역을 운운했다는 것도 의아하다.

　홍순칠은 정부가 수비대의 활약을 기념하기 위해 1954년 11월 초에 세 종류의 독도우표를 발행했다고 했다. 그러나 이는 정부가 "우리 영토 독도에 대한 일반 국민의 영토 의식을 앙양시키고자 해서"[362] 1954년 9월 15일에 우표를 발행한 것으로[363] 수비대의 활약과는 관계없다. 홍순칠은 일본의 우편물 반송이 11월 21일 사건의 여파인 듯이 말했지만, 일본 정부는 11월 19일 각의에서 독도우표가 붙은 우표는 취급하지 않으며 우표가 사용된 우편물을 회송하기로 결정한 바 있다.[364] 이후 일본은 11월 26일 한국의 독도우표를 관세법에 의거하여 거부하기로 각의에서 결정했다.[365] 따라서 우편물 반송은 일본 정부가 순시선의 피격과 무관하게 11월 21일 이전에 결정된 사안이다. 한국 정부는 일본의 우편물 반송이 국제협정을 위반한 것이라고 비판했지만, 수비대나 해안경비대의 총격을 언급한 바는 없다.[366] 12월 14일 주일 공사 김용식은 독도우표 발행을 항의한 일본 정부에 한국 정부의 회답서를 전했다. 그 내용은 독도가 한국 영토의 일부이므로 독도우표를 발행한 것은 우리 권한이니 이에 대한 일본의 항의 운운은 한국 내정에 대한 부당한 간섭이라는 것

362　『조선일보』1954. 9. 10.
363　『동아일보』1954. 9. 9.
364　『경향신문』1954. 11. 22.
365　『동아일보』1954. 11. 28.
366　『조선일보』1954. 11. 24.

이었다.367 일본도 더 이상의 항의는 없었다.

홍순칠은 1954년 11월의 일전(一戰)이 1953년 10월 15일 구보다(久保田) 망언에 대한 통격(痛擊)이라고 했다. 그러나 그렇게 보기에는 시간적인 격차가 크다. 구보다 망언은 1953년 10월 6일부터 도쿄에서 한일회담 분과위원회가 개최되던 중 10월 15일에 일본 측 대표 구보다가 일본의 한국 점령이 결국 한국민들의 복지를 위해 기여한 바가 크다고 말한 것을 가리킨다. 한국 측은 이 발언을 부인하고 회담을 연기하기로 결정했다.368 일본 순시선은 구보다 발언 이후에도 여러 차례 독도에 접근했다. 홍순칠의 11월 21일의 대응이 왜 구보다 발언에 대한 통격인지, 그리고 구보다 망언이 독도 침범과 어떤 관계가 있는지 그 근거가 명확하지 않다.

⑪ 목대포와 일본 잡지

연도	내용
1965	1954년에 일본이 매월 23일과 34일 독도 정찰, 일본 잡지 KING369에 '獨島海賊'이라는 제하에 독도 정상 200mm의 초대형 포신을 비옷에 싼 모습의 사진 게재, 독도에 거포와 포대가 쌓여 난공불락이라는 설명, 대원들의 실소, 향나무를 잘라 만든 가짜 목대포임, 열강의 GUN BOAT(砲艦)정책 뺨치는 GUN ROCK(砲岩)정책임(319쪽)
1970	1954년 5월경부터 가을까지 일본 경비정이 매달 한 번꼴로 독도 정찰, 7월 28일 순시선이 태극기 게양 목격, 8월 23일 등대 확인 뒤 항의구상서 보내옴, 9월 10일 외무대신 시게미쓰 마모루(重光蔡)370가 독도 획득을 위한 자위군비 발언(148쪽), 일본 잡지 KING誌(월간, 1954년 11월호)에 '獨島海賊'이라는 제하에 목대포 찍은 천연색 사진 게재, 독도에 거포와 포대가 쌓여 난공불락이라는 설명(148쪽), 외무성의 10월 21일자 항의구상서, 향나무 위에 갑바를 씌워놓은 목대포, 신라 우산국 정벌 때의 목사자 같은 것, 열강의 砲艦(GUN BOAT)정책 뺨치는 砲岩(GUNROCK) 정책을 십분 활용한 것(148~149쪽)

---

367 『조선일보』1954. 12. 16.
368 『조선일보』1953. 10. 19.
369 언제인지 명기하지 않았지만 10월 2일 목격했고, 1970년 자료는 1954년 11월호라고 명기했다.
370 시게미쓰 마모루(重光葵, 1887-1957)이므로 蔡는 葵의 오기이다.

연도	내용
1978	1954년 10월 23일 일본과의 교전 후 대포 구상, 목수(양한석)에게 울릉도 목재를 베어 가려다 태풍으로 7일간 체재, 독도의 식량 고갈, 목수의 조수 실종과 9일째 찾음(179~193쪽), 직경 30㎝ 길이 4m의 통나무에 흑색 에나멜을 칠해 포신을 만들어 군용천막으로 덮개 씌움, 5일 만에 완성(193~194쪽)
	경비대의 발포에 일본 항의, 이승만 지시 이후 일본 잡지 『킹』 1954년 12월호에 「다케시마에 해적단」이라는 기사—10월 23일의 피격과 무장 괴한의 거포 설치, 시마네현 수산고등학교 연습선 피랍, 한국은 경비대 파견한 적 없다며 변영태도 해적단이라고 밝힘—(199~200쪽)
	치안국장[371] 김종원이 경무대에서 이승만 만나 박격포 하나 있다고 함, 홍순칠이 사재로 수비대 조직한 일도 언급(201~204쪽), 이승만이 조정환 외무장관에게 훈장을 주라고 함, 일본이 한일회담 재개의 전제조건으로 독도의 무장괴한 철수 요구, 국교 정상화될 때까지 보류 권고, 조정환이 수비대 처리를 운운하자 김종원과 충돌함(204~209쪽)
1985	지난해(1954년) 위문단 다녀간 다음날 경비정 3척과 비행기 1대 선회 후 대원들의 불안 증대, 조준대 없는 쓸모없는 박격포, 이상국이 가짜 대포 제작을 제안, 포탄도 제작, 경비정이 매달 20~25일 사이 접근한다며 정원도도 제작에 동조(228~230쪽)
1996	(1985년 내용과 동일함)
1997	매달 20일에서 23일까지[372] 일본 경비정 출현, 대책 고심, 신현돈 도지사에게 요청한 식량을 미군이 거부한 바 있음(74~75쪽), 가짜 대포를 대원들과[373] 의논, 도목수 김영호에게 지시하여 일주일 만에 완성, 후일 일본 잡지 『킹』[374]에 「독도에 거포 설치」라는 기사와 사진, 다음달[375] 24일 일본 함정이 접근 못하는 것은 목대포의 위력 때문, 목대포 설치 후 일본과 총포전 없었음[376](76쪽)

⑪은 1954년 목대포의 제작 및 일본 잡지 기사와 관련된 내용이다. 홍순칠은 1954년에 가짜 대포를 제작했고 이 사실을 알게 된 일본 외무성이 항의각서를 보내왔으며, 『킹』(KING)이라는 일본 잡지에 관련 내용이 실렸다고 하지만, 목대포의 제작 시기와 제작자 혹은 고안자, 제

---

371 김종원은 경찰국장이었다. 치안국장은 김장흥(1954. 3. 27.~1956. 5. 26.)이었다. 김종원이 치안국장인 기간은 1956. 5. 26.~1957. 3.11.까지다(『국립경찰 50년사:사료편』, 347쪽).
372 1954년 7월에서 10월 사이로 보고 있다.
373 다른 자료에는 이상국이 고안한 것으로 되어 있다.
374 11월호에 실렸다고 하는데, 일본 측 항의구상서에 따르면 목대포는 10월 2일 이전에 만들어졌을 것이다.
375 시기상 12월이 되어야 하는데 크리스마스 파티한 날로 기술했으므로 맞지 않는다.
376 2018년 판(83쪽)에는 '제64주년 독도대첩 기념식(2018. 11. 21.) 대전현충원 현충관' 사진이 게재되어 있다.

작 기간 등이 기록마다 다르다. 홍순칠은 1954년 10월 23일 일본 경비정과 교전한 이후 목대포 제작을 구상했다고 하는가 하면, 그 시기가 (11월 10일) 김종원 국장이 다녀간 이후라고도 했다. 일본 외무성 각서(185/A5, 10월 21일자)는, 1954년 10월 2일 오키호와 나가라호가 독도에 접근했을 때 7명의 한국 관리가 포의 커버를 벗겨 일본 선박으로 향하게 한 사실을 기술했다. 다무라 세이자부로도 10월 2일 오키호와 나가라호가 섬을 일주하려 했을 때 무선탑 옆의 가옥에서 경비원 7명이 나타나 구 육군의 것으로 보이는 포를 돌려 선박으로 향했으며, 24~25명의 병력이 상주하고 있는 듯하다고 기술했다.[377] 이런 정황으로 볼 때 홍순칠이 10월 23일이라고 한 것은 10월 2일의 오기이므로 목대포는 10월 2일 이전에 만들어졌다고 보아야 한다. 10월 5일자『산인신보』도 일본 순시선이 독도의 무선시설 근처에서 경비원 7명이 대포 덮개를 열어 일본 선박을 향하고 있는 것을 목격했고, 서도 동굴 근처에서는 사람이나 시설을 목격하지 않았다고 보도했다.[378]

한편 홍순칠은 목대포가『킹』1954년 11월호에「독도해적」이라는 제목으로 사진과 함께 게재되었다고 했다. 그는 또 다른 제목「독도에 거포 설치」를 언급하는가 하면, 12월호의「다케시마에 해적단」이라는 제목도 언급했다. 그러나 실제로『킹』에는 1954년 11월호이든 12월호이든 관련 기사가 게재된 적이 없다. 앞서 홍순칠은『킹』1953년 11월호를 거론한 바 있고 최헌식도 이 잡지를 운운했지만, 목대포와는 상관없다. 홍순칠은 잡지 1954년 11월호 혹은 12월호와 목대포 기사를 언

---

[377] 田村淸三郞,『竹島問題の硏究』, 島根縣, 1965, 128~129쪽; 홍성근,「1953-1954년 독도를 둘러싼 한일 간 물리적 대립 현황 분석」,『독도연구』제31호, 영남대학교 독도연구소, 2021, 38쪽.
[378] 『山陰新報』1954. 10. 5.(박병섭, 2015, 앞의 글, 118쪽에서 재인용)

급했지만, 이는 시기적으로 성립할 수 없다. 그의 말대로 목대포가 11월 21일 이후 만들어졌다면 11월호에 실리는 것은 불가능하기 때문이다. 홍순칠은 김종원이 다녀간 다음 일본 경비정과 비행기가 왔다 가서 불안한 가운데 이상국의 제안으로 가짜 대포를 만들게 되었다고 한다. 그럴 경우 목대포 제작 시기가 11월 10일 이후가 되므로 이 역시 성립하지 않는다.

    홍순칠은 자신이 목대포 제작을 고안하고 도목수 김영호에게 제작하게 했다고 하는가 하면, 이상국의 제안으로 이를 제작했다고도 했다. 이규현은 이상국의 제안으로 막사를 짓기 위해 왔던 목수 최용선[379]이 막사 준공식 이전에 만들었다고 증언했다. 그러나 막사 준공식이 1954년 8월 28일에 있었으므로 이 역시 맞지 않는다. 목대포의 크기도 200㎜, 90㎝ 정도, 직경 30㎝ 길이 4m의 통나무 포신이라고 하여 기록마다 다르며, 제작 기간도 5일, 일주일로 다르다. 홍순칠은 향나무를 잘라 흑색 에나멜 칠을 하고 군용 천막으로 커버를 씌워 놓았다고 했으나,[380] 박춘환 경사는 통나무가 아니라 각재에 포장만 씌어놓은 것이라고 했다. 경찰 김산리는 동도에 막사를 지을 때 이전 막사에서 뜯어낸 자재로 목대포를 만들었다고 증언했다. 어느 자재로 어떻게 만들었든 도목수나 오랜 시일을 운운하는 것은 과도하다. 홍순칠은 대포뿐만 아니라 포탄도 제작한 듯이 말했는데, 나무로 가짜 포탄을 만들었다는 것인지가 분명하지 않다.

---

[379] 서기종은 목수가 최대목이라고 증언했고, 고사포를 만들어 놓은 뒤부터 일본 정찰기가 나타나지 않았다고 했다(KBS 인터뷰, 2005년 4월 8일 방송). 이규현은 목수가 최용선, 박춘환 경사는 목수가 주용선이라고 했다.

[380] 최부업은 초소를 지은 사람이 남은 자재로 만들어 새까맣게 먹칠을 했다고 증언했다 (2012년 기념사업회 홍보 동영상).

7. 정부와의 관계에 대한 검증

⑫ 외무부에의 구금

연도	내용
1965	위 사건 이틀 후(11. 26.) 미군 함정이 스피커로 '독도 커만더(司令官) 나오라'고 명령, 커만더 홍은 진해를 거쳐 서울로 압송, 외무부에 갇혔다가 며칠 뒤 석방되어 돌아옴(322쪽)
1970	위 사건(11. 21.) 이틀 후 미군 함정이 스피커로 독도 커만더 찾음. 홍대장 "아이 웰 리턴"을 말하며 서울로 압송. 외무부에 갇힘. 과잉애국은 해적행위라는 질책을 들었고 며칠 뒤 돌아옴(150쪽)
1978	외무부 정보국장 이수영이 (국회)조사단이 되돌아온 사실을 전화로 물음. 국회의장 이기붕이 수비대를 인지한 것은 국회조사단이 서울을 떠난 뒤, 이기붕과 조정환[381]이 유엔군사령부에 부탁해서 수비 책임자를 연행해올까 의논, 조정환은 경찰이나 해군을 통하면 이승만이 알게 되니 유엔군사령부를 통하는 것이라고 설명함(309~312쪽)
1978	(1954년 가을 이후) 국회조사단 상륙 불허 이후 외무부는 유엔군사령부에 홍순칠의 연행 부탁(312쪽), 미 해군 7함대가 오자 홍순칠은 환영했으나 바로 납치됨(313쪽), 김종원 치안국장[382]은 이승만에게 해적이라 여겨 잡아간 것으로 보고, 이승만이 클라크에게 전화하려 하자 외무부가 곤란해함, 이기붕이 이승만을 설득, 외무부는 대일관계 고려를 운운(314쪽)
1978	홍순칠이 1956년 9월 하순 국회에 불려감. 국방위원장 유지원이 독도조사단 단장이고 김상돈과 염우량 포함. 홍순칠의 당당한 답변, 일본의 행위와 팻말 등에 대해 설명. 국회는 오히려 장관들에게 따지는 분위기, 김종원이 홍순칠을 영등포경찰서 유치장에 구금(314~318쪽)
1978	국회가 두 파로 나뉘어 불법단체를 처벌 운운(319쪽), 홍순칠의 연행 소식과 대원의 처벌 소식에 울릉도민 동요, 김종원은 순경을 붙여 홍순칠의 독도 송환 지시(319~321쪽), 석방 소식에 조정환은 이승만에게 치안국장 경질을 건의, 홍순칠 28일 만 귀환, 수비대 운영문제를 의논하고 온 것으로 해달라고 순경에게 부탁(322쪽)
1985	언급 없음
1996	언급 없음
1997	언급 없음

⑫는 홍순칠이 외무부에 구금된 적이 있는가와 관계된다. 외무부에의 구금은 1965년부터 1978년 자료까지만 언급되고 이후에는 없다.

---

381 조정환은 1955년 7월에 외무부 장관 서리, 1956년 12월 말에 제4대 외무부 장관이 되어 1959년 12월 21일까지 재직했다. 그 전에는 변영태가 1951년 4월부터 1955년 7월까지 외무부 장관이었다. 변영태는 1954년에는 국무총리로서 외무부 장관을 겸임했다.

382 이때는 경찰국장이었다.

1955년에 외무부가 간행한 자료에도 관련 언급이 전혀 없다. 1965년 과 1970년 자료는 유사한 내용을 간단히 실었는데, 1978년 자료는 길 게 서술했다. 미군 함정이 홍순칠을 '독도 커만더'로 칭했다는 것은 그의 존재를 알고 있었다는 것인데, 과연 미군이 홍순칠을 '독도 커만더'라고 불렀을지는 의문이다. 또한 미군이 홍순칠을 해적으로 여겨 연행했다고 김종원이 이승만에게 보고했는데, 커만더라고 불렀던 사람을 해적으로 보고했다는 것도 모순된다.

홍순칠이 (1954년 7월) 국회의원 조사단의 독도 상륙을 불허했으므로 외무부가 유엔군사령부에 홍순칠의 연행을 부탁했다는 기록도 전거를 찾기 어렵다. 그리고 국회의원들은 독도 상륙을 저지당한 적이 없다. 홍 순칠은 1956년 9월 하순 국회에서의 답변 후 영등포경찰서 유치장에 감금되었다는데, 1965년과 1970년 자료는 1954년 겨울의 일로 기술했 고, 1978년 자료는 1956년의 일로 기술했다. 홍순칠이 국회에 불려간 시기는 1956년 9월 하순이고 당시 치안국장은 김종원이었다.[383] 홍순칠 의 주장대로, 자신의 연행 소식이 김종원의 귀에 들어가고, 이 소식이 이승만, 클라크 사령관, 외무부, 이기붕에게까지 전해졌다면 관련 보도 나 기록이 있을 법하지만 발견되지 않는다. 당시 김종원은 치안국장에 임명된 뒤 10월의 함평 환표(換票)사건[384]과 관계된 국회의원을 소환하겠 다고 발언해서 파면이 논의되고 있던 시기였다.[385] 이런 상황에서 그가 홍순칠 문제를 고위 관리들과 의논할 수 있었을지는 의문이다. 홍순칠

---

[383] 김종원은 1955년 2월 15일까지 경북 경찰국장이었다가 1956년 2월 16일자로 전남 경 찰국장으로 발령받았고(『경향신문』 1955. 2. 18.), 1956년 5월 26일에 치안국장에 임 명되었다(『동아일보』 1956. 5. 27.).
[384] 1956년 8·13 지방선거 당시 함평군 선거구에서 투표가 끝난 후 투표함을 이송하던 도 중 경찰관이 환표한 사건을 말한다(『동아일보』 1956. 10. 8.; 『동아일보』 1956. 10. 11.; 『경향신문』 1956. 10. 11.).
[385] 『경향신문』 1956. 10. 14.

은 『월간 학부모』나 1985년의 수기에서는 이를 언급하지 않았다.

홍순칠은 유치장에 감금되었다가 독도로 돌아올 때 자신이 서울에 간 것은 수비대 운영 문제를 의논하기 위한 것이었다고 대원에게 말해 줄 것을 송환 임무를 띠고 동행한 순경에게 부탁했다. 홍순칠은 자신의 말의 많은 부분이 거짓말이었음을 토로했는데, 이번에도 대원들에게 거짓말을 하려 했음을 토로했다. 거짓말 여부를 떠나 이 일이 1956년 가을에 일어난 일이라면 경찰이 독도 경비를 담임할 때이므로 대원을 운운하는 것은 크게 의미가 없다.

⑬ 1954년 국회조사단의 상륙 저지 여부

연도	내용
1965	국회조사단이 온다 하여 커만더 홍이 바위에 흰 페인트로 "독도에 상륙하는 자는 국적 불문, 피아 불문코 총살함. 독도경비사령관"이라고 씀. 김상돈과 염우량 등 4명의 조사단원이 스피커로 발포 금지를 요청하며 대형 태극기를 흔들고 독도를 세 바퀴 돌다 수비대원들이 총부리를 겨누자 돌아감, 며칠 뒤 X-마스 마지막 파티를 함(322쪽)
1970	외무부 감금 뒤 국회조사단의 독도 방문, 커만더 홍이 바위에 흰 페인트로 "독도에 상륙하는 자는 국적 불문, 피아 불문코 총살함. 독도경비사령관"이라고 경고함, 대원들의 조사단 맞이, 김상돈과 염우량 등 4명의 조사단원이 "우리는 국회조사단이다. 발포는 삼가라"면서 대형 태극기를 흔들고 독도를 세 바퀴 돌다 수비대가 총부리를 겨누자 돌아감(150~151쪽)
1978	(독도에서) 두 번째 광복절, 대원들 휴가 보낼 계획, 34호가 제주도에서 오기를 기다리던 중 8월 말 등대 연료 공급을 위해 칠성호가 온다고 해무청이 알려옴, 내달(9월) 초순 국회조사단이 오기 전 잠시 수비대 철수를 요청한 김종원의 지시를 전함(276~280쪽), 홍순칠은 이를 대원들에게 알리지 않고 국회조사단 방문 사실도 비밀에 부침(280쪽), 박 경사 등이 떠난 후 '국회 독도실태 조사단' 깃발을 단 칠성호가 옴(306쪽), 김종원은 조사단이 올 때쯤 수비대원 다수가 경찰일 것이므로 파견대장에게 그들을 잠시 철수시킬 생각, 파견대장은 떠나고 오히려 경찰이 일주일 만에 내쫓김(경찰이 그렇게 보고했다고 함)(308쪽), 국회조사단의 상륙 거부되고 위협사격까지 당했다는 보고로 김종원이 노발대발(308~309쪽)
1985	언급 없음
1996	언급 없음
1997	언급 없음

⑬은 홍순칠이 1954년 가을 국회조사단의 독도 상륙을 저지했는가와 관계된다. 1978년 자료에 따르면, 홍순칠이 국회의원의 독도 상륙을 저지하자 이를 들은 김종원이 분노했고, 외무부와 이기붕 등이 의논하여 유엔군사령부에 홍순칠을 연행해오도록 했다는 것이다. 따라서 이 문제는 ⑫와도 관계된다. 국회의원이 상륙한 시기는 1954년 7월 25일이므로 홍순칠이 외무부에 연행되는 11월 21일 이전의 일이다. 박대련은 이를 외무부 감금 뒤의 일로 잘못 기술했다.

1954년 7월 한국 국회의원의 독도 시찰은 언론에도 보도된 사실이다. 1954년 7월 일본 참의원 외무위원회가 참의원 두 사람을 독도에 파견하여 조사하기로 결정, 7월 12일 단 이노(團伊能)와 나카다 요시오(中田吉雄)가 독도를 시찰한다는 소식이 한국에 전해졌다. 7월 23일 한국은 관계 부처 관계자들이 모여 독도방위 긴급대책회의를 진행했다.[386] 국회 내무분과위원회에서는 '이 라인'[387]의 설정을 시찰하기 위해 13명의 의원을 구성하여 남해와 동해 2개 분대로 나누어 시찰하기로 했다. 이에 동해독도 방면 시찰단에 속한 국회의원 김상돈, 염우량, 김동욱은 신문기자들과 함께 경비정 화성호를 타고 7월 24일 오후 2시 부산을 떠나 7월 25일 12시경에 독도에 도착했다.[388] 이들이 도착했을 때 섬에는 인적도 어선도 아무것도 없었다고 했다. 그렇다면 이는 홍순칠의 증언과 배치된다. 김상돈 등은 상륙을 기도했지만 배에 익숙하지 않아 돌아오고 결국 해양경찰대 참모와 치안국 총경 등이 동도의 경사 60도 되는

---

[386] 『조선일보』1954. 7. 25.; 『동아일보』1954. 7. 29.
[387] '이 라인'은 일본 측이 부르는 용어이다. 한국 측은 '평화선'으로 불렀다.
[388] 국회의원 12명으로 구성된 해양주권선 시찰단이 화성호와 칠성호를 타고 평화선을 시찰하였다(『조선일보』1954. 7. 28.). 칠성호는 남해 욕지도로, 화성호는 동해 독도로 향하였다. 김상돈 등 3명의 국회의원은 기자 14명과 함께 25일 정오 독도에 도착하여 동도에 표지를 새긴 다음 26일 부산으로 귀항했다(『조선일보』1954. 7. 28.; 1954. 7. 29.).

돌산 100m 중턱에 올라가 미리 준비해온 페인트로 "단기 4287년 7월 25일 대한민국 민의원 시찰 김상돈, 염우량, 김동욱, 해경대 화성호(단기 四二八七年 七月 二十五日 大韓民國 民議院 視察 金相敦 廉友良 金東郁 海警隊 火星號)"라고 썼다.[389]

국회시찰단은 7월 25일 오후 4시 20분 독도를 출발해서 울릉도로 향했으나 일기가 나빠 부산으로 향했다.[390] 이들은 4시간에 걸쳐 독도를 시찰했고, 화성호 선원들로부터 등대를 빨리 설치해달라는 건의를 들었다.[391] 이후 등대 설치의 필요성이 언론에 보도되었고, 8월 10일 등대가 설치되어 항로 표식을 점등했다.[392] 이는 8월 11일자로 고시되었다.[393] 원래 정부가 등대 설치와 측량표 설치를 추진하기 시작한 것은 1953년 7월부터였다. 1953년 7월 9일 외무부 장관은 교통부 장관에게 등대 설치를 요청함과 동시에 국방부 장관에게는 해군 수로부를 통한 측량표 설치를 요청했는데[394] 이듬해에야 이뤄진 것이다.

1954년 7월 28일 일본 순시선 구즈류호는 한국 경비원 6명이 서도에서 천막을 치고 작업 중인 장면을 목격했다.[395] 그런데 이보다 앞서 7월 25일에 시찰한 한국 국회의원들이 섬에서 인적을 보지 못했다면 이를 어떻게 해석할 것인가? 이즈음 막사를 지으러 들어왔던 경찰들이 목

---

[389] 이들이 4시간에 걸쳐 독도를 시찰한 것으로 보고 있으나, 정오에 도착했다고 했고 김상돈 등 국회의원은 상륙하지 못했다(『조선일보』 1954. 7. 29.).
[390] 『조선일보』 1954. 7. 29.
[391] 『동아일보』 1954. 7. 29. 체재 시간이 『조선일보』 보도와 다르다.
[392] 8월 10일 오후부터 점등(『조선일보』 1954. 8. 14.; 1954. 8. 15.) 『동아일보』는 10일 12시부터 점등으로 보도했다(『동아일보』 1954. 8. 14.).
[393] 공보처 관보 제1155호(단기 4287년 8월 12일), 교통부 고시 제372호(단기 4287년 8월 11일)
[394] 정병준(2012), 앞의 글, 406쪽.
[395] 박병섭, 「광복 후 일본의 독도 침략과 한국의 수호 활동」, 『독도연구』 제18호, 영남대학교 독도연구소, 2015, 110쪽.

재 유실로 7월 중순에 잠시 울릉도로 나갔다가 8월 중순에 다시 입도한 적이 있다. 그렇다면 이 시기와 겹치는가? 홍순칠은 박춘환 경사가 7월 말에 들어왔다고 했고, 박춘환은 7월 중순 들어와 막사를 짓기 시작하여 7월 말에 완공했으나 날씨 때문에 연기해서 준공검사는 8월 말에 했다고 증언하는가 하면, 태풍 때문에 목재가 떠내려가 다시 공사를 시작하여 8월 말에 완공했다는 증언도 했다. 국회의원 방문 당시 박춘환이 독도에 있었다면 이를 언급했어야 하지만 관련한 아무 언급도 없다. 이런 정황으로 본다면, 7월 24일을 전후하여 28일 이전까지는 독도에 아무도 없었다는 것이 된다. 경찰이 목재 때문에 울릉도로 나갔다 하더라도 홍순칠의 주장대로라면 수비대원은 남아 있었어야 한다. 그런데 7월 25일에 국회의원이 아무도 목격하지 못했다는 것은 수비대원도 없었음을 의미한다. 이 부분은 좀더 고증이 필요하다.

한편 1954년에 국회시찰단이 '울릉도자위대의 경비막으로 추측되는 판자집'[396]을 운운한 것은 '독도의용수비대'라는 명칭이 세상에 알려져 있지 않았음을 의미한다. 국회의원과 언론의 '울릉도자위대' 운운은 1954년 5월에 울릉도민이 '독도자위대'를 결성한 연장선상에서의 호칭으로 보인다. 1970년 자료는 대원들이 국회의원 조사단을 맞을 준비를 한 듯이 기술했고, 1978년 자료는 홍순칠이 국회시찰단이 온다는 소식을 대원들에게 비밀에 부친 것으로 기술했다. 그리고 박 경사 등이 잠시 독도를 떠나 있는 동안 '국회 독도실태 조사단' 깃발을 단 화성호가 온 것으로 기술했다.[397] 국회시찰단은 독도에서 아무도 목격하지 못했다고 했는데, 홍순칠은 국회의원들의 상륙을 막는 글귀를 바위에 쓰고 총

---

[396] 『조선일보』 1954. 7. 29. 박병섭은 '독도의용수비대'라고 칭하지 않고 '독도자위대'라고 칭했다(2015, 앞의 글, 114쪽).
[397] 2019년 8월 12일. JTBC가 당시의 동영상을 입수하여 방송했다.

부리를 겨누었다고 했다. 김종원이 홍순칠에게 잠시 철수를 요청했지만 홍순칠이 국회의원의 방문 사실을 대원들에게 비밀에 부치거나 대원들로 하여금 국회의원의 상륙을 저지하게 했다는 것인데, 국회의원을 상대로 총부리를 겨누었다는 것은 있기 어려운 일이다. 더욱이 국회의원은 홍순칠에게는 자신의 존재와 수비대를 각인시킬 절호의 기회인데 이들의 존재를 감추려 했다는 것인가? 이 역시 납득하기 어렵다. 1978년 자료에 따르면, 김종원은 수비대원의 다수가 경찰이 된 뒤이므로 국회시찰단이 오기 전에 파견대장(경찰)으로 하여금 수비대원들을 잠시 철수시킬 생각이었다고 했다. 이 역시 성립하지 않는다. 수비대원의 일부가 경찰이 된 것은 1954년 12월 말이고, 시찰단이 온 것은 1954년 7월이기 때문이다.

홍순칠은 1954년 7월에 국회시찰단이 떠나고 며칠 뒤 마지막 크리스마스 파티를 했다고 하지만, 다른 자료에는 국회시찰단의 방문 이후 2년 넘게 있다가 마지막 성탄절 파티를 했다고 했다. 1954년에 시찰단이 떠난 뒤 마지막 파티를 했다면 1955년부터는 수비대가 없었음을 의미하지만, 2년 넘게 더 수비했다면 1956년까지 있었음을 의미한다. 전자가 역사적 사실에 부합한다. 한국 국회의원이 7월 24일 독도 방문을 위해 부산을 출발했다는 소식을 접한 일본 제8관본부는 순시선 구즈류호를 파견하였다. 1954년 7월 28일 구즈류호 임검반은 상륙하지 않고 마이크로 다케시마가 일본 영토임을 통고하였다.[398] 구즈류호는 6명의 경비원이 작업하고 있는 상황을 목격하고 말한 것이므로 이는 7월 28일에 경비원 즉 경찰이 있었음을 방증한다.

기념사업회는 "제3차 전투: 1954. 7. 28. 15:00경 순시선 나가라호

---

398 『朝日新聞』시마네지방판, 1954. 7. 30.(박병섭, 2015, 앞의 글, 112쪽에서 재인용)

(270톤급)·구르쥬호(270톤급) 침범, 수비대원 서도의 물골앞에서 격퇴"라고 기술했다. 그런데 화성호의 보고에 따르면, 서도에서 작업 중이던 6명이 무기를 지녔는지 확인하지 못했다고 했다. 홍순칠이 기술한 대로 6명이 수비대였다면 당연히 무기를 지니고 순시선에 경고 사격을 했을 것이다. 그런데 홍순칠은 이와 관련하여 언급한 바가 없다. 수비대가 이때까지도 무기를 지니지 않은 채 미역 채취 작업에 주력했고 일본의 침범에 적극적으로 대응하지 못했다고 보는 견해가 있는데[399] 이는 홍순칠의 주장대로라면 성립하기 어렵다. 구즈류호도 6명의 경비원이 작업하고 있음을 목격했다고 했으므로 그들이 수비대원이었다면 홍순칠은 이를 언급했어야 하지만 언급한 바가 없다. 기념사업회는 "수비대원 서도의 물골앞에서 격퇴"라고 했지만 그 실상이 없다. 구즈류호가 말한 6명의 경비원은 7월 28일 이후 입도한 박춘환을 포함한 경찰을 가리킬 가능성이 크다.

한국 정부가 독도에 경비대를 상주시키기로 결정함에 따라 1954년 7월 중순부터 경비대가 상주할 막사를 건립해서 8월 28일 준공식을 가졌다. 8월 31일 국무회의에서는 독도경비대를 파견하기 위한 예산 3천만 환을 편성하여 통과시켰다.[400] 이로써 1954년 9월 1일부터 한국 경찰이 정식으로 독도에 상주하게 되었다. 경사 1명, 순경 4명, 의경 10명이 주둔했다. 수비대원들도 경찰을 도와 함께 경비하다가 이들 가운데 9명이[401] 경찰에 특별 채용되기로 1954년 12월 24일에 결정되었다. 따

---

[399] 박병섭은 한국이 1954년 7월 말까지 일본의 침입에 대해 거의 대응하지 못했으므로 6월과 7월에 걸쳐 일본의 영유권 주장을 허용한 셈이 된다고 보았다. 또한 1954년 7월 말까지 일본이 모두 11번 침입했지만 한국은 3회 정도만 이를 인식했다고 보았다(2015, 앞의 글, 112쪽).
[400] 『경향신문』 1954. 9. 1.
[401] 1996년 『신동아』에 게재된 홍순칠 수기에는 10명을 경찰에 편입시키는 것으로 최종 합의가 된 듯이 기술했다.

라서 내무부가 말한 경비대는 경찰을 말한다. 기록에 독도경비대, 경비원, 경비대, 수비대 등으로 다양하게 보여 이것이 경찰을 의미하는지 의용수비대를 의미하는지 혼란스럽지만, 경찰을 경비원으로도 칭했다. "독도에 상주하고 있는 경찰수비대에서는…"[402]이라고 한 것도 경찰을 가리킨다. "지난 11월 21일 일본 무장선 2척이 독도 근해에 출현하였을 때 우리 독도수비대의 포격을 받은 적이 있어 이에 대하여 일본 측은 우리 정부에 항의하였던 바 있었다."[403]라고 할 때 그 의미가 명확하지 않으나, 일본 측이 경비인력을 한국의 공권력으로 보았듯이 한국 언론도 동일한 의미로 사용했을 것이다. 홍순칠의 행적을 처음 보도한 1959년에 언론이 "경찰이 경비대를 파견하기 이전…홍순칠 군이 의용경비대를 조직…"[404]을 운운했듯이, 민간인을 의미할 때는 경비대에 '의용'을 붙였다. 이를 따른다면 앞에서 기술한 경비원, 경비대 등은 경찰을 가리킨다. 즉 경비원, 경비대, 독도수비대는 경찰을 의미하고, 울릉자위대와 의용경비대는 독도의용수비대를 의미하는 것이다. 1950년대에 정부는 공식적으로 '독도의용수비대' 혹은 '의용수비대'를 언급한 적이 없다. 홍순칠도 1953년에 '독도 사수 특수의용대'로 불렀다고 1965년에 언급한 바 있다. 따라서 1950년대에 언론에서 말한 경비원과 독도수비대,[405] 경비대는 모두 경찰을 가리킨다.

---

402 『조선일보』1954. 9. 13.
403 『조선일보』1955. 1. 3.
404 『경향신문』1959. 3. 3.
405 『조선일보』1954. 12. 20. 기사 제목은 '쌀 없어 기아 상태, 독도수비대서 구호 요청'이라고 했는데 본문에서는 관계 직원, 무장경비대, 경비원이라고 칭하여 경찰을 가리키고 있다.

8. 1966년의 훈장 반납

⑭ 해산한 지 12년 후의 서훈과 훈장 반납 여부

연도	내용
1970	타의로 해산한 지 12년 후[406] 서훈, 1966년 치안국장 박영수의 주선으로 홍순칠 대장에게 훈장, 10명 대원에게 방위포장 수여, 10명은 김병열, 서기종, 정원도, 한상룡, 유원식, 고성달, 오일환, 김재두, 최부업, 조상달로 30명 중 3분의 1, 11명 상경, 이들이 원하면 독도경찰관으로의 채용 약속, 융숭한 대접, 치안국 고위 간부가 과거 행적의 함구를 명함(153쪽)
1997	1966년에 엄민영 내무부 장관이 상경을 요청, 사토 에이사쿠가 오쿠마 료이치의 말을 인용, 색맹 운운하는 국제우편 보내자 경찰서장 이경창이 형사를 보냄(122~124쪽), 내무부 장관과 표창 건 협의 후 귀향함, 경주검찰청 모 검사가 사토 편지 건으로 옴(125~126, 134쪽)
	(1966년에) 다시 상경하라는 연락, 내무부 차관 김득관이 4월 10일까지 전원 상경 요청, 오징어잡이 철이라 곤란하므로 기상예보 때 방송하겠다며 남산방송국에서 방송(127~128쪽) 〈1966년 훈장을 수상한 의용수비대원(청와대)〉 (사진 게재, 127쪽)
	1966년 6월[407] 정부가 의용수비대원에게 포상, 서울시청 근처 여관에 여장, 엄민영 장관 만남, 돌아오다 김종필의 독도 폭파설 관련 석간을 봄(169쪽)
	(1966년) 동지들이 청와대에 훈장을 반납한 뒤 귀향, 서울 체재 중 홍종인 씨가 엄민영 장관 만나라고 함, 내가 상경 대원에게만 서훈한 것이 반려 이유라고 함, 엄 장관은 상경하지 않은 대원의 인적 사항 파악에 문제 있었음을 언급하고 다음 기회를 운운, 올해가 수비대 창설 30주년임(129~131쪽)[408]
	오쿠마 료이치가 울릉도에서 독도가 보이지 않는다고 주장한 책을 15~16년 전에 쓴 적이 있어 내가 사토 수상에게 편지 쓴 적 있음, 이에 기관의 문초를 받음(176쪽)

　　⑭는 1966년에 수비대가 훈·포장을 반납한 일과 관계되지만, 홍순칠은 1979년 이후에 이 일을 언급했다. 홍순칠이 밝힌 훈장 반납 이유는, 1966년에 대원 30명 가운데 상경한 11명에게만 서훈되었기 때문이다. 대원들은 귀향하고 서울에 남아 있던 자신이 내무부 장관을 만나 반려 이유를 설명하자, 장관은 인적 사항의 문제를 언급하고 다음 기회를

406　1966년에 서훈했으므로 1954년이 된다.
407　4월이 맞다.
408　2018년 판에는 〈근무공로훈장증(1966년)〉(139쪽)과 〈독도의용수비대 창설 30주년 기념〉사진이 게재되어 있다(141쪽).

운운했다는 것이다. 그런데 홍순칠은 이 사실을 1983년경 『월간 학부모』에 연재하는 가운데 처음 밝혔다.

이런 상황은 여러 가지로 앞뒤가 맞지 않는다. 홍순칠에 따르면, 1966년에 내무부 장관이 자신에게 상경을 요청해서 자신은 포장에 관한 제반 문제를 협의한 뒤에 귀향했는데 차관이 전원 상경을 요청했다고 했다. 홍순칠은 전원 상경이 불가능했으므로 상경자만 서훈된 듯이 말했다. 그의 말대로 내무부 장관과 서훈을 협의했다면 이는 그때 명단이 확정되었음을 의미한다. 그랬는데 다시 차관이 전원 상경을 요청했다는 것은 절차상 맞지 않는다. 상경한 대원에게만 서훈했다는 것도 포장의 특성상 이해하기 어렵다. 내무부가 전원의 상경을 요청했을 때 홍순칠이 오징어 철이어서 곤란하다고 답했다고 하는데, 그렇다면 그는 내무부 장관과 협의 후에 이 사실을 대원들에게 전하지 않은 것이 된다. 그는 오징어잡이를 나간 대원들의 상경을 촉구하기 위해 서울에서 방송을 했다고 하는데 이것이 현실적으로 가능한 일인지도 의문이다. 또한 훈장 수여는 공식적인 것이므로 언론에 공개되는 것이 정상인데 1966년에 치안국 간부가 이들에게 함구를 명했다는 것도 통상적이지 않다. 홍순칠은 1966년 서훈된 자 가운데서도 원한다면 경찰관으로 채용하겠다고 치안국장이 약속했다고 말하였다. 그러나 서훈자 가운데 일부는 1954년 당시 경찰이 되었다가 사직한 사람들이다. 이들이 다시 경찰이 되기를 희망할 이유가 없다.

홍순칠이 밝힌 바에 따르면, 1966년에 홍순칠은 서울에 있었고 10명의 대원들은 훈장을 받기 위해 일부러 상경했다는 것인데, 통상적이라면 상경하기 전에 대원들이 이를 인지하고 있었어야 한다. 아울러 대원들이 일부만 서훈되는 데 문제의식을 느껴 훈장을 반납했다면, 이는 상경 전에 인지하지 않았음을 의미한다. 서기종의 증언에 따르면,⁴⁰⁹ 1966년 4월에 홍순칠이 서울에 좋은 직장을 잡아 줄 테니 가자고 해서 올라갔고, 홍순칠이 내일 훈장을 받으러 가자고 했지만 서기종은 받기 싫었다고 했다. 서기종은 또한 경무대(현 청와대)에 들어가 보니 11명 중에 일부만 진짜로 독도에서 고생한 사람들이고 나머지는 아니었다고 증언했다. 이는 홍순칠이 대원들에게 서훈에 관한 정보를 주지 않은 채 상경시켰음을 뜻하는 한편, 대원들은 일부만 훈장을 받는다는 사실도 몰랐음을 의미한다.

한편 이들이 훈장을 반납했다면 훈장증이 남아 있지 않아야 한다. 그런데 1970년 자료에 따르면, 대원들은 훈장을 가지고 귀로에 올랐다고 했다. 1977년에 홍순칠은 서훈을 추가로 청원할 때도 "1966년에 받은 11명의 상훈증 사본을 첨부하오니…"라고 했다.⁴¹⁰ 이는 대원들이 훈장을 반납하지 않았음을 의미한다. 대원들이 훈장을 반납했음을 보여주는 기록은 홍순칠의 증언 외에는 없는 반면, 이를 보관하고 있음을 보여주는 증거는 많다.⁴¹¹ 대원들은 1966년에 훈장을 받기 위해 상경하여 기념 촬영을 했는데, 모두 13명이 찍혀 있다. 포상된 11명보다 많듯이 이 가운데는 수비대원이 아닌 인물도 포함되어 있다.

---

409 『오마이뉴스』 2006. 11. 1.
410 현재 독도박물관에 전시되어 있는 홍순칠의 「근무공로훈장증」은 인주 색깔이 그대로 나온 칼라복사본이다.
411 현재 독도박물관이 소장하고 있는 김병열의 훈장증은 복제본이다. EBS다큐방송(2010. 1. 29.)인 〈한국기행〉은 정원도(2010년 당시 81세)가 '방위포장증'을 방송에서 보여주는 모습을 방영했다. 이 역시 훈장을 반납하지 않았다는 증거이다. 이 외에 한상용의 방위포장증 진본과 오일환의 방위포장증 사본도 독도의용수비대기념관에 전시되어 있다. 고성달이 방위포장을 받았음을 증명하는 '포장수여증명서'도 독도의용수비대기념관에 있다. 이 역시 포장증을 받은 뒤 반납하지 않았음을 입증한다.

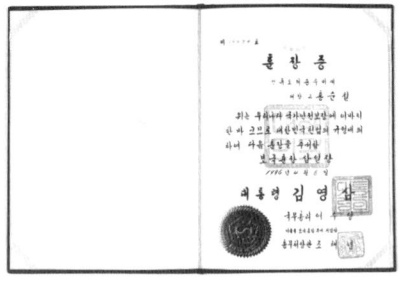

홍순칠 근무공로훈장증
(1966년 보국훈장 광복장, 독도박물관 소장, 복제품)

홍순칠 훈장증
(1996년 보국훈장 삼일장, 독도박물관 소장, 복제품)

    홍순칠은 1966년 상경 당시 김종필의 독도폭파설을 신문을 보고 알았다고 했다. 그런데 독도폭파설은 1962년에 문제된 바 있다. 1962년 9월 3일 도쿄에서 열린 제6차 한일회담 예비회담에서 이세키 유지로(伊關佑二郎) 일본 외무성 아시아 국장이 "사실상 독도는 무가치한 섬이다. 크기는 히비야 공원(日比谷公園) 정도인데 폭파해서라도 없애 버리면 문제도 없어질 것"이라고 하여 이른바 '독도폭파안'을 제시한 바 있다. 10월 20일에는 오히라 외상과 회담하기 위해 일본에 온 김종필 중앙정보부장이 오노 반보쿠(大野伴睦) 자민당 부총재와 가진 회담에서 독도 문제가 거론되자 "독도를 폭파해 버리는 것이 좋겠다."라고 언급한 바 있다. 이는 일본 신문들이 보도했다. 10월 29일 김종필은 딘 러스크(Dean Rusk) 미 국무장관과 가진 회담에서도 독도 문제의 해결 방안의 하나로 일본 측에 독도 폭파안을 제시했다.[412] 김종필은 미국 방문을 마치고 귀국 길에 일본에 들렀을 때도 교도통신과 문답하는 과정에서 "이케다 수상과 회담하다 '독도를 폭파해버릴까'라고 하니 이케다 수상은 그러면 더욱더 큰 문제가 된다

---

412 한국해양수산개발원, 『독도 사전』, 2019, '독도폭파론', '독도 공유론' 항목 참조.

고 하면서 크게 웃은 바 있다…"⁴¹³라고 말한 바 있다. 이 사실을 한국 언론이 보도했으므로 김종필의 독도폭파설이 국내에도 알려졌다.

언론이 다시 독도폭파설을 소환한 것은 1965년 3월 3일이다. 김대중 의원은 1965년 3월 2일 대정부 질의에서 독도를 폭파하기로 한 한일 간 비밀 합의설을 입수했음을 폭로했다. 비밀 합의란 김종필-오히라 메모를 가리키는데, 그 안에 "독도는 한일 양국 해공군의 연습장으로 하고 결국 해면상의 부분을 폭쇄해서 없애기로 합의했다"⁴¹⁴는 내용이 있다는 것이다. 1966년에 홍순칠이 1962년의 언론 보도를 인지한 상태에서 위와 같은 말을 했는지는 알 수 없다.

홍순칠은 1966년에 사토 에이사쿠(佐藤榮作)가 중의원 회의에서 오쿠마 료이치(大熊良一)의 발언을 인용한 바 있어 자신이 색맹을 운운하는 우편물을 보냈고, 이 일로 기관의 문초를 받았다고 했다. 또한 홍순칠은 오쿠마 료이치가 울릉도에서 독도가 보이지 않는다고 주장한 책을 15~16년 전에 보고 참지 못해 사토 수상에게 편지를 썼다고 했다. 홍순칠은 이 사실을 1979년에 언급했으므로 1979년을 기준으로 15~16년 전이면 1963~1964년경이 된다. 오쿠마 료이치가 「다케시마(독도)와 울릉도의 문헌사적 고찰(竹島〈獨島〉와 鬱陵島의 文獻史的 考察)」이라는 글을 자유민주당이 발행하는 『정책월보(政策月報)』(1967. 1.-1967. 12.)에 연재한 시기는 1967년이고, 이를 『다케시마사고(竹島史稿)』라는 단행본으로 간행한 것은 1968년이다. 홍순칠의 주장을 따른다면 오쿠마의 글이 나오기 전에 그의 글을

---

413 『조선일보』 1962. 11. 13.
414 『동아일보』 1965. 3. 3. 『동아일보』는 기사의 주(註)에서 "독도를 폭파한다는 데 대해선 지난해 봄 '김·오히라 메모'의 작성자인 김종필 공화당 전 의장이 그 가능성을 비공식적으로 언급한 일이 있다. 그러나 독도폭파가 '김·오히라 메모'의 부대각서에 포함되어 있는지 확인할 방법은 현재로서는 발견되지 않고 있으며, 다만 내용이 확인되지 않는 부대각서가 있다는 것만은 어느 정도 신빙성을 부여해주고 있다."라고 덧붙였다.

인용한 사토를 비난하는 우편물을 보낸 것이 되므로 성립하기 어렵다. 사토 에이사쿠는 1965년 10월 문제가 되는 발언을 했다.[415] 그는 한일 조약 비준안을 심의 중인 의회 양원에서 "다케시마가 일본의 영토에 속한다는 사실에는 아무 변동도 없다"고 누차 주장했다. 그러나 이때 사토가 "울릉도에서 독도가 서로 바라보이지 않는다"고 주장하거나 오쿠마를 언급한 내용이 발언 중에 있었는지는 확인되지 않는다.

9. 기타 사항에 관한 검증

⑮ 기타

1) 등대 설치

연도	내용
1978	(1954년) 해무청 항로표지과에서 동도 정상에 등대 설치, 직원 몇 사람이 인부들과 며칠간 공사 후 8월 하순 점등식, 해무청 직원과 해군 20여 명, 수비대원 중 20명이 참석 (117쪽)
1985	(1955년) 영화 촬영 3일 후 8·15 해군 LST함정과 함장 및 해무청[416] 사람이 등대 설치 운운, 해군장병 2000여 명이 비능률적이라 미역을 따게 하고 수비대원들이 일주일 만에 설치, 해군 장병들이 목대포 목격(231~232쪽)
1997	부대를 동도로 옮김, 경찰과 잘 지내던 8월 초순[417] 함정 8·15함 LST가 등대 설치하러 옴, 300명의 해병과 수비대원들이 자재 운반, 5일 만에 완성(56~57쪽)
	(1954년 8월) 해군 LST 8·15함이 등대 설치하러 옴, 해녀들이 함장을 잠자는 동굴로 안내(158쪽)

홍순칠은 등대 설치에 대한 수비대의 공적을 기술했는데, 설치 기간이 며칠, 5일, 일주일로 기록에 따라 다르다. 설치 시기도 1954년,

---

415 『동아일보』 1965. 10. 19.
416 내무부 소속의 해양경찰대가 1955년 2월 7일 해무청으로 변경되었다.
417 1954년이라고 언급하지 않았지만, 김종원 경찰국장이 오는 날을 1954년 10월 22일로 언급했으므로 1954년이 되어야 맞다.

1955년 5월 영화 촬영 이후, 1953년 휴전 이후로 각기 다르다. 그러나 독도 등대는 1954년 7월 25일 화성호 선원들의 건의와 이어진 언론 보도를 계기로 박차가 가해져 8월 초에 공사를 시작, 8월 10일 점등식을 가진 무인등대[418]이다. 등대 건립에 투입된 인력에 관해 1978년 자료는 인부 몇 사람으로 기술했다가, 1985년 수기는 해군 장병 200명을 투입했으나 능률이 안 올라 수비대원이 설치했다고 기술했고, 1997년 자료는 해병의 수를 300명으로 적었다.[419] 수비대원의 공적을 과장할 의도에서 해군 인원을 점차 늘린 것이다. 홍순칠이 운운한 해무청은 본래는 내무부 소속의 항만과였다가 1955년 2월 7일 교통부 해무청으로 신설된 듯하다. 따라서 1954년 8월 당시는 내무부 항만과가 설치를 주관하되 해군을 동원했을 것이다.[420]

2) 미역 채취와 횡령

연도	내용
1978	(1954년 겨울) 목대포가 가짜임이 드러남. 미역 채취에 해녀 필요, 제주 갈 쾌속정 필요, 일본 어선 탈취할 계획, 6명이 평화선 수역으로 들어가 3천 톤급 모선과 3척의 배가 조업하는 곳에서 일본인을 속여 배에 탄 뒤 공포 쏘고 물건 압류, 두 자선에 옮겨 타게 함(231~238쪽), 나포선박의 사용 허가를 경찰서에 무전하여 치안국장에게 상신(239~240쪽). (1954년 겨울) 김종원이 수비대원의 경찰 채용이 아닌, 나포 어선의 사용 허가만 이승만에게 받아냄(243~245쪽), 대원들은 경찰 되기를 불원, 보급품과 나포 어선의 기름보급 문제, 제주 해녀 필요, 홍순칠이 10명과 34호 선장 및 기관사와 함께 제주로 감, 울릉경찰서에서 치안국장에게 보고, 김종원이 제주도 경찰국장에게 상륙 불허 지시, 독도에서 서기종과 대원들이 나라의 임명을 의심(247~251쪽), 결국 제주도 경찰국이 해녀의 외부 진출 해제(251~258쪽).

---

418 유인등대로 바뀐 것은 1998년 12월 10일이다.
419 해군장병인지 해병대인지가 애매하다.
420 『경향신문』(1954. 12. 18.)에 따르면, 정부는 교통부 직속의 해무청을 신설하여 상공부 수산국과 내무부 항만과 및 해양경비대, 교통부 해운국을 통합할 것임을 발표했다. 그러므로 해무청 신설 시기가 1955년 2월 7일인지 1954년 12월 18일 이전인지가 불확실하다.

연도	내용
1978	(1954년) 제주해녀조합의 승인 위해 계약서 작성, 40~50명으로 4개월간 작업, 수비대가 비용 부담, 비용 제외한 수입의 60%를 주는 조건으로 선주조합과 어업조합 설득, 42명에게 안전 각서 써줌, 서도에 막사 설치를 지시(258~259쪽), 남은 대원들의 거취 문제로 의견 분분, 13일 만에 독도로 옴(260~261쪽)
	1955년 3월 중순 해녀들이 미역 채취하고 대원들은 건조해서 수송, 4월 중순 이상국과 다른 대원 2인의 이탈, 군법 운운, 식사 당번과 갈매기알 줍게 함(261~262쪽), 1955년 4월 중순 이후 미역수송선의 울릉도 도착 지연, 엔진 고장으로 5일째 되던 날 묵호항에 기착했다는 무전, 5명의 대원 무사(267~272쪽)
	울릉도와의 교통이 활발해져 작년에(1955년) 제주해녀에게 맡겼던 미역 채취를 앞으로 울릉도 어선들이 맡겠다고 나섬(324쪽)
1985	(1955년) 2월 중순, 정원도가 해녀 구하러 제주도행, 보급품 확보와 외상값 변제를 위해 조부를 큰댁에 모시고 처와 장녀를 셋방에, 자형이 준 현 싯가 6천만 원 넘는 집을 360만 원에 처분, 정원도가 해녀 52명과 2월 중순에 입도, 풍기 문란을 단속, 대원도 채취, 동도에 대포, 서도에 경기관총 1정과 M1소총 10정을 배치(230~231쪽)
	김인식[421]이 대구에서 미역 팔아 총수익 200만 원, 운영비의 5분의 1도 안 됨, 다음해 (1956)부터 채취권 포기함(232쪽)
1996	(1985년 내용과 동일함)
1997	땅과 집 팔아 월동준비, 1954년 봄 제주해녀 50명, 잡역 20명, 운반선 3척, 100명 넘는 독도 식구, 남녀교제 규율, 해녀는 3개월 채취 후 제주도로 귀항(86~88쪽)
	(1954년 8월) 제주해녀 5명[422]과 울릉도 인부 10여 명이 미역 채취, 독도에 모두 100여 명(157쪽)
	1955년 이른 봄, 제주해녀 50여 명과 대원 합해 100여 명이 미역 채취, 뒷날 이 미역 때문에 감옥신세를 경험(181쪽)

　이 부분은 홍순칠의 미역채취, 제주해녀 고용, 미역 수익금 분배 등의 문제와 관련된다. 1953년 봄에 홍순칠을 비롯한 상이군인들이 독도에 입도한 일차적인 목적은 미역채취에 있었다. 미역채취를 위해서는 해녀가 필요했는데 제주해녀들은 수비대가 결성되기 전부터 독도에 왕래하고 있었다. 홍순칠이 언급한 제주해녀의 수는 40~50명, 50명, 52명으로 기록에 따라 다르고, 데려온 시기도 1954년 봄과 1955년 봄으로 나뉜다.

421　김인갑의 오기로 보인다.
422　50명의 오기로 보아야 뒤의 100여 명에 조응한다.

홍순칠은 미역채취 독점권을 1954년 8월 말 신현돈 경북도지사에게 요청하여 다음 해부터 독점했다고 했으므로 그 권리는 1955년부터 적용되어야 한다. 그러나 홍순칠과 재향군인회 군인들은 1954년 봄에도 미역채취를 거의 독점하고 있었다.[423] 대원들은 3년간 미역채취 독점권을 받았다고 증언했으므로 1955년부터 적용한다면 1957년까지다.[424] 그런데 홍순칠은 3년 기한을 언급한 적이 없다. 1955년은 경찰이 독도 경비를 전담할 때였다. 따라서 수비대원의 독도 체재는 미역채취를 위한 것이지 독도 경비를 위한 것이 아니었다. 미역으로 막대한 이익을 취할 수 있었음은 홍순칠도 인정한 바이다. 홍순칠이 해녀 40~50명과 수비대원을 합쳐 100명이 넘는 인원을 동원했다고 한 것도 이를 말해준다. 그는 비용을 제외한 수입의 60%를 주는 조건으로 제주해녀를 데려왔고, 계약 기간 4개월(3개월로 쓴 기록도 있음)이 끝나면 제주도로 돌려보낸 듯이 말했지만 돌아가지 않은 해녀들도 있었다.

제주해녀 박옥랑의 증언에 따르면, 자신은 독도에 경비대원이 없을 때부터 미역을 따라 독도를 다녔고, 홍순칠은 국회의원 선거에서 떨어지고 울릉도 사람 둘 하고 같이 들어오되 올라갔다 내려오기만 했을 뿐 지키지는 않았다는 것이다.[425] 또한 제주해녀 강정랑은, 홍순칠은 제주해녀를 모집하지 않았으며 국회의원 출마를 포기한 뒤 휴양할 생각으로 독도에 들어왔을 뿐 미역 작업을 하지 않았다고 증언했다.[426] 그러나 다른 해녀인 임복녀 두 번째 즉 1955년에 독도에 갔을 때 경비초소가 있

---

[423] 일부 대원은 울릉도로 복귀하지 않고 1956년 여름 초까지 독도에 남아 미역을 채취한 듯하다.
[424] 1954년부터 3년 간으로 보는 설이 있다(박병섭, 2015, 앞의 글, 98쪽).
[425] 김수희, 『독도해녀』, 동북아역사재단, 2023, 165쪽. 다만 박옥랑은 경비대원, 지키는 사람, 경찰 등을 혼용하여 수비대와 경찰의 구분이 모호하다. 경찰이 다 지켰다고 하는가 하면 경비대원들이 지킬 때 홍순칠이 들어왔다고 했다.
[426] 위의 책, 170~171쪽.

어 그곳에 경비대원이 살고 있었으며 홍순칠이 독도도항 및 물자 조달을 해 주었다고 증언했다. 그러므로 이는 홍순칠이 독도어장의 주인이라는 의미가 된다. 이들은 대부분 홍순칠이 해녀 모집을 주선한 사실은 인정했지만 독도에 들어가서 일을 한 사실은 부인했다. 해녀 조봉옥은 수비대원을 경비대원 또는 사공으로, 어장 소유권자를 전주(錢主)라고 불렀으며 정식 근무자 즉 경찰은 순경이라고 불렀다.[427]

그러나 홍순칠의 1985년 수기는 수비대가 1956년부터 미역 채취권을 포기했다고 기술했다. 수비대의 운영비를 충당하기에는 수익금이 많지 않다는 이유에서였다. 그러나 100여 명이 동원될 정도로 많은 양의 미역을 채취했는데 운영비가 모자랐다는 것은 앞뒤가 맞지 않는다.[428] 더구나 1955년부터는 경찰이 경비를 담임했으므로 독도 경비를 위한 운영비가 홍순칠이 말하듯이 과중했을 것 같지 않다. 홍순칠은 외상값을 갚기 위해 1985년 싯가로 6천만 원이 넘는 집을 1955년에 360만 원에 팔았다고 했다. 비교 기준이 동일하지 않아 1955년 당시의 360만 원이 1985년에 얼마였는지 모르겠지만, 당시 울릉도의 집값이 6천만 원이었다는 것도 믿기 어렵다.

홍순칠은 미역 때문에 뒷날 감옥 신세를 경험했다고 기술했다. 당시 함께 미역을 채취한 재향군인회 회원들이 홍순칠이 수익금을 횡령했다며 연판장을 돌려 1956년 봄에 고소한 사실이 실제로 있었다. 수익금의 사용처가 분명하지 않다는 이유에서였다.[429] 1978년 자료에 따르면, 해녀를

---

427 위의 책, 182쪽; 187~190쪽.
428 김수희는 『니혼카이신문』(1954. 6. 3.)을 인용하여, 1953년 당시 한국의 미역 값은 37.5킬로그램에 1만 엔 정도였고 쌀 값은 75킬로그램에 3,500엔이므로 독도어장의 가치가 컸다고 기술했으나(김수희, 2023, 앞의 책, 73쪽), 신문에는 미역은 10관이고 쌀은 5두로 되어 있다.
429 독도수호대 김점구는 홍순칠의 범죄를 절도, 폭행, 횡령, 산림법 위반으로 규정했다(독도수호대 홈페이지, 「1950년대 독도경비사 구술자료집 낸다」(2021년 12월 3일 등록) (2024년 3월 4일 검색)

데려오기 위해 제주도까지 갈 쾌속정이 필요했고, 이를 위해 1954년 겨울 일본 어선을 탈취했으며 나포어선의 사용 허가를 치안국장을 통해 받았다고 했다. 홍순칠에 따르면, 그는 보급선 34호의 선장 및 기관사와 함께 나포한 어선을 몰고 제주도로 떠났는데, 치안국장(김종원)은 제주도 경찰국장에게 이들의 상륙을 허가하지 말도록 압력을 넣었고, 결국 우여곡절 끝에 해녀들을 독도로 데리고 왔다고 한다. 그러나 당시 평화선을 침범한 일본 어선을 나포한 사례는 많지만 이들 선박의 사용을 정부가 허가했다는 사실은 믿기 어렵다. 수비대가 일본 어선을 나포했다면 일본 언론에도 보도되었을 터인데 관련 기사는 보이지 않기 때문이다. 평화선을 침범한 일본 선박이 나포된 수역은 독도가 아니라 주로 쓰시마 해역이었다.

3) 바다사자

연도	내용
1978	1953년 7월 23일 교전 이후 중화기 필요성 절감, 무기 구입과 비용 문제로 해구신을 팔려고 대원에게 물개사냥을 명함(82쪽), 500킬로 물개를 쏨, 50여 마리가 달아남. 가죽 등을 해체하고 처음으로 물개고기 시식(85~87쪽)
	물개를 한 달에 한 마리만 잡아 팔아도 운영비가 충분할 것임(294쪽)
	서울에서 독도로 돌아오니 물개 떼가 자취를 감추었음(323쪽)
1997	1954년 경무대에서 독도의 바다사자(당시 海狗라 함) 숫자를 보고하라는 대통령 명으로 파악, 700여 마리를 500여 마리로 줄여 보고함. 고위급 관리들의 해구신 요청 쇄도, 군 고위층과 소련제 기관총 1정, 권총 1정, MZ 1정 교환한 뒤임, 3년 반 동안 20여 마리 잡음(18~19쪽), 1진 입도 당시 정원도가 물개 200마리쯤 있고 크기가 황소 몇 배만하다고 함(27쪽)
	(1953. 7. 23. PS9함 침범) 다음날 경북 병사구 사령부 모 과장에게 바다사자를 미끼로 M2정 입수, 경북 경찰국에서 노획한 소련제 직사포 1문과 조준대 없는 박격포 1문 획득, 군자금 200만 환과 바다사자 생식기 1개로 실탄 구하러 부산행(36~37쪽)
	1953~1956년 사이 500여 마리의 바다사자 서식, 대원들이 해마다 10여 마리를 부식 혹은 연료로 사용, 김헌규 박사가 일본이 국제회의에서 독도 바다사자를 독도경비대원이 전멸시켰다고 발언한 사실 전해줌, 수비대는 30여 마리 잡음, 나카이가 1907년에 2,094마리 잡고 오키도청에 1,680마리로 허위 보고, 시마네현립도서관의 이중 장부를 이즈미가 보내옴, 이를 김 박사에게 설명(153~154쪽)

연도	내용
1997	(일본의 남획으로) 바다사자 멸종 위기였다가 해방 후 5~6년 사이 다시 번식, 일본의 독도 침략과 수비대 인적으로 다시 소련으로 500여 마리 피난, 연전에 전 서울대 교수 김헌규(金憲奎) 박사가 국제회의 참석, 소련에 건재한 바다사자 근황 및 일본 대표가 전 독도경비대장 홍순칠이 다 잡았다고 말한 사실을 전해줌(223쪽)
	6년 전 세계생물대회에 다녀온 전 서울대 교수 김현규(金賢奎)[430] 박사가 나를 찾아옴, 일본 대표가 한국 독도경비대의 남획으로 바다사자 멸종되었다고 했다며 포획 숫자를 물어봄(246쪽)
	(내가 김 교수에게 설명한 내용) 개척 이후 인구가 많아져 일본인들이 철수하면서 독도에 들러 바다사자를 남획하고 홋카이도에 우물 두레박으로 팔아버림, 나카이 요사부로가 1905년 이후 매년 3천 마리 이상 포획, 1905년 7월 4일자 사세보진수부 사령관이 나카이의 남획 때문에 해군 함정이 고약한 냄새로 가득하다는 요지의 공문서를 시마네현 지사에게 보냄, 이를 시마네현도서관에서 입수, 우리는 모두 20여 마리밖에 잡지 않았음(246~247쪽)
	30년 전 수비대가 연명을 위해 몇십 마리 잡아먹은 건 사실, 국립경찰에 인계한 1956년 이후 고관과 일부 정치인들이 바다사자 숫놈의 신장을 그때 돈 300만 환 주겠다고 하자 우리가 인계해 준 박격포를 (독도경비대가) 마구 쏘아댐(249쪽)

    홍순칠이 바다사자에 관해 처음 기술한 자료는 1978년 자료이고, 1997년 수기에서는 많은 내용을 기술했다. 홍순칠은 바다사자를 물개, 큰물개, 海狗, 옷토세이, 가제, 가재, 해려(海驢), 해로(海魚+盧, 海驢의 오기), 강치, 바다사자 등 여러 가지로 불렀다. 1978년에는 '물개'로, 1980년에는 '바다사자'로[431] 1985년에는 '큰물개'로 불렀다. 그는 독도에서 바다사자를 잡아왔다고 하는가 하면, 울릉도로 건너온 물개를 잡아먹었다고도 했다. 독도에서 목격했다는 바다사자도 50여 마리, 100여 마리, 200마리, 500마리 등으로 그 수가 일정하지 않다. 1954년 5월 29일 독도에 입도한 일본 기자는 3마리를 목격했다고 보도한 반면, 1956년 『동아일보』 기자는 독도에 100여 마리로 추산되는 '물개〔옷트세이〕'가 있다고 보도했다.[432]

---

430   김헌규가 맞다.
431   『월간 학부모』 제14호에 실린 글이 「독도와 바다사자」이다. 1980년 8월경 쓴 것으로 보인다.
432   『동아일보』 1956. 8. 25.

홍순칠은 1953년에 경북 병사구 사령부 과장에게 바다사자를 미끼로 M2정을 얻었다고 하는가 하면, 1954년에 소련제 기관총 1정, 권총 1정, MZ 1정을 군 고위층과 교환했다고 했다. 한편 모 장군에게서는 중기관총과 실탄을 얻었다고 했다. 이렇듯 그가 말하는 바다사자를 이용한 무기 획득의 출처와 종류는 일정하지 않았다.

홍순칠은 개척 이후 인구가 많아져서 일본인들이 철수했다고 했지만, 실제로는 철수하지 않았다. 또한 울릉도의 일본인들은 철수하면서 독도에 우연히 들른 것이 아니라 일부러 갔으며, 이는 바다사자를 포획하기 위해서였다. 홍순칠은 조부가 일본 홋카이도에 가서 바다사자를 물 푸는 두레박으로 쓰는 것을 확인하고 돌아왔다고 했지만, 그의 여러 수기에서 보이듯이 일본인들이 바다사자를 포획한 이유는 가죽과 기름을 이용하기 위해서였다. 그의 조부가 사용처를 보기 위해 홋카이도까지 갔다 왔다는 것도 믿기 어렵다. 홍순칠이 연명을 위해 잡았다는 바다사자의 숫자도 몇십 마리, 20여 마리, 30마리, 해마다 10여 마리, 3년 반 동안 20여 마리 등으로 그 수와 기간이 일정하지 않다. 1954년 당시 바다사자는 700여 마리가 있었지만 홍순칠이 경무대에 500마리로 속여서 보고했다는 것은 그의 진술에 의문을 품게 한다. 그는 바다사자를 한 달에 한 마리만 잡아도 운영비를 충당할 수 있다고 했다. 바다사자의 가치가 그토록 크다면 그것으로 운영비를 충당할 것이지 왜 가옥과 전답을 팔았을까?

한편 홍순칠은 경찰에 경비 임무를 인계한 1956년 이후부터는 독도 경비대가 수비대로부터 인계받은 박격포를 마구 쏴서 바다사자를 남획했다고 했다. 그때의 바다사자 한 마리 가치를 300만 환으로 상정했다. 그런데 그는 1956년 늦가을 서울에서 독도로 와보니 물개 떼가 자취를 감추었다고도 했다. 1956년 가을에 이미 자취를 감춘 물개를 독도경비대가 어떻게 남획할 수 있는가? 더구나 1954년에 경무대에 보고할 때까지도 700여 마리가 있었는데 1956년 늦가을에 갑자기 자취를 감출 수 있는가? 바다사자가 출산을 끝내고 다른 지역으로 옮겨갔기 때문이라면 이런 내용이 기술되었어야 하지만, 그는 당시 계절과 관계없이 많은 바다사자가 독도에 있었던 것처럼 기술했다.

홍순칠은 일본인들이 국제회의에서 바다사자의 멸종 원인을 전 독도경비대장인[433] 자신의 남획으로 돌렸다는 이야기를 김헌규 박사를 통해 들었다. 그는 이를 부정하기 위한 근거로 나카이 요자부로의 남획을 제시했다. 즉 나카이가 1905년 이후 매년 3천 마리 이상을 포획한 탓에 사세보진수부 사령관이 바다에 바다사자의 고약한 냄새로 가득하다는 요지의 공문을 보내왔다는 것이다. 하지만 이 공문은 바다사자의 가죽을 벗겨가고 살코기는 그대로 해안가에 버려 악취를 풍기는 그곳에 사람들이 근무해야 하니, 앞으로 해안에 투기하지 말도록 어업자들에게 엄히 지시할 것을 시마네현에 요청한 내용이다.[434] 즉 살코기를 해안가에 투기하지 말라는 것이 공문의 요지이지 포획 금지가 요지가 아니다. 물론 바다사자를 남획했으므로 투기한 살코기도 많고 그로 인해 악취가 심했겠지만, 3천 마리 이상을 운운한 내용은 없다. 이 공문서는 시마네현 총무과가 행정문서를 모아 엮은 『㊙다케시마(㊙ 竹島)』(메이지 38-41년)에 실려 있다. 그런데 이 문서가 일반에게 공개된 것은 2009년경이다. 1980년대에는 시마네현립도서관에 소장되어 있지 않았고, 현재도 현립도서관에서 검색되지 않는다. 홍순칠이 이 문서를 언급하게 된 배경이

---

433 독도경비대는 경찰을 의미하므로 홍순칠을 독도경비대장으로 칭했다는 것은 잘못되었다.
434 문서명은 「佐鎭機密 7호의 49」, 『㊙ 竹島』이다.

궁금하다.

홍순칠은 나카이가 1907년에 바다사자 2,094마리를 잡고 오키도청에는 1,680마리로 거짓 보고했는데, 관련 문서를 이즈미로부터 받았다고 했다. 이즈미는 자신의 책에서는 이런 내용을 언급하지 않았다. 시마네현 소장의 '다케시마' 관련 문서에는 1907년의 바다사자 포획 숫자가 새끼를 포함해서 771마리로 되어 있다.[435] 나카이는 포획 제한 숫자를 600마리에서 1,500마리 이내로 늘려줄 것을 현에 요청했다. 만여 마리의 바다사자가 다케시마(독도)에 군집하므로 한 철에 2~3천 마리를 포획하더라도 번식에는 큰 영향을 주지 않는다는 이유에서였다.[436]

홍순칠에 따르면, 나카이의 남획으로 멸종 위기까지 갔던 바다사자는 해방 후에 다시 번식했으나 일본인의 침략과 수비대의 주둔으로 인적이 있게 되면서 다시 소련으로 피해갔다고 한다. 전 서울대 교수 김헌규 박사가 소련에서 열린 국제회의에 참석했다가 이를 확인했음을 언급했다. 홍순칠은 학자 이름을 김헌규와 김현규 두 가지로 불렀는데 김현규는 조류, 곤충학자이다. 바다사자와 관련된 학자는 김헌규가 맞다. 김헌규는 이대 교수였고, 국제자연보존연맹 한국 지부장으로서 1972년 호주에서 열린 총회에 참석하여 바다사자가 독도에 있다고 말한 바 있다.[437] 1970년대 초까지 독도에 바다사자가 있었다고 지금까지 회자되는 것은 이 발언 때문이다. 홍순칠은 김헌규가 자신을 직접 찾아왔다고 했다.

홍순칠은 김헌규 외에 홍순우도 언급했다. 두 사람이 소련 모스크바

---

[435] 「메이지 40년 강치포획 종류와 수량(보고)」, 『다케시마 대여와 강치어업 서류』(메이지 38-41년), 시마네현.
[436] 위 문서
[437] 이화여대 자연사팀이 현지를 조사했고 (울릉)주민들의 목격담에 따른 것이다(『경향신문』1976. 8. 3.).

에서 열린 국제자연보존연맹(IUCN, 3년마다 총회, 한국은 1969년 가입) 총회에 참가한 시기는 1978년 9월로 보인다.[438] 홍순우(서울대 미생물학과 교수), 김헌규(전 이대 교수), 이민재(강원대 총장), 원병오(경희대 교수) 등 4명이 1978년 9월 25일 현지에 도착했다. 홍순칠은『이 땅이 뉘 땅인데!』에서 "3년 전 우리나라 학자 몇 분이 소련에 입국하여"라며 그중 김헌규와 홍순우에게 문헌 입수를 당부했음을 밝혔다. 이런 글이 실린 것은『월간 학부모』25회 즉 1981년 11월경이므로 이로부터 3년 전이면 1978년이 맞다. 홍순칠은 이들 학자가 소련에 간 목적을 군함 인양과 관련된 것으로 기술했고, 군함을 인양해서 얻을 수 있는 재화 80조 원 상당을 언급했지만 발언의 근거는 밝히지 않았다. 그러나 이들이 소련에 간 목적은 국제자연보존연맹 총회에 참가하기 위해서였지 1905년에 자침했다는 러시아 군함의 인양 문제를 논의하기 위해서가 아니었다. 홍순칠은 이때 그들에게 부탁해서 받았다는 문헌에 대해서는 밝힌 바가 없다.

    홍순칠은 1954년 당시 700여 마리였던 바다사자가 1956년 겨울에는 자취를 감추었다고 했으나 그 존재는 1972년까지도 확인되었다. 홍순칠의 일관되지 못한 진술은 도리어 바다사자 멸종의 책임을 한국 측에 지울 우려가 있다. 바다사자 멸종을 초래한 가장 큰 원인은 1905년 이전부터 1909년까지 지속되었던 일본의 남획이다. 1910년부터는 독도에서 급격히 감소했으므로 나카이가 홋카이도 치시마국에로 눈을 돌릴 정도였다. 그 이후 바다사자가 멸절된 데는 1950년대 이후 울릉도 주민들의 독도어로가 활발해지면서 바다사자들의 먹이가 감소한 환경적 요인이 작용했을 것으로 보인다.

---

[438] 『경향신문』1978. 9. 25.

4) 영화 촬영

연도	내용
1985	5월「독도와 평화선」영화 촬영을 위해 경비정 견우(호)가 옴. 대원도 몇 커트 찍어줌. 일주일 동안 촬영 후 떠났고, 사흘 뒤 등대 설치를 위해 해군 함정이 옴(231쪽)
1996	1985년 내용과 거의 같음
1997	수비대 운영경비 보충을 위해 해녀 50명과 미역 따던 7월 어느 날, 경비정 칠성호가 '평화선' 영화 촬영 팀을 데려옴. 수비대의 협조 당부, 7~8일 간 촬영[439](91쪽)

이 부분은 영화 촬영과 관계된다. 독도 관련 영화는 1953년과 1955년 독도에서 두 번 촬영되었다. 1953년 8월 7일자「문화영화 '獨島' 제작에 관한 건」이라는 공보처 기안문서[440]가 있다. 이 문서에 따르면, 1953년 8월 중 영화를 찍을 계획이고 촬영자는 이용민(李庸民)이다. 촬영 구상에 '독도를 수호하는 해군 활동상'이 포함되어 있으나 수비대 관련 언급은 없다. 도리어 '독도를 수호하는 해군 활동상'은 1953년 당시 해군이 독도를 경비하고 있었음의 방증이다. 홍순칠의 주장대로라면 당연히 수비대가 촬영 대상에 포함되어 있었어야 한다. 이 영화의 영문판 제작을 위한 기안문서의 작성일은 단기 4287년(1954년) 5월 19일로 되어 있다. 따라서 영화 촬영은 1953년에 이미 마쳤음을 알 수 있다. 1953년 10월에 파견된 울릉도독도 학술조사단도 독도를 촬영했다. 영화는 아니지만 1954년 5월 6일 공개된 바 있다.[441] 여기에도 홍순칠이나 수비대 관련 내용은 없다.

국가기록원에는 〈독도와 평화선〉이라는 영상물이 있는데 이는 1955년에 촬영한 것으로 되어 있다. 1956년『조선일보』에 따르면, 김승옥이 촬

---

[439] 2018년 판에는 〈1955년 제작된 '독도와 평화선' 무성영화, 한국영상기록원 제공〉 사진이 게재되어 있다.
[440] 국가기록원 소장자료 관리번호 BA0791572이다.
[441] 『경향신문』 1954. 5. 3.;『조선일보』『동아일보』 1954. 5. 6.

영한 기록영화 〈독도와 평화선〉이 8월 24일부터 유료 시사회를 가졌다.[442] 해당 기록영화는 국가기록원에 소장된 영화와 동일한 것을 가리키며, 홍순칠이 언급한 영화도 이를 가리킨다. 홍순칠은 1997년 판 『이 땅이 뉘 땅인데!』에서 영화가 촬영된 시기는 7월의 어느 날이라고만 하고 연도는 기술하지 않았다. 그러나 2018년 판에서는 사진을 게재하고 「(19)55년에 제작된 '독도와 평화선' 무성영화」라고 기술했다. 홍순칠 사후 누군가 날짜에 관한 내용을 보완한 것이다. 홍순칠은 등대 설치에 앞서 영화를 촬영한 듯이 말했지만, 등대는 1954년 8월에 설치되었다. 1985년의 수기대로라면 1954년에 촬영된 듯하지만, 1954년 겨울까지의 일을 언급한 다음에 영화 촬영을 기술했으므로 촬영 시기는 1955년이 맞다. 〈독도와 평화선〉이라는 영화에는 두 명의 남자가 밤에 바위 밑 손이 닿는 물속에서 미역을 따고 있는 모습이 보이는데, 이들을 수비대원으로 본 경우가 있지만[443] 이들이 경찰에 특채된 수비대원을 가리키는 것인지, 미역채취를 위해 잔류했던 상이군인인지는 알 수 없다.

　한국정책방송은 〈광복 60년, 우리를 말한다〉(5회)를 2005년 3월 29일 방송했는데, 이때 영화 〈독도와 평화선〉을 언급했다. 방송에서 이를 소개하기를, 해경 칠성호 함장 한창렬이 소장하던 영화 필름을 그의 아들이 처음으로 공개한 것으로 1955년에 제작된 6분짜리[444] 기록영화라고 했다. 홍순칠은 이때의 해경 경비정의 이름을 칠성호와 견우호 두 가지로 언급했지만, 칠성호가 맞다.

442　『조선일보』 1956. 8. 23.
443　KBS 역사저널, 인물현대사 78회(2005년 4월 8일 방송)
444　영화를 보면 3분 남짓의 분량이다.

5) 구호양곡 절도

연도	내용
1997	…들통이 나서 부부 공모로 쇠고랑을 차면 망신도 망신이거니와 독도를 지킨다는 것도 끝장이 날 판이라 아내는 두고 김인갑, 구용복과 함께 보급선 삼사호를 은밀히 포구에 대기시켜 놓고 통운 창고에서 미국의 구호양곡 수수 20포와 일반미, 보리쌀 30포를 슬쩍해서 보급선에 올려놓음. 오징어잡이 배들을 육지에 인양할 때 배 밑에 깔아두는 '시라' 30여 개도 슬쩍하여 연료로 사용함. 두 달치 연료의 장작이 됨(180쪽)

이 부분은 홍순칠이 구호양곡을 횡령한 사실과 관련된다. 군청의 구호미가 있었음은 하자진도 인정한 바 있다.[445] 경찰이던 김산리의 증언에 따르면, 구국찬 서장이 군대에 이야기해서 한 달에 1인당 6홉씩 15인분 지급을 했다고 한다. 본래 독도에 간 사람은 11명인데 15인 분을 지급했다는 것이다.[446] 그런데도 홍순칠이 구호양곡을 30명분을 더하여 타내고 이를 횡령하여 실형을 받았다는 이야기가 울릉도 주민 사이에 전해진다. 마찬가지로 경찰이던 최헌식의 기록에 따르면, 1954년 당시 미역 채취권은 3년 기한이었고 구호양곡은 매월 40인분이 지급되었다고 했다. 홍순칠은 구호양곡을 공무원이 빼돌려 준 것처럼 기술하는 한편, 미군의 구호양곡과 오징어잡이 배의 목재를 절도했음도 고백했다. 김인갑과 구용복이 공범이었다. 구용복은 김인갑을 보좌한 인물이다. 홍순칠은 김인갑을 1977년 서훈 요청자 명단에 기입했는데 1978년 경찰국 조사에 따르면 김인갑은 재향군인회 총무로서 수비대의 행정업무를 조력한 인물이다. 두 사람은 1996년에 서훈되었다. 홍순칠의 1997년 수기로 볼 때, 미군의 구호양곡은 '절도'에 해당하지만, 김산리의 증언증언을 따르면, '횡령'에 해당한다. 그러므로 1997년의 기술은 횡령 외에 절도

---

[445] 하자진 증언, 2006년 11월 24일 포항자택에서 면담(『독도의용수비대 진상규명위원회 결과보고』, 2008. 2. 21., 국가보훈처)
[446] 이서행, 『대한민국 경찰의 독도경비사 연구』, 치안정책연구소, 2009. (미간행)

가 따로 있었음을 보여준다. 독도수호대는 김인갑과 구용복, 박영희를 묶어 구호양곡 절도범으로 분류했다.[447]

6) 허학도 위령비

연도	내용
1978	위령비 세우려 도동항 떠나려 할 때 허학도 부친 허원식이 소란, 홍순칠이 아들을 죽였다고 하고 가짜 징집영장으로 큰 아들을 데려갔다고 함. 정부에서 한 번도 수비대에 지시한 바 없어 대원들도 수비대를 불법단체로 의심(225~226쪽), 홍순칠이 전문을 보내 대원들을 진정시킴(227쪽)
1978	(1954년 겨울) 울릉경찰서에서 치안국에 위령비 건립을 보고, 조정환이 김종원을 불러 호통침. '대한민국 국립경찰 정경 아무개'라는 순직 위령비를 세우면 경비병이 없다고 한 우리 입장이 곤란해진다며(228쪽) 김종원이 권총을 빼듦, 조정환이 이승만에게 보고(230쪽)
1997	허학도 죽은 다음 해(1955년) 봄에 군수 임상욱, 구국찬 서장, 종형인 울릉도 교육장 홍순엽 등 50명 초청해서 위령비 건립(83쪽)

홍순칠의 기록은 허학도 위령비가 1954년 겨울에 세워졌다는 것과 1955년 봄에 세워졌다는 것으로 나뉜다. 실제로 허학도가 1954년 11월에 사망했으므로 1955년에 위령비를 세운 것이 맞다. 1997년 자료도 허학도가 죽은 다음 해라고 했으므로 시기는 1955년이 맞다. 1978년 자료는 위령비에 '대한민국 국립경찰 정경 아무개'로 쓰여 있다고 했지만, 실제 위령비에는 '고 경사 허학도 위령비(故警査許學道慰靈碑)'로 쓰여 있다.

홍순칠은 허학도를 악대원(樂隊員) 허학도(許學道) 경사, 순경 발령을 약속하고 데려온 자, 견습통신사 허학도 등으로 표현했다. 그는 무선국 근무 당시 알게 된 견습통신사 허학도[448]를 추천하여 1954년에 그가 독도에 경찰로 오게 했다고 했다. 홍순칠이 무선국에 근무했다면 그 시기는

---

447 독도수호대 홈페이지, 「고 이필영, 독도의용수비대원 아니다」(2020년 11월 18일 등록)
448 허학도는 허신도(1931년생)의 동생이다. 허학도는 1954년 당시 21세로 추정된다(독도박물관 편, 『한국인의 삶의 기록, 독도』, 독도박물관, 2019, 103쪽).

입대 전이므로 1947년에서 1949년 사이가 된다. 문헌에 따라 입대일이 다르지만, 허학도가 독도에 온 것은 1954년 8월경이다.[449] 그렇다면 허학도는 독도에서 근무하던 시기에 적어도 견습생 신분은 아니었어야 한다. 홍순칠은 허학도에게 순경 발령을 약속하고 데려왔다고 하는가 하면, 무선 통신사로 파견되려면 경찰이라야 한다며 그가 경찰임을 전제했다. 후자의 경우라면 실제로는 그가 순경 자격으로 입도했다는 의미가 된다.

1954년에 작성된 울릉경찰서의 인사 사령부에는 허학도가 1954년 8월에 5급 17호봉을 받는 순경에 임용되어 울릉서 근무를 명받은 것으로 되어 있다.[450] 그렇기 때문에 경사로 추서된 것이다.[451] 대원들도 허학도가 경찰 신분으로 왔다고 증언했다. 홍순칠은 그에 관해 말하며 '정경'을 언급했는데 정경은 경찰 직제에는 없다. '정식 경찰'을 약칭한 듯하다.

1978년 자료는 허학도 위령비를 두고 정부 고위관리 사이에 논란이 있었던 듯이 기술했다. 치안국을 거론하고 조정환이 김종원을 불러 호통쳤다고 했으므로 치안국장이 김종원일 것 같으나 실은 김장흥이었다. 홍순칠은 김종원을 언급하되 직함으로 경찰국장과 치안국장을 혼용했다. 김종원은 1954년 8월 28일부터 1955년 2월 15일까지는 경찰국장

---

[449] 『독도의 한토막』에는 1954년 8월 28일의 기념식 때 찍은 사진이 실려 있는데 황영문은 허학도에 대해 따로 동그라미 표시를 하고 사진 설명에는 '위문단과 함께−○표가 순직한 허학도'라고 썼다. 독도박물관은 이 사진에 대한 설명에서 1954년 8월 1일 울릉도와 독도 간 무선통신설비가 완성되자 울릉경찰서의 통신사로서 허학도가 독도경비대에 파견되었는데 파견된 지 얼마 안 돼 10월 22일(11월 10일이 맞음−인용자) 김종원의 방문단 수행과정에서 추락사했다고 설명했다(134쪽). 그러나 무선시설이 개통된 것은 8월 27일이므로 그 전에 완성되었을 것이다. 사진 속 허학도의 의복은 경찰제복이 아니라 위문단 일행과 같은 의복이다. 이는 좀더 구명되어야 할 부분이다.
[450] 이서행의 「독도를 수호한 경찰 경비사 정립에 관한 연구」에 첨부자료로 수록되어 있다.
[451] 허학도(1933년생)가 울릉도 통신사로 근무하다 독도에 파견되어 통신자재 운반 도중 1954년 11월 10일 추락사한 것으로 되어 있다(『경북경찰 발전사』, 1287쪽).

이었고, 1956년 5월 26일부터 치안국장이었다. 그 전에는 김장흥(金長興, 1954. 3. 27.-1956. 5. 26. 재직)이 치안국장이었는데 홍순칠은 두 직함을 혼용한 것이다.

7) 기타

연도	내용
1978	1946년 최고사령부 각서 제667호[452]로 독도가 한국 영토임을 분명히 밝힘, 1946년[453] 여름 미군폭격사건 때 희생된 사람이 50명 넘음. 홍순칠은 사망자 1인당 성인 5천 원, 미성년은 3천 원 보상금 지급된 것으로 기억함(68~69쪽)
1997	1948년 6월 30일[454] 미군 폭격사건으로 미 육군 장교가 울릉도에서 배상문제 처리, 성인 500환, 미성년자 300환의 위자료 지급(97쪽), 3년 동안 일본 해상보안청 함정과 세 차례 총격전을 벌일 때 우리는 사명을 다했음(98쪽)
	(1954) 8·15함 다녀가고 일주일 되던 날, 10명의 장병과 보트, 해병 수로국에서 독도 수역 측량하러 옴. 대원들의 협력으로 일정 앞당김. 필요한 유류와 부식물 주고 감(58~59쪽)

위의 표는 홍순칠이 역사적 사건을 언급한 것이 사실에 부합하는가와 관련된다. 홍순칠은 1948년의 독도폭격사건 배상금에 관해 언급했다. 당시 언론 보도에 따르면,[455] 7월 1일부로 지불된 죽변 관내 보상금은 248만 4,200원이었고, 울릉도 관내 보상금은 212만 원이었다.[456] 사망자 배상금은 사람에 따라 차등 지급되어 6만 원부터 40만 원까지로 각각 다르다. 해당 사건으로 인한 사망 혹은 행방불명자가 14명이고 중경상자는 6명으로 밝혀졌다. 사망 당시 나이가 가장 어린 자(고원호,

---

452 연합국 최고사령관 지령 제677호(SCAPIN-677)가 맞다.
453 1948년이 맞다.
454 6월 8일이 맞다.
455 『남선경제신문』 1948. 7. 22.; 1948. 8. 4.; 『조선중앙일보』 1948. 7. 24.; 『수산경제신문』 1948 .7. 31.(홍성근, 2020, 앞의 글, 70쪽에서 재인용).
456 『독도관계서류(갑)』『독도연해어선 조난사건 전말보고의 건』, 外情第1318호, 4285년 9월 20일자)에 따르면, 1948년 6월 16일 미군 장교 수 명이 울릉도로 와서 심심한 사과를 하고 배상금으로 2,125,520원을 지급한 것으로 되어 있다. 홍성근은 1948년 6월 29일 이후 미군 소청위원들이 와서 배상금을 지급했다고 보았다(위의 글, 70쪽).

울릉도 도동-원주)가 18세 혹은 19세였고 그에게 지급된 금액은 6만 원이었다. 가장 많은 금액인 40만 원을 배상받은 자(권천이, 울진면 죽변리-원주)는 43세로 최고령이다.[457] 그런데 홍순칠은 배상금으로 5천 원, 3천 원, 500환, 300환, 300원[458]을 언급했다. 1948년 당시 화폐 단위는 원이었다. 홍순칠은 또한 폭격사건 때 희생된 사람을 50명이 넘는다고 하거나 30명이라고 하여 인원이 일정하지 않다.[459]

홍순칠은 1954년에 8·15함이 다녀가고 일주일 뒤 해병[460] 수로국의 독도 측량이 있었다고 했다. 8·15함이 등대를 설치하러 8월 초순에 왔다고 했으므로 수로국[461]의 측량도 8월 중에 있었던 것이 된다. 그런데 건설부 국립지리원의 자료에 따르면,[462] 수로국의 독도 측량은 1954년 9월 30일부터 10월 22일까지 23일간 진행되었다. 수산진흥원 소속의 지리산호와 측량용 상륙정이 독도 주변 약 1㎢의 수심을 조사했다.

이 외에 더 언급하면, 홍순칠은 1997년 자료에서 폭격사건 당시 "독도에 나가서 미역을 따다가 참변을 당한 사람 중에 평소 내가 자형으로 호칭한 김도암이란 분이 있었다"[463]고 했고, 그의 장인 엄동촌이 자신의 백부와 의형제를 맺을 만큼 친분이 있었다고 했다. 또한 안찬수라는 분은 몸에 총알이 여러 개 박혔고 그의 동료 한 분은 물속으로 뛰어들어 오늘날까지 시신을 못 찾았다고 했다. 그러나 폭격사건 사망자 14명과

---

457 위의 글, 67쪽.
458 홍순칠, 『이 땅이 뉘 땅인데!』, 혜안, 1997, 259쪽.
459 위의 책, 258쪽.
460 수로국은 1949년 11월 해군본부 작전국 수로과로 출발하여 1953년에 수로국으로 승격되었고, 1963년에 교통부로 업무가 이관했다. 1996년 해양수산부 출범 이후 국립해양조사원으로 개편되었다. 홍순칠이 해병이라고 한 것은 해군을 가리키는 듯하다.
461 수로국은 현재의 국립해양조사원이다.
462 국립지리원, 『독도측량·지도 제작 사업 보고』, 1981(국가기록원 소장).
463 홍순칠(1997), 앞의 책, 258쪽.

중상자 3명의 명단에 김도암과 안찬수라는 인물은 보이지 않는다.[464] 그 대신 안찬수는 선박 피해를 입은 자의 명단에 보인다.[465] 홍순칠은 행방불명자의 이름을 밝히지 않았다.[466]

10. 경찰 인계에 대한 검증

연도	내용
1970	2년여의 수비, 정부가 50m 높이 포대와 무전통신용 전주 설치, 식수용 탱크와 경비 전용 경비정 배정을 운운, 정식으로 경찰관 상주하며 전담하기로, 독도수비대는 국가시책을 따를 수밖에, 마지막 성탄절 파티(151쪽)
1978	(1955년 여름) 34호가 제주도에서 오자 미역을 싣고 제1진 20명과 함께 부산으로 감(281쪽), 우장춘을 만나 독도 식물 전함, 시장에서 미역 대금을 선불로 받음(284쪽), 헌병과 한판, 미역 대금 정산하여 대원들을 포항으로 보낸 뒤 월동용품 때문에 대구행, 2진과 서기종 휴가 보냄(284~291쪽)
1978	(1955년 여름) 2진 귀환 후 치안국장이 제안한 경찰관 임명 건 전해짐, 대원들은 안 반김, 사재는 전답 천 평만 남음, 홍순칠의 꿈은 어업전진기지 만드는 것, 정상에 급수탱크 설치, 풍력 발전, 방파제 구축은 조부 때부터의 꿈(291~294쪽), 대원들이 경찰관 임용 문제를 사령관에 일임, 홍순칠이 10명을 선정하여 구비서류를 내자 곧 발령됨(294~295쪽), 봉급과 피복, 수당, 매달 열 명 몫의 쌀 3가마니와 보리쌀 한 가마니 보급(295쪽), 본서 사찰주임이 국민학교도 안 나온 사람의 발령을 문제삼음(295쪽), 홍순칠이 자격 안 되면 파면하라고, 주임에게 적당히 알아서 적어 넣으라 함(296쪽)
1978	경찰관 임명은 수비대를 경찰관으로 대치시키려는 김종원의 속셈, 경찰관 6명 가운데 경사 1인은 홍순칠의 국민학교 2년 선배, 이 외에 순경 5명이 옴, 북면지서 주임이던 경사가 독도파견대 대장, 임명된 정경은 10명(296~297쪽), 경찰 6명을 제풀에 못 견뎌 돌아가게 할 궁리, 정경에게 파견대장 지휘를 받던가 제복을 벗던가 택일하게 하자 모두 경찰복 벗음(299~300쪽)
1978	경위가 인솔자로 와서 매달 28명의 파견대의 교대를 알려줌(323쪽), 한 달 후 교대, 빈둥거리다 돌아감, 경비정 전용(全用)과 나포 어선의 사용 허가, 선장과 기관사도 배정(323쪽)
1978	1956년도 저물어감, 무사태평, 물개 떼가 사라져 어업전진기지 물거품, 물개가 잉끼섬(穩岐島)[467]으로 이동했다는 소문, 김종원 치안국장 만나러 갔으나 냉담, 경찰국장을 만나 정경을 제외한 나머지 가운데 수산고 졸업자[468]와 군필자 임명을 수락하면 모두 인계하겠다고 제안(324~325쪽)

464　홍성근(2020), 앞의 글, 55쪽.
465　발동선의 피해에 대해 73만 원을 보상받은 것으로 나온다(위의 글, 72쪽).
466　홍성근의 글(2020, 앞의 글, 57쪽)에 울릉도 행불자 5명의 명단이 나온다.
467　隱岐島가 맞다.
468　울릉수산고등학교 설립 인가를 받은 시기가 1954년 5월 18일이므로(울릉고등학교 홈페이지-2024년 5월 3일 검색-참조) 당시는 대원 안에 졸업자가 있을 수 있는 시기가 아니다.

연도	내용
1978	3년간의 세월을 회상(329쪽)하니 샘 발견이 가장 큰 업적, 귀향, 아내가 두 번째 아이 출산,[469] 아내가 사표 내겠다고 함, 독도 수도 시설에 200만 환 필요, 우물 주위 석축으로 대체, 수비대원 전원 참여, 50명에서 33명만 남음, 석축에 연락사무소 직원[470] 동원, 막사와 무기 손질 등 나머지 작업(334쪽), 경찰 인계일을 크리스마스로, 12월 24일 마지막 잔치, 12월 25일 경찰 경비정 10시에 도착, 구국찬 총경[471] 이하 간부 정렬, 부임한 파견대장, 서기종, 양봉준, 하자진, 배석도, 김호철 등에 대한 정경 임명장 수여(338쪽), 그 후 독도의용수비대 동지회 모임 가짐, 1966년 4월 12일 훈장 수여식
1985	(1955년 가을) 내가 경찰국장에게 수비대 임무 맡김, 그가 경찰직 제안했지만 거절, 희망자를 편입하기로 하고 당분간 경찰 적응을 돕기로 함, 월동준비로 논 20마지기와 밭 10마지기 처분(232~233쪽)
	그해(1955년) 10월, 30명의 경찰 왔으나 나이 등 비적임자로 곧 돌아감, 목대포 효과로 일본 경비정 접근 못함, 보급선 좌초로 부대 인수 지연, (1956년) 봄에 해경대 병력과 보급품이 폭풍 때문에 되돌아감, 경찰 희망자 의논했으나 전원이 함께해야 한다고, 10명 선정, 장비도 무상 인계하기로, 1956년 12월 25일 3년 8개월, 울릉군 경찰서장[472]에게 (받은) 독도방위인계서에 서명하고 울릉도로 옴(233~239쪽)
1996	(1985년 내용과 동일)
	독도의용수비대, 1956년 12월 독도경비업무를 울릉경찰서에 인계하고 독도에서 철수

    이 부분은 수비대가 경찰에 독도 경비 임무를 정식으로 인계한 시기와 관련된다. 1966년 훈장증은 수비대 활동기간을 1954년 6월부터 1956년 8월로 명기했고, 1970년 자료는 활동기간을 '2년여'라고 적었다. 1978년 자료는 1955년 여름부터 일부 대원의 경찰 임명을 논의하여 1956년이 저물어갈 때까지 경찰국장과 논의한 것으로 되어 있다. 그 사이에 학교 선배인 경사가 독도파견대 대장으로 오고 순경 5명도 함께 온 것으로 적는 한편, 정경 10명이 임명된 것으로도 증언했다. 또한 홍순칠은 1955년 10월에 30명의 경찰이 독도에 파견되었다고도 기술했

---

[469] 『동아일보』 1989년 8월 17일자 기사에 따르면, 차녀 홍연숙의 나이가 34세로 되어 있다. 홍연숙은 1955년생 혹은 1956년생으로 해산 당시 홍순칠은 울릉도에 있었다고 했다.
[470] 김인갑과 구용복인데 둘다 독도에 온 적이 없는 것으로 1978년 경찰국 조사로 밝혀졌다.
[471] 구국찬 서장(1953. 11. 18.~1956. 9. 26. 재직)은 경감이었다(『국립경찰 50년사: 사료편』, 464쪽).
[472] 1956년 당시 경찰서장은 김성대였는데 1956. 9. 27.~1958. 2. 25.까지 재직했다(경우장학회 편, 『국립경찰 50년사: 사료편』, 1996, 464쪽).

다. 이런 정황은 1955년 1월부터 경찰이 경비를 전담해왔음을 뒷받침한다. 따라서 그가 1956년 12월 25일 3년 8개월 독도방위인계서에 서명하고 울릉도로 돌아왔다는 것은 수비대가 경비를 전담하다가 경찰에 인계한 것이 아님을 의미한다.

홍순칠은 수비대가 2년 넘게 경비하다가 정식으로 경찰이 경비를 전담하기로 결정한 뒤에는 국가시책을 따를 수밖에 없었던 것처럼 말했다. 그러나 내무부가 (독도)경비대의 상주를 발표한 시기는 1954년 7월 29일이고, 막사 준공식을 한 시기는 8월 28일이므로 경비기간은 2년을 넘길 수가 없다. 홍순칠은 1956년 12월 24일에 경찰에 업무를 인계할 때 자신이 선정한 10명의 수비대원을 함께 인계한 듯이 기술했지만, 결정된 시기는 1954년 12월 24일이고 최종적으로 9명이 채용되었다. 홍순칠은 경찰 채용에 필요한 서류를 제출한 시기를 1955년 겨울로 적었다. 1978년 자료는 1956년 12월 24일 마지막 크리스마스 잔치를 하고 12월 25일에 경찰에 경비를 인계한 것으로 기술했다. 그러나 1965년 자료는 1954년 12월 24일 마지막 크리스마스 잔치를 한 것으로 기술했다. 1954년과 1956년은 격차가 크다. 홍순칠은 경찰 특채가 결정된 날, 업무 인계일, 임명일 등을 자료에서 언급하되 12월 24일, 25일, 30일, 31일 등으로 시간적 배경을 혼란스럽게 기술했다.

홍순칠에 따르면, 그는 1956년 12월 25일 구국찬 총경 이하 간부들과 새로 부임한 파견대장 앞에서 경찰에 인계했고 자신은 「독도방위 인계서」에 서명하여 울릉도 경찰서장에게 넘겼다고 했다. 그러나 구국찬 서장은 1956년 9월 29일까지 근무했으므로 12월에는 독도에 있을 수 없다. 「독도방위 인계서」[473]는 실물이 확인된 적이 없다. 1978년 자료는

---

[473] 「독도방위 인계서」는 홍순칠의 수기 「독도의용군 수비대」(1985, 239쪽)에 처음 보인다.

경찰에 임명된 자가 서기종, 양봉준, 하자진, 배석도, 김호철 등 10명이라고 했지만, 수비대원은 9명이었고 그 명단도 다르다. 홍순칠이 제시한 명단에서 실제와 일치하는 자는 서기종과 양봉준, 하자진뿐이다. 배석도와 김호철이라는 인물은 훗날 확정된 수비대 33인의 명단에도 보이지 않는다. 황영문은 1957년 1월부터 1978년까지 경찰공무원으로 근무했다.[474] 그러나 1954년 12월 31일부터 근무하다가 1957년 7월에 사퇴한 뒤 1961년에 다시 공채로 채용되었으므로 1957년부터 연속적으로 근무한 것이 아니었다.

1978년 자료는 수비대원의 경찰 임명 건을 치안국장 김종원이 제안한 것으로 기술했다. 그러나 1956년이 저물어갈 무렵 홍순칠이 치안국장에게 요청했다가 거절당하고 경찰국장이 이를 수용했다는 기록도 있다. 같은 자료 안에서 내용이 다르게 기술되어 있는 것이다. 1978년 자료에 따르면, 홍순칠은 경찰에 인계한 후 바로 '독도의용수비대동지회'라는 모임을 가진 것으로 되어 있으나 앞에서 기술했듯이 동지회는 1970년대 후반에야 홍순칠이 처음 언급했다. 회원들은 1983년 수비대 창설 30주년 기념식 행사 당시에 동지회에 대해 처음 들었고, 정식 모임은 1996년 이후에 갖기 시작했다고 증언했다.

한편 홍순칠은 1955년 10월에 30명의 경찰이 차출되어 독도로 왔으나 이들은 비적임자여서 돌아갔다고 했다. 경찰이 되었음은 이미 자격

나홍주는 「독도방위 인계인수서」라고 했다. 홍순칠은 "울릉 경찰서장에게 독도 방위 인계서에 서명을 받고 3년 8개월의 정든 독도를 내려오다가…"라고 기술했다.

[474] 김경도(2021, 61쪽)는 황영문의 근무기간을 24년으로 추정했는데 그럴 경우 1955년부터 근무한 것이 된다. 그러나 퇴직했다가 재임용되었으므로 엄밀히 계산하면 24년이 안 된다. 황영문은 1961년에 다시 재임용되었다(김경도, 「독도의용수비대 해산 이후 대원들의 독도 수호 활동」『독도연구』제31호, 영남대학교 독도연구소, 2021, 64쪽; 71쪽). 경찰 인사기록카드(부본, 독도박물관 소장)에는 그가 1950년 12월 16일부터 1952년 5월 7일까지 복무하다 상병으로 제대했고, 1954년 12월 31일부터 1957년 7월 20일까지 울릉경찰서 순경으로 재직했다고 되어 있다.

을 갖춘 자들인데 비적임자라는 것이 무슨 의미인지가 애매하다. 또한 그는 1956년 가을에는 경위 이하 27명이 파견되었고, 한 달 후 교대되었고 빈둥거리다가 돌아갔다고 했다. 이 역시 1956년에도 경찰이 경비했음을 홍순칠이 자인한 것이다. 그는 경찰관을 모두 무능한 부적격자로 묘사했다. 홍순칠의 주장대로 수비대가 1956년 12월 24일까지 독도를 경비했다면, 28명 혹은 30명의 경찰이 독도에 파견될 이유가 없다. 한편으로 경찰의 파견을 자인하면서 다른 한편으로 1956년 12월 말까지 수비대의 경비 전담을 운운하는 것은 양립하기 어렵다. 홍순칠의 '인계' 운운은 수비대가 경비를 담임하다가 1956년 12월 말 경찰에 인계한 듯한 인상을 줄 수 있다. 그러나 경찰이 1954년 8월 말부터 상주했으므로 수비대는 이들과 동서(同棲)하다가 12월 말 그 일부가 경찰관으로 채용되었을 뿐이다.

이 외에 홍순칠이 우장춘 박사에게 독도 식물을 전해준 것으로 되어 있는데 사실관계를 확인할 수 없다. 홍순칠이 증언한 내용은 같은 문헌 안에서도 두 가지 내용이 보이거나 사실관계가 맞지 않는 부분이 있다. 이후 장에서 이들을 쟁점별로 정리하는 것으로써 결론에 갈음하고자 한다.

V

쟁점 정리

1. 홍순칠의 가계와 이력에 대하여

2. 가짜 영장에 대하여

3. 무기 조달에 대하여

4. 수비대 결성 시기와 활동 기간에 대하여

5. 교전 사실과 횟수에 대하여

6. 33인의 국가유공자에 관하여

7. 자료와 증언의 공신력에 관하여

1. 홍순칠의 가계와 이력에 대하여

언론은 1960년대에 홍순칠을 본격적으로 소개하던 초기부터 그의 집안의 3대에 걸친 독도 사랑을 언급했다. 홍순칠 자신도 수비대를 결성하여 독도를 지키게 된 데 조부의 영향이 매우 컸음을 여러 번 강조했다. 그의 조부 홍재현은 울릉도 개척민 제1세대로서 손자에 대한 경제적 지원도 아끼지 않았다. 홍순칠의 아버지 홍필열은 음악교사였고, 종형 홍순엽은 울릉도 교육장을 지냈으며 재종형 홍성국은 군수를 지냈다. 사촌자형인 전석봉은 울릉도 유일의 의사로서 홍순칠의 든든한 후원자였다. 이것만으로도 홍순칠의 집안이 권력과 재력을 지닌, 영향력 있는 집안이었음을 알 수 있다. 그런데 홍순칠이 밝힌 가계가 족보와 일치하지 않거나 서로 맞지 않는 경우가 있다. 이와 관련된 언급을 보면, 〈표-12〉와 같다.

〈표-12〉 홍순칠의 가계 관련 기술

연도	내용
1965	울릉도엔 洪在顯(백三) 노인이 살았다. 그의 아들 鍾郁(73) 씨는 울릉태생 —울릉을 통털어 최고로(最古老) 터주대감이다. …홍옹(洪翁)의 조부는 당시 호조참판, 홍옹은 21살 때 유형(流刑) 선고를 받은 조부를 따라 울릉에 왔었다. 그는 울릉의 개척자다.(『독도수비대 비사』, 314쪽)
	1953년 4월 1일 …문패싸움이 한창 오갈 무렵 홍로(洪老)의 후예 淳七(39) 씨는 아버지 종욱(鍾郁) 씨 앞에 꿇어앉았다…순칠 씨 아버지는 옛날 홍로가 발견했던 식수 자리를 일러주고 장도를 빌었다… (『독도수비대 비사』, 315쪽)
1976	할아버지는 이주 10년 후 쯤 강릉에 나가 해송나무 씨앗, 달걀, 옥수수, 감자 씨앗 등을 들여와 영농 터전을 마련했으며, 아버지 필열(弼悅) 씨는 1958년 별세할 때까지 울릉중학 음악 교사로 낙도교육에 일생을 보냈다.(『동아일보』, 1976. 2. 14.)
1977	1953년 홍재현(洪在顯)이라는 1백 3세의 노인이 살고 있었다. 그는 21세 때 유배온 조부를 따라 이곳에 정착했다. 30여 세의 한창 나이일 때 獨島로 건너갔다가 일본인 포수와 맞부딪쳐 논쟁을 벌인 일도 있다. 홍옹의 소원은 독도 태생의 손자를 보는 것이라고 했다. 그의 장남인 종욱(鍾郁) 씨가 아들을 꿇어 앉히고 불호령을 내렸다.(『경향신문』, 1977. 10. 26.)
1985	(재종형) 군수가 조부에게 구호양곡 수송방법 등 고충을 토로, 내가 울릉도 청년을 독도로 보낼 것을 제안, 재종형 성국은 양곡 실어 온 후 사표 제출, 할아버지의 조언(『독도의용군 수비대』, 177~182쪽), 개척령이 내린 1882년에 할애비는 나이가 스물이었고 아버지를 따라 울릉도에 왔다. 개척민 제1진은 16호이고 모두 54명, 그중 할아버지 식구가 가장 많은 여덟 명(『독도의용군 수비대』, 183쪽)
1989	홍 씨의 둘째딸 洪蓮淑씨(34, 강남구 대치동)는 17일 이 드라마는…연숙 씨는 또 '일본 와세다대학 출신인 할아버지가 우산국민학교 우산중, 울릉고등을 설립하는 등 집안이 상당히 부유했는데도 드라마에서는 잘못 묘사했다. 아버지가 독도 수비를 맡은 것도 할아버지의 권유에 따른 것'이라고 함.(『동아일보』, 1989. 8. 17.)
1997	1883년 (음력)4월 8일 강릉에서 향후 10년을 예정으로 울릉도로 낙향한 할아버지(洪在現 字奉悌)께서 4일간 뱃길로 지금의 울릉군 북면 현포동에 당도, 주민이라곤 고작 두 가구가 살고 있었다(『이 땅이 뉘 땅인데!』, 13쪽)
	종형인 당시 교육장 홍순엽(洪淳曄) 씨… 50명을 초청해서 지금의 허군의 위령비를 세웠지…(『이 땅이 뉘 땅인데!』, 83쪽)
	사촌 형이 한 분 계셨으나 딸만 낳고 아들이 없어 할아버지는 증손자가 몹시 보고 싶었고…(『이 땅이 뉘 땅인데!』, 228쪽)

〈표-12〉에는 홍순칠을 기준으로 그의 고조부, 조부 홍재현(洪在顯, 洪在現), 부친(종욱, 필열), 종형 홍순엽(洪淳曄), 재종형 홍성국(洪成國) 등이 등장한다. 홍 옹은 홍재현을 가리키므로 홍재현의 조부는 홍순칠에게는

고조부가 된다. 족보[1]에 따르면, 홍순칠의 고조부는 홍병훈이다. '정조 임자년 10월생, 증(贈) 가선대부 호조참판'인 그는 1792년생으로, 호조 참판은 사후 추증된 것이다. 홍병훈은 홍헌섭을 낳았으니 홍순칠의 증조부이다. 홍헌섭은 '가선대부 동지중추부사 겸 오위장'을 지냈다. 그런데 『1883년 7월 모일 강원도 울릉도에 새로 들어온 민호(民戶) 인구의 성명과 나이 및 전토의 개간 수효에 관한 성책』(이하 『성책』으로 약칭)에 홍헌섭은 없고 홍경섭이 기재되어 있다. 족보의 홍헌섭은 1827년 11월 20일 출생, 1914년 1월 25일에 사망했는데, 『성책』의 홍경섭은 1883년 당시 57세였다. 그렇다면 1827년생이므로 족보의 홍헌섭과 『성책』의 홍경섭은 동일인일 가능성이 크다.[2] 홍경섭은 1883년에 재익과 재경(족보에는 재현) 두 아들과 가족을 데리고 울릉도로 들어왔다.

1965년 자료에 홍재현은 21살 때 조부 홍병훈을 따라 울릉도에 온 것으로 되어 있으나, 1985년 자료에는 부친을 따라 온 것으로 되어 있다. 1883년에 홍재현이 21살이었다면 그의 조부 홍병훈은 92세이었다. 『성책』에 홍병훈은 보이지 않을 뿐만 아니라 조선시대 사료에 무인도인 울릉도에 유배를 보냈다는 사실도 찾아볼 수 없다. 만일 홍병훈이 유배자로서 입도했다면 개척민으로서 입도한 것과는 다르며, 따라서 유배지에 들어온 자의 후손을 개척 1세대라고 하는 것은 맞지 않다.

족보의 홍재현은 『성책』의 홍재경(洪在敬)으로 보인다. 『성책』에 따르면, 8명의 가족이 입도하되 홍씨 성을 가진 자는 홍재현이 유일한데, 홍순칠도 "그중 할아버지 식구가 가장 많은 여덟 명이었었다"고 말해 서

---

1 『남양홍씨 남양군파 세보(南陽洪氏南陽君派世譜)』, 권5; 권8, 2003.
2 『승정원일기』(1844.4.3.)에는 진사 洪景燮이 보인다. 또한 석성현감 洪憲燮도 보이는데, 전결을 조사할 때 이익을 취한 일로 '杖六十 收贖, 奪告身一等'의 벌을 받은 사실이 보인다 (『승정원일기』 1847.11.25.). 이 가운데 누가 증조부와 동일인인지는 알 수 없다.

로 일치하기 때문이다. 홍재경(홍재현)은 갑자년 즉 1864년에 태어났고 1957년에 사망했으니 94세까지 장수한 셈이다. 1947년에 울릉도에 왔던 학술조사단이 홍재현의 나이를 85세로 기록했으므로 족보의 나이와도 일치한다. 다만 1862년생이라는 기록도 있으므로 대략 1862년에서 1864년 사이에 출생한 것으로 보면 될 듯하다. 족보에 그의 이름은 洪在現으로 되어 있고, 홍순칠도 『월간 학부모』에서 洪在現으로 기술했지만, 언론인 최규장은 洪在顯으로 기술했다. 언론에는 洪在現과 洪在顯 두 가지가 보이지만 洪在現으로 보도한 경우가 더 많다. 울릉도의 한국인 가운데 유일하게 조선총독부의 표창을 받은 바 있는 홍재현은 자신이 일본인의 도벌과 강치 포획을 저지하고 일본인의 행패로부터 조선인을 보호했다는 이야기를 홍순칠에게 주입하며 친일 행적을 숨겼다.

족보에 따르면, 홍재현은 아들 둘과 딸 하나를 두었다. 장남은 홍종욱(洪鍾郁, 1892-?)이고, 차남은 홍종혁(洪鍾奕, 1907-1958), 사위는 전상규이다. 그중 차남 홍종혁의 아들이 바로 홍순칠이다. 그런데 경향신문은 "그의 장남인 鍾郁씨가 어느날 아들을 꿇어 앉히고"라고 보도했고, 최규장은 "淳七(三久)씨는 아버지 鍾郁氏 앞에 꿇어앉았다."라고 기술했다. 이는 홍순칠의 증언에서 연유했을 텐데 홍순칠이 백부 홍종욱의 아들로 소개된 것이다. 1965년에 최규장은 (홍순칠의 부친) 홍종욱이 73세라고 했으므로 그는 1892년생이 된다. 족보에 단기 4226년 즉 1892년생으로 되어 있어 홍종욱의 출생 연도와 같다. 홍순칠이 홍종욱의 아들이라면 그가 37살에 아들 순칠을 낳은 것이 된다. 그런데 족보상 홍순칠의 부친은 홍종혁이다. 홍종혁은 1907년생이고 홍순칠은 1929년생이므로 둘은 22살 차이가 난다. 한편 족보상 홍재현의 장남 홍종욱의 아들인 홍순엽은 1913년생이므로 21살에 아들 순엽을 낳은 것이 된다. 홍순칠은 홍순엽을 종형이라 불렀고 홍종욱을 백부로 부르기도 했다. 그러다가 홍순칠은 자신의 부친으로 1976년에 홍필열(洪弼悅)을 새로 등장시켰다. 그는 『동아일보』와의 인터뷰에서 부친 홍필열이 울릉중학교 음악교사였고, 1958년에 별세했다고 했다. 족보상의 부친 홍종혁 외에 백부 홍종욱 및 또 다른 인물 홍필열까지 그의 부친으로 등장한 것이다.[3]

그렇다면 홍순칠의 진짜 부친은 누구인가? 『우산국민학교 연혁(于山國民學校 沿革)』에 따르면, 홍필열은 1946년 9월 말에 임명되어 10월에 우산국민학교에 부임했다가 1947년 11월에 우산중학교[4]로 전출한 것으로 되어 있다. 1958년에 사망했다면 1952년에 우산중학교 혹은 울릉중학교에 재직 중이었을 텐데 그와 관련하여 입증할 만한 기록이 없다. 홍순칠의 차녀 홍연숙은 조부(홍필열)가 일본 와세다대학 출신이고, 우산국민학교와 우산중학교, 울릉고등학교를 설립했다고 했다. 그러나 이는 사실로 보기 어렵다. 울릉도에서 국민학교의 설립과정을 보면, 관어학교(觀於學校, 1908)에서 시작하여 도동공립국민학교(1941), 우산국민학교(1946)를 거쳐 현재의 울릉초등학교가 되었다. 우산국민학교는 1913년의 울도공립보통학교에서 변전해 온 것이므로 새삼스레 '설립'을 운운할 수 없다. 홍연숙의 말대로 홍필열이 우산국민학교를 설립했다면 1946년에 설립했다는 것인데 1946년 10월 교원에 임명되었다가 1947년에 우산중학교로 전출했다는 기록이 있으므로 성립할 수 없다.

현재의 울릉초등학교(당시는 울도공립보통학교)의 1회 졸업생을 1913년으로 보고 홍필열을 8회 졸업생으로, 홍순칠을 29회 졸업생으로 보도한

---

3 울릉도 주민 가운데는 홍순칠의 부친을 홍필열로 알고 있는 자와 홍종욱(백부)으로 알고 있는 자로 나뉜다.
4 우산중학교는 1952년 12월에 울릉중학교로 개명했다.

신문기사가 있다.⁵ 이를 따른다면 홍필열은 1912년생이으로 홍순칠과 21살 차이가 난다. 하지만 족보를 따른다면 홍순칠은 1929년생(훈장증은 1927년생)이고 홍필열은 1917년생이므로 12살(혹은 10살)밖에 차이가 나지 않는다. 출생 연도와 입학 연령이 들어 맞지 않던 시대임을 감안하더라도 10~12살 차이는 부자관계일 가능성이 거의 없다.

우산중학교는 일본인 학교인 울릉도 공립 심상소학교를 인수하여 사립 우산중학교로 개교했다가 1946년 11월⁶ 공립 우산중학교⁷로 승격했고, 1952년 12월 (공립) 울릉중학교로 개명했다. 『울릉도 향토지』(1963)는 중학교 설립자를 서이환⁸으로 기술했다. 초대 교장은 이용필(李容必)이었다. 이후의 교장 명단에도 홍필열은 없다. 고등학교는 1952년에 설립된 울릉고등학원이 1954년 5월 울릉수산고등학교로 인가받았다가 1955년(1954년)⁹에 울릉중학교와 병합하는 과정을 거쳤다.¹⁰ 이 과정에서 홍필열이 학교 설립에 관여했음을 보여주는 기록은 없다.¹¹ 오히려 와세다대학 부속학교, 우산중학교, 교육감 등과 관계된 인물로서 문헌에 보인 사람은 홍순엽이다. 『경북대관(慶北大觀)』(1958)에 따르면, 홍순엽은 와세다

---

5 『경북일보』(2008. 10. 1.)에 따르면, 홍필열은 울릉국민학교(우산국민학교의 후신)와 울릉중학교 교가를 작사작곡했다. 나무위키에 따르면, 울릉고등학교 교가도 홍필열이 작곡한 것으로 되어 있다. 『우산국민학교 연혁』에 우산국민학교 교가의 작곡자로도 되어 있다.
6 『대구시보』는 1946년 9월에 개교한 것으로 보도했으므로 그 전에 인가받았음을 알 수 있다.
7 『대구시보』(1946. 11. 4.)에는 학교명이 '우산공립중학교'로 되어 있다.
8 서이환은 1946년 11월 당시 도사(島司)였다. 중학기성회회장으로서 1945년 3월부터 학교 설립에 착수하여 1946년 9월에 개교한 것으로 보도했다(『대구시보』1946. 11. 4.).
9 현재의 울릉중학교가 제공한 자료에 따르면, 1954년 5월에 울릉중학교와 울릉수산고등학교가 병합되었다.
10 『울릉도 향토지』, 1963, 64쪽; 1969, 55쪽. 『울릉도·독도백과사전』도 1952년 8월 홍순엽이 울릉고등학원을 설립한 것으로 기술했다(351쪽). 『울릉도 향토지』는 울릉고등학원이 사립 학술강습회로 인가받은 듯이 기술했다. 그러나 당시 사설 학술강습회가 있었지만 고등학교와는 무관하다.
11 울릉중학교에 문의해보니, 교사 명부인 『사령원부』(1956-1975년)를 보관하고 있지만, 1956년 이전에 발령된 자에 대해서는 알 수 없다고 했다(2023년 3월 3일 교감과 통화).

대학 부속 고등공업학교를 마치고 연료선광연구소(燃料選鑛硏究所)를 수료한 뒤 (단기) 68년 봄 즉 1935년에 귀국했고, 그해 11월에 특정우체국장으로 취임했다. 이후 그는 우산중학교 강사를 하다가 울릉우체국장을 거쳐 1952년 8월 울릉 초대교육감이 되었으며 1957년 4월에 재선되었다고 적혀 있다.[12] 『울릉도 향토지』(1963)에는 홍순엽이 '울릉고등학원'의 설립자로 되어 있다.[13] 따라서 홍연숙이 와세다대학과 우산중학교 등을 운운한 것을 홍순엽과 연계시킬 수는 있지만 홍순칠과 연관짓기는 어렵다. 마찬가지로 음악교사 홍필열이 울릉도에 근무한 것은 사실인 듯하지만, 그가 학교 설립자였으며 홍순칠의 부친이었다고 보기는 어렵다.

홍순칠은 부친의 이름을 1965년에는 종욱으로, 1976년에는 필열로, 1977년에는 종욱으로 칭했다. 그가 부친의 이름을 족보상의 '종혁'으로 칭한 적은 없다. 그가 백부 홍종욱의 양자로 들어간 경우를 가정해 볼 수 있지만, 홍종욱은 아들 순엽(淳曄)[14]과 순탁(淳鐸), 딸을 둔 것으로 되어 있다. 사위가 바로 전석봉이다. 아들을 둘이나 둔 홍종욱이 홍순칠을 양자로 들였을 가능성은 적다. 홍순칠의 증조부도 홍헌섭과 홍경섭, 조부도 홍재현과 홍재경으로 이름이 두 개다. 이름이 반드시 족보와 일치하는 것은 아니므로 홍순칠의 부친도 이름이 하나가 아닐 수 있다. 그러나 족보에 있는 홍종혁 외에도 홍종욱, 홍필열이라는 이름이 따로 있었다면, 이는 통상적이지 않다.

박영희와 친분이 있던 김명기에 따르면,[15] 홍필열은 1917년생이고 일

---

12 『경북대관(慶北大觀)』, 1958, 1414쪽.
13 『울릉도 향토지』, 1963, 64쪽.
14 홍순칠이 사촌형이 하나 있는데 딸이 넷이고 아들을 두지 못해 할아버지가 서운해하셨다(홍순칠, 『이 땅이 뉘 땅인데!』, 혜안, 1997, 226쪽; 228쪽)고 했을 때의 사촌형은 홍순엽을 가리키는 듯하다. 족보에 따르면, 홍순엽은 아들 성표와 현표를 두었다. 족보에 홍종욱의 차남 홍순탁에게는 자식이 없는 것으로 되어 있다.
15 김명기, 『독도의용수비대와 국제법』, 다물, 1998, 17쪽. 김명기는 홍순칠과 1979년부터

본 음악학교에 유학하여 바이올린을 전공했으며, 귀국 후에 울릉도에서 음악교사로 있다가 1967년에 50세의 나이로 사망했다고 했다. 이는 홍순칠이 부친 홍필열이 1958년에 사망했다고 한 것과 다르다. 당시 울릉도에서 바이올린 전공으로 일본 유학을 했다는 사실이 이채롭다. 홍필열이 울릉국민학교[16] 8회 졸업생이라는 기사를 따른다면 1920년에 졸업한 것이 된다. 1917년생이 어떻게 1920년에 국민학교를 졸업할 수 있는가. 만일 그의 생년을 1907년생으로 오기한 것이라면, 홍필열은 홍종혁의 출생 연도와 같게 된다.

홍순칠은 재종형 홍성국이 군수 시절 애로사항을 조부에게 터놓은 바 있음을 언급했다. 군수 홍성국은 홍재현의 형 홍재찬의 증손자이다. 홍재찬은 아들 홍종호(洪鍾顥)와 홍종만(洪鍾萬)을 두었는데 홍종호의 손자가 성국이다. 울릉군 남면장으로 근무하던 홍성국은 1949년 1월 13일에 3대 군수에 취임하여 1952년 8월 7일에 해임되었다. 또한 홍순칠은 수비대 운영에 자형 전석봉(田石鳳, 1915-?)의 재정적 지원이 컸음을 여러 번 언급했다. 전석봉은 한국인으로서는 처음으로 울릉도에서 병원을 개설한 의사이다. 그는 1943년에 남양동에서 개업했고, 해방 후에는 도동으로 병원을 옮겼다. 홍순칠에 따르면, 자형은 소주공장도 운영하고 있어서 수비대에 의약품뿐만 아니라 소주도 공급했다고 한다. 홍순칠은 1948년 독도폭격사건 때 자형의 조수 노릇을 했고,[17] 자형 집을 빌려 대원들의 훈련장소로 썼다고 했다. 전석봉은 백부 홍종욱의 사위이므로 엄밀히 구분하면 그는 홍순칠에게 사촌 자형이다. 홍순칠이 우체국

개인적인 친분을 유지해왔으며 부인 박영희와는 1997년에 알게 되었다고 했다. 따라서 김명기가 쓴 홍순칠의 개인 정보는 홍순칠이나 박영희로부터 직접 듣거나 제공받은 자료에 의거했을 것으로 보인다.
16 정확한 명칭은 울릉도공립보통학교이다.
17 홍순칠(1997), 앞의 책, 275쪽.

에 근무할 때 우편환을 포항우체국에 입금하러 갔다가 (1948년 대한민국 정부 수립 이전-인용자) 이북으로 간 적이 있고, 당시 우체국장은 자형이었다는 이야기가 현재 울릉도 주민 사이에 회자되고 있다.[18] 그러나 홍순칠의 자형은 의사 전석봉이며, 당시 우체국장은 사촌형 홍순엽이었다.

홍순칠의 가계를 이렇듯 자세히 기술한 이유는 자주 언급하였듯 그가 수비대 창설 및 독도 수호에 일가의 영향과 후원이 컸음에도 족보 및 문헌마다 쓰인 내용이 달라 혼동을 주기 때문이다. 집성촌인데다 폐쇄성이 강했을 것으로 보이는 울릉도에서 이렇듯 가계에 일관성이 없기는 어렵다. 홍순칠의 가계를 정리해 보면 〈표-13〉과 같다.

홍순칠은 가계뿐만 아니라 이력도 일관되지 않다. 족보에 따르면, 홍순칠은 홍종혁의 4남[19] 중 장남[20]이고 1929년 9월 23일생이다. 주민번호를 따르면 그는 1929년 1월 23일생이지만, 1966년 훈장증과 1978년 경찰국 보고서는 1927년 1월 23일생으로 기재했다. 1959년에 『경향신문』은 홍순칠을 33세, 1965년 자료는 39세로 소개했는데 그럴 경우 1927년생이 된다. 『이 땅이 뉘 땅인데!』에는 그의 생년월일이 1929년 1월 23일로 되어 있다.

---

18 『(울릉도우편소) 연혁부』에 따르면, 홍순칠은 1946년 11월 20일부터 1949년 5월 31일까지 사무원으로 재직한 것으로 되어 있다. 그런데 이즈음(1946년 11월 27일부터 1948년 6월 2일 추정, 2일인지 원문이 불명확-인용자) 사촌형 홍순엽도 우체국장으로 재직중이었다.
19 족보에 따르면, 홍종혁은 순칠(1929년 9월 23일생), 순영(1932년 8월 28일생), 순철(1944년 11월 19일생), 순혁(1947년 3월 3일생)까지 즉 아들만 넷을 두었다. 홍종혁의 배우자는 흥양 이씨와 해주 최씨 두 사람이다. 배우자와 아들의 출생 관계는 알 수 없다. 홍순칠의 부친을 홍필열로 알고 있는 울릉도 주민에 따르면, 홍필열은 첫 번째 부인에게서 아들과 딸을 낳았는데 아들이 순칠이고, 둘째 부인에게서는 아들 둘을 두었다고 했다. 딸이 있었다면 족보에 사위 이름이 기재되었을 것이나 사위 이름은 없다. 주민의 증언도 족보와 일치하지 않는다.
20 김명기는 홍순칠이 1929년 1월 23일 남면 사동 170번지 부 홍필열과 모 이주아 사이 2남 1녀 중 장남으로 태어났고, 본적은 도동 77번지라고 했다. 김명기는 주민등록번호와 군번도 기술했지만 전거는 밝히지 않았다(1998, 앞의 책, 15쪽). 군번은 김교식의 책(『(도큐멘타리) 독도수비대』, 선문출판사, 1980, 56쪽)에서 먼저 보였다.

〈표-13〉 족보와 문헌에 기재된 홍순칠의 가계

　　언론 보도에 따르면, 홍순칠은 현재의 울릉초등학교에 해당하는 울도 공립보통학교 29회 졸업생이다. 공립 우산중학교는 해방 후인 1946년에 처음 세워져 1948년에 첫 졸업생을 냈으므로 홍순칠이 중학교에 진학할 무렵(1940~1942년경)에는 중학교가 없었다. 홍순칠은 아버지(홍필열)가 울릉중학교 음악교사였다고 했지만, 홍필열이 1907년생이고 1958년 사망 이전까지 교사를 했다면 중학교가 설립되는 1946년 이전까지의 공백이 너무 길다. 육지에서 교사를 하다가 1946년 이후에 울릉도에 온 것이 아닌 경우 그러하다.

21　김명기, 『독도의용수비대와 국제법』, 다물, 1998, 17쪽.

김교식은 홍순칠이 대구에서 고등학교를 다녔다고 했고, 김명기는 홍순칠이 서울의 체신고등학교를 1944년 3월에 졸업했다고 했다.[22] 그러나 체신고등학교는 1897년에 서울에 설립된 전무학당(電務學堂)과 우무학당(郵務學堂)이 1946년에 체신학교로 개편되었다가[23] 1957년 7월 체신학교 및 체신고등학교 설치령[24]이 공포된 뒤에 설립된 학교이므로 홍순칠이 다닐 때의 학교는 체신고등학교가 아니었다. 홍순칠이 1954년 선거에 입후보할 때 신고한 학력도 체신학교 3년 졸업으로 되어 있다. 그는 1947년에 국방경비대에 입대했으므로 체신학교를 다녔다면 그 이전이 되는데 체신학교는 1946년에 설립되었으므로 3년을 다니고 졸업했다는 사실도 성립하기 어렵다.

『(울릉도우편소)연혁부』에 따르면, 홍순칠은 단기 4279년(1946) 11월 20일부터 4282년(1949) 5월 31일까지 우체국 사무원으로 재직하다가 파면당했다. 파면당한 이유는 앞에서 언급한, 우편환 횡령과 관계있어 보인다. 이런 정황을 고려하더라도, 홍순칠은 1948년 우산중학교 최초 졸업생에 포함되기 어렵다. 홍순칠도 중학교에 대해서는 언급한 적이 거의 없다. 김교식에 따르면, 홍순칠은 대구에서 고등학교를 다녔고 집도 그곳에 있었다고 한다.[25] 그가 울릉국민학교 29회 졸업생이었다는 기사를 따른다면 1941년에 국민학교를 졸업한 것이 되므로 1944년에는 고등학교를 졸업할 수가 없다. 한편 그는 "서울에서 학교 다닐 때 섬놈

---

22 김명기(1998), 앞의 책, 17쪽. 1985년에 쓴 홍순칠의 이력서에도 1944년에 체신고등학교를 졸업한 것으로 되어 있다.
23 김영우는 학당의 수업연한이 1년 이내이고 입학 연령은 15세 이상부터 30세 이하까지라고 했다(김영우, 『한국 근대 학제 백년사』, 한국교육학회교육사연구회, 1995, 34쪽). 미군정청의 체신국장이 체신학교를 설치하겠다고 발표한 시기는 1945년 9월 중순이고(『매일신보』1945. 9. 25.), 체신학교가 설립된 시기는 1946년이다.
24 『대한민국사 연표』(한국사데이터베이스 참조)
25 김교식(1980), 앞의 책, 19쪽; 88쪽.

이란 놀림을 받았"²⁶다고도 했다. 이렇듯 그의 학력에 관한 기록이 일관되지 않듯이 시기적으로도 여러 가지가 맞지 않는다.

홍순칠의 군대 경력을 보면, 『이 땅이 뉘 땅인데!』(1997)에는 1949년 6월 15일 육군 독립기갑연대에 입대하여 1952년 7월 20일 명예제대를 한 것으로 되어 있다. 1947년에 국방경비대 해병²⁷으로 입대했고, 무선국²⁸에 근무했으며 1948년 미군 폭격사건 때 자형인 의사의 조수 역할을 하다가 1949년에 육군기갑연대에 입대했다는 기록도 있다. 6·25가 나던 해(1950)에 입대하여 육군기갑연대에서 훈련받았다거나, 6월 27일 한강전투에 참가했다는(기념사업회 주장) 기록도 있다. 그는 원산전투에서 부상을 입어 명예제대를 하고 4년여 만에 집에 돌아왔다고 했다. 그가 6·25 전에 입대했고 "4년여 만에"를 언급한 것과 군 복무시기가 같다면, 1950년 이전에 입대했음이 성립하는데 1949년 5월 말까지 우체국에 근무했다면 입대시기는 그 이후가 되어야 한다. 제대일도 1952년 7월 5일, 15일, 20일, 25일로 일정하지 않다. 홍순칠은 7월 20일에 제대했다고 하지만,²⁹ 박영희는 7월 15일에 제대했다고 했다.

홍순칠은 특무상사로 입대하여 특무상사로 제대했다고 했다. 하지만 통상 군의 진급체계는, 1957년 1월 25일 국방부 부령 제29호로 개편되기 전까지 육군과 공군은 이등병에서 시작하여 하사, 중사, 상사를 거

---

26 홍순칠, 『이 땅이 뉘 땅인데!』, 혜안, 1997, 앞의 책, 238쪽.
27 1948년 9월 국군 창설 이전 해안 방위를 위해 조선해안경비대가 설치되었는데 정부 수립 이후 9월 1일에 국군에 편입, 다시 9월 5일 해군으로 개칭되었다(『한국민족문화대백과』 참조).
28 당시의 명칭은 우편국이었다가 1948년 8월 대한민국 정부 수립 이후부터 우체국으로 바뀌었다.
29 홍순칠의 1985년 수기는 7월 15일, 1997년 책의 본문은 7월 15일, 안의 표지는 7월 20일로 기술했다.

쳐 특무상사, 준위로 진급하도록 되어 있다.[30] 정원도가 1948년에 입대한 뒤 3년 만에 특진해서 상사를 달았다고 했듯이, 진급에는 일정 기간이 필요하다. 홍순칠은 육군기갑연대에서 채병덕 장군의 호위병으로 있다가 채병덕 사망 후에는 탱크저격병, 통신병으로 활약했다고 했다. 그는 영어, 일어, 중국어 무선 통신이 가능했다고 주장했다. 채병덕(蔡秉德, 1916-1950.7.)은[31] 1946년 남조선 국방경비대 창설에 참여했고 1949년 5월 제2대 육군 총참모장이 되었다. 1949년 6월에 용산에 제2, 제7기갑연대를 기간으로 하여 수도경비사령부를 창설했으며 10월에 경질되었다가 1950년 4월에 다시 제3대 육군 총참모장이 되었다.[32] 채병덕은 6·25가 났을 때 의정부에서 독전 중이었으므로[33] 홍순칠이 원산전투에 참여했다면 채병덕 사후인 1950년 7월 이후여야 한다. 그런데 육군기갑연대는 지휘계통상 육군 총참모장 아래이므로 기갑연대장이 따로 있었다. 그러므로 홍순칠이 기갑연대에 있었다면 채병덕의 호위병이 될 수 없다. 또한 이는 그가 특무상사로 입대하여 원산전투(1950. 12.)에 참여하고 부상 때문에 특무상사로 제대했다는 사실과도 맞지 않는다.

결혼에 관한 언급은 1985년과 1997년 수기에 주로 보이고 박영희의 인터뷰 기사에서 간혹 보인다. 홍순칠은 수비대를 결성할 즈음 대구에서 혼인했다고 하지만, 수비대 결성 시기가 1952년 가을, 1953년 가을 혹은 1954년 가을로 명확하지 않은 만큼 결혼 시기도 그 영향을 받

---

30 『국방사 연표』, 1994.
31 채병덕은 33세에 국방부 장관 보좌역인 참모총장이 되었다가 1949년 5월에 제2대 육군 총참모장이 되었다. 육군총참모장실은 용산 육군본부 안에 있었다. 기갑연대는 육군본부와는 다른 곳으로 보인다.
32 김행복, 『6·25 전쟁과 채병덕 장군』, 국방부 군사편찬연구소, 2002, 172~197쪽; 국방부 전사편찬위원회, 『한국전쟁사 1』, 1968; 『육군참모총장 연대지』(1), 육군본부, 1970.
33 「독전 중인 채병덕 참모총장; 전투지휘하는 채병덕 육군참모총장」(공보처 홍보국, 1950. 6. 25. 의정부에서 촬영)

〈표-14〉 결혼 관련 기술

연도	내용
1985	(무기 구득 후) 대구 대봉동 미8군으로 향함, 대구식물원에서 부산 육군병원에 있을 때 안동에 갔다 오는 길에(1951년 겨울-인용자) 기차역에서 만난 사범학교 졸업반 여성을 다시 만남, 연이어 방문한 뒤 청혼, 2주간의 여행에서 무기 구입, 청혼, 백 가마니의 쌀, 무기를 경찰서 무기고에 보관(203~206쪽)
1985	훈련 시작 뒤 10여 일 후 결혼 일자가 전보로 옴, 대구에서 결혼식. 평북지사였던 백영엽(白永曄)을 주례로 부산에서 모셔옴, 3·1운동 후 일본/관헌에 잡혀 울릉도에 정배되었을 때 조부가 먹여주고 생활한 인연으로 부탁함(206~207쪽)
1997	대구에서 의약품 구입 후 부산의 제3육군병원 있을 때 안동 갔다 오던 기차에서 마주친 여성과 인사, 국방장관을 그만두고 회사 사장이 된 이기붕의 달성제사 사택에 거주, 일주일간 방문 뒤 청혼, 택일하고 귀향(229~231쪽)

을 수밖에 없다. 홍순칠은 1952년 가을 수비대를 결성하고 독도에 상륙하기 전 대구에서 부인을 만나 결혼에 이르게 되었다고 기술했다. 부인 박영희가 밝힌 결혼 시기는 1952년 12월, 1953년으로 이 역시 일정하지 않다.[34]

김교식은 홍순칠이 수비대 결성 이전에 결혼했다고 했고, 나홍주는 1952년 12월 28일 결혼한 뒤 다섯 달 지나 입도했다고 기술했다.[35] 김명기는 홍순칠이 독도로 떠나기 전 대구에서 결혼식을 올렸다고 하는 한편, 법적인 결혼일은 1956년 8월 9일이라고 했다. 홍순칠과 박영희의 증언에 근거한 것임에도 각각 내용이 다르다. 홍순칠은 부인과의 만남을 군인 중에 만난 듯이 드라마틱하게 기술했지만 박영희는 안동사범학교에 다닐 때 지인의 소개로 만났다고 밝힌 바 있다.[36] 언론 보도에 따

---

[34] 최근 인터뷰에서는 1952년에 결혼했다고 밝혔다(SBS '꼬리에 꼬리는 무는 그날 이야기', 2023. 11. 16. 방송).
[35] 나홍주(『독도의용수비대의 독도 주둔 활약과 그 국제법적 고찰』, 책과 사람들, 2007, 25쪽)는 다섯 달 만에 입도했다는 사실의 전거를 김교식(1978, 앞의 책, 330쪽)으로 밝혔지만, 날짜를 특정한 데 대해서는 전거를 밝히지 않았다. 또한 그는 김교식(57쪽)을 인용하여 독도 입도일을 1953년 3월 27일로 기술했다. 하지만, 김교식은 1954년으로 기술했다.
[36] 『서울신문』 2008. 7. 28. 신문에 따르면, 1951년 안동사범학교 강서과(강습과의 오기로 보임-인용자) 1년 수료하여 준교사 자격증이 있는 것으로 되어 있다.

르면, 박영희는 1951년 안동사범학교 1년 과정을 수료하여 준교사 자격증이 있었고, 1952년에 결혼했다. 박영희가 1952년 12월에 결혼했다고 밝힌 바에 따라 홍순칠이 1952년 7월에 제대했다고 본다면, 그해 가을 중에 두 사람의 만남이 있었다는 사실이 성립된다.

한편 박영희는 1961년 울릉도 사동국민학교 교사를 한 것으로 알려졌다.[37] 그러나 이는 그가 둘째 아이를 출산할 때까지 교사를 했다는 기록과 다르다. 홍순칠은 수비대 활동 중에 아내가 둘째 아이를 출산했다고 했으므로 그 경우 박영희는 1955~1956년경에는 사직했어야 한다. 나홍주는 수비대가 해산된 뒤에도 수비대 운영을 위해 빌린 금액을 홍순칠이 상환하지 못해 박영희의 교사 퇴직금으로 식당을 운영하여 부채를 모두 갚았다고 기술했다.[38] 나홍주는 이런 사실을 2007년에 박영희로부터 직접 들었다고 했다. 이렇듯 홍순칠과 박영희의 이력에는 명확하지 않은 부분이 있는데, 이를 홍순칠의 후손이 직접 밝히지 않는 한 알기가 어렵다.

홍순칠은 결혼할 때 평안북도 지사를 지낸 백영엽(白永燁, 1892-1973)을 주례로 모셨다고 했다. 백영엽이 3·1운동 후 일본 관헌에 잡혀 군함에 실려 울릉도에 정배되었을 때 조부가 데려와 함께 생활한 인연이 있기 때문이었다. 홍순칠은 白永曄으로 썼으나 白永燁이 맞다. 백영엽은 평북 의주군 출신으로 1918년 일본 수상 가쓰라 다로(桂太郞) 암살 모의 관련자로 지목되어 1년간 거주제한이 되자[39] 중국으로 망명하였고,

---

37 『서울신문』 2008. 7. 28. 『영남일보』(2013. 12. 18.)는 박영희가 사동의 장흥초등학교에서 오랫동안 교편을 잡았던 것으로 보도했다.
38 나홍주, 『일본의 "독도" 영유권 주장과 국제법상 부당성』, 금광, 1996, 41쪽.
39 『동아일보』(1965. 2. 23.)에 따르면, 북경 휘문대학 재학 때 일본 가쓰라 타로 암살모의사건에 연좌, 1년간 유배되었고, 상해임시정부의 안창호 선생과 외교 활동을 하다가 1938년에 동우회사건으로 1년 6월 복역한 것으로 되어 있다.

1919년 상해 임시정부 수립을 적극적으로 지원했으며, 1920년 6월 임시정부의 법무차장 안병찬이 중국 관헌들에게 체포되자 석방 협의에 참석했던 인물이다.[40] 그는 거주제한을 피하고자 망명했으므로 3·1운동 전후로 중국에 있었다. 따라서 그가 실제로 거주제한에 처해진 적은 없었다고 보인다. 그는 1920년에 군자금 모집을 위해 조선으로 들어왔다가 검거되어 징역 1년 6개월을 받았고, 만기 복역한 뒤로는 만주로 건너가 봉천에 거주하며 독립운동에 관계했으며 이후에는 목사와 교육자로서 활동했다. 1949년 2월에 백영엽은 명예직 평북지사에 임명되어 1970년 11월까지 역임했다. 1991년에 독립유공자 4등급 애국장을 받기도 했다.[41]

　　홍순칠은 왜 백영엽의 유배형을 언급했을까? 백영엽의 울릉도 유배와 관련해서는 '울릉도 유형 2년 수형(鬱陵島 流刑 2年 受刑)'[42]이라고 기록된 자료가 있다. 홍순칠이 이 자료를 인지하고 있었을 것 같지는 않다. 홍순칠은 백영엽이 1919년 3·1 운동 이후 유배되었다고 했으나 1922년 10월에 징역 1년 6개월 옥고를 치렀다는 기록과 수양동우회 사건(1937~1938)으로 1년 6개월 투옥했다는 기록[43]도 있어 언제 옥고를 치렀는지가 명확하지 않다. 『동해의 수련화』도 백영엽이 울릉도로 유배왔음을 기술했다. 『울릉군지』[44]는 평안북도 사람 백영엽(白永燁)이 홍재현의 집에서 「거주제한처분」을 받았다가 풀려났다는 말이 있으나 이는 구전에 의한 것이라고 기술했다. 『동해의 수련화』도 구전을 따른 것인지는 알 수 없으나 구

40　한국역대인물 종합정보시스템; 한국사데이터베이스, 한국근현대 인물자료 참조.
41　『독립유공자 공훈록』
42　『대한민국 인사록』, 내외홍보사, 1949, 68쪽.
43　위의 책.
44　울릉군, 『울릉군지』, 1989, 468쪽.

전을 근거로 들기에는 미약하다. 3·1운동 이전에 조재학이라는 인물이 울릉도에 1년간 유배된 적이 있으므로[45] 홍순칠이 이를 백영엽의 행적으로 바꿔 기술한 것인지는 알 수 없다.

홍순칠은 1954년 5월 20일 제3대 국회의원 선거에 울릉군 무소속 후보로 출마했으나 중도에 사퇴했다. 그와 수비대는 1954년 12월 말 대원의 일부가 경찰이 된 뒤에도 1956년까지 독도에서 미역 채취에 종사했다. 그는 수비대 해산 후에 포항수산전문대학 경제학과에 입학하여[46] 1961년 3월 20일 졸업했다. 이후로 1966년 4월 '5등 근무공로훈장(勤務功勞勳章)'(보국훈장 광복장)을 받았으며, 1986년 2월 7일 사망했다. 사후 그는 1996년 보국훈장 삼일장(4등급)을 받았으며 수비대원 32인과 함께 국가유공자로 지정되었다.

2. 가짜 영장에 대하여

홍순칠은 가짜 영장을 두 번 발부했음을 언급했다. 한 번은 수비대원을 모집하기 위해서였고, 다른 한 번은 막사를 건립하기 위해서였다. 수비대원을 모집하기 위해 발급한 영장은 30장과 50장, 그 시기는 1953년 3월과 1954년 2월 말로 기록에 따라 다르다. 징집 영장을 발부한 절차에 대한 증언이 일정하지 않아 그 선후관계가 애매하지만 대략을 기술하면, 그는 먼저 경북 병사구 사령관이 발행한 징집 영장을 구해 직인을 위조해서 가짜 영장 50장을 만들어 제대군인에게 발부했다. 이어 자신을 독도수비대 사령관으로 하는 대통령 명의의 임명장을 위조하여 군수와 경

---

[45] 울릉도가 유인도가 된 후 유배자로서 기록에 보인 인물은 조재학(1861-1943)이다. 그는 독립운동을 하다가 일본 경찰에 발각되어 1914년 8월 2일부터 1915년 8월 20일까지 울릉도에 유배된 바 있다(국역『오당 유고』연보, 341쪽).
[46] 입학 연도는 알려져 있지 않다.

찰서장을 속였다. 두 사람에게는 자신이 대통령에게 독도문제를 보고하고 대책을 논의했으나 일본이 알지 못하도록 비밀에 부치기로 했다는 핑계를 댔다. 이후의 일과 관련한 기술로는 1952년 8·15 경축 행사를 하는 자리에서 수비대 결성을 도모했다는 기록이 있는가 하면, 1954년 3월 1일 영장을 받은 50명이 출두하여 수비대가 탄생했다는 기록이 있다. 수비대 결성을 결심한 시기와 이를 조직한 시기, 영장을 발부한 시기와 독도에 입도한 시기 등이 섞여 있어 사실 관계가 분명하지 않다. 다만 사실 관계가 어떠하든 대원 모집에 필요한 인력을 가짜 영장으로 충원했다는 주장은 사실로 보기 어렵다.

한편 홍순칠은 막사 건립에 필요한 인원을 동원하는 데도 가짜 영장을 발부했다고 했다. 이 역시 영장의 숫자가 200장과 300장으로 일관되지 않다. 김교식에 따르면, 홍순칠은 경북 병사구 사령관에게서 받은 비공식 영장 200장이 있다고 군수와 경찰서장을 속여 인력 100여 명과 기술자 10여 명을 동원한 뒤 조부의 소유림을 베어 2주에 걸쳐 막사를 완공했다. 1985년 수기에 따르면, 민병대 감독관의 공문에 홍순칠은 경북 병사구 사령관의 직인을 위조하여 가짜 영장 300장을 만들어 군수와 서장을 속였고, 200명이 12일 동안 작업하여 막사 등을 완성했다. 그는 이를 1954년의 일로 묘사했지만 보다 구체적인 시기는 명기하지 않았다. 김교식의 글과 비교하면 인력 규모에서 차이가 나지만 내용은 유사하므로, 김교식이 홍순칠의 주장에 따라 집필했음을 알 수 있다. 『월간학부모』에서 홍순칠은 300명의 인력으로 역사(役事)를 시작했고 무선전신국에서 차출된 기술자 3명과 경찰관 4명도 작업을 독려했다고 기술했다. 공사 인력은 영장과 마찬가지로 100여 명과 200명, 300명으로 기록된 수가 일관되지 않다. 그의 말에 따르면 대원 모집용 영장과 똑같이 경북 병사구 사령관의 직인을 위조한 영장으로 공사 인력을 모집했다는 것인데 이 역시 사실로 보기는 어렵다. 더구나 막사는 경상북도 경찰국이 건립을 지시하고 울릉경찰서가 민간에 하청을 주어 만든 것이지 수비대가 건립을 주도한 것이 아니다. 경찰이 막사를 건립하는데 가짜 영장을 발부할 이유가 어디에 있는가? 가짜 영장이 발급되었음을 증언한 대원은 한 명도 없었으며, 하자진은 가짜 영장은 없었다고 단언했다.

3. 무기 조달에 대하여

홍순칠은 수비대 조직에 앞서 경북 병사구에서 카빈과 소총, 무전기 및 인민군에게 노획한 박격포를 얻었다고 하는 한편,[47] 수비대들이 훈련하는 사이 부산에서 양공주의 도움으로 황영문과 함께 소총 2상자와 수류탄 등을 훔쳐 무기를 마련했다고도 했다. 또 다른 기록은 독도에 입도하기 전 부산에서 옛 전우 변석갑과 양공주의 도움으로 미군들이 몰래 빼내 팔아먹는 무기를 구입했다고 적었다. 두 기록이 유사한 듯하지만 훔친 것과 구매한 것에는 차이가 있다. 한편 그는 경찰서장의 협조로 무기를 대여받아 훈련을 시작했다고 했다. 홍순칠의 기록에는 경찰서, 경북 병사구, 대구, 부산에서의 구득 과정이 혼재되어 있고 무기 종류도 다르게 적혀 있다.

홍순칠은 검문을 피하기 위해 포항에서는 발송인을 경북 경찰국으로, 수신인을 울릉경찰서장으로 했다가 중간에 다시 발송인을 국방부로, 수취인을 독도수비대로 바꾸었다고 하는가 하면, 발송인을 민병대

---

47 정원도는 홍순칠이 병무청에 인맥이 있어 본인과 함께 가서 부사령관을 만나 칼빈소총과 M1 몇 자루, 가늠자 없는 박격포 등의 무기를 얻어냈다고 증언했다(KBS 역사저널, 인물현대사 78회, 2005. 4. 8. 방송).

총사령관, 수취인을 울릉도 민병대 감독관으로 했다고도 하여 말이 일관되지 않다. 하지만 속임수를 썼음을 토로한 점은 같다. 수비대의 비용에 관해서는 집을 담보로 빌렸다는 기록과 조부가 준 300만 원의 군자금으로 마련했다는 기록, 군인에게 해구신을 주고 마련했다는 기록 등으로 나뉜다. 홍순칠은 무기 및 보급품 조달을 위해 많은 사재를 썼음을 여러 번 언급했는데 그 금액은 적힌 내용에 따라 1천만 원에서 3천만 원, 5천만 원, 심지어 1억 원에 달하기도 한다. 1984년에 생계협조를 청원할 당시 그는 대원 가족의 생계를 지원하는 데 현화 5억 원 상당의 가산을 처분했다고 한 적도 있다.

홍순칠이 구득한 무기 종류는 〈표-11〉에서 보듯이 기록마다 다르지만, 일본과 여러 차례 교전했음을 언급했음에도 그 숫자는 줄어들지 않았다. 이를테면 그는 1954년 11월 21일의 교전에서 기관총 600발을 쏘았다고 했는데, 〈표-11〉에서 보듯이 기관총의 실탄은 입수 당시 3천 발이었고 인계 당시도 3천 발 그대로 남아 있었다. 교전 후에 실탄을 보충했다는 기록은 없다. 그럼에도 기술된 무기 종류와 수량은 오히려 시간이 지날수록 증가했다.

반면에 후일 대원 서기종과 정원도, 김영복 등이 증언한 무기 종류와 숫자는 매우 적다. 이들에 따르면 수비대가 가졌던 무기는 대체로 81㎜ 박격포 1문과 포탄 40여 발, 경기관총 1정, 중기관총 5~6정, M1 소총 10정 미만, 다발총 1정, 전마선 1척이다. 처음 입도할 때는 기관총 1정과 M1 소총만 지니고 들어간 것으로 되어 있다. 정원도는, 증언 초기에는 81㎜ 박격포 1문과 경기관총, M1소총, 칼빈소총 몇 정에 불과하다고 했다. 이는 홍순칠이 경북 병사구에서 얻었다는 무기 종류와 거의 같다. 박격포에 관해서는 경찰국장 김종원에게서 조준대 없는 박격포를 얻었다고 한 기록도 있으나 경북 병사구 사령부에서 인민군으로부터 노획한 박격포를 얻었다고 한 기록도 있다. 경찰 김산리는 울릉경찰서에서 홍순칠에게 박격포를 빌려줬다고 증언했다. 홍순칠은 2주간 대원들을 합숙훈련을 시켰다고 했으나, 대원들은 대부분 군인 출신이라 훈련이 필요 없었다고 증언했다.

결과만 놓고 본다면, 홍순칠은 매우 많은 무기를 구비한 것이 된다. 그러나 아무리 전쟁 후(대부분의 기록을 따른다면, 전쟁 중이다)라고 하더라도 민간인이 기관총 등의 무기를 쉬이 구입하거나 훔칠 수 있었는지는 의문이다. 홍순칠의 주장대로 전쟁 중에 무기 입수가 이루어졌다면 미군이 무기를 양공주에게 밀매했다기보다는 미군이 분실한 것이거나 한국인 군속들이 PX를 통해 밀매한 것을 일부 입수했다고 볼 수 있다. 더구나 홍순칠은 소련군이나 인민군에게서 노획한 무기도 언급했는데, 적성국가의 무기 입수는 더욱더 쉽지 않다. 홍순칠이 언급한 「무기인수 인계서」를 증언한 대원도 없으므로 실제로 얼마나 많은 무기를 구비했는지는 단언할 수 없지만 혼란기에 무기 구득이 불가능한 것은 아니었으므로 일정량을 구비한 것은 사실일 것이다. 다만 군인들이 바다사자와 교환하는 조건으로 권총과 소총, 중기관총 및 실탄을 홍순칠에게 쉬 줄 수 있었는지는 의문이다.

4. 수비대 결성 시기와 활동 기간에 대하여

이 주제는 수비대와 관련한 논란 가운데 핵심 쟁점이다. 그런데 앞에서 보았듯이 수비대의 창설 계기와 입도 시기, 활동 기간, 대원의 숫자가 기록에 따라 달라서 논란이 쉬 가라앉지 않는다. 홍순칠은 1952년 7월 하순 경찰서에서 일본 표목을 목격한 후 독도 수호를 결심했다고 하는가 하면,⁴⁸ 1952년 8·15 경축 행사 전 신임 군수와 경찰서장을 만났을 때 민병대를 조직하라는 경북 병사구 사령부의 공문을 접한 것이 결성 계기가 되었다고 기록한 것도 있다.⁴⁹ 또한 1952년 8·15 경축 행사를 마친 뒤 재향군인회 울릉군 연합분회에서 면 대표로 선출된 뒤 군수를 만난 자리에서 민병대 총사령관 신태영의 공문을 접한 것이 계기가 되어 조부와 상의한 뒤 결심했다고 기록한 것도 있다.⁵⁰ 경축 행사에 관련한 두 내용이 유사한 듯하지만 시점이 1952년 8·15 행사 이전과 이후로 나뉜다. 그런가 하면 홍순칠은 (1952년 1월) 평화선 선포 후 독도로 처음 조업을 떠난 해녀와 선원들이 일본인에게 폭행당하고 돌아온 장면을 목격한 뒤 결심하고 독도에 관해 공부를 시작했다고도 했다. 이때 그는 독도 면적을 소개했는데 1952년 11월의⁵¹ 한국산악회의 조사 결과와 일본 잡지 1953년 11월호를 인용하여 소개했으므로⁵² 수비대를 결성한 시기는 1953년 11월 이전이 될 수 없다.

그는 활동기간에 대한 말도 여러 번 바꾸었다. 1966년 서훈 당시 1954년 6월부터 1956년 8월 사이라고 했다가, 1977년에 추가 서훈을 요청할 때는 1953년 3월 27일부터 1955년 12월 25일까지 '2년 9개월간'이라고 수정하였고, 1985년 수기에서는 '1953년 4월 20일부터 1956년 12월 25일 3년 8개월'으로 바꿨다가 1996년 서훈에서는 '1953년 4월~1956년 12월까지 3년 8개월간'으로 고쳐졌다.

그러나 일본이 독도에 표목을 세우기 시작한 시기는 1953년 6월 중

---

48 한연호 외, 『무명용사의 훈장』, 신원문화사, 1985, 177쪽~182쪽; 홍순칠(1997), 앞의 책, 20~21쪽.
49 홍순칠(1997), 위의 책, 232~239쪽.
50 홍순칠(1985), 앞의 글, 185~191쪽.
51 1953년 10월이 되어야 맞다.
52 김교식(1980), 앞의 책, 16~18쪽.

순이고, 울릉어민이 이를 목격한 시기는 그 이후이다. 민병대령은 1953년 7월 23일에 공포되었으므로 1952년의 8·15 경축 행사와 민병대 공문은 함께 언급될 수 없다. 홍순칠은 신임 군수 최징을 운운했지만 1952년 8월 15일 당시 군수는 공석이었다. 최징은 1952년 9월 7일에 부임해서 1953년 1월 19일까지 재직했다. 이후 임상욱이 1953년 3월 22일에 보직되었으므로 1953년 7월 23일자 민병대령 관련 공문이 있었다면 임상욱이 받았을 것이다. 따라서 홍순칠이 민병대령을 언급했다면 수비대의 결성시기는 적어도 1953년 7월 23일 이후가 되어야 한다.

　1953년 4월을 입도 시기로 보는 것이 성립하지 않음은 여러 가지로 입증된다. 언론인과 김교식은 1953년 10월 한국산악회가 물골 탐색에 실패했음에도 홍순칠이 이를 찾아낸 사실을 부각하였다. 홍순칠의 주장대로라면 이 시기는 그가 독도에 주둔해 있을 때이다. 그런데 1953년 10월에 파견된 한국산악회는 홍순칠과 수비대에 관해 일절 언급이 없었다. 후에 홍순칠도 산악회 조사단장이었던 홍종인과의 인연을 언급했지만 1953년의 일에 대해서는 언급이 없다. 이는 1953년 10월에 수비대가 독도에 없었음을 보여주는 단서가 된다. 더욱이 홍순칠이 언급한 일. 본 잡지는 1953년 11월호이므로 이것도 수비대 결성에 착수한 시기가 1953년 11월 이전이 될 수 없음을 방증한다. 실제로 울릉군민 궐기대회는 1954년 4월 25일에 열렸고 홍순칠은 5·20 선거에 출마했으므로, 독도에 입도한 시기는 5·20 선거 이후일 수밖에 없다.

　홍순칠은 1965년에 처음 언론과 인터뷰할 때는 엄선한 제대군인 30명 가운데 9명을 데리고 1953년 5월 24일 처음 독도에 상륙했다고 진술했다. 또한 그는 경북지사 병사구 사령관 해경단에 의용수비대의 취지를 알리고 지원인력으로 민병대 200명이 세 척의 경비정에 분승하여 6월 중순 독도에 들어왔다고 말하기도 했다.[53] 홍순칠은 200명의 민병대를 언급했지만 앞에서 언급했듯이 이 시기는 민병대가 성립하기 전이었다. 그리고 민병대령이 공포된 뒤에도 인력 200명을 독도에 파견한 적은 없다.

이러한 내용이 1966년 훈장을 받을 무렵에는 1954년 6월에 수비대를 결성한 것으로 바뀌었다. 이것이 다시 1977년의 서훈 청원서와 1985년의 수기, 1996년의 「공적 조서」에서는 1953년의 일로 바뀌었다. 한편 1978년 김교식의 저술에는 해당 시기가 1954년으로 적혀 있다. 이렇게 수비대의 결성 시기가 기록마다 다른 것을 어떻게 해석할 수 있는가? 그 수를 비교하면, 1953년으로 적은 경우가 많고 1954년으로 기록한 경우는 적은데 필자는 1954년으로 기록한 자료의 특성에 주목했다. 1954년으로 기술이 달라진 때는 국가가 훈장을 수여한 1966년과 라디오 방송용 원고를 적은 1978년이다. 1966년의 훈장은 홍순칠이 처음으로 자신의 행적을 국가로부터 공인받은 것이고, 라디오 방송은 전 국민을 상대로 하는 것이다. 그러므로 두 경우는 홍순칠이 최대한 사실적으로 증언하지 않았을까 한다. 이에 비해 1953년에 수비대를 결성했다고 기록한 자료들은 특정 언론과 잡지, 경찰국 등 대상이 한정적이어서 내용을 과장한 것이 아닐까 한다.

1965년에서 1985년에 이르는 사이 홍순칠의 행적은 언론과 잡지, 서훈 등을 통해 점차 높이 평가받게 되었고, 그 영향으로 홍순칠은 수비대의 결성 시기를 '1953년'으로 내세우게 된 것이 아닌가 한다. 이후 1990년대 한일관계의 악화는 수비대를 영웅시하는 사회적 분위기를 조장했고, 이는 결국 홍순칠로 하여금 1996년 「공적 조서」에서 다시 한번 '1953년'을 반복하는 계기가 되었다고 생각된다. 김교식이 1978년 저

---

[53] 『매일신문』 1965. 6. 16.

술에서 수비대 결성 시기를 '1954년'으로 기술했다가 2005년 저술에서 '1953년'으로 바꾼 것도 이런 변화가 반영되었다고 보인다. 그렇다면 과연 1954~1956년 사이 경비주체는 누구였는지에 관해 논란이 있을 수 있는데, 경찰을 기준으로 다음과 같이 구분할 수 있다.

1. 경찰의 상주 이전 수비대가 경비한 시기: 1954년 6월 20일부터 7월 중순(23일) 혹은 8월 초까지
2. 막사 완공 이전 경찰이 경비하고 수비대가 보조한 시기: 1954년 7월 중순(23일) 혹은 8월 초부터 8월 말경(27일)까지
3. 막사 완공 이후 경찰이 상주하며 경비하고 수비대가 보조한 시기: 1954년 8월 말경(28일)부터 12월 말까지
4. 경찰이 경비를 전담하고 수비대가 잔류한 시기: 1955년 1월 1일부터 1956년 12월 말까지
5. 경찰이 경비를 전담한 시기: 1955년 1월 1일부터 현재까지

1954년 8월 말 경찰이 상주하기 이전에도 독도순라반이 간헐적으로 순찰하고 있었으므로 국가가 독도 경비를 완전히 방기했다고 보기는 어렵다.[54] 후일 수비대원이 된 일부 상이군인들은 1954년 5·20 선거 이전부터 독도를 드나들며 미역을 채취하고 있었고, 홍순칠은 이즈음 수비대 조직을 구상하고 있었다고 할 수 있다. 독도를 왕래하던 이들이 좀더 조직적으로 경비를 전담하게 되는 시기를 1954년 6월 20일부터로 볼 수 있는데 그 근거는 다음과 같다. 수비대가 5·20 선거 후인 24일 입도했다는 홍순칠의 증언이 있더라도 29일 돗토리현의 다이센호가 독도에서 50여 명의 한국인을 만났을 때 당시 홍순칠과 수비대원이 있었음

---

54 이서행은 1953년 6(7)월부터 1954년 5월을 '울릉경찰서 독도순라반의 운용' 시기로, 1954년 5월부터 1954년 12월까지를 '독도순라반 및 독도민간수비대 운용' 시기로 보았다(이서행, 『대한민국 경찰의 독도경비사 연구』, 치안정책연구소, 2009. (미간행), 92쪽). 그러나 엄격히 말하면 1954년 8월부터는 순라반이 아니라 상주경찰이 경비한 시기이다.

을 보여주는 기록이 없다는 점이다. 수비대의 입도 시기를 6월부터라고 도 볼 수 있지만 이 역시 시기를 특정하기는 어렵다. 또한 6월 15일(혹은 16일) 일본 경찰이 독도에서 한국 어민 배승희(배성희)를 만났을 때 제지가 없었음을 들어 6월 중순까지 '독도자위대'가 상주하지 않았을 가능성이 제기된 바 있다.[55] 언론에서는 (수비대가) 1954년 6월 19일 저녁 8시에 떠나 8시간 만에 독도에 닿았다고 보도한 바 있다. 수비대원들도 6월 20일에 상륙했다고 증언한 바 있다. 이런 제반 상황을 고려해볼 때 수비대가 입도한 시기는 6월 20일경이 된다. 홍순칠은 훈장을 받기 전 언론과의 인터뷰에서 1953년 4월 1일의 일본 선박을 언급했으나, 훈장 중에는 1954년 6월에 그가 대원을 모집한 것으로 명기되어 있다. 모집 시기가 명확하지 않지만 6월에 대원 모집을 시작했다고 한 것은 수비대가 6월 20일에 독도에 입도했을 가능성을 말해준다. 선거에 입후보했던 사람이 그 전에 입도했다고 보기도 어렵기 때문이다.

경사였던 최헌식은 홍순칠을 대장으로 하는 상이군인 11명이 1954년 3월 말경 독도에 입도하여 주간에는 미역을 채취하고 야간에는 일부가 동도에서 경비했다고 증언하고 이때부터를 수비대의 활동시기로 보았다. 그러나 이때 상이군인이 수비대로 결성된 것이 아니었으므로 이를 수비대 조직과 동일시하기는 어렵다. 일본인들이 50여 명의 한국인을 만났다고 했던 1954년 5월 29일 당시에는 주민들과 함께 상이군인도 입도하여 미역을 채취하고 있었다. 한편 일본인들이 목격했다는 한국인 중 홍순칠이 있었음을 보여주는 기록이 없고, 홍순칠도 이를 언급한 바가 없다는 사실도 1954년 3월 말부터 수비대가 활동했다고 보기

---

[55] 정병준, 「1953-1954년 독도에서의 한일충돌과 한국의 독도수호정책」, 『한국독립운동사연구』 제41집, 독립기념관 한국독립운동사연구소, 2012, 431쪽.

어려운 이유 가운데 하나이다.

경찰은 자신들이 상주할 막사를 건립하기 위해 7월 중순(23일) 늦어도 8월 초에는 입도했다.[56] 그러므로 이때부터는 경찰이 독도 경비의 주체였다고 볼 수 있다. 수비대는 경찰을 보조하는 세력에 불과했다. 따라서 수비대가 독도 경비를 전담한 시기는 경찰이 입도하기 전인 7월 중순(23일) 혹은 8월 초까지다.

1954년 8월 26일자 언론 보도에 따르면 경찰당국은 독도에 감시초소와 경비 전담 선박, 인원 배치 등을 완료한 것으로 보도했다.[57] 이는 그 이전에 대비책이 완성되었음을 의미하지만 정식 기념식은 8월 28일에 있었다. 이때 수비대가 체재했다 하더라도 경찰의 경비를 보조하는 인력에 불과했다. 1954년 말에 수비대원 가운데 9명이 경찰에 채용되고, 1956년 말까지 잔류한 대원들도 경찰의 보조 인력으로 독도에 체재한 것이다. 더구나 1955년부터는 일본의 침범이 거의 없었으므로 경찰 입장에서 보면, 수비대는 잉여 인력이었다.

이런 경위로 볼 때 수비대가 독도 경비를 전담한 시기는 1954년 6월 20일부터 8월 27일까지다. 최대 3개월을 넘지 않는다. 경찰이 1954년 8월 말부터 수비대원과 함께 상주하다가 수비대원의 일부를 12월 31일에 경찰에 임명했으므로 수비대원이 경찰로서 근무한 12월 31일부터는 그들이 경비를 했더라도 경찰에 의한 경비이지 수비대에 의한 경비가 아니다. 즉 1954년 8월 말부터는 관(경찰)이 경비를 주도하고 민(수비대)이 보조하는 관주민보(官主民補) 형태였다고 할 수 있다. 한발

---

[56] 최헌식은 경북 경찰국에서 6월에 통신사를 보낸 데 이어 7월에는 박춘남 경사가 직원과 목수, 기술자를 데리고 들어왔다고 증언했다(주강현, 『울릉도 개척사에 관한 연구: 개척사 관련 기초자료 수집』, 한국해양수산개발원, 2009, 177쪽). 다만 그는 2010년대 수기에서 박춘황이라고 했는데 박춘환이 맞는 듯하다.
[57] 『경향신문』1954. 8. 26.

양보해서 수비대가 경찰과 함께 체재한 시기를 포함한다 하더라도 수비대의 활동 기간은 6월부터 12월 말까지 즉 최대 7개월을 넘지 않는다.

수비대의 활동 기간을 산정할 때, 수비대라는 명칭으로 상주하기 전 경비와 미역채취를 병행하던 시기까지를 포함해야 한다는 이른바 광의의 시각을 거론한 경우가 있다. 이용원은 1966년 훈장증에 1954년 6월에 수비대를 조직했다고 했으므로 1954년 6월부터로 봐야 한다는 주장은 수훈 기간을 명시한 것일 뿐, 상주하기 전의 기간을 명시한 것이 아니므로 실제로는 1953년 4월 20일부터 활동한 것으로 보아야 한다는 입장을 개진했다. 또한 그는 훈장증에 1956년 8월까지라고 명시한 것은 수비대의 활동종료 시점이 적어도 1956년 8월까지는 된다는 것을 인정한 것이라는 입장을 개진했다.[58] 그는 수비대가 1953년 4월부터 1956년 12월까지 활동했음을 성립시킬 의도에서 이런 논리를 편 것이지만 그의 논리는 사실관계가 맞지 않는다. 이용원이 주장하는, 1966년 훈장증에 수비대의 활동기간을 "1954년 이후 1956년 8월 사이"로 명기한 것은 홍순칠의 주장을 따랐기 때문이다.

그런데 홍순칠은 그 이후 활동 기간에 대한 말을 계속 바꾸었다. 이용원은 수비대라는 명칭을 내걸고 상주한 사실을 운운하지만 그 시기가 명확하지 않으며, '독도의용수비대'라는 명칭이 정착한 것은 훨씬 더 후이다. 수비대가 독도에 상주하기 전의 기간도 활동 기간에 포함시켜야 한다는 논리대로라면, 홍순칠이 1952년 7월 일본 표목을 목격하고 수호를 결심했다는 시기부터 인정해야 하지 않겠는가? 1952년 7월이든 1953년 4월이든, 그 사실 여부를 떠나 상주하기 전임은 마찬가지인데 어느 경우만을 활동 기간으로 인정해야 한다는 것인가? 애초에 홍순칠

---

58 이용원, 『독도의용수비대』, 범우, 2015, 117~119쪽.

의 주장이 제각각인 상황에서 1966년의 훈장증만을 취해 1956년 8월까지 활동했다고 주장하는 것은 무리가 있다. 게다가 이런 주장은 수비대가 1956년 12월 30일까지 활동했다고 규정한 「독도수비대법」과도 맞지 않는다.

그렇다면 국립경찰은 수비대에 관해 어떻게 기록했는가? 『국립경찰 50년사』(1995)는 수비대를 '독도의용수비대'로 부르지 않았다. 「사료편」과 「일반편」의 기술이 다른데, 「사료편」은 1954년 1월 18일 독도에 해양경찰대가 영토 표지판을 설치했고, 1954년 5월 1일 독도에 민간경비대원 20명을 파견했으며, 6월 11일에 해양경찰대를 급파했다고 기술했다.[59] 「일반편」은 1953년 1월 18일 정부의 주권 선언 후 1953년 8월 5일 재향군인회 울릉분회에서 독도를 경비하다가 1956년 4월 8일 울릉경찰서에서 경비 임무를 인수한 후 현재까지 근무하고 있다고[60] 기술했다. 정부의 주권 선언이란 1952년의 평화선 선언을 가리킨다. 민간경비대원이 민간인 수비대를 의미한다면 재향군인회 울릉분회와의 차이가 모호하다. 재향군인회의 경비 근거는 민병대령에 의거한 것이겠지만 당시 재향군인회는 한 척의 선박도 보유하지 못했으므로 실질적으로 경비할 만한 능력이 없었다. 일본 언론은 "'민경(民警) 20명을 태운 포함(砲艦)"을 보도했고, 박춘환 경사는 1954년 8월 28일 막사 준공 후 배치된 경찰 인력이 20명이라고 증언한 바 있다. 20명을 말한 것은 공통되나 하나는 민간인을 의미하고 다른 하나는 경찰을 의미하므로 이들은 동일 세력을 가리키지 않는다. 『국립경찰 50년사』에서 경비 인력을 민간경비대원과 해양경찰대, 울릉경찰서의 경비로 구분한 날짜도 이제까지 검토한 내용

---

59 『국립경찰 50년사: 사료편』, 경우장학회, 1995, 146~147쪽.
60 『국립경찰 50년사: 일반편』, 경우장학회, 1995, 1028쪽.

과 맞지 않다. 이렇듯 두 자료의 기술이 서로 일치하지 않으며, 평화선이 선포된 1952년을 1953년으로 오기할 정도로 정확성이 떨어진다.

한편 『국립경찰 50년사』에서 독도에 민간경비대원 20명을 파견한 것을 1954년 5월 1일의 일로 적은 것은 1995년 편찬 당시 민간인에 의한 경비가 시작된 시기를 1954년 5월 1일로 상정했음을 드러낸다. 그러나 이 역시 타당하지 않다. 당시는 미역 채취를 위해 상이군인과 민간인으로서 입도한 것이지 '독도의용수비대'로서 입도한 것이 아니기 때문이다. 『국립경찰 50년사』가 민간경비대원을 언급한 것은 1950년대에 '독도의용수비대'가 존재했다고 상정하지 않았음을 의미한다. 이 용어가 처음 언론에 노출된 것은 1962년으로 홍순칠에게 들은 내용을 기사화하는 가운데 나왔다. 명칭이 조부로부터 유래한 것인지 홍순칠로부터 유래한 것인지도 분명하지 않으나 1966년 서훈 당시 '독도의용수비대'로 기재하면서부터 공식 명칭이 되었다.

『경북경찰 발전사』는 『이 땅이 뉘 땅인데!』 내용을 거의 그대로 수용, 수비대가 1953년 4월 20일 창설되어 1956년 12월 30일까지 3년 8개월간 33명이 일본 순시함과 수차례 총격전으로 사수하다가 국립경찰에 경비임무를 인계하였고, 각자 생업으로 돌아간 후에도 독도지키기 운동을 지속적으로 전개하고 있다고 기술했다.[61] 수비대의 주요 일지라고 쓴 내용은 대부분 『이 땅이 뉘 땅인데!』를 따른 듯하지만, 사건 일자는 약간 다르다.[62] 홍순칠이 밝힌 연대와 일치하지 않는 부분은, 이를테면 독도경비를 정부 차원에서 처음으로 실시한 시기를 1954년 5월 1일로 기술

---

61 경북지방경찰청, 『경북경찰 발전사』, 2001, 781쪽. 2001년 편찬 당시는, 사망자가 15명이고 생존자는 17명, 행불자(김현수) 1명이었다.
62 『경북경찰 발전사』(782~783쪽)에 기재된 6회에 걸친 순시선 격퇴 사건은 1953. 6. 24.; 1953. 7. 12.; 1953. 7. 15.; 1954. 6. 25.; 1954. 8. 23.; 1955. 11. 21.이다.

한 점이다. 또한 초기에는 경비가 제대로 이루어지지 않았으나 경비초소를 설치한 뒤에는 해양경찰대원 15명을 주둔시켜 6회에 걸쳐 일본 순시선을 격퇴하는 전과를 올렸다고 기술했다. 또한 독도에 대한 본격적인 정비는 1956년 4월 8일에 가서야 이루어졌고, 이때 울릉경찰서의 경찰관 8명을 독도에 상주시켜 기존의 민간인 의용수비대로부터 독도 경비를 인수했다고 기술했다. 이어 1956년 12월 30일 독도의용수비대원이 완전히 철수하고 울릉경찰서에서 독도 경비를 맡은 것으로 기술했다.[63] 수비대의 활동기간을 3년 8개월로 기술하되 해당 기간에 정부 차원에서 경비를 했다고 기술한 것은 서로 충돌된다. 정부가 해양경찰대원 15명을 주둔시켜 6회에 걸쳐 일본 순시선을 격퇴하는 전과를 올렸다고 하면서, 기술한 6회의 전과를 의용수비대원의 활동으로 본 것도 맞지 않는다. 수비대의 활동과 경찰의 활동을 잘못 섞어서 기술한 것으로 볼 수 있다. 『국립경찰 50년사』(1995)와 함께 수정되어야 한다.

    수비대의 활동기간에 관해 대부분의 논자들이 '3년 8개월'설을 주장하지만, 이를 수용하기 어려운 이유 가운데 하나로 독도의 제반 환경이 열악했다는 점도 포함된다. 1954년 말에 경찰로 채용된 정원도와 서기종, 이상국은 경찰로 근무하기 시작한 1955년 1월부터 1956년 10월 9일 사이에 의원 면직했다. 정원도는 생계의 어려움을 이유로 사직했다. 그의 연봉이 오징어잡이 선원의 한 달 월급과 비슷할 정도의 박봉이어서 사직했다는 것이다.[64] 세 사람이 경찰로 근무한 기간은 2년이 안 된다. 이는 이들이 경찰이 되기 전 독도에 체재한 이유에 경제적인 부분이 더 컸음을 방증하는 부분이다.

---

63 위의 책, 783쪽.
64 김경도, 「독도의용수비대 해산 이후 대원들의 독도 수호 활동」, 『독도연구』 제31호, 영남대학교 독도연구소, 2021, 61~62쪽.

경찰에 채용된 9명 가운데 장기 근속자인 경우는 대부분 울릉도에서 근무했다. 의무 복무기간 동안 전출 혹은 재임용할 수 있다는 제도가 이를 가능하게 했다.[65] 19년을 근무한 장기 근속자(양봉준, 김영복, 김영호, 이규현)도 이들이 온전히 독도에서만 근무한 기간은 3년이 안 된다.[66] 울릉경찰서에서 근무할 때는 독도경비대에 인력과 물자를 보급하는 데 이용된 화랑호 근무를 하는 것으로 독도와 연관성을 지녔다.[67] 가장 오래 경찰로 재직한 황영문[68]도 독도에서 겪는 식량과 식수, 기상 문제 그리고 가족에 대한 그리움을 토로했다. 그는 의원면직했다가 다시 공채를 통해 재임용되었다. 승진하기 위해서였다. 그러나 그 역시 공채로 근무한 1961년 2월부터는 울릉경찰서의 여러 부서를 이동하며 근무하면서 독도경비대와 연관성을 지녔을 뿐 독도에서 근무한 것은 아니었다. 수비대의 일부가 경찰이 되어 본격적으로 근무한 것은 1955년부터이므로 이들의 퇴직은 경찰 신분의 퇴직이다. 홍순칠의 주장대로라면, 대원은 모두 1956년 12월 말까지 수비대원 신분이었던 셈이므로 '퇴직'이라고 부를 수 없다. 이렇듯 경찰로서 월급을 받던 상황에서도[69] 생계의 어려움을 호소했는데 월급도 없이 순수 민간인으로서 1956년 12월 말까지 체재할 수 있었겠는가? 미역으로 인한 수익이 이들을 버티게 했고, 독도 경비는 수익 획득에 부수되는 보답이었던 것이다. 홍순칠은 일부 대

---

65   1954년 12월 31일부터 1957년 6월 23일까지 울릉경찰서 '직할 외근 근무' 즉 독도 근무를 가리키는데 이 기간에도 정기적으로 순환근무하는 형태였다(위의 글, 66쪽).
66   위의 글, 61쪽; 67쪽.
67   위의 글, 67쪽.
68   그는 1954년 12월 31일부터 1957년 7월 20일까지 근무하다가 1961년 2월 14일부터 재임용되어 1978년 12월 13일까지 근무했으므로 대략 20년 근무한 것이 된다(독도박물관 소장 '경찰공무원 인사기록카드' 부본 참조).
69   김호동은 대원 일부가 경찰로 특채되었지만 국가로부터 봉급을 받은 것도 아니라고 했다(김호동, 「독도의용수비대 정신 계승을 위한 제안」, 『독도연구』 9호, 2010, 266쪽). 그러나 경찰이 받은 것은 봉급이다.

원이 경찰에 채용된 시기를 1954년 말이 아니라 1956년 말이라고 했지만, 경찰의 근무경력은 공문서로 확인되는 바이다. 경찰에 특채된 9명의 인사기록 카드가 현전하고 있다. 황영문의 '근무표'도 1955년 가을에 경찰이 상주하고 있었음을 보여주는 공문서이다. 결과적으로 1956년 12월 31일 이후 국립경찰에 수비대의 업무를 인계했다는 홍순칠의 주장은 성립하지 않는다. 홍순칠은 3년 8개월간의 임무를 마치고 해산하는 1956년 12월 말 대원의 숫자가 33명이라고 주장했다. 이는 특채된 9명이 경찰임을 부인하는 논리다. 홍순칠은 1955년 10월에 해병대 경비정이 30여 명의 경찰관을 수송하여 내려준 적이 있음을 언급한 바 있다. 이들은 9명의 특채자 이외의 경찰 인력을 의미한다. 이들의 상주는 수비대원의 상주가 불필요했음을 방증한다. 홍순칠은 오합지졸인 30명의 경찰이 모두 돌아갔다고 하여 경찰의 무능력을 강조하려 했지만, 그것이 경찰관 30명의 존재를 부정하는 근거는 되지 못한다.

5. 교전 사실과 횟수에 대하여

이른바 교전 사실과 교전 횟수도 기록에 따라 다르다. 교전 횟수와 날짜에 관한 기록을 비교해보면 〈표-15〉와 같다.

〈표-15〉 교전 횟수와 날짜에 관한 기술 비교
(○는 언급 있음을 의미, 연도나 날짜가 다른 경우 괄호에 기입)

출전 (연도)	1953. 5.28.	1953. 6.25.	1953. 7.23.	1953. 8.15.	1954. 5.23.	1954. 5.29.	1954. 7.28.	1954. 8.23.	1954. 10.2.	1954. 11.21.
최규장 (1965)			○	○					○	
박대련 (1970)			○ (7.12.)	○						

출전 (연도)	1953. 5.28.	1953. 6.25.	1953. 7.23.	1953. 8.15.	1954. 5.23.	1954. 5.29.	1954. 7.28.	1954. 8.23.	1954. 10.2.	1954. 11.21.
김교식 (1978)				○ (1954. 8.15.)				○ (9.23)		
홍순칠 (1985)	○ (9.28.)	○						○		○ (4.22.)
홍순칠 (1997)		○ (6.24)	○							○
나홍주 (1996)	○ (1952. 5.28.)	○						○ (1953. 8.23.)		○ (1954. 4.22.)
김명기 (1998)	○	○						○ (1953. 8.23.)		○ (1954. 4.21.)
박순장 (2001)	○	○						○ (1953. 8.23.)		○ (1954. 4.21.)
이동원 (2010)	○	○								○
엄정일 (2011)	○	○						○		(1954. 11.22.)
기념사업회 (2023)					○	○	○	○	○	○

〈표-15〉로 알 수 있듯이 모든 자료가 공통적으로 언급한 교전은 없고, 가장 많이 언급한 것이 1954년 11월 21일 전투, 그 다음이 1953년 7월 12일 및 1954년 8월 23일 전투이다. 이를 정리해보고자 한다.

1) 1953년 5월 28일 사건은 1985년의 수기에만 보인다. 내용은 5월을 의미하는데 수기에는 9월의 일로 오기했다. 천 톤급 일본 경비정이 나타났기에 수비대가 공포를 3발 쏘았더니 확성기로 표류 여부를 물은 뒤 사라졌다는 것이다. 홍순칠은 이때 처음으로 일본 경비정을 본 듯이 기술했지만 내용은 매우 소략하다. 일본 측 기록에 따르면, 이 사건은 1953년 5월 28일 시마네현 수산시험선 시마네호를 타고 온 6명이 독도

에서 어로 중이던 울릉어민 30명 가운데 김준혁과 소통을 시도한 일을 가리킨다. 시마네호는 80톤의 소형 선박이다. 그런데 홍순칠은 천 톤급 경비정을 운운했다. 일본 측 기록에는 수비대와 관련한 언급이 전혀 없다. 당시 수비대가 독도에 있었다고 보기 어려우므로 연구자들이 홍순칠의 언급을 따라 1953년 5월 28일 사건을 언급한 것은 잘못되었다.

2) 1953년 6월 25일 사건은 홍순칠이 일본 수산고등학교 연습선에 경고했다는 사건을 가리킨다. 연습선의 이름이 『월간 학부모』에서는 지토마루호로 되어 있다. 그러나 실제로 왔던 오키고등학교의 수산실습선은 오토리호이고 6월 25일에 왔다. 홍순칠은 1965년 언론인과의 인터뷰에서 7월 23일에 첫 교전이 있었다고 했을 뿐 6월 24일(실제 발생일은 25일) 사건은 언급하지 않았다가 『월간 학부모』에서는 매우 간단히 기술했다. 1985년 수기는 6월 27일과 6월 28일의 일도 언급했다. 그러나 오키고등학교의 수산실습선 오토리호는 울릉어민 정원준 등과 대화했을 뿐이므로 수비대와는 관계 없다. 6월 27일에도 일본인 30여 명이 독도에 와서 '일본 영토'라는 표지와 아울러 '한국인 출어는 불법'이라는 경고판까지 세웠음에도 홍순칠은 이에 대해 아무 언급이 없다. 이 역시 수비대가 독도에 있지 않았음을 의미한다.

3) 이른바 첫 교전에 대한 언급인데, 1953년 7월 12일인지 7월 23일인지가 애매하다. 홍순칠은 1953년에 7월 23일 첫 교전을 치른 듯이 말했다가, 1953년 7월 12일의 사건을 첫 접전의 날이라고 했기 때문이다. 언급한 내용도 다르다. 하나는 홍순칠이 기관총을 쏘아 일본인들이 줄행랑을 쳤다는 것이고, 다른 하나는 울릉경찰서 소속의 경관들이 일본 순시선 선장과 대적했다는 것이다. 실제로는 울릉경찰서의 최헌식을 비롯한 경관들이 일본 순시선 헤쿠라호와 대적한 일이 1953년 7월 12일에 있었다. 그러므로 1978년 자료와 1997년 수기에서 7월 23일의 일로 기

술한 것은 7월 12일의 일을 가리킨다. 홍순칠은 7월 12일 사건과 무관한 일을 언급하여 마치 수비대가 일본 선박을 물리친 것처럼 호도했다. 1953년 7월 12일 울릉경찰서 경관과 헤쿠라호 선장이 대화한 일에 대해서는 당시 사건을 보도한 신문 기사 및 관련 문서들이 양국에 실재한다. 여기에 홍순칠이나 수비대에 관한 언급은 없다. 홍순칠은 양국이 총격전을 벌인 듯 말했지만 총격전은 없었다. 따라서 7월 12일의 교전은 수비대와는 무관하며, 7월 23일에는 일본 순시선이 출몰한 적이 없다.

    4) 1953년 8월 15일의 사건은, 1965년부터 1978년 자료까지는 이를 언급했으나, 1985년과 1997년의 수기는 언급하지 않았다. 1965년과 1970년 자료는 1953년의 일로, 1978년 자료는 1954년의 일로 기술했다. 각각의 기록은 선박명을 오키수산학교 실습선 다이센호라고 했으나 학생 수에서는 기록에 따라 차이가 크다. 홍순칠은 수백 명의 학생을 무릎 꿇리고 물품을 압수한 뒤 독도 교육을 시켰다고 했다. 1979년에 홍순칠을 방문했던 이즈미 마사히코가 오키수산학교 교장에게 이 사실을 확인하자 교장은 이를 부인하고 오히려 홍순칠에게 사과를 요구했다. 이즈미는 다시 이 문제를 홍순칠에게 물어보았으나 홍순칠은 사실이라고 했다. 여러 자료에 이들 내용이 기술된 것은 홍순칠의 증언에 기인한다. 그런데 정작 홍순칠은 1985년 수기에서 이 사건을 언급하지 않았다. 여러 정황상 1953년 8월 15일의 침범은 없었다고 생각된다.

    5) 1954년 5월 23일의 사건을 홍순칠은 언급한 바가 없다. 그런데 기념사업회가 언급했다. 당시 내무부 발표에 따르면, 1954년 5월 23일 오전 일본의 1천 톤급 함정 쓰가루호가 독도 앞 250m 해상에 나타났다가 물러간 일이 있다. 기념사업회는 "5월 23일, 약 150미터 전방 해상에 천 톤급으로 추산되는 흰색 일본 경비정이 희미하게 모습을 드러냈

다. 이때가 일본 경비정을 사실 최초로 본 것이다."[70]라고 했다. 연도를 쓰지 않았으나 전거로 제시한 것은 모두 1954년 문서이다.

　홍순칠은 1985년 수기에서, 1953년 9월 28일 약 150m 해상에 천 톤급으로 추산되는 흰색 일본 경비정이 나타났다고 했다. 9월로 잘못 썼지만 이 일이 일어난 뒤에 6월을 언급했으므로 5월이 맞다. 기념사업회는 1954년 5월 23일의 일을 언급하고 '최초로 본 일본 경비정 퇴치'라고 했다. 홍순칠이 1953년 5월 28일의 일을 언급했는데 기념사업회는 이를 1954년 5월 23일의 일로 잘못 이해한 것이다. 그러나 홍순칠이 말한, 1953년 5월 28일 독도 해상에 나타난 선박은 천 톤급 경비정이 아니라 80톤급 시마네호였다. 따라서 이는 1)에서 언급한 1953년 5월 28일 사건과 동일한 사건을 가리킨다. 홍순칠의 주장이 일관되지 않아 기념사업회가 착오한 것이다.

　기념사업회는 1954년 5월 23일 홍순칠이 경비정을 최초로 보았는데 일본 경비정은 수비대가 살고 있다고 보아 퇴각했다고 기술했다. 이에 한국 정부가 항의구상서를 보낸 듯이 기술했다. 그러나 한국 정부가 항의한 이유는 일본이 한국 영해를 침범했기 때문이다. 홍순칠이 언급한 1953년 5월 28일의 일(수산시험선 시마네호)과 내무부가 발표한 1954년 5월 23일의 일(천 톤급 무장함)은 별개의 사건이다. 그런데 기념사업회는 1954년 5월 23일의 침범을 수비대의 행적으로 잘못 연결시켰다. 더구나 일본 경비정은 모습을 드러냈을 뿐이다. 기념사업회도 "일본 경비정을 최초로 본 것이"라고 기술했다. 날짜가 틀렸음을 감안하고 보더라도, 단순 목격을 일러 수비대의 업적이라고 할 수 있는가? 홍순칠이 이 일을 언급하지 않은 이유는 독도에 없었기 때문이다. 수비대와 무관한 사

70　기념사업회 홈페이지에 탑재한「독도의용수비대 업적」(10쪽의 pdf 자료임)

건을 기념사업회가 수비대의 업적으로 잘못 제시한 것이다.

6) 기념사업회가 말한 1954년 5월 29일의 사건은 돗토리현의 수산시험선 다이센호에 동승한 신문기자가 독도에 상륙하여 한국 영토 관련 표지를 확인한 일을 가리킨다. 기념사업회가 5월 29일로 명기한 이유는 일본 외무성 각서(1954. 7. 14., 95/A5)를 따랐기 때문이다.[71] 이 각서에 따르면, 다이센호가 어업장 측량을 위해 독도에서 정지하려 할 즈음 약 50명의 한국인 어부들이 10톤의 발동선과 3척의 바지선을 타고 해초를 채집하고 있는 것을 발견했다. 양국 언론은 다이센호에 동승했던 신문기자가 서도에 태극기와 '대한민국' 영토 표지 관련 문자가 백색으로 쓰여 있는 것을 목격했고[72] 청년 및 상이군인과 대화했으며, 영토 표지를 촬영한 뒤 한국인 어부에게 물품을 주고 퇴거한 사실을 보도했다. 다이센호는 48톤인데 한국 외무부가 450톤으로 잘못 기술했고, 기념사업회도 이를 따라 450톤으로 기술했다. 1954년 5월 29일의 사건은 양국 언론에도 보도되었듯이 실제 있었던 일이다. 다만 내무부는 이를 5월 28일로 잘못 발표했다.

기념사업회는 이 사건의 근거 자료로 훗날의 '정원도와 이규현 등의 증언'을 제시했다. 이들의 증언에 따르면, 다이센호가 독도에 하선하려는 것을 목격한 뒤 즉시 퇴각할 것을 통보하여 떠나게 했다는 것이다. 그러나 이때 홍순칠이 독도에 있었다면 훗날 당연히 이 일에 대해서도 언급했겠지만, 그는 5월 29일의 일을 언급한 적이 없다. 이규현도 홍순칠은 서울에 가서 독도에 없었다고 증언하고, 1954년 5·20 선거가 끝

---

71 외무부, 『독도문제개론』, 1955, 193쪽.
72 『독도문제개론』(1955, 192~193쪽)에 인용된 일본 외무성의 각서는 "도서(島嶼) 경사상의 암석계단 정면에 백색으로 된 어떤 한국 문자와 한국 국기를 대표하고 그림이 각입(刻入)되어 있는 것이 관측되었다"고 했다(필자가 한글로 바꿈). 기념사업회의 「독도의용수비대 업적」은 '도서 경사상의'를 '독도 경사상의'로 잘못 인용했다.

나고 7명이 동영호라는 잠수선을 타고 독도에 들어가 처음 만난 배가 꽁치시험선 다이센호라고 증언했다. 홍순칠이 1진 7명이 이필영 소유의 5톤짜리 어선으로 처음 입도했다고 말한 것과는 다른 내용이다.

앞에서 기술했듯이 5월 29일 다이센호가 독도에서 50여 명의 한국인을 만났지만 대부분 해녀들과 상이군인, 청년들이었다. 이때의 상이군인들은 이규현 및 6명을 말한다. 그러나 들어가고 얼마 안 돼 홍순칠은 나갔고 다른 사람들은 20일 정도 있다가 나왔다고 했다. 이들 군인은 수비대로서가 아니라 단순한 미역채취 인력이었다. 홍순칠은 15일 주기로 교대했다고 하지만, 이규현은 20일 있다가 나왔다고 했다. 수비대로서 활동을 시작하기 전에 미역을 채취하다가 나온 것이다. 그럴 경우 수비대로서의 첫 입도가 1954년 6월 20일이라고 한 다른 기록과도 부합한다. 1954년 5월 29일의 사건을 홍순칠이 언급한 바가 없듯이 당시 다이센호에 동승했던 기자들도 홍순칠과 수비대를 언급한 바가 없다. 그럼에도 기념사업회는 이 일을 수비대의 업적으로 잘못 기술했다.

7) 1954년 7월 28일 사건은 일본 해상보안청 순시선 나가라호와 구즈류호의 독도침범을 가리킨다. 이 역시 홍순칠은 언급한 바가 없다. 그럼에도 기념사업회 홈페이지는 "1954. 7. 28. 15:00경 순시선 나가라호(270톤급)·구르쥬호(270톤급) 침범, 수비대원 서도의 물골앞에서 격퇴"라고 기술했다. 기념사업회의 「독도의용수비대 업적」은 수비대원들의 퇴거 요구에 일본인들이 도망쳤다고 기술하고 일본 외무성 각서와 홍순칠의 1997년 수기[73]를 근거자료로 제시했다. 그러나 일본 외무성 각서(144/A5)를 보면, 두 척의 순시선이 1954년 7월 28일 독도에 도착하자[74]

---

73 1980년 초에 『월간 학부모』에 연재했다.
74 이 부분의 원문은 다음과 같다. "The "Nagara" and "Kuzuryu" Japanese patrol ships reaching Takeshima on July 28, 1954, discovered a barge and about 6

한 척의 바지(바지선)와 약 6명의 한국인을 발견했는데 한국 경비대와 관련이 있는 듯이 보였다고 했다. 또한 순시선은 한국인들이 서도 동굴 앞에서 천막을 치고 있는 모습을 보았으며, 서도 북서쪽 바위에 한국 문자와 한국영토라고 쓴 문자 및 한국 국기를 목격했다고[75] 했다. 그러나 순시선은 상륙하지 않았고, 수비대와의 교전은 없었다. 위 내용은 오히려 6명의 한국인을 수비대로만 규정하기 어렵게 한다. 당시는 경찰이 막사 건립을 위해 독도에 있었을 때이기 때문이다.

1997년 수기를 보면, 수비대원들이 며칠 동안 경찰관과 동도에서 함께 기거하다가 4일째 되던 날 장비를 모두 싣고 서도로 돌아왔다는 내용이 전부다. 이것이 어떻게 순시선의 침범에 대한 수비대의 대응이 되는가? 전후 맥락을 알기 위해 1997년 수기를 좀 더 살펴보았다. 그 내용은 7월 30일 울릉도 지서 주임 박춘환 경사 외 순경 4명이 온 뒤로 그들에게 박격포 쏘는 법을 전수하는 등 훈련시키고 경찰관 한 명과 수비대 한 명을 보조 근무하게 했다는 것이다. 그러면서 경찰관들을 쫓아낼 궁리를 하던 중 이들과 기거하다가 서도로 온 어느날 새벽 순시선 PS11정이 나타난 것을 목격했다는 것이다. 수비대가 중기와 경기로 총격을 가하자 일본 순시선은 동쪽으로 멀리 달아났고, 이때 동도의 경찰관들은 인기척도 없었다고 기술했다. 홍순칠은 그 다음날 동도에 가보니 철모에 똥을 쌓아 놓은 채 5명의 경찰이 웅크리고 앉아 있었다는 내용도 덧붙였다.[76] 그렇다면 이 일은 1954년 7월 30일 이후에 일어

Korean nationals, who seemed to be those connected with the Korean Guard Force, errecting tents at the front of caves in the north-western part of Nishijima."

75 기념사업회가 인용한 일본 외무성 각서는 외무부의 『독도문제개론』(1955, 196쪽)을 재인용한 것인데 『독도문제개론』의 문장이 매끄럽지 않다. 영어 원문을 보면, 독도에 도착한 것이 아님을 알 수 있다.
76 홍순칠(1997), 앞의 책, 52~53쪽.

난 것이 된다. 기념사업회가 제시한 1954년 7월 28일 두 척의 순시선의 침범과는 아무 관련이 없다. 게다가 홍순칠이 수기에서 언급한 해는 1953년 7월 30일이다. 반면에 일본 외무성 각서는 1954년 7월 28일의 일을 가리킨다.

이용원은 기념사업회가 제시한 두 자료 외에 『아사히신문(朝日新聞)』 기사(1954. 7. 30.)를 저서에서 언급했다.[77] 그 내용은 『아사히신문』이 마이즈루 제8관구 해상보안본부의 보고서를 인용·보도한 것으로 한국인 6명이 텐트를 치고 있던 상황과 서도 바위의 문자를 목격한 일, 동도 남쪽에 로프가 매달려 있음을 목격한 일이다. 외무성 각서는 6명이 한국 경비대와 관련성이 있는 듯이 기술했는데, 이용원은 "(3) 상기 6명은 이 섬에 파견된 경비원이 아닌 것으로 보인다."[78]라고 기술했다. 그는 경비원을 경찰의 의미로 보았으므로 경비원이 아니라고 한 것은 그가 6명을 경찰이 아니라고 본 것이다. 그러나 일본 외무성이 칭한 한국 경비대는 민간인을 가리키는 것이 아니었다. 또한 당시는 경찰이 있을 때였다. 따라서 6명 안에 수비대원이 포함되었을 가능성이 아주 없는 것은 아니지만 그렇다고 해서 수비대가 일본 순시선을 격퇴했다고 볼 수 있는 것은 아니다. 1954년 7월 28일 사건도 수비대와는 무관한 것인데 기념사업회가 수비대의 업적으로 잘못 기술한 것이다.

오히려 1954년 7월 28일의 침범 사실은 8월 4일 독도에 왔던 해양경찰대 소속 칠성정의 보고를 통해 정부에 알려졌다.[79] 이는 7월 28일에

---

[77] 이용원(2015), 앞의 책, 32쪽.
[78] 위의 글.
[79] 칠성정은 7월 29일로 잘못 보고했다(정병준, 2012, 앞의 글, 419쪽; 박병섭, 「광복 후 일본의 독도 침략과 한국의 수호 활동」 『독도연구』 제18호, 영남대학교 독도연구소, 2015, 110쪽). 정병준(2012)이 밝힌 칠성정 보고의 출전은 「독도 일선 침범사건 발생의 건」(내치비 제772호, 1954. 8. 5.), 『독도문제, 1954』(국가기록원 소장)이다.

독도에 경찰이 있었고, 경찰이 일본의 침범 사실을 칠성정 함장에게 알린 것임을 의미한다. 만일 이때 칠성정 함장에게 보고한 자가 홍순칠이거나 수비대였다면 홍순칠은 이를 언급했을 것이지만, 언급한 바가 없다.

8) 1954년 8월 23일의 교전은 9월 23일로 기록한 자료가 있긴 하지만 8월 23일이 맞다. 이 사건은 일본 측 기록에 따르면 순시선 오키호를 가리키는데, 1978년에 김교식은 순시선 두 척을 언급한 반면, 1985년 수기와 기념사업회는 오키호만 거론했다. 김교식은 일본 배가 공포 한 발을 쏘기에 우리 측에서 박격포 한 방을 쏘자 일본 선박이 달아났다고 기술했다. 1985년 수기는 동도 300m 지점에 접근해오는 오키호를 향해 수비대가 기관총을 발사하자 도망했다고 기술했다. 당시 한국 언론에 따르면, 일본 경비정은 한국 순시함의 정지신호를 무시하고 500미터까지 접근하여 상륙을 기도했다.[80]

그런데 일본 외무성은 독도 서도 해안의 동굴에서 약 10분간 순시선을 향해 600발을 발사했고 그중 한 발이 우현 축전실을 통과했다며 한국 측에 항의했다. 사건을 기록한 해상보안청 제8관본부는 서도 북북서 700m 지점 동굴 근처로부터 400발의 자동소총 총격을 받았고, 동도에 등대와 목재가 쌓여 있으며 몇 명의 경비원이 있음을 목격했다고 기록했다. 이렇듯 양국의 기록이 다르지만, 가장 큰 차이는 홍순칠은 동도로 접근해오는 오키호에 기관총을 발사했다고 한 반면, 일본 측은 서도의 동굴 근처에서 자동소총의 공격을 받았다고 기술한 점이다.

일본 순시선이 동도에 쌓여 있는 목재를 목격했다고 했듯이 이 시기는 경찰이 막사 건립을 주재하고 있을 때였다. 기념사업회는 홍순칠이 언급하지 않은 600발을 운운했다. 하지만 '600발'을 운운한 것은 일

---

80 『동아일보』1954. 9. 1.;『조선일보』1954. 9. 2.

본 외무성 각서이다. 본래 제8관본부는 400발로 보고했는데 외무성이 600발로 기술한 것이다. 한국 외무부도 이를 따라 600발로 기술했다. 따라서 기념사업회가 "기관총 600발 사격, 격퇴"를 언급한 것은 사실이 아니다.

홍순칠은 1954년 8월 23일의 침범을 언급한 뒤 부산에서 작업복을 구하고 독도에 들어왔다가 다시 대구로 가서 김종원을 만나 무선시설과 박격포를 요구했다고 했다. 후일 김종원이 박격포를 위문품으로 지참하고 왔으나 그가 준 박격포는 조준대가 없는 박격포라고 했다. 이 말대로라면 1954년 8월 23일 당시는 박격포가 없었다는 것인데, 한편으로는 박격포를 쏘았다고 기록한 자료도 있다. 홍순칠이 8월 23일 이후 부산으로 갔다면 이는 그가 8월 중순경 미역을 판매하러 부산에 갔다는 다른 사람들의 증언에 부합한다. 그런데 그는 8월 28일의 제막 기념식 사진 안에 있다. 이는 그가 8월 28일 이전에 독도로 돌아왔음을 의미하는데, 8월 23일 이후에 부산으로 갔다면 일정상 성립하기가 어렵다. 홍순칠에 따르면, 8월에 휴가차 울릉도로 나오던 중 방향을 잃고 사흘 동안 바다에 있다가 묵호로 표류했다고 했다.[81] 이런 일이 사실이라면 묵호에 표류했다가 다시 울릉도로 가서 휴가를 보내고 독도로 돌아온 것이 되므로 이 역시 8월 23일에 독도에 있을 수 없었음을 의미한다.

이런 정황으로 다음의 사실을 유추할 수 있다. 1954년 8월 23일의 사건은 홍순칠이 직접 겪은 것이 아니라 사건 발생 후 언론 보도나[82] 다른 경로를 통해 인지한 내용을 언급했을 가능성이 있다. 1965년과 1970년

---

81 홍순칠(1997), 앞의 책, 261쪽. 하자진은 기상이 좋으면 15일마다 교대했다고 증언했다 (2012년 기념사업회 홍보 동영상).
82 『동아일보』 1954. 8. 29. 보도 내용은 8월 23일 한국군이 일본 초계정 오키호에 발포한 사건에 대해 일본 외무성이 항의하고 사과를 요구했다. 8월 27일자 일본 측 보도를 인용했다.

에는 이 사건이 언급되지 않았다가 1978년과 1985년에 언급되었다. 사건 다음 날인 8월 24일 오후 경상북도는 독도의 몽돌 해안에 영토 표석을 세웠지만, 홍순칠은 이에 대해서도 기술한 바가 없다.

9) 1954년 10월 2일의 교전도 홍순칠은 언급하지 않았는데 기념사업회만 언급했다. 일본 언론이 먼저 보도했고, 한국 언론은 이를 인용하여 보도했다. 일본 순시선 오키호와 나가라호가 독도 해역 가까이 왔으나 사정거리를 벗어나 항행했으므로 수비대와의 교전은 없었다. 1978년에 김교식은 『킹』 1954년 12월호 「다케시마에 해적단」에서 거포 설치를 언급했다고 했다. 홍순칠도 『이 땅이 뉘 땅인데!』에서 『킹』이란 월간지에 「독도에 거포 설치」란 제목의 기사가 났는데 수비대의 목대포를 찍은 사진이 게재되었다고 했다. 두 사람이 같은 잡지를 거론했으나 표제는 다르다. 기념사업회도 『킹』 1954년 12월호를 거론했으나 표제는 언급하지 않았다. 그런데 표제가 어떠하든 『킹』 1954년 12월호에는 독도 관련 기사가 실려 있지 않다.

그럼에도 기념사업회는 11월 21일 일본 경비정이 독도의 무장 괴한들로부터 포격당했다는 잡지의 내용까지 인용했다. 11월 21일의 사건이 12월호에 실리는 것은 불가능하다. 10월 2일의 침범과 11월 21일의 침범이라는 별개의 사건을 잘못 엮어 『킹』 1954년 12월호까지 거론한 것이다. 일본 외무성은 (목)대포 외에 무선시설과 가옥 두 채에 대해 한국 측에 항의했으며, 대포의 덮개를 벗긴 자들을 한국 관리로 보았다. 한국의 치안국장 김장흥은 대포가 가짜라고는 생각하지 않았으므로 일본 선박에 대응한 세력을 경찰로 본 듯하다. 내무부 장관도 경찰국에서 파견한 경비경찰관을 언급했다.[83] 이 시기는 경찰이 막사와 무선시설을

---

[83] 정병준(2012), 앞의 글, 426쪽.

갖춘 뒤이므로 10월 2일 목대포를 갖춘 상태에서 교전이 있었다면 당연히 대응 주체도 경찰이었겠지만 교전은 없었다. 일본 측이 목대포와 경비원을 목격한 사실을 일러 수비대가 이들을 격퇴했다고 할 수 있는 것은 아니다.

10) 1954년 11월 21일의 전투는 1985년 수기에 기술되어 있고, 기념사업회도 특필하고 있는 사건이다. 다만 홍순칠이 1985년 수기에서 날짜를 4월 22일로 오기했으므로 많은 연구자들이 오류를 답습했다. 11월 21일의 교전은 일본 순시선 오키호와 헤쿠라호가 독도 해역에 왔을 때 한국 측이 포격을 가한 사건을 가리킨다. 홍순칠은 3척의 순시선을 언급했다. 이들이 독도 해상에 접근했기에 수비대가 박격포와 중기관총, 경기관총 등을 사용하여 16명의 사상자를 냈다는 것이다. 홍순칠이 언급한 함정과 포탄의 숫자, 사건 후 일본 측의 보도를 인용한 내용은 기록마다 다르다.

기념사업회는 수비대원이 쏜 박격포 한 발이 PS9함에 명중하여 몇 사람의 사상자를 냈다며[84] 이 사건을 '독도대첩'이라고 부른다. 이를 뒷받침하기 위해 일본 외무성 각서와 주일 한국 대표부 각서 및 신문기사를 근거 자료로 제시했다. 그런데 일본 외무성 각서(1954. 11. 30., No.215/A5)에는 한국이 포탄으로 공격한 사실을 항의했을 뿐 사상자는 언급하고 있지 않다. 실제로 일본 측의 피해는 없었다. 한국 외무부도 각서(1954. 12. 30.)[85]에서 일본 측이 한국 측의 경고를 무시하고 접근해서 한국 측이 연막탄과 경고탄을 발사한 사실만 언급했을 뿐 사상자는 언급하지 않았다. 기념사업회는 세 개의 신문 기사를 탑재했는데, 첫 번째

---

84 「독도의용수비대 업적」(pdf) (독도의용수비대기념사업회)
85 12월 30일이 맞는데 이용원은 12월 3일로 오기했다.

는 8월 29일자 『동아일보』이다. 그러나 이 기사는 경찰의 인사이동에 관한 내용이므로 위 사건과 무관하다. 두 번째는 11월 16일자 『경향신문』인데, 독도위문단에 관한 기사이므로 이 역시 무관한 자료이다. 세 번째는 11월 25일자 『경향신문』인데, 해상보안청의 11월 23일자 발표를 인용·보도한 것으로 일본 탐색정 두 척이 한국 측으로부터 포탄 5개의 사격을 받았지만 아무 피해를 입지 않았다는 내용이다. 이 역시 일본 측의 피해가 없었음을 인용·보도한 자료이다.

홍순칠은 대부분의 기록에서 16명의 일본인 사상자를 언급했다. 그런데 기념사업회 홈페이지는 "☆독도대첩 일본 무장순시선 오키호(450톤급), 헤꾸라호(450톤급) 침범, 1시간 동안 총공세 실시, 헤꾸라호 박격포탄 명중, 격퇴"라고 적고 「독도의용수비대 업적」에서 언급되었던 '16명의 사상자'를 내용에서 삭제했다. 일본의 제8관본부 해상보안본부장은 독도에 한국군 초계병 15명이 있다고 경비구난부장에게 보고했다. 독도의 병력을 한국군 초계병으로 본 것이다. 1985년 수기에 따르면, 경북 치안국은 이날의 총격사건에 대해 알려달라고 했다고 한다. 그런데 한국 언론은 일본 경비정이 한국 해안포의 사격을 받았으나 아무 손해를 보지 않았으며 한국군 초계병이 있는 것을 보았다고 보도하거나,[86] 치안국장이 이 침범 사실을 모르고 있었다고 보도[87]하는 데 그쳤다.

기념사업회뿐만 아니라 이용원도 '독도대첩'을 자세히 기술했다. 그는 16명의 일본인 사상자를 낸 사실을 뒷받침하기 위해 「독도의용수비대 업적」에 제시된 자료 외에 3개를 더 추가했다. 그것은 『이 땅이 뉘 땅인데!』(73쪽)와 『산인신문』(1954. 11. 23.), 잡지 『킹』(1954년 12월호)이다. 『이

---

[86] 『동아일보』 1954. 11. 24.
[87] 『경향신문』 1954. 11. 25.

땅이 뉘 땅인데!」는 서기종이 쏜 박격포가 PS 9함에 명중하여 일본인 몇 사람이 뒤로 나가떨어졌다고 기술했다. 『산인신문』은 헤쿠라호와 오키호가 독도 2해리 해상을 초계하던 중 산 위에서 3인치 포탄 5발이 발포되었으나 선박 1m 앞 해중에 떨어져서 무사했다고 보도했다. 세 번째 근거는 『킹』에 '다케시마국제해적단'이라는 제하에 내용이 게재되었다는 것이었다. 이용원은 이 잡지를 인용한 뒤에 "(출처: 독도의용수비대의 활동사항과 의의, 이예균 논문)"이라고 부기했다. 잡지 『킹』이 아니라 이예균의 논문을 재인용했다는 것인지는 분명하지 않으나, 『킹』에는 관련 내용이 없다. 이예균의 논문은 찾지 못했다.

일본 측 사상자가 없었음에도 한국이 일본 측의 패배, 수비대의 독도대첩을 주장하는 이유가 궁금해서 용어의 출처를 조사해보았다. 2005년에 『프레시안』 기자가[88] 「1954년 11월 21일, 일본함정 3척-군항기 물리친 '독도대첩(獨島大捷)'」이라고 한 적이 있다. 기자가 "하지만 유감스럽게도 홍순칠 대장 등 민간 의병들이 절해고도에서 외로이 일본 군함들과 항공기의 독도침공을 치열한 전투 끝에 물리친 1954년 11월 21일의 '독도대첩(獨島大捷)'에 대해선 그 실체조차 제대로 알지 못하고 있다." 라고 쓴 데서 '독도대첩'이 처음 보인 것이다. 이를 받아 『동아일보』는 천 톤급 일본 함정 세 척에 대한 수비대의 대응을 운운하며 '독도대첩'을 인용했다.[89] 오키호와 헤쿠라호는 천 톤급이 아니었다. 800톤급 쓰가루호가 독도 근해에 나타났다가 사라진 시기는 1954년 5월 23일과 6월 16일이었다. 그러나 2010년대에 들어와 언론에서는 다시 '독도대첩'이

---

[88] 『프레시안』 2005. 3. 15. 박태견 기자가 홍순칠의 수기 「독도에 숨은 사연들」을 소개하는 가운데 나왔다.
[89] 『동아일보』 2005. 11. 21.

라는 용어를 썼고[90] 급기야 기념사업회도 이를 차용하기 시작, '독도대첩일'[91]을 선포하고 기념식을 거행하기에 이르렀다. 그러나 '독도대첩'은 기자가 홍순칠의 글에 의거하여 자의적으로 붙인 것에 지나지 않는다.

　1954년 11월 21일의 사건은 경찰병력이 상주하고 수비대도 함께 기거하고 있던 와중에 일어났다. 수비대가 만든 목대포가 가짜일지라도 일시적이나마 일본 선박의 접근을 저지하는 효과가 있었지만 이를 일러 수비대가 일본 선박을 격퇴했다고 자평할 수 있는 것은 아니다. 이용원은 이 총격 사건은 "한국 정부 당국이 한 게 아니고 엄연히 민간조직인 독도의용수비대가 자발적으로 나서서 용감무쌍하게 수행한 전쟁이었다"[92]고 단정적으로 기술했다. 그는 11월 21일의 대응을 한국 정부 당국의 경비가 아니라고 단정했는데 이는 사실이 아니다. 더구나 전쟁 운운은 과도하다.

　기념사업회는 「독도의용수비대 업적」에서 '홍순칠 대장의 수기'라는 제목으로 홍순칠이 『이 땅이 뉘 땅인데!』에서 기술한 내용 두 가지를 거론했다. 하나는 3년 동안 일본 해상보안청 함정과 세 차례 총격전을 벌였다는 것이었고(수기 98쪽), 다른 하나는 1954년 7월에서 10월 사이 세 차례의 총격전이 있었다는 것이었다(수기 105쪽). 1954년 세 차례의 총격전은 5월 23일 즈가루호 격퇴, 8월 23일 오키호 격퇴, 11월 21일 오키호와 헤쿠라호 격퇴를 일컫는다. 수기의 98쪽에서 '3년 동안 세 차례 총격전'이 있었다고 했는데 수기의 105쪽에서 '1954년의 세 차례의 총격전'이라고 쓰면 전체적으로는 세 차례가 아니게 되므로 맞지 않는다. 더

90　2011년에 연합뉴스(2011. 8. 14.)와 SBS 등이 보도했다. '독도대첩일'을 선포하여 기념하기 시작한 것은 2013년 수비대 결성 60주년을 기념해서이다.
91　2013년부터 매년 11월 21일에 기념식을 거행하고 있다.
92　이용원, 『독도의용수비대』, 범우, 2015, 49쪽.

구나 기념사업회는 1954년의 전투로 여섯 차례를 제시했다. 수비대가 일본 선박의 침범을 물리쳤다는 홍순칠의 주장은 기록마다 다르므로 이로써는 수비대의 대응 양상과 시기를 분명히 알기가 어렵다. 〈표-15〉에서 보듯이 여러 문헌에서 공통적으로 언급한 것은 1954년 11월 21일의 교전인데 이마저도 과장되었다.

　이렇듯 모두 열 차례에 걸친, 이른바 '교전'을 검토했지만, 1954년 11월 21일의 교전을 제외하면 수비대가 일본의 침범에 제대로 대응했다고 볼 만한 교전은 하나도 없다. 11월 21일의 교전도 대응 주체는 경찰이었다. 일본 외무성은 5발의 포탄을 언급했지만, 한국 외무부는 경고탄을 거론했다. 경북 경찰국장은 연막탄과 기관총 70발을 운운했고, 내무부 치안국장은 기관총 100발과 박격포 2발에 의한 위협 사격을 말했다. 기록에 따라 차이가 있지만 중요한 사실은 일본 측에 특별한 피해가 없었다는 점이다. 일본 정부가 항의한 이유는 한국 측이 서도 30리 해상에서 5개의 포탄으로 포격했기 때문이다. 일본 정부는 포격의 주체를 '한국 당국'으로 보았다. 한국 정부도 이를 수비대의 대응이라고 생각하지 않았다. 한국 언론은 일본이 '한국군 초계병'을 운운한 것을 그대로 보도할 뿐 수비대와 관련된 어떤 언급도 하지 않았다. 홍순칠의 주장대로 수비대가 적극 교전한 것이고, 포탄 공격의 주체가 수비대원이었음이 사실이라면 한국 측에서 이를 인지하여 언급하지 않았을 리가 없다. 수비대원이 함께 대응한 것이라고 하더라도 한국 정부가 보기에 이는 경찰의 대응일 뿐이었다.

　홍순칠은 일본 라디오 방송과 16명의 사상자 보도, 독도우표의 반송, 한일회담 중단 등을 운운했지만 이를 뒷받침해줄 만한 객관적인 증거는 하나도 없다. 16명의 사상자를 냈는데 일본 정부가 그 정도의 대응에 머물렀을지를 생각하면 사실 여부가 자명해진다. 그럼에도 『프레시안』 기자와 기념사업회는 홍순칠의 주장을 맹신하여 '독도대첩'이라고 불렀다.

1955년과 1956년에도 일본 순시선은 독도 근처에 왔으나 이전에 비해 빈도가 현저히 감소했고 독도에서 4~5해리 떨어져 상황을 살피고 돌아가는 정도였다.[93] 1954년 말 수비대원의 일부를 경찰로 채용한 뒤로 한국 측은 병력이 보강되고 경비체계도 구비되었다. 홍순칠의 주장대로라면 1956년 말까지 수비대가 경비한 뒤에 경찰에 인계한 것이므로 1955년과 1956년의 일본의 침범에 대해서도 수비대의 대응을 언급했어야 한다. 하지만 홍순칠은 1955년에 대해서는 미역 채취와 해녀, 영화촬영, 보급품 조달 등을 언급했을 뿐이고 1956년에 대해서는 더욱더 언급한 바가 없다. 위의 〈표-15〉로 알 수 있듯이 교전 횟수에 대한 홍순칠의 증언은 후대로 올수록 증가했다. 초기 자료인 1965년 자료는 세 차례,[94] 1966년의 의안은 수차례라고 했다. 그런데 기념사업회는 네 차례(1953. 6. 24.; 1953. 7. 12.; 1954. 8. 23.; 1955. 11. 21.)가 아니라 여섯 차례(1954. 5. 23.; 1954. 5. 29.; 1954. 7. 28.; 1954. 8. 23.; 1954. 10. 2.; 1954. 11. 21.)로 늘려 언급하되 1953년의 두 차례의 침범일을 삭제했다. 모두 1954년의 교전만 언급했다. 기념사업회는 어떤 근거에서 이렇게 기술했는지를 밝힐 필요가 있다.

6. 33인의 국가유공자에 관하여

현재 기념사업회가 밝히고 있는 독도의용수비대원은 모두 33인이다. 1996년의 서훈 대상자를 따른 것이다. 그런데 홍순칠은 33인의 명

---

[93] 박병섭, 「광복 후 일본의 독도 침략과 한국의 수호 활동」, 『독도연구』 제18호, 영남대학교 독도연구소, 2015, 122쪽.
[94] 1953. 7. 23.; 1953. 8. 15.; 1954. 11. 21.

단을 수비대 결성 당시부터 온전히 밝힌 것이 아니었다. 1966년 서훈 당시 밝혀진 명단은 11명이다. 1978년에 경북 경찰국은 이들 가운데 김병열, 유원식, 한상용은 독도 수비의 공적이 없다고 판단한 바 있다. 1996년에 33인이 서훈되었지만 이 가운데 홍순칠과 처음부터 함께해온 인물이 누구였는지도 명확히 밝혀진 적이 없다. 이들 서훈자에 대한 논란이 있는 이유이다.

  1996년에 국가가 33인의 공적을 인정했지만 2005년에 동지회는 16명의 공적만 인정했다. 이 가운데 1966년 서훈자와 중복되는 사람은 홍순칠과 서기종, 정원도, 김재두 네 사람뿐이다. 16명 가운데 1954년 말에 경찰에 특채된 사람은 서기종, 정원도, 김영복, 이규현, 하자진, 양봉준, 김영호, 이상국, 황영문이다. 홍순칠과 김재두를 제외하면, 동지회가 인정한 김경호와 김현수, 김수봉, 김용근, 이형우는 1966년에 서훈되지 못했던 사람들이다. 반면에 1978년에 경찰국은 인정했지만 2005년에 동지회가 인정하지 않은 자들도 있다. 최부업, 조상달, 고성달, 오일환, 김장호, 허신도, 김인갑이다.

  1978년에 경찰국이 인정하지 않은 자 가운데 수송에 조력한 자들이 있다. 이필영, 정이관, 정현권, 박복이, 안학율인데, 이들은 선박 관련자로서 수송에 조력한 공적은 있지만 대가를 받았으므로 서훈 대상이 될 수 없다고 판단했다. 경찰국의 조사 후에도 홍순칠은 여러 번에 걸쳐 수비대원을 언급했는데 매번 명단이 바뀌었다. 『이 땅이 뉘 땅인데!』에 언급된 명단은 황영문, 서기종, 정원도, 하자진, 이상국, 이규현, 김재두, 김인갑, 김장호, 김경호, 조상달, 양봉준, 김수봉, 구용복, 박영희, 이필영, 김동렬[95]이다. 이들 가운데 동지회가 인정한 자(황영문, 서기종, 정원

---

95 김병렬을 오기한 것이다.

도, 하자진, 이상국, 이규현, 김재두, 김경호, 김수봉)가 있지만, 그렇지 않은 자(김인갑, 김장호, 조상달, 구용복, 박영희, 이필영, 김병열)도 있다. 동지회가 인정하지 않은 명단은 대체로 하자진이 인정하지 않은 명단과도 일치한다. 이를 정리하면 〈표-16〉과 같다.

〈표-16〉 1966년의 서훈자 11명 외 기타 대원 구분

구분	명단
1966년 서훈자	홍순칠, 서기종, 정원도, 김재두, 김병열, 유원식, 한상용, 고성달, 최부업, 오일환, 조상달 (11명)
1966년 서훈자 중 동지회가 인정한 대원	홍순칠, 서기종, 정원도, 김재두 (4명)
1966년 서훈자 중 동지회가 인정하지 않은 대원	김병열, 유원식, 한상용, 고성달, 최부업, 오일환, 조상달 (7명)
1966년 서훈에서 배제되었으나 동지회가 인정한 대원	김경호, 김수봉, 김영복, 김영호, 김용근, 김현수, 이규현, 양봉준, 이상국, 이형우, 하자진, 황영문(12명)
2006년에 하자진이 인정한 대원	홍순칠, 서기종, 정원도, 김재두, 김경호, 김수봉, 김영복, 김영호, 김용근, 김현수, 이규현, 양봉준, 이상국, 이형우, 하자진, 황영문 (16명)
2006년에 하자진이 인정하지 않은 인물	가짜 대원: 조상달, 김장호, 허신도, 김병렬, 정재덕, 한상용, 박영희, 유원식, 오일환, 고성달, 김인갑, 구용복(12명) 선박 관련자: 정이관, 안학율, 정현권, 이필영(4명)

1978년에 경찰국은 실질적으로 독도 수비를 한 자가 11명이고, 수비대원으로서의 활약이 인정되는 자는 모두 15명이라고 했다. 그런데 경찰에 특채된 9명도 수비대원으로 인정해야 한다. 경찰국과 동지회가 인정한 수비대원의 명단을 열거하면 다음과 같다. (밑줄은 동지회가 인정하지 않은 대원, 이탤릭체는 경찰국 명단에 없는 대원) (가나다순)

고성달, <u>김경호</u>, 김수봉, 김영복, 김영호, 김용근, <u>김장호</u>, 김재두, 김현수, 서기종, 양봉준, <u>오일환</u>, 이규현, 이상국, 이형우, 정원도,

조상달, 최부업, 하자진, 허신도, 홍순칠, 황영문

따라서 전체적으로 명단을 다시 정리하면, 경찰국과 동지회가 공통적으로 인정한 자는 15명이고, 동지회가 인정한 김경호를 포함하면 16명이 된다. 2005년에 서기종은 언론과의 인터뷰에서 독도 입도자를 17명이라고 했다. 이는 동지회가 인정한 16명에 한 명이 추가된 것이다. 2007년 감사원이 생존자 11명을 면담했을 때는 실제로 독도에서 활동한 사람은 17명이라고 답했다. 그렇다면 실질적으로 독도 수비활동을 한 사람은 16~17명이 된다. 한 명이 부족하다. 동지회가 인정한 자 외에 한 명은 누구일까? 최부업으로 생각된다. 홍순칠은 최부업을 거론했으나 동지회는 최부업을 명단에 넣지 않았는데 하자진이 가짜라고 지목한 명단에 최부업은 들어 있지 않기 때문이다.

이렇듯 명단이 일관되지 않은 것은 처음부터 수비대를 체계적으로 편성하여 경비한 것이 아니기 때문이다. 홍순칠은 1956년 경찰에 인계할 때 예비대가 있었던 것처럼 말했지만, 전투대와 보급반, 수송선 그리고 40여 명의 병력이 있었던 것처럼 말하기도 했다.[96]

1978년에 경찰국은 제1지대장과 대원, 제2지대장과 대원, 보급대 주임과 갑판원, 보급 선장, 갑판장, 선원, 기관장, 후방지원대장, 교육대장과 대원으로 구분했다. 반면에 김교식은 전투대, 보급대, 후방지원대, 수송대를 언급했다가 후에 수송대를 빼고 교육대를 추가했다. 김교식이 후방지원대원으로 분류했던 고성달, 오일환이 현재의 조직도에서는 교육대에 속해 있고, 제1전투대원으로 분류되었던 인물이 현재의 조직도에서는 제2전투대원으로 분류되어 있다. 둘다 홍순칠로부터 명단

---

[96] 홍순칠(1997), 앞의 책, 24쪽.

을 받아 분류를 따른 것임에도 김교식과 경찰국이 제시한 명단이 다르다. 이는 홍순칠이 1977~1978년까지도 33인의 명단을 확정하지 못하고 있었음을 의미한다.

33인 가운데는 김교식은 빠트렸지만 경찰국이 포함시킨 인물로는 허신도, 이형우, 김정수, 정재덕이 있고, 김교식은 포함시켰지만 경찰국이 빠트린 인물로는 김경호와 구용복이 있다. 김경호는 수선 담당이던 김장호의 사촌동생이다.

현재 기념사업회가 밝힌 조직도에는 제1전투대, 제2전투대, 후방지원대, 교육대, 보급대로 구분되어 있는데, 이는 경찰국의 분류와 유사하다.

이런 변천을 거쳐 1996년에 33인이 국가유공자로 확정되었다. 1978년 경찰국의 조사 당시 33인에 포함되었다가 1996년 서훈에서 배제된 자는 박복이와 김정수이다. 경찰국은 박복이가 이필영으로부터 보수를 받았으므로 서훈 대상이 아니라고 보았었다. 그런데 똑같이 보수를 받은 정이관, 정현권, 안학율은 1996년의 서훈자에 포함되었다. 김정수는 수비대 활동 당시 울릉서의 경찰관이었다고 한다.

조직도는 처음부터 체계적이지 않아 후의 조직도가 본래의 조직도에서 얼마나 바뀌었는지를 파악하기가 어렵다. 이 때문에 전투대에 속하지 않았던 인물들의 공적에 더 의문이 들 수밖에 없다. 1966년과 1996년에 서훈되었음에도 논란이 있는 인물(김병열, 유원식, 한상용), 1966년에 서훈되지 않았다가 1996년에 서훈되어 논란을 유발한 인물(정재덕, 박영희)이 그러하다. 특히 경찰이 수비 공적이 없다고 판단한 6명 가운데 1996년에 서훈된 두 사람(정재덕, 박영희)에 대한 논란이 그치지 않고 있다. 정재덕은 막사를 건립할 당시 자재를 운반하는 선박에 편승해서 독도에 왔다 간 것이 전부라고 한다. 박영희는 수비대원에게 식사를 제공하거나 부식을 마련해준 공은 있으나 수비대원으로서 활약한 바는 없다고 1978년에 경찰국이 결론 내린 바 있다.[97] 홍순칠은 처 박영희가 결혼하고 얼마 안 돼 두 자녀를 연이어 출산하고 교사 생활도 했다고 했으므로 그가 실제로 얼마나 조력할 수 있었는가의 문제가 있다. 박영희가 1966년에는 서훈대상자가 아니었는데 1996년에 홍순칠이 자신의 처를 추천했다는 데 따른 논란도 있다.

그렇다면 전투대에 속하지 않는, 이른바 보급대와 교육대, 후방지원대로 분류되는 인물들의 공적을 어떻게 평가할 것인가의 문제가 남아 있다.[98] 보급대는 수송에 편의를 제공한 대가를 받았고, 교육대는 군인 출신의 대원이므로 특별한 교육이 필요 없었다. 한글을 가르치는 등의 행위는 독도 수비와는 무관하다. 후방지원대는 울릉도에 있던 자들이므로 수비활동과 직접적인 관련성은 없다. 게다가 보급대와 후방지원대는 그 경계도 애매하다. 홍순칠의 주장대로라면 모든 물자는 조부와 자형의 후원을 받았고 필요한 물자는 자신이 직접 부산과 포항, 대구 등지에서 조달했으므로 후방지원대의 역할이 크게 없다. 그래서 동지회는 이들 범주 즉 교육대와 보급대, 후방지원대로 분류된 인물의 공적을 인정하지 않았다. 이는 동지회가 수비대의 공적 평가에 대한 기준을 제시한 셈이다. 참고로 기록에 보인 33인의 명단을 정리해보면 〈표-17〉과 같다. 〈표-7〉에 보인 명단과 대조해보면 변화의 추이를 알 수 있을 것이다.

---

97 이규현은 박영희가 음식을 대접해준 적이 없다고 증언했다(이규현 증언, 2006년 11월 30일 울릉도 도동자택에서 면담(국가보훈처 독도의용수비대진상규명위원회, 「독도의용수비대 진상규명위원회 결과보고」, 2008. 2. 21.)

98 독도수호대는 수송대, 보급대, 후방지원대 등은 홍순칠이 만들어낸 허구이며, 보급대는 구호양곡 절도사건의 공범들이라고 했다(독도수호대 홈페이지, 「고 이필영, 독도의용수비대원 아니다」(2020년 11월 18일 등록)(2024년 6월 23일 검색)

〈표-17〉 수비대원 명단 비교

번호	경찰직급과 퇴직일[99]	1970	1996	1998	2007	2018	비고 (1996)
1		洪淳七	洪淳七	洪淳七	洪淳七	홍순칠	洪淳七
2	순경, 1956.4.23.	徐基宗	徐基鍾	徐基鍾	徐基種	서기종	徐基宗
3	순경, 1956.1.30.	鄭元道	鄭元道	鄭元道	정원도	정원도	鄭元道
4		崔富業	崔富業	崔富業	崔富業	최부업	崔富業
5		金在斗	金在斗	金在斗	金在斗	김재두	金在斗
6		曺相達	曺相達	曺相達	曺相達	조상달	曺相達
7		高成達	高成達	高成遠	高成達	고성달	高成達
8		吳日煥	吳一煥	吳一煥	吳一煥	오일환	吳一煥
9		金秉烈	金秉烈	金秉烈	金秉烈	김병열	金秉列
10		俞元植	俞元植	俞元植	俞元植	유원식	俞元植
11		韓相龍	韓相龍	韓相容	韓相龍	한상용	韓相龍
12	경장, 1974.10.5.		金榮福	金榮福	金榮福	김영복	金榮福
13	순경, 1974.7.4.		李奎賢	李奎賢	李奎賢	이규현	李奎賢
14	순경, 1969.4.9.	河佐鎭	河自振	河自振	河自振	하자진	河自振
15	순경, 1974.1.15.	梁鳳俊	梁鳳俊	梁風俊	亮鳳俊	양봉준	梁鳳俊
16	순경, 1974.6.29.		金榮浩	金榮浩	金榮浩	김영호	金榮浩
17	순경, 1956.10.9.	李相國	李相國	李相國	李相國	이상국	李相國
18	경사, 78.12.13.[100]	黃永文	黃永文	黃永文	黃永文	황영문	黃永文
19			金障浩	金障浩	金障浩	김장호	金樟浩
20		許心道	許信道	許信道	許信道	허신도	許信道

99 이들의 근무일은 김경도의 조사(2021)를 따랐다.
100 의원 면직했다가 재임용되었으나 정확한 근무기간을 확정하기 어렵다(김경도, 2021, 앞의 글, 61쪽). 그러나 경찰 인사기록 카드에는 1954. 12. 31.~1957. 7. 20. 울릉경찰서 순경으로 되어 있어 1957부터 1961년 재임용되기 전까지 재직 중이 아니었던 것으로 보인다.

번호	경찰직급과 퇴직일[99]	1970	1996	1998	2007	2018	비고 (1996)
21			金賢洙	金賢洙	金賢洙	김현수	金賢洙
22			金守鳳	金守風	金守鳳	김수봉	金守鳳
23			金容根	金容根	金容根	김용근	金容根
24			金仁甲	金仁甲	金仁甲	김인갑	金仁甲
25			李弼永	李弼永	李弼永	이필영	李弼永
26			鄭利冠	鄭利冠	鄭利冠	정이관	鄭利冠
27			鄭現權	鄭現權	鄭現權	정현권	鄭炫權
28			朴福伊	朴福伊			
29			安鶴律	安鶴律	安鶴律	안학률	安鶴律
30			李亨雨	李亨雨	李亨雨	이형우	李亨雨
31		鄭在德	鄭在德	鄭在德	鄭在德	정재덕	鄭在德
32			朴永姬	朴永姬	朴永姬	박영희	朴永姬
33			金景浩	金景浩	金景浩	김경호	金景浩
34				具鎔福	具鎔福	구용복	具鎔福

※ 1970은 박대련, 1996은 나홍주, 1998은 김명기, 2007은 나홍주, 2018은 기념사업회, 비고(1996)는 서훈 명단을 가리킨다.

7. 자료와 증언의 공신력에 관하여

홍순칠은 1960년대에는 언론 인터뷰를 통해 자신의 행적을 증언했지만 1970년대 후반부터는 수기(手記)를 써서 세상에 알리거나, 다른 사람에게 정보를 제공하여 발표하게 했다. 홍순칠의 차녀 홍연숙은 아버지가 극작가 김교식에게 자신이 직접 쓴 수기를 넘겨주어 논픽션으로 만들게 했다고 했다. 김교식은 이를 『(도큐멘타리) 독도수비대』로 발표했다. 이 다큐멘터리는 본래 라디오에서 방송한 내용을 엮어 간행한 것이다. 그러므로 홍연숙이 말한 홍순칠의 수기란 김교식에게 준 초고를 말하는데 김교식이 홍순칠의 초고를 얼마나 반영하여 글을 썼는지는 알 수 없다. 이와 별개로 홍순칠이 직접 1985년에 발표한 수기가 「독도의용군 수비대」이다. 홍순칠은 이에 앞서 1979년부터[101] 「(비화) 독도에 숨은 사연들」이라는 수기를 1985년 8월경까지 70여 회 잡지에 발표했다.

그런데 1996년 2월 말 『동아일보』는 홍순칠의 친필 수기를 입수했다고 보도했고, 『신동아』 4월호는 이 수기를 요약해서 발표했다. 『동아일보』는 홍순칠의 수기가 10년 만에 햇빛을 보았다고 했다. 그렇다면 이 수기는 1985년경에 쓴 「독도의용군 수비대」를 가리킬 가능성이 높다. 『동아일보』는 홍순칠의 부인 박영희가 남편의 유언에 따라 유고를 동아일보사에 공개한 것이라고 했다. 세상에 공개된 적 없던 유고를 처음 공개한 것이라면 「독도의용군 수비대」를 가리킬 수 없다. 그런데 『신동아』에 실린 내용을 보면 「독도의용군 수비대」와 거의 같다. 「독도의용군 수비대」에 잘못 기술된 내용이 『신동아』에도 잘못 기술되어 있다. 당시는 원고지에 글을 쓰던 시대였으므로 복사본을 만들어 두지 않는 한 공모전에 제출한 뒤에는 같은 수기가 있을 수 없다.[102] 『신동아』에 실린, 원고를 촬영한 이미지를 보면 원고에 수정을 가한 흔적이 남아 있다. 따라서 유가족이 『동아일보』에 제공했다는 유고는 1985년에 공모전에 제출한 원고의 초고일 가능성이 크다.

『동아일보』는 홍순칠의 '육필 수기'가 2백자 원고지 600장 분량이라고 했다.[103] 같은 내용을 보도한 『조선일보』는 2백자 원고지 1천 5백여 장 분량이며 1985년에 투병하기 직전에 쓴 것이라고 했다. 『신동아』에 실린 내용은 수기를 요약한 것이므로 더 적은 분량이어야 하지만, 그렇

---

101 김윤배는 1977년부터 『월간 학부모』에 50여 회에 걸쳐 연재했다고 기술했다(『오마이뉴스』 2003 . 8. 12.).
102 『신동아』는 원고 실물을 찍은 사진을 싣고 "홍씨 친필의 수기"라고 했다.
103 『동아일보』 1996. 3. '육필 원고'를 촬영한 사진을 게재했는데, 페이지를 나눠 제목을 붙인 것으로 추정하면 200여 장 분량이다. 유족이 이 수기를 동아일보사에 제공했다고 하는데, 현재 독도의용수비대기념관 소장품 목록에도 보인다.

다고 해도 두 신문이 보도한 분량에서 차이가 너무 크다. 이 부분은 원고지를 보지 않는 한 단정하기가 어렵다. 1,500장 분량이라면 오히려 『이 땅이 뉘 땅인데!』의 분량에 가깝다. 그럴 경우 「(비화) 독도에 숨은 사연들」 원고를 모은 듯하지만 『신동아』에 실린 내용은 「독도의용군 수비대」와 유사하므로 그럴 가능성은 적다. 어쨌든 이는 홍순칠의 수기가 하나가 아니었음을 말해준다.

홍순칠의 행적이 세상에 처음 알려진 것은 1959년이고, 1965년 한일 국교정상화에 즈음하여 언론인은 그를 인터뷰하여 소개함으로써 세상에 본격적으로 알려지기 시작했다. 『매일신문』과 언론인 최규장이 소개한 뒤인 1966년에 홍순칠은 보국훈장 광복장을 받았다. 1966년부터 1968년 사이에는 수비대원의 생계 곤란을 보도하는 기사가 지역신문을 중심으로 보도되었다. 1970년에는 언론인 박대련이 홍순칠을 세상에 알렸다. 홍순칠은 1976년부터 「독도개발 계획서」를 제출하며 행적을 알리기 시작했고, 1977년에는 다른 대원들의 서훈을 추가로 청원했다. 이 무렵 김교식이 집필한 홍순칠의 행적이 라디오 전파를 탔다. 1979년 봄부터는 홍순칠이 『월간 학부모』에 직접 연재하며 행적을 알렸다. 연재는 7년에 걸쳐 이뤄졌다. 이런 활동은 독도 영유권 논쟁이 가열되고 독도 개발이 논의되던 과정에 조응하여 지속되었다. 시대적 흐름을 따라 홍순칠의 홍보는 순조롭게 진행되었을 뿐만 아니라 점차 상승작용을 일으켰다. 그 결과 그의 주장은 거의 기정사실로 확립되었다.

연구자들이 홍순칠의 행적을 소개하기 위해 인용하는 수기는 주로 세 가지로 1977년에 라디오로 방송한 대본을 단행본으로 간행한 ①『(도큐멘타리) 독도수비대』(1978) ② 공모작 「독도 의용군 수비대」(1985) ③『월간 학부모』에 연재한 글을 모은 『이 땅이 뉘 땅인데!』(1997)이다. 홍순칠이 1970년대 후반부터 1980년대 중반에 걸쳐 집필한 글이다. 『월간 학부모』는 연재 기한을 정해놓은 것이 아니라 소재가 고갈될 때까지 쓸 예정이었으므로 건강문제로 중단되기 전까지 지속되었다. 그러나 처음부터 구성을 계획해서 집필한 것이 아니었으므로 초반에 쓴 내용이 후반에도 반복되는 경향이 있다. 이에 비해 1985년의 수기는 처음부터 플롯을 구성한 것이므로 연대순으로 기술되어 있는, 따라서 홍순칠의 의도가 잘 반영되어 있는 글이다.

그렇다면 이들 세 문헌은 얼마나 공신력이 있는가? 수기의 공신력은 작성자가 어떤 상황에서 어떤 의도로 집필했는가에 따라 달라질 수 있다. 증언도 마찬가지다. 일기나 일지가 아닌 한, 훗날 기억에 의존하여 작성된 수기는 오류가 있을 수 있다. 홍순칠은 일기나 일지를 쓰지 않았다. 그가 대원의 경비일지를 언급한 바 있지만 실물을 공개한 적은 없다. 수기를 쓴 대원으로는 홍순칠이 유일한데 그는 수비대가 해산하고 한참 뒤인 1979년경에 수기를 써서 공개하기 시작했다. 1976년은 정부 차원에서 독도를 개발할 움직임을 보이던 시기로 개발 이익을 놓고 또 한번 최종덕과 경쟁관계에 있던 시기였다. 그런데 홍순칠은 자신이 많은 거짓말을 했음을 수기에서 솔직히 인정했다. 이것이 그의 수기에 대한 공신력을 떨어뜨리는 이유이다.

그러나 무엇보다 홍순칠의 증언 대한 공신력을 저하시키는 가장 큰 원인은 동일인이 기술한 내용이 문헌에 따라 다르고 내용도 서로 맞지 않는다는 사실이다. 자신이 여러 번 밝히고 강조한 사실이 자필 이력서[104]와 다르다는 사실도 공신력을 떨어뜨리는 요인이다. 홍순칠은 1953년 4월 20일 수비대를 창설했고 1961년에 포항수산전문대학 '경제학과'

---

[104] 1985년에 쓴 이력서이다. 울릉도에 있는 독도의용수비대기념관에 소장되어 있다.

를 졸업한 것으로 알려져 있다. 그러나 이력서에는 1953년 4월 1일 독도의용수비대장, 1958년 3월 포항수산대학 경제과[105] 졸업으로 되어 있다. 홍순칠은 1956년 12월 말까지 독도를 수비했다고 주장해왔는데 이력서대로라면 그 이듬해에 바로 수산대학에 입학하여 1958년에 졸업했다는 말이 된다. 이런 일이 가능한가? 이력서는 허위 기재가 엄히 금지된 문서이다. 이력서와 수기가 다르다면 어느 것이 더 공신력이 있다고 보아야 하는가? 어느 것도 신뢰할 수 없다면 당시의 신문 기사, 정부 관련 공문서, 대원들의 증언 등을 교차 검토하여 의문을 해소할 수밖에 없다.

한편 증언자의 증언도 엇갈리므로 교차 검토가 필요하다. 대원의 증언은 그들 간에도 엇갈리는 경우가 있고 경찰의 증언도 마찬가지다. 대원과 경찰 간에도 증언이 서로 엇갈린다. 그러므로 이들 간의 여러 관계를 종합적으로 고려해서 교차 검토할 필요가 있다. 또한 증언자가 어떤 상황에서 증언했는가도 고려되어야 한다.[106] 경찰은 홍순칠의 주장을 그대로 인정할 경우 독도 경비의 방기라는 오명을 쓸 수 있기 때문에 홍순칠의 주장을 부인하는 방향에서 증언했다. 그런데 그동안 홍순칠의 주

---

105 포항수산전문대학 경제학과를 졸업했다고 기록한 경우도 있다. 1954년 4월 포항수산초급대학이 설립되어 1970년에 포항수산전문학교로 개편했다고 하므로 홍순칠이 재학 중일 때는 포항수산초급대학이었을 것이다. 이후 포항수산전문학교, 포항실업전문학교, 포항실업전문대학, 포항전문대학, 포항대학을 거쳐 2012년 포항대학교로 개명했다(포항대학교 홈페이지).

106 정원도의 수비대 관련 증언은 홍순칠의 주장과 거의 유사하다. 그런데 미역조업에 관한 증언은 이와 약간 다르다. 그는 독도에서 작업한 시기를 1954년, 1956년, 1957년쯤으로 불명확하게 말했고, 3월 초에 들어가 7월에 나왔으며, 해녀는 서른 명이고 자신을 합해 마흔 명 정도였으며, 자신은 한번 하고 이후 들락날락했고, 경비도 했다고 증언했다(김수희, 『독도해녀』, 동북아역사재단, 2023, 112~115쪽). 앞뒤가 맞지 않는 부분이 적지 않다. 이 증언으로 본다면 정원도는 수비대로서 독도를 계속 경비하지 않았으며 대원이 33명이 아니었다는 것이 된다. 그는 수협에 입찰비를 내고 미역조업을 한 해를 56년 혹은 57년으로 증언했다. 김수희는 정원도가 경비대 근무를 그만둔 뒤 입찰비를 내고 미역어장을 경영한 해를 1957년이라고 기술했다. 정원도는 1955년부터 경찰로 근무하다가 생계곤란을 이유로 1956년 1월 30일 면직했다(김경도, 2021, 앞의 글, 61쪽).

장을 검증해온 시민단체는 독도수호대였다. 독도수호대는 2000년대 초반부터 신문기자에게 관련 자료를 제공하거나 직접 기고하는 형태로 '33인에 의한 3년 8개월 설'을 비판하고 검증했다. 독도수호대 외의 다른 단체도 '33인에 의한 3년 8개월 설'에 대해 비판적이었다. 독도의용수비대동지회는 서기종을 중심으로, 독도수호동지회는 최헌식과 김산리, 박병찬 등 경찰관을 중심으로, 독도수호대는 김점구와 김윤배를 중심으로 활동했다. 수비대원 가운에는 정원도와 서기종이 가장 많이 언론과 인터뷰했으며 이규현, 하자진, 김영복도 참여했다. 홍순칠의 차녀 홍연숙과 부인 박영희도 언론 인터뷰에 적극 응했다. 독도의용수비대동지회는 국가보훈처 등에 여러 건의 민원을 제기했는데 그 과정에 독도수호대가 개재된 경우가 많았다.

독도의용수비대동지회와 독도수호대는 2005년 8월 16일 국가보훈처를 방문하여 활동기간과 대원의 숫자를 바로잡는 진상규명을 요구한 바 있다. 2007년에도 독도수호대는 감사원에 국가보훈처를 피감기관으로 해서 진상 규명을 요구하는 감사를 청구한 적이 있고,[107] 감사원은 「독도의용수비대 서훈 공적 재조사 업무처리 부적정」을 국가보훈처에 통보했다. 그런데 이러한 활동에 대해 경찰 출신 김산리는 독도수호대의 의도가 순수하지 않다고 보았다.[108] 한편 감사원의 감사 결과가 나온 뒤 일부 극우적인 성향의 시민단체는 도리어 진실 규명을 주장하는 수비대원들을 배반자로 규정하고 독도수호대를 친일적 단체로 규정하며 활동을 방해했다.[109] 이후 한동안 활동이 뜸하던 독도수호대는 2014년 6월

---

107 독도수호대 홈페이지, 「국가보훈처, 1950년대 독도경비사, 독도의용수비대 역사 왜곡」 (2014년 6월 19일 등록)
108 이서행, 『대한민국 경찰의 독도경비사 연구』, 2009, 치안정책연구소(7월 31일 김산리 인터뷰).
109 독도수호대 홈페이지, 「국내 독도 단체, 독도의용수비대를 상대로 폭언」(2013년 9월 14일 등록)

국가보훈처를 상대로 또다시 진실 규명 및 서훈 취소를 요구했다.[110] 이렇듯 수비대에 관한 논란에는 수비대원이 직접 관련되어 있는 단체뿐만 아니라 극우적 성향의 시민단체까지 개입되어 있는 데다 단체의 이해관계에 따라 대원과 경찰의 증언을 왜곡하는 측면도 있어 진실을 밝히기가 어렵다.

증언이란 대체로 자기에게 유리한 방향으로 하게 마련이며, 한번 거짓 증언을 하면 이를 되돌리기 어려워 다음번에도 거짓 주장을 하거나 영웅심리로 더 과장하는 경향이 있다. 언론이나 방송에서 인터뷰를 이끌어내는 자가 어떤 방향으로 유도하는가에 의해서도 증언 내용이 많이 좌우된다. 김산리의 증언에 따르면, 의용수비대의 행적을 왜곡시킨 일등 공신은 구국찬 서장이다. 서장이 홍순칠과의 의리 때문에 그를 한번 영웅으로 만들어준 뒤에는 다시 이를 되돌리기 어려워 결국 사태를 오늘날과 같이 키웠다는 것이다.[111] 초기에 경찰이 바로잡지 못한 과오가 왜곡된 독도경비사를 고착시키는 데 일조한 것이다. 한편 김산리는 당시 경찰을 위해 아무 대가없이 자신들의 선박을 이용하게 해준 세 사람[112]을 언급했다. 이들의 행위도 숭고하다는 것이다. 독도경비사 전체의 맥락에서는 이들도 언급되어야 할 것이다.

홍순칠의 행적을 개진한 유일한 증거는 그의 저술이다. 이후에는 다른 대원들의 증언만 있을 뿐 저술이 없다. 이를 호기로 삼아 국가보훈처

110　독도수호대 홈페이지,「국가보훈처, 1950년대 독도경비사, 독도의용수비대 역사 왜곡」(2014년 6월 19일 등록)
111　김산리는 구국찬이 자신에게 "내 입으로 영웅 만들어 준사람 내 입으로 아니다 소리 못한다. 그러니 다시 날 찾지 말아 달라"고 했으며 그가 경찰청의 조사에서도 진술을 거부했다는 일화를 구술했다(이서행,『대한민국 경찰의 독도경비사 연구』, 치안정책연구소, 2009).
112　김산리는 세 사람이 김도암, 윤퇴출, 이장용임을 밝혔다. 다만 김산리는 시기와 기간을 명확히 언급하지 않았다.

는 증언을 일러 "객관적인 문헌 자료"가 아니므로 "명백한 반증자료"로 인정할 수 없다는 주장을 하고 있다. 이는 홍순칠의 저술만 인정하겠다는 저의가 엿보이는 주장이다. 증언자는 기억에 의존하므로 시기에 따라 다르게 말하는 경우가 있지만 그 맥락이 크게 다르지 않다면 다른 사람들의 증언도 인정되어야 한다. 다른 자료나 또 다른 대원의 증언과 대조해서 검증할 수 있기 때문이다. 국가기관이 이런 노력도 해보지 않고 무조건 다른 대원이나 경찰의 증언, 나아가 공문서까지 인정하지 않는 것은 직무유기이다.

그동안 독도수호대는 대원과 경찰의 증언을 여러 해에 걸쳐 채록해 왔다. 독도수호대 홈페이지에는 녹음테이프를 촬영한 이미지가 탑재되어 있는데, 2006년 5월부터 2013년 6월까지 채록한 듯하다. 증언자는 경찰 박춘환, 김산리, 최헌식, 대원 정원도와 서기종, 하자진, 김영복, 이규현, 이필영이다. 독도수호대는 이것으로 구술사 자료집을 낼 계획이라고 했지만 아직까지 간행되지 않은 것으로 보인다. 2024년 6월 서기종이 사망했다. 이제 남은 생존자는 정원도와 박영희뿐이다. 홍순칠의 주장에 비판적이던 대원은 더 이상 없다. 독도수호대가 채록한 구술자료를 간행하여 논쟁점을 다시 한번 정리할 필요가 있다.

에필로그

　홍순칠의 주장이 일관되지는 않지만 대략적으로 이를 정리하면, '독도의용수비대' 결성을 구상한 것은 1952년 7월 중순부터이고, 활동은 1953년 4월 20일 이후부터 개시하여 1956년 12월 말에 해산했다는 것이다. 이런 활동상이 당대에는 전혀 알려지지 않았다가 1959년에 비로소 세상에 알려지기 시작했다. 그러나 정부가 향토방위를 위한 국민병 조직을 법적으로 공식화한 시기는 1953년 7월 23일이고, 각 지역에서 민병대 조직에 착수한 시기는 8월 중순부터다. '민병대령'은 관할 경찰서장의 요청에 따른 민간인의 무기 휴대를 예외적으로 인정했다. 이에 근거하여 1954년 봄 울릉군민들은 이른바 자위대를 결성할 움직임을 보였다. 홍순칠의 주장을 따른다면, 정부의 공식적인 인정과 지원이 있기 전에 그는 사비로 무기를 구득하고 독도에서 수비활동을 한 것이 된다. 그는 전쟁 중에 무기를 획득하는 일이 어렵지 않았다고 하는가 하면, 검문을 피하기 위해 여러 편법과 불법을 동원했다고도 토로했다. 그가 이런 무용담을 언급하기 시작한 것은 수비대 활동이 끝나고 한참 뒤 언론에 노출되면서부터이다. 그는 이때부터 '독도의용수비대'라는 작품을 구상하기 시작한 듯하다. 하지만 처음부터 치밀하게 구상한 것이 아니어서 수비대의 명칭도 정하지 않았고, 활동 시점과 활동 기간에 대한 증언도 때와 장소에 따라 달랐다.

'독도의용수비대'라는 명칭이 기록에 처음 보인 것은 1962년이다. 이후 1966년에 정부에서 홍순칠을 포함한 11명에게 훈장과 포장을 수여하면서 이 명칭이 공식화되었다. 훈장을 받은 홍순칠은 '독도의용수비대'라는 작품을 고안해낸 대표작가로서의 공적 때문에 서훈된 것이다. 그러나 그는 처음부터 완성도 높은 작품을 염두에 두고 독도에 들어간 것은 아니었다. 그의 눈에는 당시의 독도가 수익도 내고 작품활동도 하기에 유리한 상황으로 보였다. 천혜의 자원이 수익을 보장해주는 상황에서 일본의 침범은 그로 하여금 '국토수호'라는 기치를 내세우기에 좋은 계기였고 나아가 작품성도 보장해 줄 호기였다. 다만 홍순칠이 본인의 힘을 크게 들이지 않고 작품활동을 하려면 보조작가가 필요했다. 이에 그는 독도에 미역으로 인한 수익이 적지 않으므로 채취를 위해 체재한다면 독도 수호도 되므로 꿩 먹고 알 먹는 격이라며 보조작가들을 유인했다. 보조작가들은 그의 말을 믿고 삼삼오오 모여들었다. 대표작가는 이들의 역량을 따지지 않았고, 어떻게 수익 배분과 논공행상을 할 것인지를 처음부터 명확히 하지 않은 채 보조작가들의 노동력을 이용했다.

독도에 입도한 보조작가들은 대표작가의 작품활동을 도왔지만 함께 한 동지가 누구인지, 언제 처음 모였는지에 대해 서로 다른 기억을 간직한 채 활동하다가 해산 후에는 각자 생업에 종사하며 살고 있었다. 또 이들 가운데는 독도에 들어가지 않은 채 대표작가와 단순히 친분만 지니고 있던 사람도 있었다. 그러다가 1966년에 정부가 일부 작가에게 포상하기 시작하면서 의도하지 않은 문제가 불거지기 시작했다. 정부에서 대표작가와 보조작가 10명에게만 포상했으므로 보조작가들이 보기에 10명 중 동지로 인정하기 어려운 인물이 포함된 반면, 도리어 작품활동에 크게 기여했다고 인정하던 동지들이 배제되어 있었기 때문이다. 이에 일부 작가들이 불만을 표출하자 대표작가는 1977년에 33명의 서훈을 청원했다. 여기에는 1966년에 서훈된 사람이 또다시 포함되었다. 1978년에 경찰국은 사실관계를 조사한 후 그들 중 많은 사람이 서훈에 적당하지 않다고 판단했다. 그러나 20년이 지난 1996년 33명 전원이 국가로부터 서훈되었다. 현재는 '독도의용수비대'라는 작품 완성에 기여한 작가가 33명이라는 것이 사실로 정착했다. 홍순칠이 33명을 내세우게 된 데는 3·1기미독립선언문의 33인을 모방한 것이 아닌가 하는 시선도 있다.

홍순칠은 1966년에 국가의 인정을 받은 뒤로 틈만 나면 작품 가치를 올리고자 무진 애를 썼다. 독도 영유권을 둘러싼 한일관계는 늘 악화일로를 걸었으므로 이런 상황은 그의 노력이 결실을 맺기에 유리하게 작용했다. 한일 양국이 독도 문제로 대치할 때마다 홍순칠의 '독도영업'은 탄력을 받아 크게 성장했다. 그의 사후에는 유족들이 이를 확립했다. 부인 박영희는 남편의 유지를 받드는 데 보조작가 이상의 역할을 했다. 그는 남편의 공적을 역사적 사실로서 공고히 하는 데 누구보다 중요한 역할을 했다. 그는 홍순칠의 견해가 1996년「공적 조서」에 반영되도록 노력했고, 그 결과 다시 한번 국가의 공인을 받는 데 성공했다.

작품의 가치란 작가 사후에 더 높아지게 마련이다. 2005년에 국가는 작품의 가치를 법적으로 보장해주었다. 이로써 홍순칠이 창작한 '독도의용수비대'라는 작품은 불후의 명작이 되어가고 있다. 작품 가치가 한껏 높아질 무렵 대부분의 보조작가들은 이에 편승하여 이익을 향유하려 했지만, 다른 한편에서는 너무 높아진 작품 가치에 부담을 느끼거나 죄책감을 느껴 양심고백을 하기도 했다. 또한 작품 완성에 전혀 기여한 바가 없는 자가 과대평가를 받는 데 대해 불만을 표출하는 작가도 나왔다. 그러나 대부분의 작가는 작품 가치를 더 이상 훼손해서는 안 된다는 현실을 자각했다. 독도문제가 불거질 때마다 언론과 방송이 이들을 가만두지 않아 이때의 인터뷰로 자승자박의 요소가 되었기 때문이다. 더구나 인간의 불완전한 기억은 증언에서 일관성이 없게 했고 이는 또 다른 왜곡을 낳았다.

홍순칠의 작품이 유명해진 것은 그와 가족의 노력에만 기인한 것이 아니었다. 또 다른 조력자의 힘이 작용했는데, 그들은 언론인과 정치인, 학자들이었다. 물론 이들이 홍순칠을 평가할 때의 일차적인 근거는 그의 증언이었다. 그러나 언론인과 정치인은 작품성을 제대로 검증해 보지 않은 채 대표작가의 현란한 말솜씨만 믿고 작품을 과대 포장해 주었다. 학자들은 홍순칠의 작품이 없었다면 일본에게 독도를 빼앗겼을 것이라며 '실효 지배의 강화'에 대한 홍순칠의 공을 운운했다. 홍순칠 사후 언론은 독도 영유권이 이슈가 될 때마다 유족과 보조작가의 증언을 보도하며 작품가치를 고양시키는 데 일익을 담당했다.

한편 가짜 작가와 가짜 활동에 대한 논란이 계속 일자, 감사원은 작품에 대한 재감정을 요구했다. 그러나 국가보훈처(현재의 국가보훈부)는 기존의 감정평가를 되돌릴 수 없다는 입장을 내세웠다. 기존의 감정평가를 뒤집을 만한 객관적인 반증 자료가 없다는 이유에서다. 이는 대표작가의 주장만이 객관적인 증거자료가 되고 보조작가의 증언이나 한일 양국의 공문서 등은 객관적인 자료가 아니라는 의미로 읽힌다.

홍순칠의 주장 가운데 가장 문제가 된 것은 33명이 '3년 8개월'에 걸쳐 작품활동을 했다는 것이다. 앞서 홍순칠은 1965년에는 '26개월'을 운운하다가 1966년에 처음 훈장을 받을 때는 1954년 6월에 활동을 시작해서 1956년에 활동을 마친 것으로 말을 바꾸었다. 또한 그는 1970년대에는 '2년 9개월'을 설파하다가 1985년경부터 '3년 8개월'로 활동기간을 굳히기 시작했다. 이어 홍순칠 사후 박영희가 "3년 8개월여의 고된 생활"을 운운했고 이는 1996년 서훈 문서에 그대로 반영되었다. 이후 '3년 8개월'설이 확립되었다. 그러나 보조작가나 경찰은 홍순칠과 그 일행이 3개월, 길어야 5개월 활동했다고 고백했다.

홍순칠을 제외하면 32명의 대원 가운데 2005년 특별법이 제정되기 전에 '3년 8개월'을 직접적으로 언급한 사람은 아무도 없었다. 특별법이 제정된 뒤에는 정원도가 주로 3년 8개월을 언급했고 다른 사람들은 '3년 8개월' 운운에 침묵했다. 한편 보조작가들은 홍순칠이 독도에서 작품활동에 매진하지 않고 수시로 울릉도를 왕래했다고 증언했다. 오히려 홍순칠은 독도에 거의 있지 않았다고도 증언했다. 또한 일부 보조작가는 공동작업을 한 동료가 32명이나 된다는 사실에 불쾌해했다. 그중 17명 혹은 22명이 가짜라고 말한 보조작가도 있었다.

홍순칠은 당시에 경찰세력이 오히려 작품활동을 하는 데 방해가 되었다며 기회 있을 때마다 그들을 폄훼하고 그들의 무능력을 비판했지만, 당시 독도 경비를 맡았던 경찰들은 홍순칠의 주장에 반박했다. 오히려 경찰들은 홍순칠이 독도에서 작품활동을 할 수 있었던 건 경찰 덕분이었다고 주장했다. 작품활동에 필요한 재료와 도구를 경찰이 공급해주었기 때문이라는 것이다. 또한 경찰들은 독도를 방치하거나 방기한 적이 없다고 주장했다. 경찰이 독도에 상주하지 않았던 기간은 1954년 6월에서 8월 사이 두세 달에 불과했으며 1955년 1월 1일부터는 상주했음을 주장했다. 또한 경찰이 상주하지 않던 기간에도 경비정은 간헐적으로 독도 근해를 순시했음을 주장했다. 경찰이 1955년부터 상주했음을 입증해 주는 자료로는 본문에서 언급한 순경 황영문의 근무표가 있다.

1955년 가을에 작성된 근무표는 독도의용수비대가 1956년 12월 말까지 경비하다가 경찰에 업무를 인계했다는 주장이 성립할 수 없음을 보여준다. 근무표가 아니더라도 경찰의 상주는 입증된다. 1954년 7월 말 정부가 독도경비대의 상주를 발표했고, 독도경비대 막사가 8월 말에 완공되어 실질적으로 상주했기 때문이다.

홍순칠과 수비대원들이 1956년 말까지 독도에 체재할 수 있었던 이유는 경찰이 동서(同棲)를 허용했기 때문이다. 경찰로서는 경찰병력만으로는 경비인력이 충분하지 않았기 때문에 1954년 말 수비대원들을 특채했던 것이고, 이들을 경찰병력으로 충당한 뒤에 나머지 수비대원들의 체재를 허용한 것은 유사시 보조인력으로 활용할 수 있기 때문이었다. 경찰과 수비대 모두 이런 사실을 잘 인지하고 있었다. 그렇다면 홍순칠도 이를 솔직히 인정했어야 했다. 그런데 홍순칠은 자신의 공적을 과도하게 포장하기 위해 주객을 전도시켜 도리어 집주인 행세를 했고, 더 나아가 경찰을 쓸모없는 무능력자 혹은 방해꾼으로 만들었다. 그러나 이런 언급 자체가 경찰의 존재를 인정하는 것이므로 1956년 말까지 수비대가 독도 경비를 담임했다는 주장이 성립하지 않는 자가당착을 초래했다.

국가보훈처는 대표작가의 주장만 인정하고 다른 보조작가의 증언과 공문서를 불신했다. 그런데 대표작가의 증언이 사실인지를 입증하는 방법은 그리 어렵지 않다. 한일 양국에 공문서와 신문기사들이 존재하므로 이들 자료로 홍순칠의 증언을 교차 검토하면 된다. 오락가락한 개인의 증언보다 이들 자료가 더 공신력이 있을 것이다. 기념사업회가 "문헌상 객관적인 반증자료가 없다"는 것을 내세우는 것은 검증을 회피하려는 술수에 불과하다. 고가의 작품성을 인정받고 있는 현 소장품의 가치를 유지하려는 현 국가보훈부의 심정을 이해하지 못하는 바는 아니지만, 잘못된 가치를 고집하다가 작품의 소멸을 초래할까 우려된다.

참고문헌

〈자료〉

「光緖九年七月 日 江原道鬱陵島新入民戸人口姓名年歲及田土起墾數爻成冊」(1883)
「1996년도 훈장기록부」(문서관리번호 BA0840059, 국가기록원 소장)
「영예수여(국토수호 유공자)」(문서관리번호 BG0001795, 국가기록원 소장)
「울능도 및 독도어업개발조사」(수산청, 1970.6, 국가기록원 소장)
「청원서 사실 조사 보고」(경상북도 경찰국, 경무 125-1036, 1978. 3. 30.)
홍순칠 민원 관련 서류(독도박물관 소장)
『강원도 관초(江原道關草)』(1894. 1. 7.)
『남양홍씨 남양군파 세보(南陽洪氏南陽君派世譜)』(2003, 국립중앙도서관 소장)
『독도관계서류(甲)』(내무부, 문서관리번호 BA0852071, 국가기록원 소장)
『독립유공자 공훈록』 5권(1988, 공훈전자사료관)
『삼국유사』
『승정원일기』
『월간 학부모』(독립기념관 소장)

국립지리원, 『독도측량·지도 제작 사업 보고』, 1981(국가기록원 소장)
『대한민국사 연표』(한국사데이터베이스)
『대한민국 인사록』(1949)
『東海의 睡蓮花』(문보근, 1981, 필사본)
『開拓百年 鬱陵島』(울릉군, 1983)
『鬱陵郡誌』(울릉군, 1989)
『(鬱陵島郵便所)沿革簿』(연도미상, 필사본, 미간행)
『鬱陵島鄕土誌』(울릉군, 1963; 1969)
『조선총독부 시정 25주년 기념 표창자 명감』

『직원록』(한국사데이터베이스)
경찰관 최헌식의 수기(9장의 필사본)
『韓國近代史資料集成』1권(한국사데이터베이스)
해녀박물관·독도박물관 공동 기획전시,『제주해녀 대한민국 독도를 지켜내다』,
　　　제주특별자치도 해녀박물관, 2023.

〈저서〉

경북지방경찰청 편,『경북경찰 발전사』, 경북지방경찰청, 2001.
경상북도청 편,『경상북도 산업조사』, 대구, 1921.
경우장학회 편,『국립경찰 50년사: 일반편』, 경우장학회, 1995.
경우장학회 편,『국립경찰 50년사: 사료편』, 경우장학회, 1996.
국방군사연구소 편,『국방사 연표』, 국방군사연구소, 1994.
국방부 전사편찬위원회,『한국전쟁사 1』, 국방부, 1968.
국사편찬위원회,『울릉도독도 학술조사연구』, 1978.
국역 오당유고간행위원회,『국역 오당 유고』, 삼광출판사. 2023.
김경도·유기선,『독도의 한토막』, 독도박물관, 2019.
김교식,『(도큐멘타리) 독도수비대』, 선문출판사, 1980.
김명기,『독도의용수비대와 국제법』, 다물, 1998.
김명기,『독도특수연구』, 법서출판사, 2001.
김선희,『다무라 세이자부로의「시마네현 다케시마의 신연구」번역 및 해제』, 한
　　　국해양수산개발원, 2010.
김수희,『독도해녀』, 동북아역사재단, 2023.
김영우,『한국 근대 학제 백년사』, 한국교육학회교육사연구회, 1995.
김학준,『독도연구』, 동북아역사재단, 2010.
김호동 편저,『영원한 독도인 최종덕』, 경인문화사, 2012.
김행복,『6·25 전쟁과 채병덕 장군』, 국방부 군사편찬연구소, 2002.
나홍주,『일본의 "독도" 영유권 주장과 국제법상 부당성』, 금광, 1996.
나홍주,『독도의용수비대의 독도 주둔 활약과 그 국제법적 고찰』, 책과 사람들,
　　　2007.
대한공론사 편,『독도』, 대한공론사, 1965.
독도박물관 편,『한국인의 삶의 기록, 독도』, 독도박물관, 2019.

독도사전편찬위원회 편, 『독도사전』, 한국해양수산개발원, 2019.
동북아역사재단, 『(고등학교) 독도 바로 알기』(개정 2판), 동북아역사재단, 2017.
손순섭 저술·유미림 번역, 『島誌:울릉도史』 번역 및 해제』, 울릉문화원, 2016.
수협중앙회, 『한국수산업단체사』, 수협중앙회, 1980.
외교통상부, 『독도문제개론』, 2012.
외무부, 『독도문제개론』, 1955.
이서행, 『대한민국 경찰의 독도경비사 연구』, 치안정책연구소, 2009.(미간행)
이용원, 『독도의용수비대』, 범우, 2015.
이즈미 마사히코 저, 양도전 번역, 『독도 비사(獨島秘史)』, 한국방송인동우회, 1998.
정병준, 『독도 1947』, 돌베개, 2010.
주강현, 『울릉도 개척사에 관한 연구: 개척사 관련 기초자료 수집』, 한국해양수산개발원, 2009.
한국해양수산개발원 편, 『독도 사전』, 한국해양수산개발원, 2019.
한연호 외, 『무명용사의 훈장』, 신원문화사, 1985.
홍성근, 『독도의 실효적 지배에 관한 국제법적 연구』, 한국외국어대학교 법학과 석사학위논문, 1998.
홍순칠, 『이 땅이 뉘 땅인데!』, 혜안, 1997.
홍순칠, 『이 땅이 뉘 땅인데!』, 독도의용수비대기념사업회, 2018.

『竹嶋貸下海驢漁業書類』(明治 38-41年), 島根縣.
『昭和26年度 涉外關係綴』, 島根縣.
川上健三, 『竹島の歷史地理學的研究』, 古今書院, 1966.
田村淸三郎, 『島根縣竹島の新研究』, 島根縣, 1965.

〈논문〉

김경도, 「독도의용수비대 해산 이후 대원들의 독도 수호 활동」, 『독도연구』 제31호, 영남대학교 독도연구소, 2021.
김명기, 「국제인도법상 독도의용수비대의 법적 지위에 관한 연구」, 『人道法論叢』 제31호, 대한적십자사 인도법연구소, 2011.
김선식, 「독도의용수비대, 활동 기간·대원 수 날조됐다」, 『한겨레 21』, 「사람과 사회』1180호, 2017.
김윤배·김점구·한성민, 「독도의용수비대의 활동시기에 대한 재검토」, 『내일을 여는 역사』제43호, 내일을 여는 역사재단, 2011.
김점구, 「독도의용수비대의 활동시기를 다시본다」, 『내일을 여는 역사』제64호, 내일을 여는 역사재단, 2016.
김호동, 「독도의용수비대 정신 계승을 위한 제안」, 『독도연구』제9호, 영남대학교 독도연구소, 2010.
박대련, 「獨島守備隊-더큐먼트: 獨島의 苦難과 秘話」, 『世代』8권 통권81호, 세대사, 1970. 4.
박병섭, 「1953년 일본 순시선의 독도 침입」, 『독도연구』제17호, 영남대학교 독도연구소, 2014.
박병섭, 「광복 후 일본의 독도 침략과 한국의 수호 활동」, 『독도연구』제18호, 영남대학교 독도연구소, 2015.
송병기, 「울릉도 독도 영유의 역사적 배경」, 『獨島研究』, 한국근대사자료연구협의회, 1985.
안동립, 「독도 암각 글자의 분석과 영토 인식〈1〉」, 『우리문화신문』2018. 3. 17.
안동립·이상균, 「독도에 새겨진 '한국' '한국령' 암각문의 주권적 의미와 보존방안」, 『영토해양연구』20호, 동북아역사재단, 2020.
엄정일, 「독도의용수비대의 활약에 관한 법적 고찰」, 『독도특수연구』, 책과 사람들, 2011.
유미림, 「차자(借字) 표기 방식에 의한 '석도=독도'설 입증」, 『한국정치외교사논총』제34집 제1호, 한국정치외교사학회, 2012.
유미림, 「1900년 칙령 제41호의 발굴 계보와 '石島=獨島'설」, 『한국독립운동사연구』제72집, 독립기념관 한국독립운동사연구소, 2020.
윤소영, 「울릉도민 홍재현의 시마네현 방문(1898)과 그의 삶에 대한 재검토」, 『독도연구』제20호, 영남대학교 독도연구소, 2016.
이동원, 「독도의용수비대의 활동에 대한 법적 고찰: 비판 견해를 중심으로」, 『독도논총』제5권 제1/2호(통권 제6호), 독도조사연구학회, 2010.
이동원, 「(기고) 독도의용수비대의 의혹제기에 대한 입법 해석(上)」, 『천지일보』 2011. 5. 2.
임채일, 「33인의 독도의용수비대와 독도대첩일 11월 21일」, 『해군』제494호, 해군본부, 2018.

정병준, 「1953-1954년 독도에서의 한일충돌과 한국의 독도수호정책」, 『한국독립운동사연구』 제41집, 독립기념관 한국독립운동사연구소, 2012.
제성호, 「독도 영유권과 민간인 활동의 국제법적 평가: 홍순칠과 최종덕의 경우를 중심으로」, 『전략연구』 53, (사)한국전략문제연구소, 2011.
최희식, 「한일회담에서의 독도 영유권 문제」, 『국가전략』 제15권 제4호, 세종연구소, 2009.
홍성근, 「1948년 독도폭격사건의 인명 및 선박 피해 현황」, 『영토해양연구』 19호, 동북아역사재단, 2020.
홍성근, 「1953-1954년 독도를 둘러싼 한일 간 물리적 대립 현황 분석」, 『독도연구』 제31호, 영남대학교 독도연구소, 2021.

〈기타〉
『경북일보』
『경상매일신문』
『경향신문』
『남선경제신문』
『대구시보』
『동아일보』
『매일신문』
『민주신보』
『미디어오늘』
『서울신문』
『선데이 서울』(9권 20호, 1976. 5. 23.)
『수산경제신문』
『영남일보』
『오마이뉴스』
『조선중앙일보』
『조선일보』
『주간한국』
『지역내일』
『천지일보』
『충대신문』

『프레시안』
『한국일보』
『한겨레 21』(1180호, 2017. 9. 21.)

『讀賣新聞』
『朝日新聞』
『日本海新聞』
『山陰新聞』
『山陰新報』
『キング』(1953. 11.)

KBS 역사저널(인물현대사 78회, 2005. 4. 8.)
SBS · KBS 뉴스(2007. 4. 19.)
EBS다큐방송(2010. 1. 29.)
SBS '꼬리에 꼬리는 무는 그날 이야기'(2023. 11. 16.)
감사원 홈페이지(「감사결과 처분 요구서-「독도의용수비대지원법」에 따른 사업 추진 지연 등 관련 감사 청구-」, 2007. 4.)
김점구, 「나는 독도의용수비대기념관에 분노한다」, 『오마이뉴스』 2017. 10. 30.
김윤배, 「독도의용수비대 행위는 역사적 사실이다」, 『오마이뉴스』 2006. 11. 3.
독도박물관 홈페이지(독도/독도의 역사/독도경비대의 활동, https://www.dokdomuseum.go.kr)
독도수호대 홈페이지(http://www.tokdo.kr)
독도의용수비대기념사업회 홈페이지(「독도의용수비대 업적」, https://dokdovolunteerdefenseteam.or.kr)
「독도의용수비대지원법」
동북아역사재단 홈페이지(동북아역사넷/독도교육자료/고등학교 독도 바로 알기, https://www.nahf.or.kr/main.do)
'디지털 울릉문화대전'(한국학중앙연구원)
『한국민족문화대백과』(한국학중앙연구원)
『행정학사전』(2009, 이종수 집필, 네이버 지식백과)

찾아보기

ㄱ

가쓰라 다로(桂太郎) 351
가와카미 겐조(川上健三) 188, 259
가재 218, 316
가족협의회 51, 166
가짜 영장 148, 181, 247, 249, 250, 353, 354, 355
가타오카(片岡) 130
가타오카 기치베(片岡吉兵衛) 213, 214
가타오카 다이라시(片岡平市) 214, 215
가타오카 이와이치(片岡岩市) 214
감사원 40, 52, 58, 59, 60, 61, 67, 98, 165, 166, 167, 389, 398
강치(海驢) 142, 159, 208, 209, 210, 262, 265, 316, 340
『개척 백년 울릉도(開拓百年鬱陵島)』 142, 152
견우호 196, 322
『경북대관(慶北大觀)』 342
경비정 39, 44, 77, 85, 104, 115, 127, 148, 149, 153, 156, 192, 234, 237, 239, 242, 263, 264, 269, 271, 273, 285, 294, 295, 299, 322, 359, 369, 370, 371, 372, 373, 378, 380, 382
고사카(小坂) 107

고성달 34, 40, 77, 97, 119, 387, 389
고성원 40, 119
공도정책 256
「공적 조서」 57, 67, 94, 95, 96, 97, 99, 151, 152, 156, 360
『광복 20년』 27, 136
교육대 56, 96, 143, 144, 389, 390, 391
구국찬 85, 197, 249, 284, 323, 330, 399
구보다(久保田) 292
구용복 34, 97, 323, 324, 387, 388, 390
구즈류호 187, 188, 270, 300, 302, 303, 375
국가보훈처 51, 52, 57, 58, 59, 60, 61, 63, 64, 65, 70, 94, 97, 98, 163, 165, 166, 167, 168, 169, 398, 399, 404
국가인권위원회 59
『국립경찰 50년사』 49, 62, 365, 366, 367
국민병 401
국방경비대 211, 268, 347, 348
『국방백서』 49
『국방백서 2000』 62

국제사법재판소 104, 107, 290
군민병 36, 39, 41
군정법령 70호 244
근무공로훈장 49, 88
「근무공로 훈장증」 77, 79
근무표 111, 112, 235, 369, 405, 406
기념사업회 22, 29, 41, 43, 45, 58, 63, 64, 67, 71, 165, 166, 168, 170, 225, 228, 263, 264, 266, 267, 268, 270, 271, 272, 273, 275, 278, 279, 286, 290, 303, 348, 372, 373, 374, 375, 377, 378, 380, 381, 382, 384, 385, 386, 390
길대흥 248
김경호 34, 97, 163, 387, 388, 389, 390
김광호 216
김교식 27, 37, 126, 137, 147, 164, 175, 206, 242
김동욱 299
김명기 37, 38, 40
김병렬 63, 175, 227, 228
김병열 32, 34, 77, 86, 88, 89, 90, 91, 92, 93, 120, 125, 163, 164, 228, 254, 287, 387, 388, 390
김봉찬 282
김산리 51, 52, 53, 60, 230, 250, 295
김상돈 299
김수봉 34, 86, 92, 97, 146, 163, 164, 284, 387, 388

김영복 34, 50, 59, 119, 163, 356, 368, 387, 398, 400
김영호 34, 119, 163, 295, 368, 387
김용근 34, 86, 92, 163, 164, 175, 387
김용식 250, 291
김용택 249
김인갑 33, 34, 92, 97, 148, 228, 323, 324, 387
김장호 34, 86, 91, 92, 97, 164, 175, 387, 388, 390
김장흥 224, 255, 277, 325
김재두 34, 77, 97, 163, 268, 387, 388
김점구 40, 49, 52, 56, 63
김정수 38, 89, 97, 164
김종원 87, 115, 149, 150, 282, 297
김종필 308
김준혁 185, 371
김진성 241
김현수 34, 86, 92, 97, 163, 164, 387
김호철 34

ㄴ

나가라호 170, 258, 259, 270, 277, 278, 279, 294, 302, 375, 380
나카다 요시오(中田吉雄) 299
나카이 다케노신(中井猛之進) 213
나카이 요자부로 142, 218

나홍주 32, 34, 35, 37, 39, 43, 44, 99, 175, 350, 351
남조선 국방경비대 349
『니혼카이신문(日本海新聞)』 265, 266

ㄷ

다무라 245
다무라 세이자부(田村淸三郎) 289
다무라 세이자부로 294
다이센호 127, 170, 202, 253, 254, 255, 256, 264, 265, 267, 268, 361, 372, 374, 375
다케시마 107, 153, 162, 184, 270, 280, 302, 310, 319
다케시마의 날 162
단 이노(團伊能) 299
大成號 238
대일강화조약 35
대한제국 칙령 제41호 148
도수(島首) 122
『도지(島誌)』 122, 123
『(도큐멘타리) 독도수비대』 27, 136, 137, 138, 147, 393, 395
독도 19, 20, 24, 26, 35, 36, 39, 44, 45, 46, 47, 53, 55, 56, 58, 60, 66, 68, 78, 79, 82, 86, 88, 90, 92, 95, 103, 105, 106, 108, 109, 111, 114, 117, 118, 120, 121, 127, 130, 131, 132, 133, 134, 135, 140, 142, 145, 148, 149, 150, 151, 152, 153, 155, 156, 162, 163, 164, 167, 180, 181, 183, 184, 185, 188, 193, 196, 199, 207, 212, 218, 223, 225, 226, 227, 234, 238, 241, 243, 248, 249, 252, 255, 256, 257, 258, 259, 260, 261, 264
「독도개발 계획서」 44, 69, 131, 142, 395
독도개발주식회사 132, 134, 224
독도개발협회(獨島開發協會) 134, 194
독도경비대 22, 23, 24, 25, 26, 35, 48, 66, 68, 69, 112, 199, 200, 201, 203, 244, 289, 290, 303, 304, 317, 318, 368, 406
독도경비대원 88
독도경비의용수비대 79
독도대첩(獨島大捷) 59, 170, 286, 381, 382, 383, 386
독도대첩일 45, 384
「독도 등 도서지역의 생태계보전에 관한 특별법」 161
『독도문제개론』 64, 65
독도박물관 25, 26, 112, 161, 200, 201
「독도방위 인계서」 330
「독도방위 인계인수서」 33
『독도백서』 124
독도 사수 특수의용대 79, 244, 247, 304

「독도수비대」 147
『독도수비대』 34, 53
독도수비대 250
「독도수비대법」 24, 26, 41, 51, 58, 62, 75, 98, 164, 165, 168, 365
독도수호대 40, 47, 48, 49, 51, 52, 56, 57, 59, 60, 63, 64, 66, 169, 398, 400
독도수호동지회 51, 398
독도순라반 23, 46, 61, 239, 259, 361
〈독도와 평화선〉 58, 149, 321, 322
독도우표 104, 115, 291, 385
독도의 달 162
「독도의용군 수비대(獨島義勇軍守備隊)」 31, 34, 147, 148, 150, 160, 263, 272, 275, 394
『독도의용수비대』 64
독도의용수비대(獨島義勇守備隊) 21, 30, 35, 39, 54, 55, 57, 60, 61, 63, 65, 66, 67, 68, 69, 96, 109, 142, 143, 155, 183, 225, 301, 304, 364
독도의용수비대가족협의회 51
독도의용수비대기념관 22, 66, 169
독도의용수비대기념사업회 21, 60, 63, 67, 168
독도의용수비대동지회 48, 51, 60, 126, 143, 146, 331, 398
「독도의용수비대 서훈 공적 재조사 업무처리 부적정」 58, 165, 398

「독도의용수비대 업적」 264, 266, 278, 375, 382, 384
「독도의용수비대원 생계 협조 청원」 145, 150
독도의용수비대유족회 51
「독도의용수비대지원법」 21, 22, 30, 51, 164, 168
「독도의용수비대 지원에 관한 특별법안」 51, 163
독도의용수비대 추모공원 48
「독도의 지속가능한 이용에 관한 법률」 22
『독도의 한토막』 111, 112, 158, 194
독도자위대 20, 21, 44, 46, 67, 79, 223, 224, 225, 266, 270, 301, 362
독도 조난어민 위령비 135, 186, 190, 193, 211
「독도종합 개발계획」 125, 132
독도폭격사건 135, 326, 344
독도폭파론 109
독도폭파설 308, 309
독도학술조사단 35
독도학회 161
독도 한일공유론 109
독도(獨島) LIANCOURT 193, 258
돌섬 135, 159, 208
동도(東島) 24, 68, 148, 156, 193, 194, 196, 197, 199, 200, 201, 202, 203, 238, 248, 249, 251, 252, 258, 265, 271, 274, 279, 287, 288, 295, 299, 362, 376, 377, 378

동북아역사재단 22, 63
동지회 27, 48, 49, 50, 51, 52, 59, 66, 70, 126, 163, 164, 166, 331, 387, 388, 389, 391
『동해의 수련화(東海의 睡蓮花)』 122, 126, 138, 352
딘 러스크(Dean Rusk) 308

ㅁ

목대포 39, 117, 128, 149, 150, 181, 232, 278, 279, 280, 287, 293, 294, 295, 380, 384
무라까와(村川, 무라카와) 108
무라야마 209, 210
『무명 용사의 훈장』 31
문보근 122, 126, 138, 140, 141
문봉제 255
물골 30, 67, 216, 217, 218, 219, 303, 359, 375
물굴(水窟) 218
미역채취권 44, 46, 149, 226, 276, 323
미역채취 독점권 149, 227, 313
미일합동위원회 19, 20
미호호(美保丸) 186, 187
민병대 21, 36, 54, 115, 116, 148, 223, 224, 225, 230, 250, 266, 354, 355, 356, 358, 359, 401
「민병대령」 20, 21
민병대령 223, 225, 229, 359, 360, 365, 401

ㅂ

바다사자 142, 181, 212, 218, 316, 317, 318, 319, 320
박대련 124, 163, 299
박병주 135
박병찬 55
박복이 34, 43, 92, 97
박영희 34, 37, 38, 47, 48, 49, 50, 52, 56, 58, 59, 69, 70, 89, 92, 128, 130, 144, 150, 155, 160, 161, 164, 175, 233, 324, 343, 348, 349, 350, 351, 387, 388, 390, 391, 394, 398, 400
박옥규 243
박정희 49, 107
박춘환 94, 249, 251, 253, 271, 295, 301
배상삼 122, 123, 215
배상섭 122
배석도 34
배성준 122
백두진 43, 243
백영엽 351, 352
백지영장 248
변석갑 355
변영태 109
보국훈장 94, 145
보국훈장 광복장 78, 94, 97, 98, 353, 395
보국훈장 삼일장 30, 96, 97, 98, 353

보급대 56, 96, 143, 144, 389, 390, 391
부산여성상 161

ㅅ

사토(佐藤) 124
사토미(里見) 186
사토 에이사쿠(佐藤榮作) 309, 310
『산인신문(山陰新聞)』 279, 382, 383
『산인신보(山陰新報)』 262, 294
삼사호 86, 87, 92, 233
상무회(商務會) 216
서기망 228
서기석 32, 228
서기종 34, 50, 53, 54, 56, 58, 59, 65, 66, 67, 70, 77, 78, 81, 82, 87, 88, 92, 94, 97, 119, 125, 144, 155, 156, 163, 164, 175, 228, 254, 257, 268, 272, 287, 290, 307, 331, 356, 367, 383, 387, 389, 398, 400
서기종(徐基宗) 228
서기종(徐基鍾) 228
서도 186, 200, 202, 217, 218, 219, 243, 248, 251, 252, 258, 263, 264, 265, 270, 271, 274, 287, 288, 294, 300, 303
석산봉 197, 265
소가베 미치오(曾我部道夫) 214
손기수 282

손순섭 122, 123
손태수 123
수비대 42, 45, 47, 53, 56, 70, 105, 118, 190, 203, 222, 223, 224, 225, 226, 227, 228, 230, 233, 234, 235, 237, 241, 242, 244, 245, 248, 249, 251, 252, 253, 254, 258, 259, 260, 263, 264, 267, 268, 269, 270, 271, 272, 273, 275, 276, 278, 280, 286, 290, 291, 298, 302, 303, 304, 305, 310, 312, 314, 315, 317, 319, 321, 323, 329, 330, 332, 344, 345, 349, 350, 351, 353, 354, 355, 356, 357, 358, 359, 360, 361, 362, 363, 364, 365, 366, 367, 369, 370, 371, 372, 373, 375, 376, 377, 378, 380, 381, 383, 384, 385, 386, 389, 390, 391, 396, 399
「수비대법」 71
순라반 20, 238, 244, 260
순라함 78
순시선 33, 78, 134, 144, 152, 156, 170, 181, 187, 188, 189, 190, 191, 193, 237, 238, 239, 240, 241, 242, 243, 245, 253, 258, 259, 262, 263, 264, 269, 271, 272, 277, 278, 279, 280, 285, 286, 290, 291, 292, 294, 300, 302, 303, 367, 371, 372, 375, 376, 377, 378, 380, 381, 386

스케핀 1033호 256
시마네호 171, 184, 185, 255, 256, 259, 370, 371, 373
시효 취득 35, 36, 42
신석호 218
신태영 223, 250, 358
신(新)한일어업협정 162
실효적 관리 32, 35
실효적 지배 24, 35, 36, 40, 45, 146
심흥옥 211
심흥택 211
쓰가루호 262, 263, 264, 269, 372, 383
쓰지 마사노부(辻政信) 135, 259

ㅇ

『아, 독도수비대』 137
『아사히신문(朝日新聞)』 186, 193, 259, 265, 280, 377
안용복 26, 141
안학률 86, 175
안학율 34, 92, 97, 387, 390
양봉준 34, 119, 146, 163, 235, 267, 331, 368, 387
염우량 299
오노 반보쿠(大野伴睦) 308
오일환 34, 77, 175, 387, 389
오카미 209
오쿠마 310
오쿠마 료이치(大熊良一) 309

오쿠마 시게노부(大隈重信) 214
오키수산학교 181, 254, 256, 257, 372
오키호 41, 144, 149, 170, 187, 188, 190, 193, 245, 271, 275, 277, 278, 279, 286, 294, 378, 380, 381, 382, 383, 384
오토리호(鵬丸) 186, 189, 257, 371
『요미우리신문(讀賣新聞)』 280
우산중학교 341, 342, 343, 346, 347
우용정 159
울릉경비대 22, 26, 66
울릉국민학교 138, 344, 347
『울릉군지』 24, 97, 122, 123, 124, 144, 151, 152, 173, 215, 352
울릉도관광주식회사 145
울릉도독도 학술조사단 65, 321
울릉도 · 독도 학술조사대 133
『(울릉도우편소)연혁부』 347
울릉도자위대 44, 270, 301
『울릉도 향토지(欝陵島鄕土誌)』 110, 342, 343
울릉자위대 304
『월간 학부모(月刊學父母)』 27, 28, 31, 38, 47, 95, 136, 141, 148, 156, 159, 162, 179, 214, 215, 282, 298, 306, 320, 340, 354, 371, 395, 396
유승열 86
유원식 34, 77, 88, 89, 91, 92, 93, 163, 164, 227, 387, 390
육군기갑연대 348, 349

의용경비대 79, 106, 304
의용경찰 41, 53
의용병 41
이규현 34, 53, 56, 58, 60, 61, 119, 163, 232, 233, 235, 266, 267, 272, 295, 368, 374, 375, 387, 388, 398, 400
이기붕 297, 299
『이 땅이 뉘 땅인데!』 28, 29, 30, 31, 34, 53, 67, 141, 159, 161, 162, 170, 173, 179, 186, 200, 278, 320, 322, 345, 348, 366, 380, 382, 384, 387, 395
이상국 34, 39, 88, 97, 163, 235, 252, 295, 367, 387, 388
이성주 255
이세키 유지로(伊關佑二郎) 308
이승만 27, 151, 297
이용원 63, 65
이정윤 134, 224
이즈미 마사히코(泉昌彦) 256, 372
이케다(池田) 107, 308
이케다 유키히코(池田行彦) 153
이필영 33, 34, 50, 52, 58, 86, 87, 92, 228, 375, 387, 388, 390, 400
이형우 34, 86, 92, 163, 175, 387, 390
일상조합(日商組合) 213
임검반 188, 189, 302
임상욱 206

ㅈ

(재단법인)독도의용수비대기념사업회 22
재향군인회 21, 32, 36, 46, 61, 128, 225, 226, 276, 313, 314, 323, 358, 365
전마선 184, 233, 238, 265
전석봉 337, 344
전우홍 284
전투대 32, 33, 96, 389, 390, 391
정원도 32, 34, 47, 48, 50, 54, 58, 59, 77, 81, 82, 88, 92, 119, 126, 131, 163, 203, 204, 217, 227, 232, 235, 237, 251, 266, 267, 268, 349, 356, 367, 374, 387, 398, 400
정원준 186
정이관 34, 86, 92, 97, 175, 387, 390
정재덕 34, 89, 92, 97, 164, 175, 390
정현권 34, 86, 92, 175, 387, 390
제3국 조정안 109
조상달 34, 77, 97, 268, 387, 388
조선산악회 135
조선총독부 212, 213, 340
조재천 135
조정환 325
『주간한국』 114
주용선 250
즈가루호 170, 384

지토마루호 30, 171, 186, 189, 371
직녀호 135, 196, 269

ㅊ

채병덕 349
체신고등학교 37, 347
최규장 26, 37, 114, 115, 117
최남선 108
최부업 34, 77, 387, 389
최열 213
최영희 132
최용선 295
최종덕 120, 132, 133, 151
최징 223, 359
최헌식 53, 111, 140, 155, 239, 240, 243, 323
치안정책연구소 40, 60, 62
칙령 제41호 210, 211
칠성정 377, 378
칠성호 197, 271, 284, 322

ㅋ

클라크 297
『킹』(KING) 184, 240, 279, 293, 380

ㅌ

태극기 36, 126, 134, 156, 157, 197, 198, 203, 204, 263, 264, 265, 287, 374

ㅍ

평화선 58, 106, 125, 182, 315, 358, 365, 366
포항수산대학 397
포항수산전문대학 353, 396
푸른독도가꾸기운동 67, 95, 96, 167

ㅎ

하마다 쇼타로(浜田正太郎) 251
하시오카 다다시게(橋岡忠重) 186
하자진 34, 50, 59, 60, 61, 119, 163, 224, 232, 233, 235, 266, 267, 323, 331, 355, 387, 388, 389, 398, 400
한국령(韓國領) 24, 30, 50, 68, 183, 192, 193, 200, 201, 202, 203, 259, 262
한국산악회 135, 193, 258, 259, 358, 359
한국산악회 울릉도독도 학술조사단 258

한상룡 34
한상용 77, 88, 89, 91, 92, 93, 97, 163, 164, 387, 390
「한일기본관계조약」 82
한일회담 80, 81, 82, 107, 115, 184, 292, 308, 385
한진오(한진호) 200
한진호 200, 201, 204
한창렬 322
항의구술서 45, 189
해구라호 26, 240
해상보안부 245, 259
해상보안청 20, 30, 39, 152, 184, 190, 237, 242, 253, 258, 271, 273, 274, 277, 280, 289, 290, 375, 378, 382, 384
해양경찰대 196, 197, 269, 276, 277, 278, 289, 299, 365, 377
행정권 84, 85, 260
허신도 34, 38, 86, 92, 97, 164, 235, 387, 390
허학도 38, 48, 115, 276, 283, 324
헤구라호 127
헤꾸라호 170, 172, 382
헤쿠라호 65, 190, 238, 240, 241, 242, 243, 245, 258, 259, 286, 287, 288, 371
홍경섭 209, 339
홍병훈 339
홍봉제 215
홍석준 210, 214
홍성국 32, 183, 205, 337

홍순엽 337, 338, 340, 341, 342, 343, 345
홍순칠 21, 26, 27, 28, 29, 30, 31, 32, 33, 34, 35, 36, 37, 38, 39, 40, 43, 44, 45, 46, 47, 49, 50, 52, 53, 54, 55, 56, 57, 58, 59, 60, 62, 65, 69, 70, 71, 75, 77, 78, 79, 81, 82, 83, 85, 86, 87, 88, 89, 90, 91, 93, 94, 95, 96, 97, 98, 99, 104, 105, 106, 107, 108, 111, 112, 114, 115, 116, 117, 118, 119, 120, 121, 122, 125, 126, 127, 128, 130, 131, 132, 133, 136, 137, 138, 140, 141, 142, 143, 144, 145, 146, 147, 148, 149, 150, 151, 152, 153, 155, 156, 157, 158, 159, 160, 161, 162, 163, 164, 166, 167, 169, 170, 172, 173, 175, 179, 180, 182, 183, 185, 186, 189, 190, 191, 193, 198, 199, 204, 205, 206, 207, 208, 209, 210, 211, 212, 216, 217, 218, 219, 222, 223, 224, 225, 226, 227, 228, 229, 230, 232, 233, 234, 235, 237, 238, 239, 241, 242, 243, 244, 245, 247, 248, 249, 250, 251, 252, 253, 254, 255, 256, 257, 258, 260, 261, 262, 263, 264, 268, 269, 271, 272, 273, 274, 275, 276, 278,

279, 282, 283, 284, 285, 286, 287, 288, 289, 290, 291, 292, 293, 294, 295, 296, 297, 298, 299, 301, 302, 303, 304, 305, 306, 307, 308, 309, 310, 311, 312, 313, 314, 315, 316, 317, 318, 319, 320, 321, 322, 323, 324, 325, 326, 327, 328, 329, 330, 331, 332, 337, 338, 339, 340, 341, 342, 343, 344, 345, 346, 347, 348, 349, 350, 351, 352, 353, 354, 355, 356, 357, 358, 359, 360, 361, 362, 364, 366, 368, 369, 370, 371, 372, 373, 374, 375, 376, 378, 379, 380, 381, 382, 383, 384, 385, 386, 387, 389, 391, 393, 394, 395, 396, 397, 398, 399, 400
홍순탁 343
홍연숙 55, 97
홍연순 56
홍재경 104, 209, 339
홍재현 79, 103, 104, 107, 108, 119, 122, 124, 133, 209, 210, 235, 339
洪在現 340
洪在顯 340
홍종욱 132, 340, 343
홍종인 133, 135, 136, 203, 218
홍종혁 133, 340, 345
홍필열 37, 337, 341, 344, 346
홍헌섭 339

화성호 204, 299, 300, 303, 311
황영문 33, 34, 97, 111, 112, 113, 114, 119, 125, 158, 163, 164, 194, 228, 229, 235, 252, 254, 331, 355, 368, 369, 387
후방지원대 48, 96, 391
후지노 긴타로(藤野金太郎) 213

기타

5등 근무공로훈장(勤務功勞勳章) 78, 98, 353
34호 233, 315
F9정 242
P9정 242
PM14 286, 287, 288
PS9 290, 381
PS11정 253, 376
UN해양법협약 153